Manfred Kleemann · Michael Meliß

Regenerative Energiequellen

Zweite, völlig neubearbeitete Auflage
mit 216 Abbildungen und 75 Tabellen

Springer-Verlag

Berlin Heidelberg New York
London Paris Tokyo
Hong Kong Barcelona Budapest

Dr.-Ing. Manfred Kleemann
Programmgruppe Systemforschung und
Technologische Entwicklung
Forschungszentrum Jülich GmbH
Postfach 1913
D-52425 Jülich

Professor Dr.-Ing. Michael Meliß
Fachhochschule Aachen, Abt. Jülich
Lehrgebiet Energietechnik
Ginsterweg 1
D-52425 Jülich

ISBN 978-3-540-55085-3   ISBN 978-3-642-88075-9 (eBook)
DOI 10.1007/978-3-642-88075-9

Die Deutsche Bibliothek – CIP-Einheitsaufnahme

Kleemann, Manfred: Regenerative Energiequellen: mit 75 Tabellen / Manfred Kleemann; Michael Meliss. –
2., völlig neubearb. Aufl. – Berlin; Heidelberg; New York; London; Paris; Tokyo; Hong Kong; Barcelona;
Budapest: Springer, 1993

Satz: K+V Fotosatz GmbH, Beerfelden; Druck: Saladruck, Berlin; Bindearbeiten: Lüderitz & Bauer, Berlin.
60/3020-5 4 3 2 1 0 – Gedruckt auf säurefreiem Papier

Für unsere Ehefrauen
Anneli und Trudy

Vorwort zur zweiten Auflage

Für die Energieversorgung stehen drei unterschiedliche Kategorien von Energieträgern und Energiequellen zur Verfügung. Viele Jahre lag das Augenmerk von Lehre, Forschung und Anwendung auf den fossilen Energieträgern Öl, Kohle und Gas und auf den nuklearen Energieträgern Uran und Thorium sowie den jeweils dafür zur Verfügung stehenden Umwandlungstechnologien. Der dritten Klasse, nämlich den nicht-nuklearen und nicht-fossilen Energiequellen oder − wie sie heute einheitlich genannt werden − den regenerativen Energiequellen, wurde weniger Beachtung geschenkt. Dies ändert sich, denn die Umweltprobleme durch die Nutzung fossiler Energieträger werden immer gravierender, und die Akzeptanz der Kernenergie nimmt ab.

Die natürliche Darbietung von Sonnenenergie, Windenergie und Biomasse in unserem Lande wird als ein Schwerpunkt in diesem Buch behandelt. Ein weiterer Schwerpunkt ist denjenigen Nutzungstechnologien gewidmet, die in der BRD schon jetzt entweder für den heimischen Energiemarkt oder für den Export von Bedeutung sind oder die in absehbaren Zeiträumen Einfluß gewinnen könnten. Dies sind vor allem thermische Solarkollektoren und die zugehörigen Nutzungssysteme, photovoltaische Solarzellen, Windkraftanlagen und Biokonversionstechniken.

In der vorliegenden zweiten Auflage werden der aktuelle Stand der Technik und die neuesten verfügbaren Kosten berücksichtigt. Außerdem wurde eine Vielzahl von Verbesserungen vorgenommen, die das Verständnis des Stoffes erleichtern und vertiefen helfen.

Das vorliegende Lehrbuch soll seinen Leserkreis nicht nur bei Studenten ingenieur- und naturwissenschaftlicher Fachrichtungen finden, sondern allen Interessierten als Einstiegs- und Nachschlagewerk dienen.

Die Autoren danken Herrn Prof. T. Bohn von der Universität Essen und Herrn Dr. H. J. Wagner von der Technischen Universität Berlin sowie Herrn J. F. Hake, dem kommissarischen Leiter der Programmgruppe Systemforschung und Technologische Entwicklung im Forschungszentrum Jülich, für Anregungen und Hilfestellungen. Besonderer Dank gilt Herrn Prof. H. Buck und Herrn E. Stute sowie allen anderen Kollegen der Autoren an der Fachhochschule und im Forschungszentrum Jülich, die mit zur Entstehung dieses Buches beigetragen haben.

Jülich, im Juni 1993   M. Kleemann, M. Meliß

Inhaltsverzeichnis

Verwendete Formelzeichen XV

1   Nutzungsmöglichkeiten regenerativer Energiequellen 1
1.1   Einleitung 1
1.2   Geothermische Energie 5
1.3   Gezeitenenergie 9
1.4   Wasserkraft 11
1.5   Windenergie 12
1.6   Wellenenergie 12
1.7   Energie der Meeresströmung 14
1.8   Umweltwärme 15
1.9   Biologische und chemische Energiewandlung 17
1.10   Photoelektrische Energiewandlung 18
1.11   Solarthermische Energiewandlung 18
1.12   Diskussion des möglichen Beitrags zur Energieversorgung ... 19
1.12.1 Der Potentialbegriff 19
1.12.2 Der heutige Beitrag 19
1.12.3 Nachteile und Vorteile regenerativer Energiequellen 20
1.12.4 Der zukünftige Beitrag 22

2   Darbietung solarer Strahlungsenergie 25
2.1   Strahlung und Schwächungsmechanismen 25
2.1.1 Extraterrestrische Strahlung 25
2.1.2 Gang durch die Atmosphäre 27
2.1.3 Strahlung auf geneigte Flächen 28
2.2   Terrestrisch nutzbare Strahlung 32
2.2.1 Strahlungsbilanzen 32
2.2.2 Das allgemeine Transmissionsgesetz 35
2.2.3 Streuung in der Atmosphäre 36
2.2.4 Absorption der Sonnenstrahlung 39
2.2.5 Direkte Sonnenstrahlung 40
2.2.6 Himmelsstrahlung 41
2.2.7 Globalstrahlung 43
2.3   Messung solarer Strahlungsenergie 45
2.4   Zusammenhang zwischen der Globalstrahlung auf horizontale
       Flächen und derjenigen auf geneigte Flächen 47

3   Niedertemperaturkollektoren 50

3.1   Aufbau und Funktionsweise des Flachkollektors 50
3.2   Die optischen Eigenschaften des Absorbers
        und der Abdeckung 52
3.3   Bestimmung der Nutzleistung und des Wirkungsgrads 56
3.4   Transmissionsverluste der Kollektorabdeckung 58
3.4.1   Bestimmung des Reflexionskoeffizienten
        mit Hilfe der Brechungsindizes 58
3.4.2   Bestimmung des Transmissionskoeffizienten
        aus den Reflexionskoeffizienten ohne Absorption im Glas ... 60
3.4.3   Bestimmung der Transmissionskoeffizienten bei alleiniger
        Berücksichtigung der Absorption 62
3.4.4   Bestimmung des Gesamttransmissionskoeffizienten
        bei Reflexion und Absorption 62
3.5   Das HWB-Kollektormodell 64
3.6   Vergleich der drei Kollektorgleichungen 65
3.7   Test von Niedertemperaturkollektoren 67
3.8   Kollektorpreise 68

4   Solare Niedertemperatursysteme 70

4.1   Solarbeheizte Freischwimmbäder 70
4.1.1   Günstige Voraussetzungen für die Solarenergienutzung
        bei Freischwimmbädern 70
4.1.2   Berechnung des Wärmebedarfs ohne Beckenabdeckung 70
4.1.2.1 Bilanzierung der Wärmeströme eines Freibads 70
4.1.2.2 Berechnung der Strahlungs- und Konvektionsverluste 71
4.1.2.3 Berechnung der Verdunstungsverluste 71
4.1.2.4 Transmissionsverluste an das Erdreich 73
4.1.2.5 Berechnung des Wärmezugewinns durch Sonneneinstrahlung
        ins Becken 73
4.1.2.6 Berechnung des gesamten saisonalen Heizwärmebedarfs 74
4.1.3   Reduktion des Wärmebedarfs durch eine Beckenabdeckung .. 75
4.1.4   Berechnung der solaren Deckungsrate 76
4.1.5   Wirtschaftlichkeit der Beckenwassererwärmung 81
4.2   Brauchwassererwärmung und Raumheizung 84
4.2.1   Thermosiphonanlagen 84
4.2.1.1 Thermosiphonischer Massenstrom 85
4.2.1.2 Effektive Rohrleitungslänge 88
4.2.1.3 Dichte-Höhe-Diagramm und Auftriebsflächen 89
4.2.1.4 Gestaltung von Thermosiphonsystemen 89
4.2.2   Warmwassersysteme mit Zwangsumlauf 91
4.2.2.1 Einfluß von Kollektorfläche und Speichervolumen 92
4.2.2.2 Einfluß anderer Systemparameter 93
4.2.3   Auslegungshinweise 94
4.2.3.1 Energiebedarf 94

4.2.3.2   Solares Energieangebot 96
4.2.3.3   Kollektoren 97
4.2.3.4   Speicher 98
4.2.3.5   Sonstige Systemkomponenten 98
4.2.3.6   Kosten der Warmwasserbereitung 100
4.2.4   Raumheizung mit NT-Kollektoren 102

5   **Konzentrierende Kollektoren** 105
5.1   Geometrie der Parabel 105
5.2   Aufbau eines konzentrierenden Kollektors 106
5.3   Maximales Konzentrationsverhältnis
          und maximale Temperatur 109
5.3.1   Bestimmung des maximalen Konzentrationsverhältnisses 109
5.3.2   Bestimmung der maximalen Absorbertemperatur 111
5.3.3   Konzentrationsverhältnis und Temperatur für verschiedene
          Kollektoren 114
5.4   Verluste am konzentrierenden Kollektor 114
5.4.1   Unvollständige Reflexion des Spiegels 115
5.4.2   Oberflächenfehler 115
5.4.3   Orientierungsfehler 116
5.4.4   Reflexion und Emission des offenen Absorbers 116
5.4.5   Konvektion am offenen Absorber 118
5.4.6   Absorber mit transparenter Umhüllung 118
5.5   Nutzleistung und Wirkungsgrad 118
5.6   Gegenüberstellung von konzentrierendem Kollektor
          und Flachkollektor 121

6   **Solarthermische Stromerzeugung** 123
6.1   Unterscheidungsmerkmale für Farm- und Towerkraftwerke .. 123
6.2   Beispiele solarthermischer Kraftwerke 124
6.3   Arbeitstemperatur und Wirkungsgrad 125
6.4   Das Farmkraftwerk 127
6.4.1   Aufbau von Farmanlagen mit Parabolrinnen 127
6.4.2   Das Kollektorfeld 129
6.4.3   Der Speicher 131
6.4.4   Der Arbeitskreislauf 133
6.4.5   Das Energieflußbild 135
6.4.6   Regelung der Anlage 136
6.5   Das Towerkraftwerk 137
6.5.1   Konzepte für Absorber, Turm und Spiegelfeld 137
6.5.2   Aspekte der Feldauslegung 139
6.5.3   Nachführung der Heliostaten 145
6.5.4   Der Receiver 146
6.5.5   Kreislaufkonzepte 153
6.5.6   Nutzungsgrad 154

6.6   Systemvergleich und Kosten 155
6.6.1   Systemvarianten 155
6.6.2   Wirtschaftlichkeit 155

7   **Photovoltaische Stromerzeugung** 158
7.1   Einleitung 158
7.2   Grundlagen 159
7.2.1   Bändermodell der Elektronen im Festkörper 159
7.2.2   Die Solarzelle ohne Bestrahlung 164
7.2.3   Absorption von Photonen 166
7.2.4   Ladungsträger-Rekombination 167
7.2.5   Die Solarzelle unter Bestrahlung 168
7.2.6   Schottky-Zellen, MIS-Zellen 170
7.2.7   Hetero-Zellen 170
7.3   Verhalten einzelner Solarzellen 171
7.3.1   Strom-Spannungskennlinie 171
7.3.2   Ersatzschaltbild realer Solarzellen 175
7.4   Heute gebräuchliche Solarzellen 176
7.4.1   Herstellung von Silicium-Solarzellen 176
7.4.2   Dünnschicht-Solarzellen 180
7.4.3   Sonstige Solarzellen 182
7.5   Konzentrierende Solarzellen 183
7.6   Solarzellensysteme und Kosten 186
7.6.1   Aufbau von Solargeneratoren 186
7.6.2   Einsatzmöglichkeiten von Solargeneratoren 187
7.6.3   Wirtschaftlichkeit 188

8   **Darbietung der Biomasse** 190
8.1   Entstehung der Biomasse 190
8.2   Erscheinungsformen der Biomasse 191
8.3   Das Potential der Biomasse 192
8.3.1   Weltweites Potential 192
8.3.2   Potential in der BRD 194

9   **Techniken zur energetischen Nutzung der Biomasse** 200
9.1   Einleitung 200
9.2   Physikalische Biokonversionsverfahren 202
9.2.1   Verdichtung zu Biobrennstoffen 202
9.2.2   Extraktion von Pflanzenölen 203
9.3   Thermochemische Biokonversionsverfahren 204
9.3.1   Verbrennung 204
9.3.2   Vergasung 210
9.3.3   Verflüssigung 214
9.3.3.1 Verflüssigung durch chemische Reduktion 214
9.3.3.2 Pyrolyse 214

9.3.3.3 Verflüssigung durch Methanolsynthese 218
9.4   Biologische Konversionsverfahren 219
9.4.1   Einführung 219
9.4.2   Biogaserzeugung 221
9.4.2.1 Verfahrenstechnische Grundlagen 221
9.4.2.2 Einflußparameter 222
9.4.2.3 Ausführung von Biogasanlagen 228
9.4.2.4 Wirtschaftlichkeit von Biogas 231
9.4.3   Äthanolerzeugung 232
9.4.3.1 Ausgangsstoffe und Verfahren 232
9.4.3.2 Der Fermentationsprozeß 235
9.4.3.3 Energiebilanz des Gesamtprozesses 237
9.4.3.4 Äthanol als Motorkraftstoff 239
9.4.3.5 Wirtschaftlichkeit von Äthanol 240

10   Darbietung der Windenergie 241
10.1   Entstehung des Winds und des globalen Zirkulationssystems 241
10.2   Windströmung 244
10.2.1   Windstärke 244
10.2.2   Windrichtung 244
10.2.3   Jahresmittel der Windgeschwindigkeit 245
10.2.4   Jahresgang der mittleren Windgeschwindigkeit 246
10.2.5   Höhenabhängigkeit der Windgeschwindigkeit 248
10.2.6   Häufigkeitsverteilung der Windgeschwindigkeit 248
10.2.7   Extremwerte der Windgeschwindigkeit 251
10.2.8   Windströmung über Hindernisse und Anlagenabstand 253
10.3   Die Leistungsdichte des Winds 253
10.4   Vergleich von Sonnen- und Windenergieangebot 256
10.5   Windmessung 257
10.5.1   Staudruckmeßverfahren 257
10.5.2   Hitzdrahtanemometer 258
10.5.3   Schalenkreuzanemometer 258
10.5.4   Windrichtungsanzeige 260

11   Windenergiekonverter 262
11.1   Historische Entwicklung 262
11.2   Strömungsmechanische Grundlagen 264
11.2.1   Idealer Leistungsbeiwert 264
11.2.2   Leistungsbeiwert eines Widerstandsläufers 266
11.2.3   Strömung um ein Tragflügelprofil 269
11.3   Aerodynamik der Windturbine 270
11.3.1   Auftriebsbeiwert und Widerstandsbeiwert 270
11.3.2   Geschwindigkeiten und Luftkräfte am Rotor 272
11.3.3   Verwindung des Rotorblatts 275
11.3.4   Aerodynamische Verluste am Rotorblatt 275

11.3.5   Leistungsbeiwert und Schnellaufzahl 278
11.3.6   Momentenbeiwert und Schnellaufzahl 279
11.3.7   Gestaltung der Blattbreite 280
11.3.8   Profilauswahl 284
11.3.9   Optimale Rotordrehzahl 285
11.3.10 Darrieus-Rotor 287
11.4   Belastungen an einer Windkraftanlage 288
11.4.1   Vorbemerkungen 288
11.4.2   Luft- und Massenkräfte am Rotor 289
11.4.3   Kräfte durch den Betriebsablauf 292
11.4.4   Schwingungsbeanspruchung 292
11.5   Elektrisches System 293
11.6   Regelung 295
11.6.1   Schlechte Regelbarkeit bei Langsamläufern 295
11.6.2   Regelung von Schnelläufern 296
11.7   Wirtschaftlichkeit 298

Literaturverzeichnis 302

Sachverzeichnis 311

Verwendete Formelzeichen

a) Lateinische Buchstaben

Symbol	Erläuterungen	Einheiten
A	Fläche	m^2
A_A	Absorberfläche	m^2
AE	Astronomische Einheit = mittl. Entfernung Erde−Sonne	$1{,}5\cdot10^8$ km
Å	Angström, Längenmaß in der Spektroskopie	10^{-10} m
A_{EL}	Fläche des elliptischen Sonnenbildes	m^2
A_K	Kollektorfläche	m^2
A_{KF}	Kollektorfeldfläche	m^2
$A_{KF,i}$	Fläche eines Heliostaten	m^2
A_R	Aperturfläche des Spiegels (Öffnungsfläche)	m^2
A_{RA}	Aperturfläche des Receivers	m^2
A_S	Oberfläche der Sonne	m^2
A_{SK}	freier Strömungsquerschnitt im Kollektor	m^2
A_{Sp}	Speicheroberfläche	m^2
A_W	Wasseroberfläche	m^2
A_{eff}	effektive Spiegelfläche	m^2
A_i	Wärmeübertragungsfläche auf der Absorberinnenseite	m^2
A_n	Annuität	1/a
A_0	Rotorkreisfläche	m^2
a	Azimutwinkel	Grad
a_A	Reibungskonstante am Anemometer	m/s
a_{EL}	große Ellipsenachse des Sonnenbildes	m
a_W	Absorberwandstärke	m
a_1	Rayleighscher Streukoeffizient	−
B	Verhältniszahl für die Belegung des Windrads	−
b	Breitengrad	Grad
b_A	Proportionalitätsfaktor (Anemometer)	−
b_E	Energiepreis	DM/J
b_{EL}	kleine Ellipsenachse des Sonnenbildes	m
b_P	Profilbreite	m
C	Konzentrationsverhältnis	−
C_{OTM}	Konzentration der organischen Trockenmasse	
C_{max}	maximales Konzentrationsverhältnis	−
c	spezifische Wärme	J/kg K
c_K	spezifische Wärme des Kollektorkühlfluids	J/kg K
c_L	spezifische Wärme von Luft	J/kg K
c_{Sp}	spezifische Wärme des Speicherfluids	J/kg K
c_a	Auftriebsbeiwert	−

Symbol	Erläuterungen	Einheiten
c_m	Momentenbeiwert	–
c_p	Leistungsbeiwert	–
$c_{p,max}$	maximaler Widerstandsbeiwert	–
$c_{p,w}$	Widerstandsbeiwert des Widerstandsläufers	–
$c_{p,w,max}$	Maximalwert von $c_{p,w}$	–
c_w	Widerstandsbeiwert	–
D	Durchmesser	m
D	Dicke	m
D_S	Sonnendurchmesser	m
D_S	solare Deckungsrate	–
d	Absorberrohr-Durchmesser	m
d_B	Durchmesser des Sonnenbildes	m
E	Energie	J, eV
$E_{a,el}(n)$	Jahresenergie bei einer bestimmten Rotordrehzahl	J/a
E_F	Fermi-Energie	eV
E_G	Gleitzahl	–
E_g	Energielücke	J
eV	Elektronenvolt	$1{,}602 \cdot 10^{-7}$ J
e_a	spezifische Jahresenergie	J/m^2
$e_{a,el}$	spezifische elektr. Jahresenergie	$J/m^2 a$
F_{Abd}	Minderungsfaktor für den Heizwärmebedarf bei Verwendung einer Beckenabdeckung	–
FF	Füllfaktor	–
F_A	Auftriebskraft	N
F_{KS}	Minderungsfaktor für Konvektions- und Abstrahlungsverluste	–
F_R	Wärmeabfuhrfaktor	–
$F_{R,S}$	resultierende Profilkraft	N
F_S	Schubkraft am Rotor	N
F_T	Tangentialkraft am Rotor	N
F_{Vd}	Minderungsfaktor für Verdunstungsverluste	–
F_c	Corioliskraft	N
F_p	Druckkraft	N
F_w	Widerstandskraft	N
F'	Absorberwirkungsgradfaktor	–
F''	Wärmekapazitätsfaktor	–
F^*	Flossenfaktor	–
f	Brennweite	m
f	Frequenz	1/s
f^*	Minderungsfaktor für den Feldwirkungsgrad bei Solar-Farmanlagen	–
f_1, f_2	Flächenverhältnisse	–
$\dot{G}$	Bestrahlungsstärke	W/m^2
$\dot{G}_D$	Direktstrahlung	W/m^2
$\dot{G}_{D,A}$	absorbierte Direktstrahlung	W/m^2
$\dot{G}_{D,R}$	reflektierte Direktstrahlung	W/m^2
$\dot{G}_{D,d}$	durchgelassene Direktstrahlung	W/m^2
$\dot{G}_{D,g}$	Direktstrahlung auf geneigte Flächen	W/m^2
$\dot{G}_{D,h}$	Direktstrahlung auf die Horizontale	W/m^2
$\dot{G}_G$	Globalstrahlung	W/m^2
$\dot{G}_{G,R}$	reflektierte Globalstrahlung	W/m^2

Symbol	Erläuterungen	Einheiten
$\dot{G}_{G,d}$	durchgelassene Globalstrahlung	W/m^2
$\dot{G}_{G,g}$	Globalstrahlung auf die geneigte Fläche	W/m^2
$\overline{\dot{G}}_{G,g}$	Globalstrahlung auf die geneigte Fläche, gemittelt während der Badesaison	W/m^2
$\dot{G}_{G,h}$	Globalstrahlung auf die Horizontale	W/m^2
$\dot{G}_H$	Himmelsstrahlung	W/m^2
$\dot{G}_{H,A}$	absorbierte Himmelsstrahlung	W/m^2
$\dot{G}_{H,R}$	reflektierte Himmelsstrahlung	W/m^2
$\dot{G}_{H,d}$	durchgelassene Himmelsstrahlung	W/m^2
$G_{H,g}$	Himmelsstrahlung auf die geneigte Fläche	W/m^2
$\dot{G}_{H,h}$	Himmelsstrahlung auf die Horizontale	W/m^2
$\dot{G}_R$	reflektierte Strahlung	W/m^2
$\dot{G}_{Ra}$	Strahlung eines Streuvolumens	W/m^3
$\dot{G}_{RS}$	Strahlungsanteil der Rayleigh-Streuung	W/m^2
$\dot{G}_S$	Abstrahlung der Sonne	W/m^2
$\dot{G}_0$	Solarkonstante, auf die Erdatmosphäre auftreffende Strahlung	W/m^2
$\dot{G}_{0,g}$	Strahlung außerhalb der Erdatmosphäre auf eine geneigte Fläche	W/m^2
$\dot{G}_{0,h}$	Strahlung außerhalb der Erdatmosphäre auf eine horizontale Fläche	W/m^2
g	Erdbeschleunigung	$9{,}81\ m/s^2$
g^*	Exponent	–
H	Höhe	m
H_S	signifikante Wellenhöhe	m
H_U	spezifischer unterer Heizwert	MJ/kg
H_{UTS}	spezifischer Heizwert der Trockensubstanz	MJ/kg
h	Sonnenhöhenwinkel	Grad
h	Plancksches Wirkungsquantum	Js
h	Enthalpie	J/kg
I	Strom	A
I_K	Kurzschlußstrom	A
I_L	Photostrom	A
I_S	Sperrstrom	A
I_{SO}	Materialkenngröße bei Solarzellen	A
I_{max}	Strom der Zelle bei max. Leistung	A
i_K	spezifischer Kurzschlußstrom	mA/cm^2
J	Tag des Jahres vom 1. Januar aus gezählt	–
K	Investitionskosten	DM
k	Boltzmann-Konstante	$1{,}38 \cdot 10^{-23}\ J/K$
k	spezifische Anlagenkosten	DM/kW, DM/m^2, DM/GVE
k_a	spezifische Jahreskosten	DM/kWa oder DM/m^2 a
k_B	jährliche Betriebskosten, Schwimmbad	DM/a m^2
k_E	Energiekosten, Schwimmbad	DM/a m^2
k_F	spezifische Anlagekosten	DM/m^2
k_G	Gasgestehungskosten	DM/m^3
k_S	Stromgestehungskosten	DM/kWh
k_W	Wärmegestehungskosten	DM/kWh
L	Länge	m

Symbol	Erläuterungen	Einheiten
L	Ladezustand des Speichers	–
l_e	liquid equivalent	g/cm^2
M_d	Drehmoment	Nm
m	Masse	kg
m	optische Weglänge	m
$\dot{m}$	Massenstrom	kg/s
$\bar{m}$	Proportionalitätskonstante	–
$\dot{m}_W$	Wassermassenstrom	kg/s
$\dot{m}_s$	je Flächeneinheit der Wasseroberfläche verdunstender Massenstrom	$kg/s\,m^2$
$\dot{m}_{su}$	Tägliche Substratzufuhr	kg/d
$\dot{m}_1, \dot{m}_2$	Massenströme vor und hinter dem Rotor	kg/s
N	Zahl der Moleküle	$1/m^3$
N	Zahl der Abdeckscheiben	–
n	Neigungswinkel der Empfangsfläche	Grad
n	Rotordrehzahl	1/min
n_A	Drehzahl des Anemometers	1/s
n_G	Generatordrehzahl	1/min
n_i	Brechungsindex	–
n_K	Anzahl der Kollektoren eines Felds	–
n_v	Vollaststunden pro Jahr	h
n^*	Nutzungsdauer	a
P	Leistung	W
P_{el}	elektrische Leistung	W
P_{Nenn}	Nenn- oder Auslegungsleistung	W
P_{max}	max. Leistung	W
Pr	Prandtlzahl	–
P_{th}	thermische Leistung	W
p	Druck	N/m^2
p	Leistungsdichte	W/m^2
p_A	Auftriebsdruck	N/m^2
p_o	Druck auf Profiloberseite	N/m^2
p_u	Druck auf Profilunterseite	N/m^2
p_g	Gesamtdruck	N/m^2
p_s	statischer Druck	N/m^2
p_z	Zinsfuß	%/a
Q_{Hges}	Gesamtheizwärmebedarf in der Badesaison	J/a
$\hat{Q}_{Hges}$	gesamter Heizwärmebedarf bei Verwendung einer Beckenabdeckung	J/a
$Q_{N,S}$	aktueller Speicherinhalt	J
Q_{N,S_d}	Tagesnutzenergie des Speichers	J
$\dot{Q}$	Wärmeleistung	W
$\dot{Q}_{A,R}$	Reflexionsverlust des Absorbers	W
$\dot{Q}_H$	Heizleistung	W
$\dot{Q}_K$	Konvektionsverluste	W
$\dot{Q}_L$	Leistungsverluste	W
$\dot{Q}_N$	Nutzleistung	W
$\dot{Q}_{N,A}$	Nutzleistung des Absorbers	W
$\dot{Q}_{N,H}$	Einstrahlung der Heliostaten	W
$\dot{Q}_{N,F}$	Nutzleistung des Kollektorfelds	W

Symbol	Erläuterungen	Einheiten
$\dot{Q}_{N,K}$	Nutzleistung eines Kollektors	W
$\dot{Q}_{N,S}$	Speicherleistung	W
$\dot{Q}_R$	Reflexionsverluste	W
$\dot{Q}_S$	Abstrahlverluste	W
$\dot{Q}_{Ste}$	Wärmegewinn durch Einstrahlung in das Becken	W
$\dot{Q}_T$	Transmissionsverluste des Receivers	W
$\dot{Q}_{Tr}$	Transmissionsverluste ins Erdreich	W
$\dot{Q}_V$	Verlustwärmestrom	W
$\dot{Q}_{Vd}$	Verdunstungsverluste	W
$\dot{Q}_{Ve}$	Verdampferleistung	W
$\dot{Q}_{V,S}$	Speicherverluste	W
q	Elementarladung	As
$\dot{q}$	spezifischer Wärmestrom	W/m^2
$\dot{q}_A$	Leistungsdichte auf der Receiverfläche	W/m^2
q_{Hges}	gesamter spezifischer Heizwärmebedarf in der Badesaison	$J/m^2\,a$
$\hat{q}_{Hges}$	gesamter spezifischer Heizwärmebedarf bei Verwendung einer Beckenabdeckung	$J/m^2\,a$
$\dot{q}_N$	spezifische Nutzleistung	W/m^2
$\dot{q}_{N,F}$	spezifische Kollektor-Nutzleistung	W/m^2
$\dot{q}_{RA}$	Leistungsdichte in der Apertur	W/m^2
$\dot{q}_s$	Leistungsdichte der langwelligen Abstrahlung	W/m^2
R	Radius	m
R	Strahlungsverhältnis der geneigten zur horizontalen Fläche	–
R_b	Tägliche Raumbelastung	$kg/d\,m^3$
Re	Reynoldszahl	–
R_E	äußerer Rotorradius	m
R_N	Nabenradius	m
R_R	Reihenwiderstand	Ω
R_S	Radius der Sonne	m
R_{Sh}	Shunt-Widerstand	Ω
r	Radius	m
r	Verdampfungswärme	J/kg
r_A	Radius des Anemometers	m
Sh	Summenhäufigkeit	–
S_p	jährliche Gasproduktion einer GVE	$m^3/GVE\,a$
s	Weglänge	m
T	absolute Temperatur	K
T_A	Absoluttemperatur des Absorbers	K
T_K	Temperatur im Kollektor	K
T_S	Oberflächentemperatur der Sonne	K
T_U	Absoluttemperatur der Umgebung	K
T_r	Trübungsfaktor	–
t	Temperatur	°C
t	Zeit	s
t_A	Absorbertemperatur	°C
$\bar{t}_A$	gemittelte Absorbertemperatur	°C
t_{BS}	Dauer der Badesaison	s/a
t_D	Drahttemperatur	°C
t_L	Lufttemperatur	°C
t_M	mittlere Kollektorfluidtemperatur	°C

Symbol	Erläuterungen	Einheiten
t_{Sp}	mittlere Speichertemperatur	°C
t_U	Umgebungstemperatur	°C
t_{Vw}	Verweilzeit des Substrats in Tagen	d
t_W	Beckenwassertemperatur	°C
t_e	Eintrittstemperatur des Wärmeträgers	°C
t_m	mittlere Lufttemperatur	°C
t_{max}	maximale Speichertemperatur	°C
t_{min}	minimale Speichertemperatur	°C
t_0	Kollektoraustrittstemperatur	°C
t^*	Stundenwinkel	Grad
t^*_{SA}	Stundenwinkel bei Sonnenaufgang	Grad
t^*_{SU}	Stundenwinkel bei Sonnenuntergang	Grad
U	Spannung	V
U_A	Wärmeübergangskoeffizient des Absorbers	$W/m^2\,K$
U_L	mittlerer Wärmedurchgangskoeffizient	$W/m^2\,K$
U_{max}	Spannung der Zelle bei max. Leistung	V
U_0	Leerlaufspannung	V
u	Umfangsgeschwindigkeit	m/s
u	Feuchtigkeitsgehalt	–
u_E	Umfangsgeschwindigkeit am Blattende	m/s
u_N	Umfangsgeschwindigkeit an der Nabe	m/s
u_{Nenn}	Nenn-Umfangsgeschwindigkeit	m/s
V	Volumen	m^3
V_R	Reaktorvolumen	m^3
V_{Sp}	Speichervolumen	m^3
V_{Su}	Substratvolumen	m^3
v	Geschwindigkeit, Windgeschwindigkeit	m/s
$\bar{v}$	Jahresmittelwert der Windegeschwindigkeit	m/s
$\bar{v}_H$	Jahresmittelwert der Windgeschwindigkeit in der Höhe H	m/s
$v_{0,Nenn}$	Nenn- oder Auslegungsgeschwindigkeit	m/s
$v_{(Sh,H)}$	Windgeschwindigkeit bei der Summenhäufigkeit Sh und der Höhe H	m/s
$v_{(Sh,10)}$	Windgeschwindigkeit bei der Summenhäufigkeit Sh in 10 m Höhe	m/s
v_g	geostrophische Windgeschwindigkeit	m/s
$\bar{v}_i$	Jahresmittelwert der Windgeschwindigkeit im Jahre i	m/s
v_0	Geschwindigkeit in der Rotorebene	m/s
v_2	Geschwindigkeit hinter dem Rotor	m/s
W	Rohrleitungsabstand	m
w	Anströmgeschwindigkeit	m/s
w_E	Anströmgeschwindigkeit am Rotorende	m/s
w_N	Anströmgeschwindigkeit an der Nabe	m/s
w_{Nenn}	Anströmgeschwindigkeit im Auslegungspunkt	m/s
X	Wasserdampfgehalt der Luft	kg/kg
X''	Wasserdampfgehalt gesättigter Luft	kg/kg
X''_m	Wasserdampfgehalt gesättigter Luft bei Umgebungstemperatur	kg/kg
X''_W	Wasserdampfgehalt gesättigter Luft bei Wassertemperatur	kg/kg
X''_{WO}	Wasserdampfgehalt gesättigter Luft bei der Temperatur der Wasseroberfläche	kg/kg
x	Extinktionskoeffizient (Absorptionskonstante)	1/m

Symbol	Erläuterungen	Einheiten
x	Koordinate	m
x	Feuchte (Wassergehalt)	–
y	Koordinate	m
Z	Zeit (in Zeitgleichung)	min
z	Koordinate	m
z_B	jährlicher Betriebskostensatz	%/a
z_F	Anzahl der Flügel	–
z_H	Hindernishöhe	m
z_S	Spiegelhöhe	m
z_T	Turmhöhe	m

b) griechische Buchstaben

α	Absorptionskoeffizient	–
α_A	Anstellwinkel	Grad
$\alpha_{A,Nenn}$	Nenn-Anstellwinkel	Grad
α_D	Divergenzwinkel der Sonnenstrahlen	Grad
α_I	Absorptionskoeffizient im Infrarot- und längerem Wellenlängenbereich	–
α_K	Wärmeübergangszahl der freien Konvektion	$W/m^2\,K$
$\alpha_{K,S}$	Wärmeübergangszahl an der Schwimmbadoberfläche	$W/m^2\,K$
α_R	Wärmeübergangszahl im Rohr	$W/m^2\,K$
α_s	Absorptionskoeffizient im Spektrum der Sonnenstrahlung	–
α_i	Wärmeübergangszahl auf der Innenseite	$W/m^2\,K$
β	Volumenausdehnungskoeffizient	$1/K$
β	Winkel zwischen Profilsehne und Rotorebene (Blatteinstellwinkel)	Grad
β_N	Blatteinstellwinkel an der Nabe	Grad
β_E	Blatteinstellwinkel am Rotorende	Grad
β_{Nenn}	Nenn-Blatteinstellwinkel	Grad
γ	Winkel zwischen Windgeschwindigkeit und Anströmgeschwindigkeit	Grad
δ	Deklinationswinkel	Grad
δ_I	Dicke der Isolation	m
Δp	Druckdifferenz	N/m^2
Δt	Abkühlung des Beckenwassers	°C
Δt_m	mittlere Temperaturdifferenz zwischen Absorber und Fluid	°C
Δt_{Sp}	Temperaturspreizung des Speichers	°C
$\Delta x, \Delta y, \Delta z$	Längenelemente	m
$\Delta \beta$	Differenz des Blatteinstellwinkels	Grad
$\Delta \psi_0$	Orientierungsfehler	Grad
$\Delta \psi_W$	Winkelfehler	Grad
ε	Emissionskoeffizient	–
ε_I	Emissionskoeffizient im infraroten Bereich	–
ε_S	Emissionskoeffizient im Spektrum der Sonnenstrahlung	–
$\varepsilon(\lambda)$	drückt die Wellenlängenabhängigkeit des Emissionskoeffizienten aus	–
ζ	Widerstandsbeiwert	–
η	Wirkungsgrad	–
$\bar{\eta}$	mittl. Kollektorwirkungsgrad (Nutzungsgrad)	–

Symbol	Erläuterungen	Einheiten
η_{Aus}	Teilwirkungsgrad für Heliostat-Ausfälle	–
$\eta_{\text{B,A}}$	Teilwirkungsgrad für Blocken und Abschatten	–
η_{C}	Teilwirkungsgrad für Cosinus-Verluste	–
η_{G}	Generatorwirkungsgrad	–
η_{F}	Wirkungsgrad der Spiegel- und Nachführfehler	–
$\bar{\eta}_{\text{F}}$	mittl. Feldwirkungsgrad (Systemnutzungsgrad)	–
η_{FK}	Wirkungsgrad des Flachkollektors	–
η_{KF}	Wirkungsgrad des Kollektorfelds	–
η_{KK}	Wirkungsgrad des konzentrierenden Kollektors	–
η_{KL}	Wirkungsgrad des Kreislaufs	–
η_{OR}	Wirkungsgrad des offenen Receivers	–
η_{R}	unvollständige Reflexion	–
η_{SF}	Wirkungsgrad für Spiegelfelder	–
$\eta_{\text{SF,i}}$	Wirkungsgrad eines Spiegels	–
η_{SV}	Wirkungsgrad Speicher, Zwischenkreislauf und Verdampfer	–
$\eta_{\text{W,T}}$	Windbelastung und Turmbewegung	–
η_{d}	dynamische Zähigkeit	kg/m s
η_{m}	mechanischer Wirkungsgrad	–
η_{th}	thermischer Wirkungsgrad	–
η_0	Konversionsfaktor	–
η_{e}	Eigenverbrauch, ausgedrückt als Wirkungsgrad	–
φ	Winkel	Grad
Θ_1	Einfallswinkel	Grad
Θ_2	Brechungswinkel	Grad
Λ	Wärmeleitfähigkeit	W/mK
λ	geographische Länge	Grad
λ	Wellenlänge	m
λ	Reibungszahl	–
λ_{S}	Schnellaufzahl	–
λ_0	Bezugsmeridian für die gesetzliche Zeit GZ	Grad
ν	Frequenz des Lichts	1/s
ν_{d}	Tagesnutzungsgrad	–
ν'	kinematische Zähigkeit	m^2/s
ξ	Anteil der vom Beckenwasser und vom Beckenboden absorbierten Globalstrahlung	–
ϱ	Reflexionsgrad	–
ϱ_{A}	Reflexionsgrad des Absorbers	–
ϱ_{B}	Reflexionsgrad des Bodens	–
ϱ_{I}	Reflexionsgrad im langwelligen Bereich	–
ϱ_{L}	Dichte der Luft (bei $t_{\text{u}} = 25\,°\text{C}: 1{,}2$)	kg/m^3
ϱ_{OTM}	Dichte der organischen Trockenmasse	kg/m^3
ϱ_{Sp}	Dichte des Speichermediums	kg/m^3
ϱ_{Su}	Dichte des Substrats	kg/m^3
ϱ_{W}	Wasserdichte	kg/m^3
ϱ_{i}	Wasserdichte am Kollektoreintritt	kg/m^3
ϱ_{o}	Wasserdichte am Kollektoraustritt	kg/m^3
ϱ_{s}	reflektierte Strahllänge vom Spiegel bis zum Brennpunkt	m
ϱ_0	Reflektivität von Glas in Luft bei senkrechter Einstrahlung	–
σ	Stefan-Boltzmann-Konstante	$5{,}67 \cdot 10^{-8}$ $\text{Wm}^{-2}\,\text{K}^{-4}$

Symbol	Erläuterungen	Einheiten
τ	Transmissionskoeffizient	–
τ_A	Transmissionskoeffizient bei alleiniger Berücksichtigung der Absorption	–
τ_{Ab}	Transmissionskoeffizient der Gasabsorption in der Atmosphäre	–
τ_G	Gesamttransmission	–
τ_{MS}	Transmissionskoeffizient der Mie-Streuung	–
τ_{RS}	Transmissionskoeffizient der Rayleigh-Streuung	–
τ_r	Transmissionskoeffizient ohne Berücksichtigung Absorption	–
Φ	Winkel	Grad
Φ_R	Randwinkel	Grad
φ	relative Feuchte	–
ψ	Einfallswinkel der Strahlung	Grad
ψ_z	Zenitwinkel	Grad
ω	Winkelgeschwindigkeit	1/s

1 Nutzungsmöglichkeiten regenerativer Energiequellen

1.1 Einleitung

Neben den nuklearen und fossilen Energieträgern stehen für die Energieversorgung der Welt die sog. *regenerativen (erneuerbaren oder unerschöpflichen) Energiequellen* zur Verfügung. Dieser Begriff der Unerschöpflichkeit gilt zwar nicht im strengen physikalischen Sinn, wohl aber gemäß den menschlichen Zeitmaßstäben. Die anthropogen (durch den Menschen) nutzbaren Energieströme entspringen drei grundsätzlich unterschiedlichen Primärquellen:

1. dem Isotopenzerfall im Erdinnern (Erdwärme),
2. der Planetenbewegung in Verbindung mit der Massenanziehung (Gezeitenenergie) und
3. der thermonuklearen Umwandlung in der Sonne (Sonnenenergie).

Die verschiedenen Erscheinungsformen regenerativer Energiequellen können diesen Primärquellen jedoch nicht immer eindeutig zugeordnet werden. So resultiert beispielsweise die Windenergie aus der Atmosphärenbewegung, die durch Sonnenstrahlung hervorgerufen und durch Erdrotation beeinflußt wird. Die dem Menschen zugängliche Wärme der oberen Erdkruste setzt sich sowohl aus solarer als auch aus geothermischer Wärme zusammen.

Diese Quellen sind in Abb. 1.1 anhand des Energieflußbilds der Erde dargestellt. Der größte Energiestrom resultiert aus der *solaren Strahlung*, die ja über die Prozesse der Bioproduktion vor Millionen von Jahren auch zur Entstehung der heute überwiegend genutzten fossilen Energieträger Öl, Kohle und Gas beigetragen hat. Der Vorrat dieser fossilen Energierohstoffe ist jedoch, verglichen mit der Energie, die von der Sonne pro Jahr auf die Erdatmosphäre eingestrahlt wird, verschwindend gering. Die Sonne strahlt der Erde Jahr für Jahr mehr als zehnmal so viel Energie zu, wie diese theoretisch an fossilen Energieträgern besitzt (sog. Ressourcen, Abb. 1.1 Bildmitte). Der gesamte derzeit davon ökonomisch gewinnbare Anteil entspricht mit $8{,}9 \cdot 10^{11}$ t SKE (SKE = Steinkohleneinheit, 1 t SKE = Energie einer Tonne Steinkohle) sogar nur etwa 5‰ der eingestrahlten Energie ($1{,}9 \cdot 10^{14}$ t SKE). Der heutige Welt-Primärenergieverbrauch in der Größe von ca. $13{,}3 \cdot 10^{9}$ t SKE beträgt nur 0,07‰ der jährlichen Sonneneinstrahlung.

Eine zweite Energiequelle entstammt der Erde selbst: die sog. *geothermische Energie*. Das theoretische Potential (zum Begriff der Potentiale s. Ab-

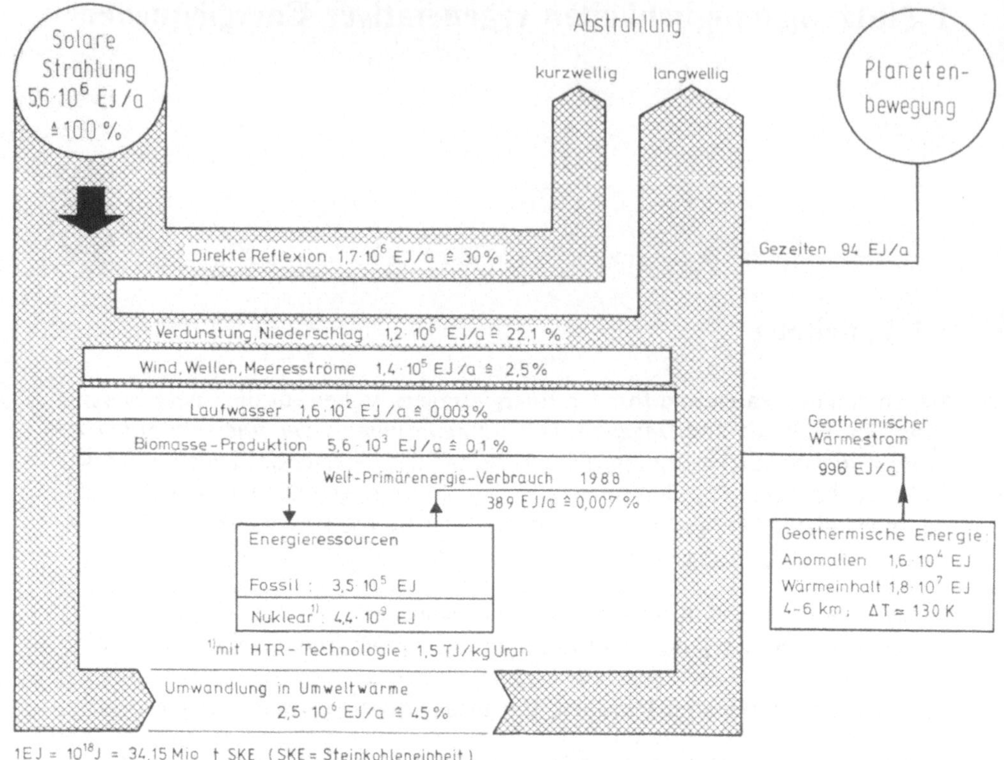

Abb. 1.1. Das Energieflußbild der Erde zeigt die drei regenerativen Energiequellen solare Strahlung, Geothermie und Planetenbewegung mit ihren theoretischen Energiepotentialen im Vergleich mit den theoretisch verfügbaren Energieressourcen (nach Hubbert, 1971)

schn. 1.12.1) des goethermischen Wärmestroms ist jedoch um fast vier Größenordnungen kleiner als dasjenige der solaren Strahlung.

Die dritte regenerative Energiequelle resultiert aus der Bewegung der Planeten und führt auf der Erde aufgrund der Massenanziehungskräfte zur Erscheinung der *Gezeiten*. Das theoretische Potential dieser Gezeitenenergie ist jedoch noch um einen Faktor 10 geringer als dasjenige des geothermischen Wärmestroms.

Abbildung 1.2 zeigt die nutzbaren regenerativen Energiequellen und die zugehörigen Nutzungstechnologien. Versuche, diese Quellen zu erschließen, gibt es seit Menschengedenken. Aber nur eine der Quellen trägt heute in nennenswertem Umfang zur kommerziellen Energiebedarfsdeckung bei: die Wasserkraft. Andere besitzen ausschließlich enge regionale Bedeutung (geothermische Energie, Gezeitenenergie) oder haben ihre frühere Bedeutung in den Industrieländern wieder eingebüßt (Windenergie, biochemische Energie in Form von Brennholz etc.). Holz spielt allerdings als nicht-kommerzieller Energieträger, der nicht in den üblichen Energiebilanzen eines Landes auftaucht, in Entwicklungsländern eine wichtige Rolle, da diese z. T. bis 80% ihres gesamten

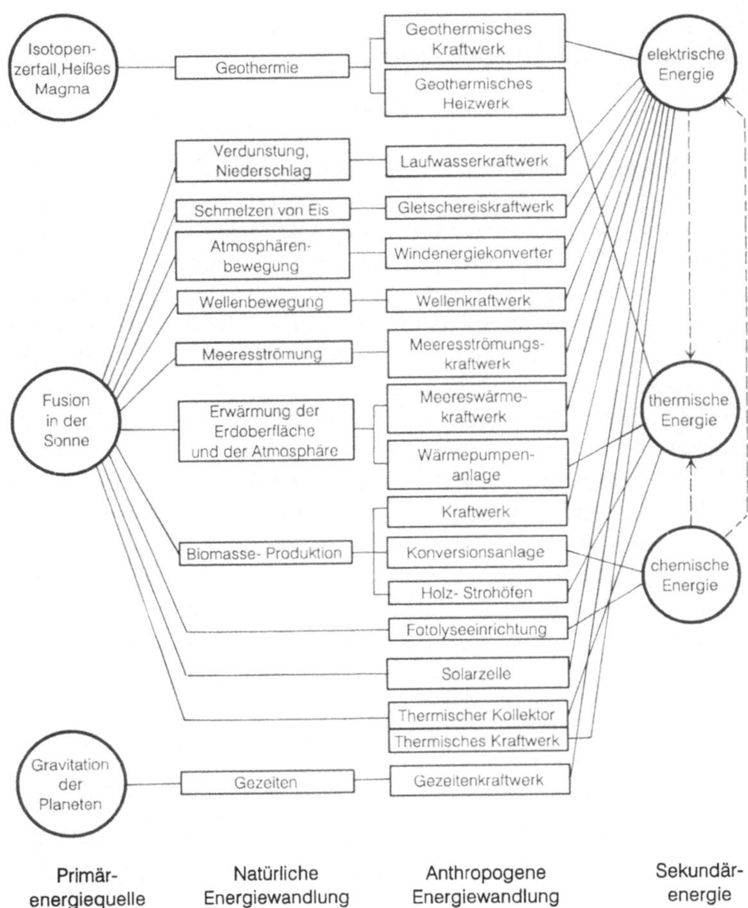

Abb. 1.2. Regenerative Energiequellen können entweder direkt oder nach einer natürlichen Energiewandlung indirekt genutzt werden

Primärenergieverbrauchs mit Holz decken. Abbildung 1.2 macht deutlich, daß die auf direktem oder indirektem Wege nutzbaren regenerativen Energiequellen prinzipiell in der Lage sind, alle Formen der heute von der Menschheit benötigten Sekundärenergieträger bereitzustellen: Strom, Wärme und Brennstoffe.

Die in jüngster Zeit aufgelebten Diskussionen um die Begrenztheit fossiler und nuklearer Energievorräte und um die Umweltauswirkungen, hier insbesondere die zum Treibhauseffekt führenden CO_2-Emissionen, haben das Interesse an den unerschöpflichen Energiequellen wieder verstärkt. Begründet wird dies in unserem Land mit unterschiedlichen Motiven. Die wichtigsten sind:

1. Energiebereitstellung im eigenen Land,
2. Energieimport aus sonnenreichen Nachbar- oder Drittländern,
3. Leistung von Entwicklungshilfe,

4. kommerzieller Export von neuen Technologien und
5. ein hohes Maß an Umweltverträglichkeit.

Unabhängig davon müssen wegen der Begrenztheit fossiler und nuklearer Energieträger in jedem Falle zur Deckung des zukünftigen Energiebedarfs neue Energietechnologien eingeführt werden, was in der Regel außerordentlich lange Zeiträume erfordert. Dies wird aus Abb. 1.3 ersichtlich, in der die Epochen der Weltenergieversorgung aufgeführt sind. Die vorindustrielle Epoche vor 1800 wurde zum weitaus überwiegenden Teil mit Energieträgern regenerativer Art wie Wasser, Wind und vor allem Holz bewältigt. Ehe der neu eingeführte Energieträger Kohle einen nennenswerten Beitrag (20%) zur Versorgung leisten konnte, vergingen mehr als 60 Jahre. Auch für die Einführung des seit etwa 1900 den Primärenergieträger Kohle verdrängenden Energieträgers Erdöl, der durch das Erdgas unterstützt wurde, waren Zeitraten der gleichen Größenordnung erforderlich.

Die gerade in der Einführung begriffene Kernenergie wird, wenn sie tatsächlich einmal in dem derzeit prognostizierten Umfang eingesetzt würde, ebenfalls auf eine Einführungszeit von etwa 50 bis 60 Jahren zurückblicken. Dies gilt ebenso für alle anderen Energieformen, also auch beispielsweise für die Sonnenenergie. Sie alle benötigen für einen großtechnischen Einsatz mit nennenswertem Substitutionseffekt Einführungszeiten in der Größenordnung von 60 Jahren.

Im folgenden wird die mögliche Bedeutung regenerativer Energiesysteme für die zukünftige Energieversorgung skizziert.

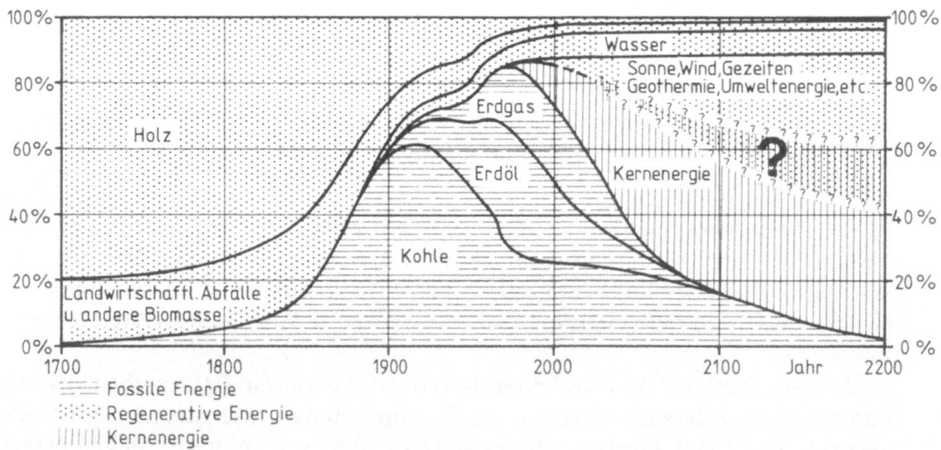

Abb. 1.3. Epochen der Energieversorgung erfordern in der Regel Übergangszeiten von 50 bis 60 Jahren (Bohn, 1976)

1.2 Geothermische Energie

Man nimmt an, daß im Erdinnern Temperaturen von etwa 3000 bis 10000 °C herrschen. Aufgrund der Temperaturdifferenz zur Erdoberfläche ergibt sich ein ständiger *Erdwärmestrom*, der an der Erdoberfläche im Weltdurchschnitt etwa 63 kW je km^2 (0,063 W/m^2) beträgt. Würde man diesen Wärmestrom allein als Leistungspotential (Tabelle 1.1) geothermischer Energie ansehen, so betrüge dieses *Potential* weltweit etwa $3 \cdot 10^{20}$ J/a (10 Mrd. t SKE/a), für die Bundesrepublik etwa $7,2 \cdot 10^{17}$ J/a (24 Mio. t SKE/a). Ein erheblich höheres Potential stellt jedoch der Wärmeinhalt der Erde dar. Abschätzungen beziehen sich dabei auf ein Tiefenintervall zwischen 4 und 6 km, wo bei einer Abkühlung auf 130 °C weltweit eine Energie von $1,8 \cdot 10^{25}$ J ($6,1 \cdot 10^{14}$ t SKE), für die Bundesrepublik eine solche von $4,4 \cdot 10^{22}$ J ($1,4 \cdot 10^{12}$ t SKE) freigesetzt werden könnte.

Die Nutzung geothermischer Energie konzentriert sich bislang auf die Gebiete sog. *geothermischer Anomalien*, in denen besonders günstige Bedingungen vorliegen, also das Magma nahe an die Erdoberfläche tritt und zu einer anormalen Erwärmung des Gesteins oder von im Gestein eingeschlossenem

Tabelle 1.1. Je nach zugrundegelegten Annahmen können sehr unterschiedliche Werte als theoretisches *Potential der Geothermie* angegeben werden (nach AGF/ASA, 1976)

	Welt[a]	EG	BRD
$E_{th,7}$			
J	$1,25 \cdot 10^{26}$	$1,25 \cdot 10^{24}$	$2,44 \cdot 10^{23}$
t SKE	$4,3 \cdot 10^{15}$	$4,3 \cdot 10^{13}$	$4,9 \cdot 10^{12}$
$E_{th,4-6}$			
J	$1,8 \cdot 10^{25}$	$1,8 \cdot 10^{23}$	$4,4 \cdot 10^{22}$
t SKE	$6,1 \cdot 10^{14}$	$6,1 \cdot 10^{12}$	$1,4 \cdot 10^{12}$
E_{Ano}			
J	$1,6 \cdot 10^{22}$	?	$>3,5 \cdot 10^{17}$[b]
t SKE	$5,5 \cdot 10^{11}$	?	$>1,2 \cdot 10^{7}$[b]
$P_{th,30}$			
J/a	$6,0 \cdot 10^{23}$	$6,0 \cdot 10^{21}$	$1,4 \cdot 10^{21}$
t SKE/a	$2,0 \cdot 10^{13}$	$2,0 \cdot 10^{11}$	$4,9 \cdot 10^{10}$
P_{HFU}			
J/a	$3,0 \cdot 10^{20}$	$3,0 \cdot 10^{18}$	$7,2 \cdot 10^{17}$
t SKE/a	$1,0 \cdot 10^{10}$	$1,0 \cdot 10^{8}$	$2,4 \cdot 10^{7}$

[a] Nur Landfläche.
[b] Nur Oberrheingraben.

$E_{th,7}$ = Thermisches Energiepotential bis 7 km Tiefe bei Abkühlung auf 80 °C,
$E_{th,4-6}$ = Thermisches Energiepotential des Tiefenintervalls von 4 bis 6 km bei Abkühlung auf 130°,
E_{Ano} = Thermisches Energiepotential der geothermischen Anomalien,
$P_{th,30}$ = Jährliches Leistungspotential bei Nutzung von $E_{th,4-6}$ in 30 Jahren (ohne Wärmestrom),
P_{HFU} = Jährliches Leistungspotential bei ausschließlicher Nutzung des Erdwärmestroms (HFU = Heat Flux Unit = 1 µcal/cm^2 s, der globale Mittelwert beträgt 1,5 HFU)

Wasser führt. Der normale Wärmegradient der äußeren Erdschichten (*geothermische Tiefenstufe*), der beispielsweise in Europa im Mittel einen Temperaturanstieg um 1 °C pro 30 m Tiefe mit sich bringt, wird in diesen Fällen deutlich überschritten. Sofern das im Untergrund vorhandene Wasser einen natürlichen Zugang zur Erdoberfläche aufweist, werden in diesen Anomalien Dampf oder Wasser-Dampf-Gemische in Geysiren oder heißen Quellen ausgetragen. Diese Vorkommen finden sich in Gebieten junger geologischer Aktivität (Vulkanismus, Gebirgsbildung) rund um den Pazifik, auf den Inseln im Mittelatlantik, in Ostafrika und auch in Italien. Die wichtigsten Nutzungsmöglichkeiten geothermischer Energie lassen sich wie folgt klassifizieren:

1. *Trockendampf:* Trockener, überhitzter Dampf, der den geothermischen Reservoiren entnommen wird oder von selbst entströmt, wird z. B. unmittelbar zur Beaufschlagung einer Turbine genutzt.
2. *Naßdampf:* Unter Druck stehende Wasserreservoire liefern beim Ausströmen ein Wasser-Dampf-Gemisch mit Temperaturen von etwa 180 bis 370 °C. Nach einer Abscheidung des Dampfes kann dieser wiederum zur Stromerzeugung oder Prozeßdampfversorgung genutzt werden, das verbleibende heiße Wasser kann darüber hinaus Heizungs- und Klimatisierungssystemen zugeführt werden.
3. *Heißwasserquellen:* Diese liefern unter Normaldruck stehendes Wasser von etwa 50 bis 80 °C, das entweder über Wärmetauscher oder unmittelbar zu Heizzwecken genutzt werden kann.
4. Nutzung *heißer Gesteinsformen* (Hot-Dry-Rock-Verfahren): Anomalien mit überdurchschnittlich hohen Temperaturgradienten, aber fehlendem Wasser- oder Wasserdampfvorkommen im Untergrund können durch Bohrungen so erschlossen werden, daß das Wasser von der Erdoberfläche her in die heißen Regionen eingepreßt wird, sich hier erwärmt und dann nach Verfahren 2) oder 3) genutzt wird.
5. *Geoprimierte Heißwasser/Gasvorkommen* (*Geopressurized Systems*): Hochkomprimierte Einschlüsse von heißen, gasgesättigten wäßrigen Lösungen bestehen in tiefen Becken (> 5 km Tiefe) mächtiger Sedimentbecken. Zur Nutzung ist die Beherrschung hoher Drücke und Temperaturen erforderlich.
6. *Heiße Magmasysteme:* Nahe der Erdoberfläche (bis max. 5 km Tiefe) liegende geschmolzene Gesteinseinschlüsse können theoretisch genutzt werden. Problematisch sind die hohen Temperaturen und der hohe Druck des geschmolzenen Gesteins.

Tabelle 1.2 gibt einen Überblick über einige der weltweit in Betrieb befindlichen geothermischen Kraftwerke. Der weitaus überwiegende Teil reiner Kraftwerke nutzt Heißdampf oder Naßdampf als geothermische Energiequelle. Seit dem in Tabelle 1.2 angegebenen Bezugsjahr 1990 ist der Ausbau geothermischer Kraftwerke fortgeschritten und die Zahl der Anlagen ist weltweit auf über 200 mit einer installierten Leistung von über 6,0 GW angestiegen. Die nicht elektrische Nutzung ist mit weltweit etwa 15 000 MW noch größer, im Verhältnis zum Potential dieser Energiequelle jedoch ebenfalls verschwindend gering.

Tabelle 1.2. Nutzung geothermischer Energie (Stand 1. 1. 90). Angabe der installierten Leistung in Megawatt (MW) (a) zur direkten thermischen Nutzung, z. B. Heizung und (b) zur Erzeugung elektrischen Stroms (nach Schulz 1991)

Kontinent	Ausgewählte Nutzerländer	(a) MW_{th}	(a) MW_{th}	(b) MW	(b) MW
Afrika		141		45	
Amerika		515		3606	
	USA		436		2770
Asien		6855		1301	
	China		2143		21
	Japan		3321		215
	Philippinen		1		891
	Indonesien				147
Europa		3656		593	
	Island		774		45
	Italien		329		545
	Ungarn		1276		
	BRD		33		
Ozeanien		269		283	
	Neuseeland		258		283
Global		11436		5828	

Die bereits bestehenden geothermischen Anlagen arbeiten, da sie starke geothermische Anomalien nutzen, sehr kostengünstig. Die Stromgestehungskosten je kWh liegen in der Größenordnung von 5 bis 14 DPf/kWh, die Wärmebereitstellungskosten zwischen 2 bis 7 DPf/kWh.

Geothermische Kraft- und Heizwerke arbeiten jedoch keineswegs sehr umweltfreundlich. Dies ist begründet durch die Beimischungen von Feststoffen und Chemikalien wie Schwefel, Bor, Ammoniak, Schwefelwasserstoff und Salzen, die unter Umständen zu Umweltbelastungen führen, die untragbar sind. Eine Reinjektion dieser Stoffe ist jedoch nicht immer möglich und wirkt in jedem Falle kostensteigernd. Dies trifft auch in bezug auf die Belastung der Anlagen selbst zu (Korrosion etc.). Die relativ niedrigen Dampftemperaturen führen darüber hinaus zu Anlage-Wirkungsgraden um 15%, so daß erhebliche Mengen an Abwärme entstehen. Schließlich sind die Probleme einer längerfristigen Wasserentnahme aus dem Untergrund hinsichtlich von Bodensenkungen oder eines Einflusses auf die Erdbebentätigkeit noch nicht hinreichend geklärt.

Auch die Bundesrepublik Deutschland verfügt über *geothermische Anomalien*. Die bisher durchgeführten und laufenden Explorationen lassen jedoch absehen, daß diese voraussichtlich nur zu Heizzwecken genutzt werden können. Für eine solche Nutzung kommt das in den USA entwickelte *Hot-Dry-Rock-Verfahren* in Betracht. Abbildung 1.4 zeigt diese Nutzungsmöglichkeit trockenen heißen Gesteins mit Hilfe des Zwei-Bohrloch-Verfahrens. Hierbei wird eine Bohrung in eine Tiefe, die eine Temperatur von ca. 300 °C aufweist, getrieben. Durch Einpressen beispielsweise von Wasser unter hohem Druck

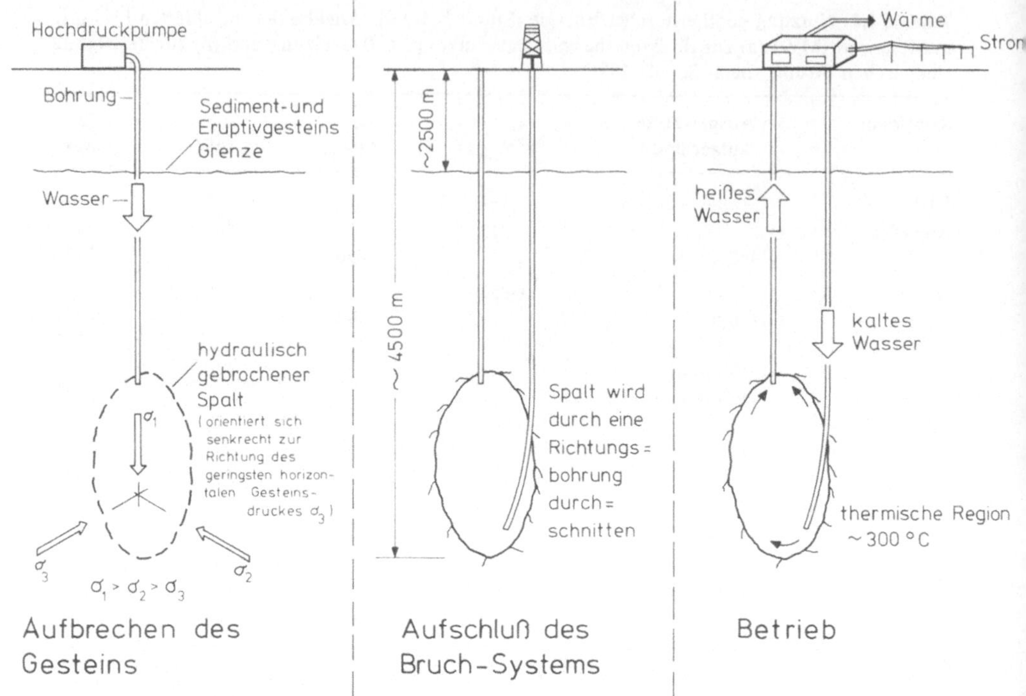

Abb. 1.4. Das Hot-Dry-Rock-Verfahren erzeugt in heißem, undurchlässigem Gestein ein Rißsystem. Wird dieses durch eine zweite Bohrung erschlossen, kann es als Wärmetauscher Heißwasser oder Dampf erzeugen (Rademacher, 1980)

wird in dieser Tiefe ein Rißsystem geschaffen. Dieses Rißsystem wird durch Niederbringen einer zweiten Bohrung unterhalb der ersten Bohrung ange-schnitten. Kaltes Wasser, das durch diese zweite Bohrung in den Untergrund gedrückt wird, erwärmt sich innerhalb des Rißsystems und tritt in Form von Heißdampf oder Heißwasser wieder an die Oberfläche. Hier kann es entweder zur Stromerzeugung genutzt oder zu Wärmebereitstellungszwecken verwendet werden. Daß dieses Verfahren technisch realisierbar ist, wurde nicht nur in Los Alamos, USA, sondern auch in der Bundesrepublik nachgewiesen.

Die Arbeiten zur Nutzung geothermischer Energie sind weltweit gestiegen. Dies gilt sowohl für das Aufsuchen neuer Quellen als auch für die Entwicklung bzw. Verbesserung von Verfahren zur Nutzung dieser Energiequellen. Die be-reits genutzten Felder werden systematisch ausgebaut. Auf der ganzen Welt steht z. Zt. nur eine Leistung von Geothermie-Kraftwerken zur Verfügung, die fünf bis sechs Blöcken eines modernen Kernkraftwerks entspricht (Tabelle 1.2).

Die Möglichkeiten zur Nutzung der Erdwärme in der Bundesrepublik Deutschland müssen nach heutigem Kenntnisstand für die absehbare Zukunft als sehr begrenzt angesehen werden. Lediglich in wenigen Regionen kann geo-thermische Energie z. B. für Hausheizungs- und Warmwasserbereitstellungszwecke verwendet werden. Ein Einsatz zur Stromerzeugung wird aufgrund der hohen Kosten für die Hot-Dry-Rock-Technologie voraussichtlich ausgeschlossen bleiben.

Auf die Techniken zur Erdwärmenutzung wird in den weiteren Kapiteln dieses Buches nicht mehr eingegangen.

1.3 Gezeitenenergie

Auf die Erde einwirkende Massenanziehungskräfte des Monds und der Sonne führen, verbunden mit der Erdrotation, zu periodischen Wasserstandsänderungen der Weltmeere. Diese Änderungen werden als sog. *Tidenhub* bezeichnet und betragen auf offener See ca. 1 m. Der Tidenhub kann jedoch an bestimmten Küstenregionen wie Meeresbuchten oder Flußmündungen durch Resonanzerscheinung und Trichterwirkung auf bis zu 20 m ansteigen.

Das weltweite theoretische *Potential der Gezeitenenergie* wird auf etwa 3,3 Mrd. t SKE/a ($3 \cdot 10^6$ MW) geschätzt. Technisch nutzbar ist diese Energiequelle jedoch nur in Gebieten, die einen Tidenhub von mehr als 3 m aufweisen. Darüber hinaus muß davon ausgegangen werden, daß eine Wirtschaftlichkeit für den Betrieb von Gezeitenkraftwerken sogar erst ab Tidenhüben von mehr als 5 m erreicht werden kann. In Abb. 1.5, welche die möglichen Standorte für Gezeitenkraftwerke wiedergibt, sind die beiden Grenzen des mittleren jährlichen Tidenhubs als Unterscheidungsmerkmal aufgeführt. Die weltweit untersuchten Standorte für Gezeitenkraftwerke weisen ein maximales Leistungspotential von 360 GW aus. Unter realistischen Annahmen erscheinen davon ca. 35 GW bzw. 38 Mio. t SKE/a technisch nutzbar (AGF/ASA, 1976).

Abb. 1.5. Weltweit bestehen relativ viele mögliche Standorte für Gezeitenkraftwerke (AGF/ASA, 1976)

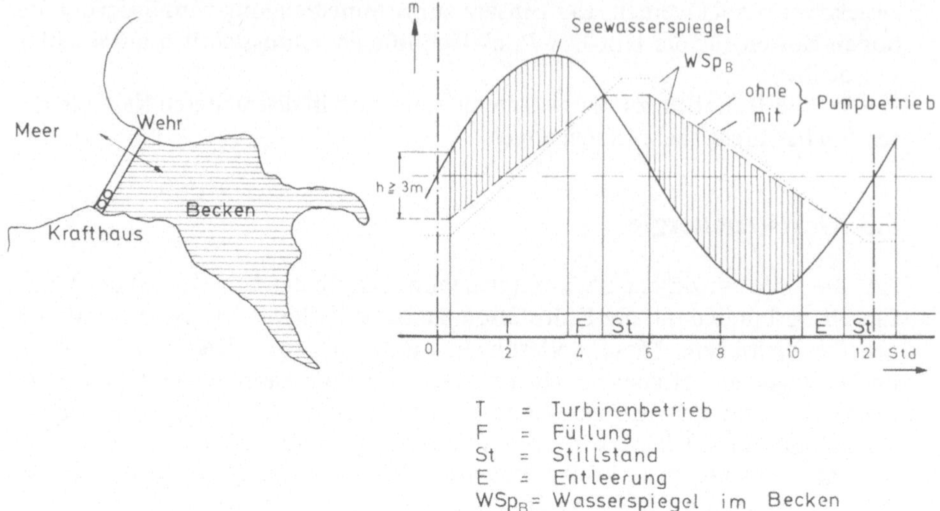

Abb. 1.6. Das Betriebsdiagramm eines Gezeitenkraftwerks zeigt, daß täglich zweimal die Stromerzeugung unterbrochen wird. Durch die mittlere Tidendauer von 12 h und 25 min verschieben sich die Stillstandszeiten auch in die Spitzenlastzeiten des elektrischen Netzes (Electricité de France, 1975)

Derzeit werden weltweit nur wenige *Gezeitenkraftwerke* betrieben: ein Kraftwerk an der Rance-Mündung in Frankreich, ein russisches Kraftwerk in Koslogubsk, eine kanadische Prototypanlage von 20 MW, die an der Fundy-Bay seit Ende 1984 in Betrieb ist, sowie 2 Anlagen in China. Nur das erstgenannte kann als Prototyp eines größeren Gezeitenkraftwerks angesehen werden. Bei einem mittleren Tidenhub von rund 8,5 m sind hier 240 MW installiert. Das Kraftwerk ist bei St. Malo seit 1966 in Betrieb. Abbildung 1.6 zeigt das anfängliche Auslegungs-Betriebsdiagramm dieses Kraftwerks. Es wird ersichtlich, daß trotz Pumpbetriebs zweimal täglich die Stromerzeugung unterbrochen wird. Infolge der mittleren täglichen Tidendauer von 12 h und 25 min verschieben sich die Unterbrechungen täglich um 50 min und können damit zeitweise auch in die Spitzenlastzeiten fallen.

Da die bisher betriebenen Anlagen Prototypanlagen sind, lassen sich wenig detaillierte Aussagen über die Wirtschaftlichkeit von Gezeitenkraftwerken machen. Das 240-MW-Kraftwerk in Frankreich arbeitet technisch zwar zufriedenstellend, man befürchtet jedoch, daß der weitere Ausbau des Kraftwerks zu einer Verringerung des Tidenhubs von etwa 1,5 m an der englischen Küste des Kanals führen könnte. Derartige französische Ausbaupläne scheiterten am Einspruch Englands.

Insgesamt erscheint das technisch nutzbare Potential der Gezeitenenergie weltweit gesehen zu gering, als daß es jemals einen wesentlichen Beitrag zur Energieversorgung leisten könnte. Für die Bundesrepublik Deutschland selbst ist eine Nutzung der Gezeitenenergie aus technischen Gründen nicht möglich, da die Gezeitenhübe hier nur knapp 3 m betragen. In den weiteren Kapiteln dieses Buches wird auf die Gezeitenenergie nicht mehr eingegangen.

1.4 Wasserkraft

Das durch Sonnenstrahlung auf Wasseroberflächen verdunstende Wasser erhält potentielle Energie, die es teilweise durch das Herabfallen aus den Wolken, teilweise jedoch auch während des Abflusses auf der Erdoberfläche wieder abgibt. Während des Abflusses oder nach Aufstau in entsprechenden Becken kann diese Energie mit Hilfe von Wasserturbinen zur Umwandlung in mechanische und bei Ankoppelung von Generatoren in elektrische Energie genutzt werden. Die entsprechenden Laufwasser- oder Speicherkraftwerke können dabei aufgrund der klimatischen Verhältnisse starken Schwankungen in ihrer technischen Verfügbarkeit unterliegen.

Durch die Errichtung sog. Pumpspeicherkraftwerke, wobei künstliche oder natürlich vorkommende hoch gelegene Speicherseen Verwendung finden, wird ebenfalls die Kraft des Wassers genutzt. In Schwachlastzeiten werden diese Speicherseen aus tiefer liegenden Becken oder Flußläufen mit Wasser gefüllt, das dann als Energiereservoir in Spitzenlastzeiten zur Verfügung steht.

Die Wasserkraft ist in den industrialisierten Ländern der Welt weitestgehend ausgenutzt, eröffnet jedoch in weniger entwickelten Ländern noch große Einsatzpotentiale. Das weltweite *Potential der Wasserkraft* liegt in der Größenordnung von 44 000 TWh/a (5,5 Mrd. t SKE/a). Etwa 1/4 davon (13 000 TWh/a = 1,6 Mrd. t SKE/a) erscheinen technisch nutzbar. Vom technisch nutzbaren Potential ist der größte Teil, nämlich etwa 9000 TWh/a, auch wirtschaftlich nutzbar. Tatsächlich ausgenutzt werden weltweit allerdings lediglich 3210 TWh/a (395 Mio. t SKE/a). Große ungenutzte Potentiale gibt es noch in den Entwicklungsländern. Der hohe Kapitalbedarf für die großen Staudämme und die z. T. schwerwiegenden negativen Umweltauswirkungen erschweren die Ausschöpfung der Potentiale.

In Europa sehen dagegen die Verhältnisse völlig anders aus. Hier werden vom wirtschaftlich nutzbaren Potential in Höhe von 915 TWh/a (122 Mio. t SKE/a) bereits 890 TWh/a, d. h. 97% tatsächlich auch genutzt. Kleinwasserkraftwerke sind bei den genannten Potentialen nicht berücksichtigt. Dabei handelt es sich um Kraftwerke mit einer installierten Leistung von weniger als 1 MW, z. T. nur einigen kW. Weltweit wird ihr technisches Potential auf immerhin 3000 bis 4000 TWh/a, also etwa ein Viertel des Großanlagen-Potentials geschätzt. Ihr Einsatz kann insbesondere in Entwicklungsländern wertvolle Beiträge zur dezentralen Stromversorgung erbringen.

In der BRD (alte Bundesländer) ist das technische Wasserkraftpotential der Großanlagen in Höhe von 24 TWh/a fast völlig ausgeschöpft: 1990 waren etwa 650 Wasserkraftwerke mit einer Kapazität von 6,9 GW in Betrieb mit einer Bruttostromerzeugung von 18,4 TWh/a (BMWi, 1991). Hinzu kamen mehr als 4000 Kleinwasserkraftwerke (ca. 350 MW; 1,1 TWh/a), die infolge der neuen

Stromeinspeisegesetze seit 1991 einem starken Zuwachs unterliegen (Stromein-speisungsgesetz, 1990).

Wasserkraftwerke aller Leistungsklassen haben Gesamtwirkungsgrade von 80 bis 90% und sind technisch kaum noch zu verbessern. Trotz hoher Investitionskosten wegen der aufwendigen Ober- und Unterwasserbauwerke gehören Wasserkraftwerke wegen der langen Lebensdauer und der geringen Betriebskosten zu den kostengünstigsten Stromerzeugungsmöglichkeiten, die wir kennen: Großanlagen erzeugen in der BRD Strom zu 3 bis 7 DPf/kWh (Anlagenkosten 3000 bis 6000 DM/kW), Kleinanlagen zu maximal 25 DPf/kWh (bis zu 10000 DM/kW).

Auf die Nutzungstechnologien für Wasserkraft wird in diesem Buch nicht weiter eingegangen.

1.5 Windenergie

Solare Strahlung hält neben dem Wasserkreislauf der Erde auch die Bewegung der Erdatmosphäre aufrecht. Energie, die mit Hilfe von *Windenergiekonvertern* (WEK) aus dieser Bewegung entnommen wird, stellt also wie die Wasserkraft eine sekundäre Form solarer Strahlung dar. Sie dient wie diese schon lange als Energiequelle und wurde früher meist zu Pump- und Mahlzwecken genutzt.

Das theoretische *Potential des Winds* von etwa 2% der eingestrahlten Sonnenenergie beträgt weltweit ungefähr $3 \cdot 10^7$ TWh/a ($3{,}6 \cdot 10^{12}$ t SKE/a). Tatsächlich ist dieses Potential jedoch nur bis in geringe Höhen nutzbar und kann auch nicht beliebig weit ausgebaut werden, da Windenergieanlagen stets einen bestimmten Abstand zueinander aufweisen müssen.

Im Vordergrund des heutigen Interesses der Nutzung von Windenergie steht die Umwandlung in mechanische und elektrische Energie.

Auf die Darbietung der Windenergie und die entsprechenden Technologien wird in Kap. 10 und 11 näher eingegangen.

1.6 Wellenenergie

Eine hauptsächlich von der Windenergie induzierte Energieform ist die *Wellenenergie*. Meereswellen enthalten sowohl potentielle als auch kinetische Energie. Für idealisierte Tiefwasserwellen ohne Bodenreibung ist die Gesamtleistung einer auf 1 m Breite normierten Welle direkt proportional dem Produkt aus Wellenhöhe zum Quadrat und Wellenperiode

$$P \sim H^2 f \,(\text{W/m})$$

mit P Gesamtleistung (W/m), H Wellenhöhe (m) und f Wellenfrequenz (1/s).

Legt man für die Verknüpfung von Wellenhöhe und -periode ein sog. Standardspektrum zugrunde, so kann man Leistung bzw. Energie der Wellen in Ab-

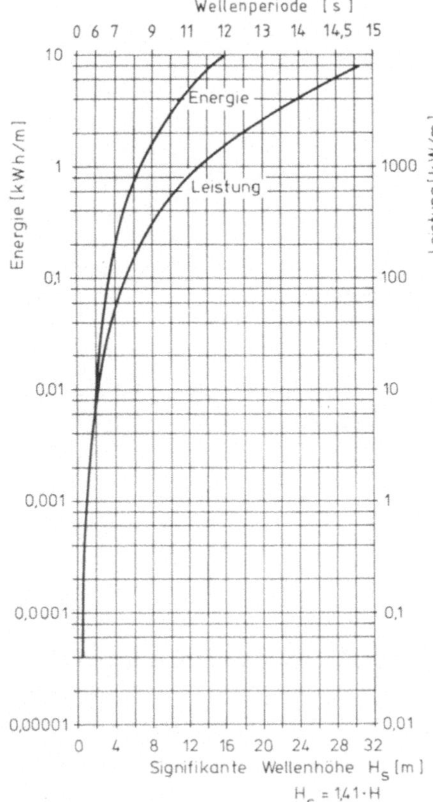

Abb. 1.7. Unter Zugrundelegung eines Standardspektrums kann man aus der Wellenperiode oder der Wellenhöhe auf Energie- bzw. Leistungsinhalt je Meter Wellenbreite schließen. Tatsächlich gemessen wurden diese Werte allerdings nur an wenigen Stellen der Erde (AGF/ASA, 1976)

hängigkeit von Höhe bzw. Frequenz darstellen (Abb. 1.7). Da die weltweiten *Wellenhöhen und -frequenzen* weitgehend unbekannt sind, ist die Angabe eines Potentials dieser Energiequelle heute nicht möglich.

Für die Bundesrepublik sind an der deutschen Nordseeküste Wellenhöhen von $H = 1,5$ m bei einer mittleren Wellenperiode von 6,2 s typisch. Daraus ergibt sich nach Abb. 1.7 eine signifikante Wellenhöhe von 2,11 m und eine Gesamtleistung der Welle von etwa 14 kW je m Wellenfront. Gelänge es also, die gesamte Energie einer einzigen Wellenfront der Länge der deutschen Nordseeküste (250 km) zu nutzen, so könnte man damit immerhin 3,6 GW Leistung bereitstellen. Dieser theoretische Wert wird natürlich durch die Wirkungsgrade heute diskutierter Energiewandler erheblich reduziert.

Einen Energiewandler nach dem Prinzip des *Salter-Kraftwerks* zeigt Abb. 1.8. Dieses Kraftwerk nutzt über große drehbare Flügel, die wie Stehaufmännchen arbeiten, die Orbitalbewegung der Welle und gibt die Energie über Zahnradpumpen an ein Arbeitsmedium ab. Dieses vom Wasserkreislauf völlig getrennte Medium kann dann über Turbinenprozesse zur Stromerzeugung genutzt werden. Ob derartige Anlagen jemals einen nennenswerten Anteil der Energieversorgung der Welt übernehmen können, hängt davon ab, ob Proble-

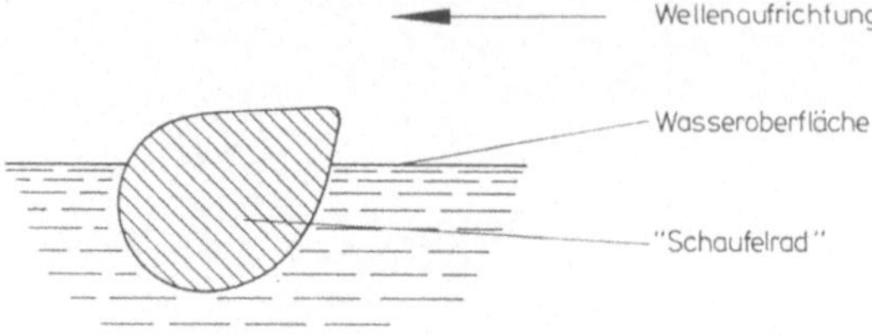

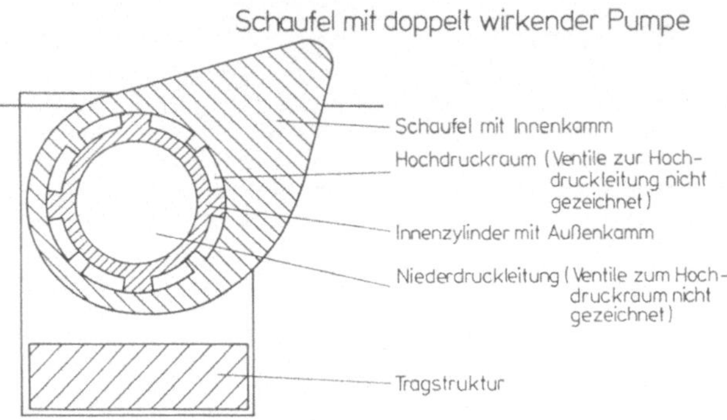

Abb. 1.8. Beim sog. Salter-Kraftwerk wird der Flügel durch die Wellenbewegung aufgerichtet und fällt durch Schwerkraft zurück. Über die innen liegende Zahnradpumpe wird ein Arbeitsmedium zur Turbine transportiert (AGF/ASA, 1976)

me wie die der Lebensdauer der Anlagen, ihrer möglichen Auslastungsfaktoren, der Energiespeicherung und des Energietransports wirtschaftlich gelöst werden können. Kurzfristig ist trotz weltweiter Bemühungen nicht mit einem großtechnischen Einsatz von Wellenkraftwerken zu rechnen. Für einige Sonderzwecke kleintechnischer Art (Leuchtbojen) werden Wellenenergiekonverter bereits heute eingesetzt.

Für die Bundesrepublik Deutschland dürfte der Einsatz von *Wellenkraftwerken* nicht nur aus Gründen des geringen verfügbaren Potentials, sondern auch wegen der möglichen negativen Umweltauswirkungen ausgeschlossen bleiben. Deshalb wird diese Technologie in den weiteren Kapiteln dieses Buches nicht mehr behandelt.

1.7 Energie der Meeresströmung

Die Ausgleichsströmungen der Weltmeere könnten, so glaubte man, ähnlich dem Laufwasser mit Hilfe von Turbinen genutzt werden. Eine Potentialabschätzung dieser Technologie zeigt jedoch, daß hierdurch weltweit kein nennenswerter Beitrag zur Energieversorgung geleistet werden kann.

Im größten *Meeresstrom*, dem Golfstrom, könnte beispielsweise lediglich eine Gesamtleistung von etwa $2\,\mathrm{GW_{el}}$ installiert werden. In Anbetracht der außerordentlich großen technischen Schwierigkeiten, die mit einer Nutzung von Meeresströmungen verbunden wären, dürfte diese Energiequelle kaum jemals zur Energiebedarfsdeckung herangezogen werden. Sie wird deshalb in diesem Buch nicht weiter behandelt.

1.8 Umweltwärme

Meereswärmekraftwerke
Der größte Teil solarer Strahlungsenergie wird in der Atmosphäre und in den festen und flüssigen Bestandteilen der Erdoberfläche in Form von Wärme gespeichert. Etwa 20% der gesamten eingestrahlten Solarenergie wird allein in den tropischen Weltmeeren in Wärme umgewandelt. Hier könnte diese Energie über offene oder geschlossene Rankine-Prozesse zur Stromerzeugung genutzt werden. Für den zweiten Weg zeigt Abb. 1.9 das Konzept eines möglichen *Meereswärmekraftwerks*.

Das theoretische Potential einer derartigen Meereswärmenutzung beträgt zwar ca. $2 \cdot 10^8$ TWh/a ($2{,}5 \cdot 10^{13}$ t SKE/a), die Umwandlung kann jedoch wegen der geringen verfügbaren Temperaturdifferenzen von etwa 20 K nur mit sehr kleinen Wirkungsgraden von 1% bis 3% vorgenommen werden. Dabei sind sehr große Volumenströme umzuwälzen.

Der Einsatz von Meereswärmekraftwerken ist schon aus Energietransportgründen auf küstennahe Gebiete eingeschränkt. Neben Problemen der Energiespeicherung und des Energietransports gibt es für Meereswärmekraftwerke

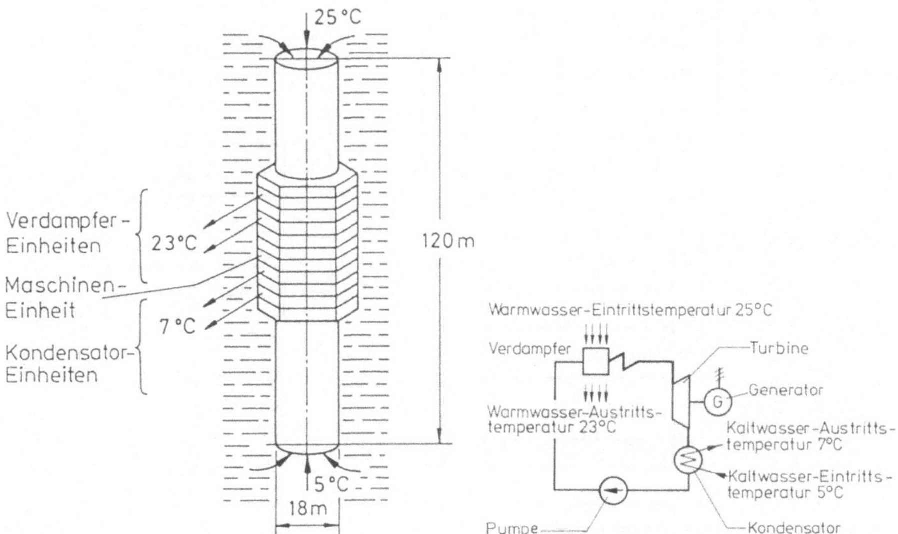

Abb. 1.9. Beim Meereswärmekraftwerk wird die relativ kleine Temperaturdifferenz zwischen kaltem Tiefengewässer und warmem Oberflächenwasser tropischer Meere zum Antrieb eines Kreisprozesses mit niedrig siedendem Arbeitsmittel genutzt (AGF/ASA, 1976)

noch eine Fülle technischer Probleme zu lösen, die ihren Einsatz in den sonnenbegünstigten Zonen unserer Welt, wenn überhaupt, nicht in absehbarer Zeit erwarten lassen.

Für die Bundesrepublik Deutschland kommt der Betrieb von Meereswärmekraftwerken aus klimatologischen Gründen nicht in Betracht. Sie kann bestenfalls als Zulieferer und Entwickler innerhalb dieser Technologierichtung tätig werden. Meereswärmekraftwerke werden daher in den folgenden Kapiteln nicht behandelt.

Wärmepumpen
Natürlich gespeicherte Sonnenwärme kann jedoch in Klimaregionen wie der Bundesrepublik durch *Wärmepumpen* in ihrem Temperaturniveau so weit angehoben werden, daß sie für Heizungs- und Warmwasserbereitungszwecke nutzbar wird. Als Wärmequellen bieten sich Luft, Wasser oder das Erdreich an

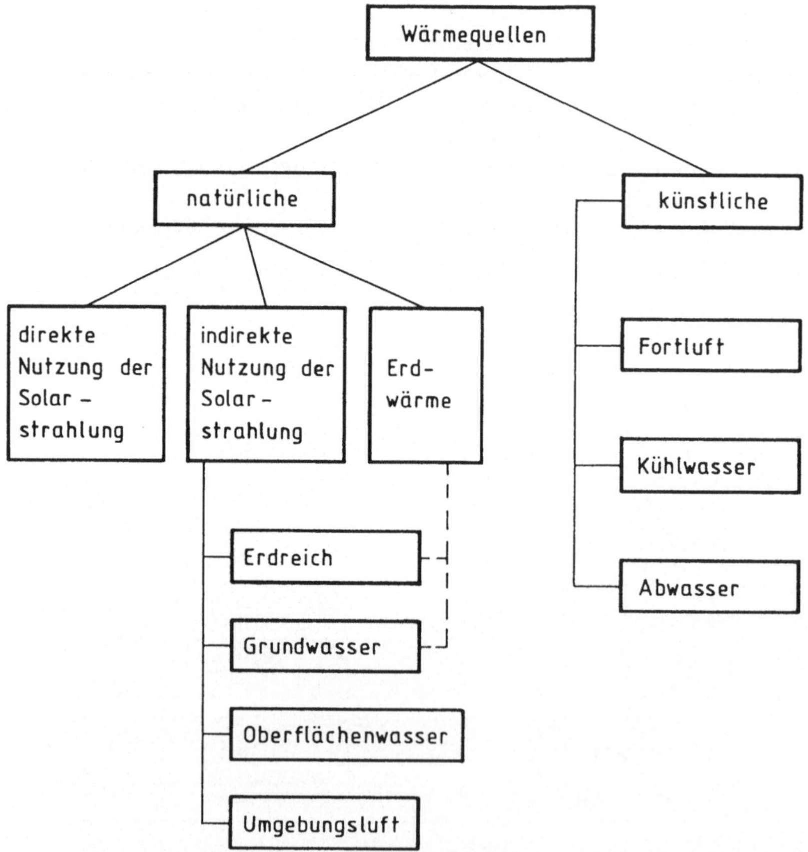

Abb. 1.10. Wärmepumpen können Wärme aus natürlichen oder künstlichen Quellen niedriger Temperatur auf höhere Temperatur bringen (Orth, 1979)

Tabelle 1.3. Alle Wärmepumpen sparen gegenüber konventionellen Öl-, Gas- oder Stromheizungen Primärenergie ein. Die energetisch sinnvollsten Öl-, Gas- und Absorptionswärmepumpen sind für den kleinen Leistungsbereich im Haushalt jedoch noch nicht technisch ausgereift

Heizungssystem	Primärenergienutzungsgrad
Elektrische Wärmepumpe	0,9...1,0
Öl- oder gasbetriebene Wärmepumpe	1,3...1,5
Absorptionswärmepumpe	1,4...1,6
Öl- oder Gasheizung	0,6...0,8
Elektrische Widerstandsheizung	0,3

(Abb. 1.10). Zu ihrer Nutzung stehen verschiedene Wärmepumpenverfahren zur Verfügung.

Nicht alle Prozesse konnten für realisierte Wärmepumpen Bedeutung erlangen. Den höchsten Entwicklungsstand und die größte Verbreitung haben die elektrischen *Kompressionswärmepumpen* erreicht. *Absorptionswärmepumpen*, die ebenfalls nach dem Prinzip des Kaltdampfprozesses arbeiten, konnten noch keine Bedeutung im Bereich der Raumheizung erlangen.

Bei Wärmepumpen mit Gas- und Dieselmotorantrieben kann die anfallende Abwärme gleichzeitig noch zur Wärmebereitstellung genutzt werden. Dadurch ergibt sich eine Erhöhung des sog. *Primärenergienutzungsgrads*, d.h. des Verhältnisses der abgegebenen Sekundärenergie (Wärme) zu der zum Betrieb notwendigen Primärenergie. Die wichtigsten Primärenergienutzungsgrade zeigt Tabelle 1.3, wo zum Vergleich auch durchschnittliche Öl- oder Gasheizungsanlagen und die elektrische Widerstandsheizung mit aufgeführt sind. Es wird offensichtlich, daß der Einsatz einer jeden Wärmepumpenart in jedem Fall zu einer Senkung des Primärenergiebedarfs führen kann. Wärmepumpen benötigen zu ihrem Betrieb jedoch stets einen erheblichen Anteil an konventioneller Energie. Da die Wärmepumpentechnik als eine Maßnahme rationeller Energieverwendung in einer Vielzahl wissenschaftlicher Bücher schon behandelt wurde, soll sie in diesem Buch nicht mehr im Detail betrachtet werden.

1.9 Biologische und chemische Energiewandlung

Solare Strahlung wird in Biosystemen auf photosynthetischem Wege in chemische Energie umgewandelt. Ein Teil dieser Energie wird von den Organismen selbst zur Aufrechterhaltung ihrer Lebensfunktion benötigt. Ein verbleibender Rest steht jedoch als Netto-Primärproduktion in Form von *Biomasse* zur Verfügung. Etwa 2% dieser Biomasse werden von anderen Lebewesen über die Nahrungskette genutzt, rund 1% dient dem Menschen heute über den Prozeß der Verbrennung als unmittelbarer Energielieferant.

Der Bestand an Biomasse auf allen Landflächen der Welt beträgt ca. $2 \cdot 10^{12}$ t, was einem Energieinhalt von rund 1000 Mrd. t SKE entspricht. Nur etwa 10% dieser Menge wächst jährlich nach und kann damit als regenerativ bezeichnet werden. Dieses jährlich nachwachsende *Potential der Biomasse* beträgt $8{,}2 \cdot 10^5$ TWh/a (ca. 10^{11} t SKE/a) bei einer jährlichen Weltnettoprimärproduktion von ca. $1{,}5 \cdot 10^{11}$ t Trockensubstanz (Heizwert im Mittel: 18,4 kJ/g). Etwa 1/3 dieser Menge ist in den Ozeanen der Welt enthalten.

Der derzeit am häufigsten eingesetzte thermochemische Prozeß der energetischen Nutzung von Biomasse ist die Verbrennung. Schätzungsweise werden hierdurch weltweit ca. 1 Mrd. t SKE an Energie bereitgestellt.

In der Bundesrepublik Deutschland (alte Länder) werden jährlich etwa 5 bis 6 Mio. m^3 Brennholz zum Heizen und Warmwasserbereiten verwendet (1992). Dies entspricht mit 1,5 bis 1,7 Mio. t SKE/a etwa 0,4% des Primärenergiebedarfs. Obwohl die Nachfrage nach Holz- und Vielstoffkesseln in unserem Lande gestiegen ist, läßt sich eine stärkere Entlastung unserer Energiebilanz durch Biomasseverbrennung nicht absehen.

Auf die Biomasse und die Biokonversionsverfahren wird in den Kapiteln 8 und 9 näher eingegangen.

1.10 Photoelektrische Energiewandlung

Während die in den Abschnitten 1.4 bis 1.9 behandelten Primärenergiequellen Wege eröffneten, indirekt solare Strahlungsenergie zu nutzen, werden in den Abschn. 1.10 und 1.11 die Verfahren der direkten Nutzung solarer Strahlungsenergie behandelt.

Die Absorption elektromagnetischer Strahlung führt in Gasen, Flüssigkeiten und Festkörpern zu elektrischen Effekten. Diese Effekte sind in bestimmten Festkörpern, den Halbleitern, zur Stromerzeugung nutzbar. Bei entsprechender Anordnung positiv und negativ leitender Schichten können aus Halbleitern sog. *Photozellen* erstellt werden, welche die Sonnenstrahlung direkt in elektrische Energie überführen. Die photovoltaische Energiewandlung wird in Kap. 7 dieses Buchs ausführlicher dargestellt.

1.11 Solarthermische Energiewandlung

Die natürlichen Vorgänge, die zu einer Umwandlung solarer Strahlungsenergie in Form von Wärme führen, können auch mit Hilfe künstlich hergestellter Vorrichtungen genutzt werden. Derartige thermische Solarkollektoren bestehen aus Absorbern, die die Sonnenstrahlung in besonders hohem Maße in Wärme umwandeln und diese an ein flüssiges oder gasförmiges Transportmedium abgeben. Je nach Intensität der auf den Absorber auftreffenden Strahlung unterscheidet man *Niedertemperaturkollektoren* (Temperaturen kleiner als 200 °C) und *Hochtemperaturkollektoren* (Temperaturen größer als 200 °C). Ausführliche Beschreibungen hierzu finden sich in den Kap. 3 und 4 (Niedertemperaturkollektoren) bzw. in den Kap. 5 und 6 (Hochtemperaturkollektoren).

1.12 Diskussion des möglichen Beitrags zur Energieversorgung

1.12.1 Der Potentialbegriff

Um die Auswirkungen von Randbedingungen und Restriktionen, die für eine Nutzung erneuerbarer Energiequellen relevant sind, zu erfassen, wird zwischen vier Potentialkategorien unterschieden.

Unter dem *„theoretischen" Potential* wird das physikalische Angebot der regenerativen Energiequellen verstanden. Für die solare Strahlung z. B. ergibt es sich aus der auf die Fläche der Bundesrepublik Deutschland einfallenden solaren Einstrahlung. In der Regel sind derartig ermittelte „theoretische" Potentiale wenig aussagekräftig in bezug auf den möglichen Beitrag der regenerativen Energiequellen zur Energieversorgung. Das *„technische" Potential* ergibt sich aus dem „theoretischen" Potential unter Berücksichtigung der Wirkungsgrade der jeweiligen Systeme zur Nutzbarmachung erneuerbarer Energiequellen sowie anderer Randbedingungen. So könnte z. B. nur ein kleiner Teil der Landfläche der Bundesrepublik Deutschland wegen anderweitiger Nutzung mit Sonnenkollektoren belegt werden.

Die Einbeziehung der Kosten des jeweiligen Systems zur Nutzung erneuerbarer Energiequellen im Vergleich zu den Kosten konkurrierender Systeme erlaubt dann, ausgehend von der Höhe des Energiebedarfs in den verschiedenen Bedarfskategorien, Aussagen zum *„wirtschaftlichen" Potential*. Darunter ist derjenige maximale Beitrag zu verstehen, der sich einstellen würde, wenn das betrachtete System auf Dauer kostengünstiger als seine Alternativen wäre. Da aber für viele Systeme zur Nutzung regenerativer Energiequellen genauere Angaben über ihre zukünftige Kostenentwicklung nicht möglich sind und da zum anderen auch die zukünftige Entwicklung der Kosten und Preise der konkurrierenden Systeme nur innerhalb großer Unsicherheitsbereiche abschätzbar ist, sind Aussagen zum zukünftigen „wirtschaftlichen" Potential in der Regel nicht möglich. Anstelle einer Abschätzung des „wirtschaftlichen" Potentials wird deshalb für diejenigen Systeme, die nach allgemeiner Ansicht eine Chance haben, in den nächsten zwei Jahrzehnten in größerer Zahl eingesetzt zu werden, ein sog. *„Erwartungspotential"* angegeben. Dieses Potential, das z. B. Markteinführungsgeschwindigkeiten und andere Einflußfaktoren berücksichtigt, stellt die erwartete Ausschöpfung des „wirtschaftlichen" Potentials dar, die sich unter der Voraussetzung einstellen würde, daß die Systeme innerhalb des betrachteten Zeitraums wirtschaftlich konkurrenzfähig sind.

1.12.2 Der heutige Beitrag

Das theoretische und technische Potential zur Nutzung erneuerbarer Energiequellen überschreitet weltweit den derzeitigen Primärenergieverbrauch um ein Vielfaches. Die heute bekannten Techniken zur Nutzung dieser Energiequellen sind außerordentlich vielfältig und − wie Abb. 1.2 zeigt − in der Lage, alle notwendigen Sekundärenergieträgerformen bereitzustellen: Wärme, Strom und Brennstoffe. Dennoch decken regenerative Energiequellen − wie Tabelle 1.4

Tabelle 1.4. Primärenergieverbrauch weltweit und in der BRD im Jahre 1987

Energieträger	Weltweit [a]			BRD [b]	
		Mio. t SKE	%	Mio. t SKE	%
Öl	$21\,678 \cdot 10^6$ Faß	4280	32,2	163	42,0
Kohle	$4756 \cdot 10^6$ t	3800	28,5	107	27,5
Gas	$1923 \cdot 10^9$ m^3	2390	18,0	65	16,8
Nuklear [e]	1670 TWh	620	4,7	42	10,7
Wasserkraft [e]	2050 TWh	770	5,8	11	2,8
Holz/Biomasse	$3800 \cdot 10^6$ t	1450 [c]	10,8	1,04 [d]	0,2
Wind [e]	3 TWh	1,1	$1 \cdot 10^{-2}$	$1 \cdot 10^{-4}$	$3 \cdot 10^{-5}$
Photovoltaik/ Solarthermik [e]	0,1 TWh	0,04	$3 \cdot 10^{-4}$	$1 \cdot 10^{-5}$	$3 \cdot 10^{-6}$
Summe	–	13312	100	389	100

[a] Quelle: WEC (World Energy Council) 1989 Survey of Energy Resources
[b] Quelle: Energiewirtschaft IZE (Informationszentrale Elektrizität) 1989
[c] davon kommerziell 46%
[d] davon kommerziell 24%
[e] Primäräquivalent mit 33% Wirkungsgrad berechnet

zeigt – nur einen geringfügigen Teil des Primärenergieverbrauchs. Weltweit sind es ca. 17%, zwei Drittel davon sind nichtkommerzielles Brennholz und andere Biomasse, ein weiteres Drittel die Wasserkraft. Alle anderen in Abb. 1.2 aufgeführten Techniken sind im Prozentbereich nicht auszudrücken. Dies gilt auch für die Bundesrepublik Deutschland, wo sich der Beitrag der regenerativen Energiequellen praktisch ausschließlich auf die Wasserkraftnutzung beschränkt.

1.12.3 Nachteile und Vorteile regenerativer Energiequellen

Der Grund für die geringe Nutzung regenerativer Energiequellen ist nicht nur in historischen Gegebenheiten zu suchen, sondern basiert auf prinzipiellen physikalischen Nachteilen, die in den Tabellen 1.5 und 1.6 dargestellt sind.

Die Sonneneinstrahlung und die daraus entstehenden anderen erneuerbaren Energieformen Wind, Umweltwärme und Bioenergie haben eine sehr geringe *Energiedichte*. Dies ist zwar biologisch sinnvoll und lebensnotwendig, aber technisch sehr hinderlich.

Heute übliche Technologien zur Energienutzung arbeiten mit Leistungs- und Energiedichten, die z. B. vieltausendmal höher sind als die Dichten der regenerativen Quellen. Sollen nennenswerte Energiemengen eingefangen werden, dann müssen sehr große Solarkollektorflächen aufgestellt werden, ausgedehnte Ackerflächen mit Biomasse bepflanzt werden, oder es sind sehr große bzw. sehr viele Windräder zu installieren. Die Folge ist ein hoher Materialeinsatz, der hohe Kosten und nicht vernachlässigbare Umweltbeeinflussungen nach sich zieht.

Tabelle 1.5. Flächenbezogene Leistungsdichten regenerativer Energiequellen im Vergleich zu herkömmlichen Energietechnologien (Kleemann, 1991)

Regenerativ (Primärenergie)	W/m^2
Jahresmittel der Sonnenbestrahlung in Deutschland	133
Spitzenwert der Sonnenbestrahlung um die Mittagszeit	1 000
Jahresmittel des Winds an der Nordseeküste	490
Bei Sturm (20 m/s)	4 800
Biomassezuwachs (Mittelwert)	2
Geothermischer Wärmefluß	0,06
Herkömmlich (Sekundär-, Nutzenergie)	
Wärmestrom durch die Kochplatte eines Elektroherdes	100 000
Wärmestrom durch die Heizflächen eines Dampfkessels	600 000
Elektrischer Strom durch ein Kabel im Haushalt	1 000 000
Erdgasstrom durch eine große Fernleitung	15 000 000 000

Tabelle 1.6. Schwankungen des Solarenergieangebots in der BRD

Zeitraum	Schwankungsbreite*
Stündlich	$0,0\ldots1,0\ \mathrm{kWh/m^2\,h}$
Täglich	$0,5\ldots6,0\ \mathrm{kWh/m^2\,d}$
Jährlich	$700\ldots1200\ \mathrm{kWh/m^2\,a}$

* Globalstrahlung auf Horizontale

Desweiteren ist die *Verfügbarkeit* von Sonnenenergie und Windenergie durch tages- und jahreszeitliche Veränderungen sowie durch witterungsbedingte Schwankungen stark eingeschränkt. Die Versorgungssicherheit mit Energie rund um die Uhr kann nicht so ohne weiteres erreicht werden, da Wind- und Sonneneinsatz nicht zeitlich planbar sind. Zur Sicherung einer bedarfsgerechten und zeitlich planbaren Energiebereitstellung muß ein Energiesystem auf der Basis erneuerbarer Energiequellen in der Regel mit einem zweiten Versorgungssystem gleicher Leistungsfähigkeit im Verbund arbeiten. Bei kleinen Leistungseinheiten sind das i. allg. Energiespeicher und bei größeren Einheiten herkömmliche Anlagen oder Kraftwerke. Entscheidend ist, daß immer ein zweites vollwertiges System als Reserve vorgehalten werden muß.

Die mit der Nutzung der regenerativen Energiequellen verbundenen Vorteile sind:

- unbegrenzte Mengenverfügbarkeit im Gegensatz zu den erschöpflichen fossilen Energieträgern,
- nutzbar durch eine Vielzahl dezentraler und z. T. zentraler Technologien,
- keine Freisetzung des zum Treibhauseffekt führenden CO_2-Gases,
- z. T. geringere sonstige Umweltbelastung im Vergleich zu fossilen und nuklearen Energieträgern, daher besondere Eignung zur lokalen Umweltentlastung,

- Nutzungsmöglichkeit heimischer regenerativer Quellen und infolgedessen eine Reduzierung von Transportaufwand und Transportrisiken, z. B. von Erdöl,
- keine Brennstoffkosten beim Betrieb (außer Biomasse), d. h. Kompensationsmöglichkeit der hohen Investitionskosten bei langer Nutzungsdauer und bei Anstieg der Kosten fossiler Energieträger.

Insbesondere die in der Regel hohe Umweltverträglichkeit regenerativer Energiequellen ist der entscheidende Vorteil. Der Versuch, diese Vorteile zu quantifizieren und in Form vermiedener Kosten in eine volkswirtschaftliche Gesamtrechnung einzubeziehen, steckt wissenschaftlich noch in den Anfängen (Reglob, 1992).

1.12.4 Der zukünftige Beitrag

Vor fast zwanzig Jahren wurde der potentielle Beitrag der regenerativen Energiequellen angesichts der Ölpreiskrisen fast ausschließlich unter dem Aspekt der Versorgungssicherheit und der Ressourcenschonung diskutiert. Heute sind es nahezu ausschließlich Umweltaspekte. Die Zwischenzeit hat zu einer großen Anzahl von ausgereiften oder weit entwickelten Einzeltechniken geführt. Die Frage nach ihrer wirtschaftlichen Wettbewerbsfähigkeit läßt sich nicht global, sondern nur im Einzelfall beantworten. Tabelle 1.7 zeigt dies am Beispiel der Bundesrepublik Deutschland. Daraus wird offensichtlich, daß die Randbedingungen für den Einsatz der regenerativen Energiequellen nicht nur durch technische Restriktionen gesetzt werden, sondern auch durch politische. Die Möglichkeiten einer Einflußnahme reichen hier von Forschungs- und Entwicklungsmaßnahmen über Informations- und Ausbildungskampagnen, Anschlußgesetze wie das amerikanische Purpa (= Public Utilities Regulatory Policies Act) oder das deutsche Stromeinspeisegesetz bis hin zu direkten oder indirekten Subventionen bzw. Pönalen auf die konventionellen Energieträger. Über das Für und Wider, insbesondere aber das Wieviel solcher Maßnahmen wird weltweit, vor allem aber in den Industrieländern, heftig gestritten. Der größte Teil der Menschheit aber nimmt weder an den Diskussionen noch an den Segnungen eines hohen Energieverbrauchs teil. Dabei leben diese Menschen überwiegend in sonnenreichen Regionen. Die Energieressourcen sind zu knapp, um die Energiewirtschaft der Industrieländer auf die Entwicklungsländer zu übertragen. Die fossilen Energierohstoffe sind nicht nur zu schade, um sie in – weltpolitisch gesehen – geringen Zeitspannen zu verbrauchen, ihre Nutzung gefährdet darüber hinaus die Umwelt in einem nicht tolerierbaren Umfang. Die friedliche Nutzung der Kernenergie könnte das Ressourcenproblem langfristig zwar nicht lösen, aber mittelfristig entspannen und auch das Umweltproblem reduzieren. Allerdings nur unter der Voraussetzung, daß die Menschen klug und vorsichtig mit dieser Technologie umgehen. Alle Erfahrungen zeigen, daß dies leider nicht immer der Fall ist.

Fazit: Regenerative Energiequellen müssen so schnell wie möglich zur Deckung des Energiebedarfs der Welt stärker herangezogen werden. Gleichzei-

Tabelle 1.7. Versuch einer schematisierten Aussage zum gegenwärtigen Stand der Technologien zur Nutzung erneuerbarer Energien in der Bundesrepublik Deutschland (1992)

1. Wirtschaftlich:
  (unter derzeitigen Bedingungen einschließlich Stromeinspeisegesetz und Förderprogrammen)
  – Wasserkraft*
  – Warmwasserbereitung*: Schwimmbäder mit Absorber*, Vorwärmung für zentrale Systeme bei Großverbrauchern*
  – Passive Solarenergienutzung im privaten Bereich*
  – Solartrocknung in der Landwirtschaft
  – Sehr kleine, dezentrale photovoltaische Systeme
  – Verbrennung von Biomasse (Stroh, Abfall, Holz und kommunale Müllverbrennung)*
  – Biogaserzeugung, z. B. kommunale Klärgas- und Deponiegasnutzung
  – Große Wärmepumpen (monovalent, elektrisch und verbrennungsmotorisch)
  – Kleine und mittlere Windkraftanlagen bis einige 100 kW (an guten Standorten)

2. Wirtschaftlich bei zusätzlichen Anreizen
  – Solare Brauchwasserbereitung in privaten Haushalten
  – Solare Warmluftheizung mit kontrollierter Lüftung
  – Vergasung von Biomasse zur Wärmeerzeugung
  – Wärmepumpen (bivalent)
  – Nutzung von Erdwärme
  – Energiepflanzen

3. Wirtschaftlichkeit nur erreichbar bei erheblichen Kostensenkungen oder drastisch steigenden Energiepreisen
  – Solare Raumheizung auf Basis Warmwasser
  – Passive Solarenergienutzung im gewerblich-industriellen Bereich
  – Ethanol aus Biomasse
  – Geothermische Stromerzeugung
  – Großtechnische photovoltaische Stromerzeugung
  – Große Windkraftanlagen (Multi-MW-Bereich)
  – Großtechnische Biomassevergasung
  – Energiepflanzen

4. Zukunftstechnologien
  – Photochemische Solarenergienutzung
  – Solarer Wasserstoff

* z.T. wirtschaftlich auch ohne Subventionen

tig muß der Energieverbrauch durch drastische Einsparungen und durch einen rationellen Umgang erheblich reduziert werden. Welchen Anteil die einzelnen Techniken zur Nutzung regenerativer Energiequellen dann übernehmen, ist eine Frage der Verfügbarkeit von Zeit, Geld und Manpower sowie des gesellschaftlichen und energiepolitischen Wollens.

Mögliche Erwartungen sind in Tabelle 1.8 für die Welt wiedergegeben (*weltweites Potential*). Danach soll der weltweite Anteil von heute 17% auf 67% innerhalb der nächsten 40 Jahre ansteigen. Dies entspricht einer durchschnittlichen jährlichen Steigerungsrate der Nutzung regenerativer Energiequellen von 3,6% pro Jahr.

In Tabelle 1.9 sind Erwartungswerte für das technische Potential nach 3 verschiedenen Studien für die BRD zusammengestellt. Die Werte schwanken zwischen 18% und 24% bezogen auf den Primärenergieverbrauch von 1988. Von

Tabelle 1.8. Weltenergieverbrauch 1987 und Erwartung für 2030
(nach Flavian und Lenssen, 1991)

Energie	Jahr 1987 Mio. t SKE	Jahr 2030 Mio. t SKE
Öl	4280	2175
Kohle	3800	350
Gas	2390	2540
Regenerative Energie	2222	10150
Kernenergie	620	0*
Gesamt	13312	15215

* Kernenergieausstieg angenommen

Tabelle 1.9. Technisches Potential erneuerbarer Energiequellen bei lokaler Nutzung nach verschiedenen aktuellen Abschätzungen für die alten Bundesländer (Enquete-Kommission, 1990; Energie und Klima, 1990; Nitsch, 1990)

	Beitrag 1988	TA*-Studie	Klima-Enquete	Nitsch/Luther
Wärmeerzeugung, TWh/a (Endenergie)	18	250[a]	255[c] ...324	225[d]
Stromerzeugung, TWh/a	20	135[a]	136[b] ...155	120[e]
Primärenergieäquivalent, TWh/a	87	630	640 ...765	565
Anteil am Primärenergieverbrauch 1988 (%)	2,7	19,7	20,2...24,1	18,8

* TA = Technikfolgenabschätzung
[a] Potentiale für das Jahr 2050
[b] davon max. 16% im Jahre 2005 und 52% im Jahre 2050 wirtschaftlich
[c] davon max. 53% im Jahre 2005 und 98% im Jahre 2050 wirtschaftlich
[d] davon 36...53% wirtschaftlich im Jahre 2020
[e] davon 83...94% wirtschaftlich im Jahre 2020

diesem *technischen Potential der BRD* waren 1988 erst 13% ausgenutzt. Über die Frage, wann die restlichen 87% ausgeschöpft sind, gehen die Meinungen der Prognostiker naturgemäß weit auseinander. Die Anteile der einzelnen Technologien an der Bereitstellung von Endenergie werden in den drei Studien (TA-Studie, Klima-Enquete, Nitsch/Luther) innerhalb der folgenden Bereiche geschätzt:

Photovoltaik	4%...16%
Windenergiekonverter	6%...17%
Wasserkraftwerke	4%...8%
Biomassenutzung	21%...31%
Solarthermische Nutzung	32%...37%
Wärmepumpen	9%...17%.

2 Darbietung solarer Strahlungsenergie

2.1 Strahlung und Schwächungsmechanismen

Der aus Fusionsprozessen in der Sonne resultierende Energiestrom trifft die Erde erst in sehr großer Entfernung und daher erheblich abgeschwächt. Eine weitere Reduktion des Energiestromes erfolgt dann beim Durchgang durch die Erdatmosphäre.

2.1.1 Extraterrestrische Strahlung

Die Sonne strahlt Energie in Form von Materiestrahlung und elektromagnetischer Strahlung aus. Das Spektrum dieser Strahlung reicht von kosmischen Strahlen mit Wellenlängen von 10^{-20} m bis zu Hochfrequenzstrahlen mit solchen von mehreren Kilometern Länge (s. Abb. 2.3). Auch die Erdatmosphäre und die Erdoberfläche selbst sind Strahlungsquellen, wobei bezüglich der Sonnenenergienutzung insbesondere ihre Funktion als Infrarotstrahler von Bedeutung ist.

Für ihre Bahn um die Sonne braucht die Erde ein Jahr. Auf der Abb. 2.1 ist die Erde zu vier verschiedenen Zeiten dargestellt. Die Rotationsachse der Erde bleibt immer im gleichen Winkel stehen. Erst ist die eine Halbkugel der Sonne zugewandt, dann die andere.

Im Juni, wenn die Nordhalbkugel der Sonne zugewandt ist, herrscht in Europa, Asien und Nordamerika Sommer, und auf der Südhalbkugel ist Winter. Die Sonne steht über dem nördlichen Wendekreis. Sechs Monate später, im Dezember, ist die Südhalbkugel der Sonne zugewandt. Deshalb feiern die Australier Weihnachten im Sommer, während bei uns Winter ist. Die Sonne steht über dem südlichen Wendekreis. Im März und September steht die Sonne über dem Äquator, und auf beiden Halbkugeln ist entweder Frühling oder Herbst. Nur in den Tropen, der Zone zwischen den beiden Wendekreisen, unterscheiden sich die Jahreszeiten kaum voneinander.

Die Abstrahlung der Sonne entspricht in etwa derjenigen eines schwarzen Körpers mit einer Temperatur von $T_S = 5762$ K. Unter dieser Annahme kann aus dem Sonnendurchmesser von $1{,}39 \cdot 10^6$ km mit Hilfe des *Stefan-Boltzmann-Gesetzes* die solare Abstrahlung $\dot{G}_S$ berechnet werden:

$$\dot{G}_S A_S = A_S \sigma T_S^4 = \pi D_S^2 \sigma T_S^4 \quad (\text{W}) \tag{2.1}$$

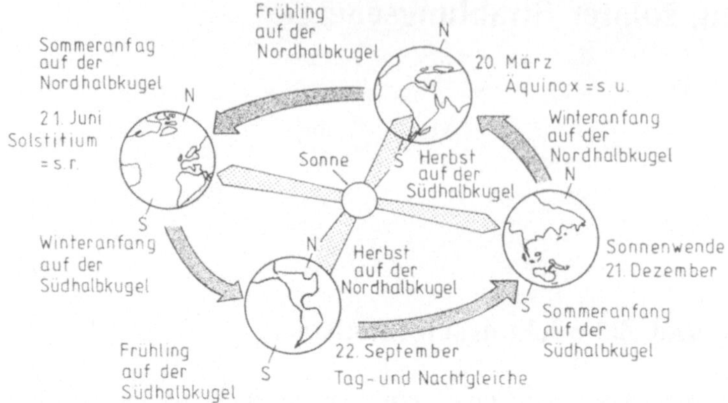

Abb. 2.1. Die Bahn der Erde um die Sonne bestimmt die Jahreszeiten auf der Erde. Die Umdrehungsachse der Erde steht immer im gleichen Winkel von 66,55° gegen die Ebene der Erdbahn

mit A_S Oberfläche der Sonne (m^2), T_S Oberflächentemperatur der Sonne (K), und D_S Sonnendurchmesser (m).

Mit der Stefan-Boltzmann-Konstanten $\sigma = 5{,}67 \cdot 10^{-8}\,\text{W}\,\text{m}^{-2}\,\text{K}^{-4}$ und dem Sonnendurchmesser $D = 1{,}39 \cdot 10^6$ km ergibt sich:

$$\dot{G}_S A_S = 3{,}8 \cdot 10^{26}\ \text{W}\ ,$$

$$\dot{G}_S = 62{,}5 \cdot 10^6\ \text{W/m}^2\ .$$

Stark verdünnt fällt diese Strahlung auf die Atmosphäre der Erde ein. Aus dem Abstand Erde–Sonne von einer astronomischen Einheit (AE $= 1{,}5 \cdot 10^8$ km) errechnet sich dieser Wert zu

$$\dot{G}_0 = \dot{G}_S \left(\frac{D_S}{2\,\text{AE}}\right)^2\ (\text{W/m}^2)\ ,$$

$$\dot{G}_0 = 1341\ \text{W/m}^2\ .$$

Diesen Wert, der etwas schwanken kann, bezeichnet man als *Solarkonstante*.

Rund 99% der gesamten Strahlung der Sonne wird im Wellenlängenbereich von 0,276 bis 4,96 µm abgestrahlt. Abbildung 2.2 zeigt für den Bereich der äußeren Atmosphäre das Spektrum der *extraterrestrischen Sonnenstrahlung* im Vergleich zu demjenigen eines schwarzen Körpers von 5762 K. Das Intensitätsmaximum liegt bei 0,5 µm mitten im Bereich des sichtbaren Lichts. Gemäß dem Wienschen Verschiebungsgesetz

$$\lambda_{\text{max}} \cdot T = 2897{,}8\ (\mu\text{m} \cdot \text{K})$$

mit λ_{max} Intensitätsmaximum (µm), T Absoluttemperatur (K) ergibt sich, daß das Intensitätsmaximum für schwarze Körper mit niedriger Temperatur als der

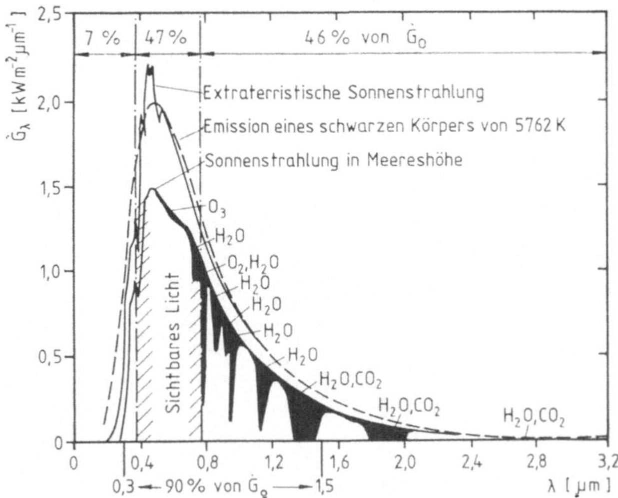

Abb. 2.2. Das Spektrum der Solarstrahlung reicht von etwa 0,2 bis 5 µm (Valley, 1965)

Sonnentemperatur deutlich zu längeren Wellenlängen hin verschoben wird. Für einen Körper von 100 °C liegt es beispielsweise bei 7,8 µm, also weit außerhalb des kurzwelligen Solarspektrums.

Etwa 90% der extraterrestischen Einstrahlung entfällt auf den Bereich des *sichtbaren Lichts* und des nahen Infrarots (λ = 0,3 bis 1,5 µm). Die *Solarkonstante* ergibt sich als Integral $\int\limits_0^\infty \dot{G}(\lambda)\,d\lambda$, entspricht also der Fläche unterhalb des Kurvenzugs der Abb. 2.2. Neuere Messungen ermitteln diesen Wert zu $1{,}353 \pm 0{,}021$ kW/m^2 (Sonnenfleckeneinfluß). Die Solarkonstante ist als Strahlungsfluß definiert, der außerhalb der Erdatmosphäre senkrecht auf eine Fläche einfällt. Sie ist wegen des sich ändernden Abstandes zwischen Sonne und Erde darüber hinaus geringen jahreszeitlichen Schwankungen unterworfen. Diese Schwankungen betragen etwa $\pm 3\%$. Der gesamte Schwankungsbereich der Solarkonstanten liegt also bei rund $\pm 4{,}4\%$, also stets im Intervall von 1,293 bis 1,412 kW/m^2.

2.1.2 Gang durch die Atmosphäre

Ebenfalls in Abb. 2.2 aufgeführt ist die *Spektralverteilung* der Sonnenstrahlen in Meereshöhe bei senkrechter Durchstrahlung der Erdatmosphäre (*Air-Mass-1-Bedingung*). Außerhalb der Erdatmosphäre spricht man von Air-Mass-0-Bedingungen (AM0). Je länger der Strahlenweg durch die Atmosphäre wird, desto größer wird die zu durchstrahlende Masse. Heute werden bei Wirkungsgradangaben häufig AM-1,5-Bedingungen zugrundegelegt, die Strahlung legt also den 1,5fachen Weg der senkrechten Durchstrahlung zurück (s. Abb. 2.9).

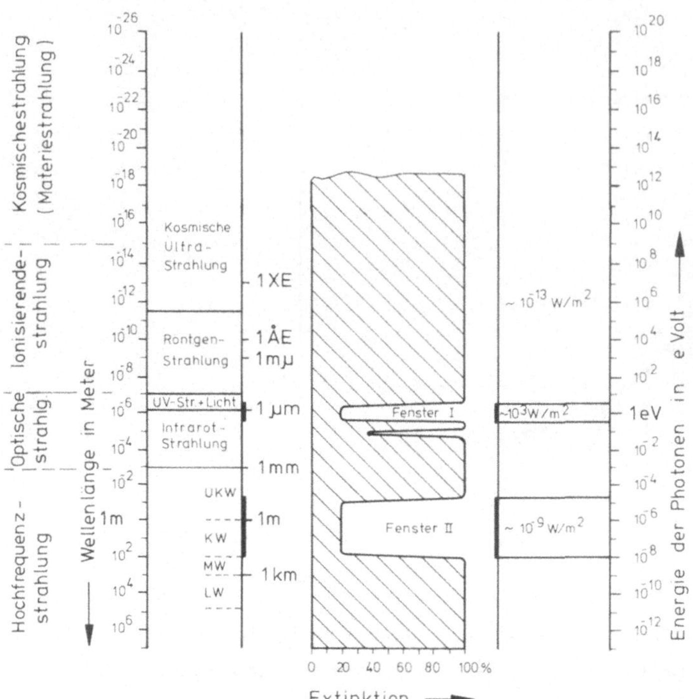

Abb. 2.3. Die Atmosphäre ist für die Strahlung zum größten Teil undurchlässig. Nur im optischen und hochfrequenten Bereich weist sie Fenster auf. Energetisch interessant ist nur das Fenster I mit etwa 10^3 W/m^2 (Schulze, 1970)

Sämtliche Wellenlängenbereiche erfahren beim Atmosphärendurchgang erhebliche Verluste. Für bestimmte Wellenlängen ist die Atmosphäre völlig „undurchsichtig", d. h. die Strahlung wird um 100% geschwächt (*Extinktion*) (Abb. 2.3). Für die Solarenergienutzung auf der Erde ist aus Leistungsgründen nur das optische Fenster I der Atmosphäre von Bedeutung (Abb. 2.4). Der wesentliche Teil dieses Fensters umfaßt den Bereich des *sichtbaren Lichts* von 0,38 bis 0,78 µm.

2.1.3 Strahlung auf geneigte Flächen

Die auf eine *geneigte Fläche* außerhalb der Erdatmosphäre auffallende Sonnenstrahlung wird in der Dimension eines Strahlungsflusses angegeben und kann mit Hilfe des Einfallswinkels ψ aus der Solarkonstanten berechnet werden (Abb. 2.5)

$$\dot{G}_{0,\mathrm{g}} = \dot{G}_0 \cos \psi \quad (\mathrm{W/m}^2) \tag{2.2}$$

mit $\dot{G}_{0,\mathrm{g}}$ Solarstrahlung auf eine geneigte Fläche (außerhalb der Erdatmosphäre) (W/m^2), $\dot{G}_0$ Solarkonstante (W/m^2) und ψ Winkel zwischen der Flächennormalen und der Strahlungsrichtung (Grad).

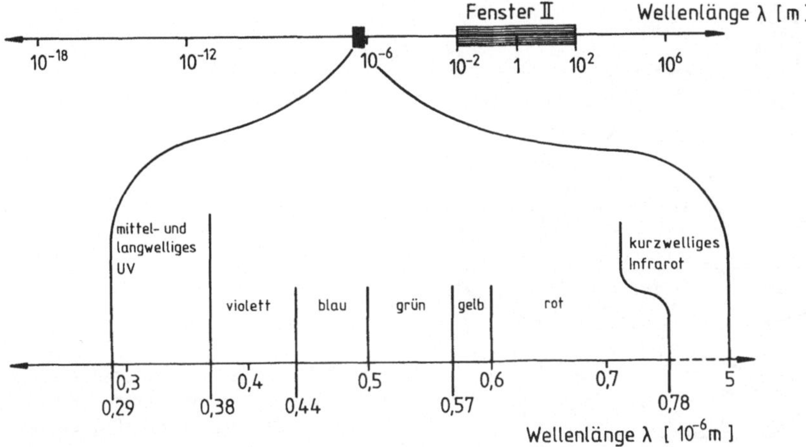

Abb. 2.4. Das optische Fenster der Atmosphäre ermöglicht die Energiezufuhr von der Sonne zur Erde

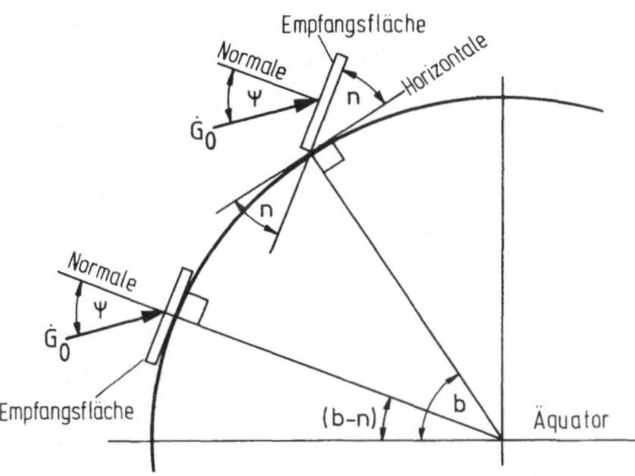

Abb. 2.5. Die Berechnung des Strahlungsflusses auf geneigte Flächen läßt sich vereinfachen, wenn die Flächen nach Süden oder Norden ausgerichtet sind

Der *Einfallswinkel* ψ ist abhängig vom Neigungswinkel, vom Aufstellungsort der Empfangsfläche sowie vom Sonnenstand. Unter der Annahme einer kugelförmigen Gestalt der Erde kann er folgendermaßen berechnet werden (Abb. 2.6)

$$\cos \psi = (\cos n \sin b - \cos b \cos a \sin n) \sin \delta$$
$$+ (\sin b \cos a \sin n + \cos n \cos b) \cos \delta \cos t^*$$
$$+ \sin a \sin n \cos \delta \sin t^* \ (\text{Grad}) \tag{2.3}$$

mit *n Neigungswinkel* der Empfangsfläche (Grad), *b* Breitengrad des Aufstellungsorts (Grad, Norden: positiv, Süden: negativ), *a Azimutwinkel*, Aufstellungsrichtung der Empfangsfläche (Grad, Süden, Norden = 0°, Osten: positiv,

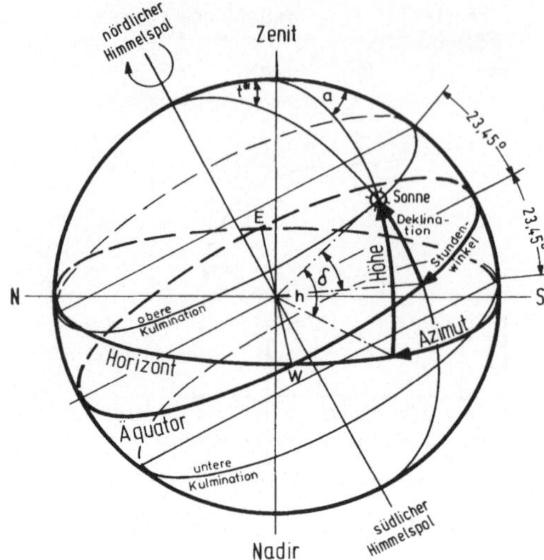

Abb. 2.6. Aus der Solarkonstanten kann bei Kenntnis der Koordinaten der Himmelskugel der Strahlungsfluß außerhalb der Atmosphäre für jeden Ort und jeden Zeitpunkt berechnet werden (AGF/ASA, 1976)

Westen: negativ), δ *Deklinationswinkel* der Sonne (Grad) und t^* *Stundenwinkel* der Sonne (Grad, Mittag: 0°, Vormittag: positiv, Nachmittag: negativ).

Aus der Rotationsgeschwindigkeit der Erde ergibt sich der Stundenwinkel t^* zu:

$$t^* = (12\,\text{h}-\text{WOZ})\cdot 15°/\text{h}\ \ (\text{Grad}) \tag{2.4}$$

$$= (720\,\text{min}-\text{WOZ})\cdot 0{,}25°/\text{min}\ \ (\text{Grad})$$

mit WOZ (h, min) wahre Ortszeit (2.6).

Die wahre Ortszeit oder Sonnenzeit weicht je nach Lage des betreffenden Ortes und der Jahreszeit erheblich von der gesetzlich geregelten Ortszeit GZ ab. Fast alle westeuropäischen Länder haben sich der mitteleuropäischen Zeit (MEZ) und der entsprechenden Sommerzeit (MESZ) angeschlossen. Der Bezugsmeridian λ_0 beträgt in diesem Gebiet:

$$\lambda_0 = -15°\ (\text{MEZ}),\ \text{bzw.}$$

$$\lambda_0 = -30°\ (\text{MESZ})\ .$$

Für Orte, die nicht genau auf dem Bezugsmeridian liegen, muß GZ um die Abweichung des tatsächlichen Ortsmeridians λ vom Bezugsmeridian λ_0 korrigiert werden:

$$\frac{(\lambda_0-\lambda)\ \text{Grad}}{15\ \text{Grad/h}} = (\lambda_0-\lambda)\cdot 4\ (\text{min})\ .$$

Der Längengrad λ wird nach Westen positiv, nach Osten negativ gezählt, Nullmeridian ist der durch Greenwich führende Längengrad.

Eine zweite, variable Korrektur berücksichtigt Störungen des Erdumlaufs und wird Zeitgleichung Z genannt. Sie berücksichtigt, daß die Länge des Sonnentages im Jahresverlauf schwankt, und zwar um $-14,3$ bis $+16,4$ min. Ursache dafür ist einerseits die elliptische Umlaufbahn, andererseits die Tatsache, daß die Sonne sich entlang der Ekliptik bewegt, die Zeit aber entlang des Himmelsäquators gemessen wird. Diese beiden Kreise stehen in einem Winkel von $23,45°$ zueinander (s. Abb. 2.6). Die Zeitgleichung kann folgendermaßen berechnet werden (Kasten, 1991):

$$Z = -7,66 \sin x - 9,87 \sin (2x + 24,99° + 3,83° \sin x) \quad (\text{min})$$

mit

$$x = 0,9856° \cdot J - 2,72° \quad (\text{Grad}) \tag{2.5}$$

und J Tag des Jahres, vom 1. Januar aus gezählt.

Die *wahre Ortszeit* WOZ ergibt sich somit aus der gesetzlichen Zeit GZ zu:

$$\text{WOZ} = \text{GZ} + (\lambda_0 - \lambda) \cdot 4 - (7,66 \sin x$$
$$+ 9,87 \sin [2x + 24,99° + 3,83° \sin x]) \, (\text{min}) \tag{2.6}$$

mit λ_0 Bezugsmeridian (Grad) und λ Ortsmeridian (Grad).

Bei Neigung der Fläche nach Norden oder Süden (Azimut = Null°) läßt sich die Beziehung (2.3) erheblich vereinfachen (Abb. 2.5). Die am Breitengrad b um n geneigte Fläche empfängt die gleiche Strahlung wie die horizontale Fläche ($n = 0$) am fiktiven Breitengrad ($b - n$). Dann wird (2.3) zu

$$\cos \psi = \sin (b - n) \sin \delta + \cos (b - n) \cos \delta \cos t^* \, . \tag{2.7}$$

Die *Deklination* δ, also der Winkelabstand des Sonnenhöchstands vom Himmelsäquator, schwankt aufgrund der scheinbaren Sonnenbewegung je nach Jahreszeit zwischen $-23,45°$ (22. Dezember, 356. Tag) und $+23,45°$ (22. Juni, 173. Tag). Sie kann folgendermaßen berechnet werden:

$$\delta = -23,45° \cdot \cos \left[\frac{2\pi}{365,25} \cdot (J + 10) \right] \quad (\text{Grad}) \tag{2.8}$$

mit δ Deklination (Grad), $\pi \triangleq 180°$ und J vom 1. Januar aus gezählter Tag des Jahres.

Der Deutsche Wetterdienst (Kasten, 1991) berechnet die Deklination der Sonne δ aus folgender Näherungsformel:

$$\sin \delta = 0,3978 \sin (x - 77,51° + 1,92° \sin x) \tag{2.9}$$

mit x aus (2.5). Die Abweichungen zwischen (2.8) und (2.9) sind aber nur geringfügig. Dies gilt auch für andere Näherungsformeln, wie sie etwa in den VDI- oder DIN-Normen enthalten sind (VDI 3786, DIN 5034).

Für horizontale Flächen ($n = 0°$) folgt aus (2.3)

$$\cos \psi_z = \sin b \sin \delta + \cos b \cos \delta \cos t^* \qquad (2.10)$$

mit ψ_z *Zenitwinkel* $= 90° - h$ (Grad) und h *Höhenwinkel* der Sonne (Grad).

Für die Zeit des Sonnenauf- bzw. -untergangs t^*_{SA}, t^*_{SU} beträgt der Zenitwinkel 90° (Höhenwinkel $= 0°$). Die Auflösung von (2.10) nach dem Stundenwinkel t^* ergibt dann für den Sonnenaufgang:

$$\cos t^*_{SA} = -\frac{\sin b \sin \delta}{\cos b \cos \delta}$$

$$t^*_{SA} = \text{arc cos} \, (-\tan b \cdot \tan \delta) \; (\text{Grad}) \; . \qquad (2.11)$$

Die wahre Ortszeit des Sonnenaufgangs ergibt sich aus (2.4) durch Auflösen nach WOZ, die gesetzliche Zeit dann aus (2.6) durch Auflösen nach GZ.

Der Stundenwinkel des Sonnenuntergangs t^*_{SU} ist identisch mit t^*_{SA}, allerdings mit negativem Vorzeichen.

Das Verhältnis der *Strahlung auf eine geneigte Fläche*, $\dot{G}_{0,g}$, zu derjenigen auf die Horizontalfläche, $\dot{G}_{0,h}$, kann mit Hilfe von (2.2) berechnet werden zu

$$R = \frac{\dot{G}_{0,g}}{\dot{G}_{0,h}} = \frac{\dot{G}_0 \cos \psi}{\dot{G}_0 \cos \psi_z} = \frac{\cos \psi}{\cos \psi_z} \; . \qquad (2.12)$$

Dieses Verhältnis ist für die spätere Umrechnung von Horizontalstrahlungswerten noch von Bedeutung.

Mit Hilfe der oben abgeleiteten Beziehungen lassen sich aus der Solarkonstanten Tages- und Jahresgangverläufe der solaren Strahlung außerhalb der Atmosphäre berechnen. Derartige Rechnungen können mit Einsatz von Rechnermodellen relativ einfach durchgeführt werden und geben eine ungefähre Vorstellung von den Einflüssen der Variation wichtiger Parameter, wie z. B. Ausrichtung oder Aufstellungsort der Empfangsfläche, auf die Leistungsdichte der Strahlung. Da die solare Strahlung jedoch durch das Vorhandensein der Atmosphäre sowohl in ihrer Leistungsdichte als auch in ihrer Spektralverteilung verändert wird, sind derartige Aussagen für eine terrestrische Nutzung der Sonnenstrahlung nicht ausreichend.

2.2 Terrestrisch nutzbare Strahlung

2.2.1 Strahlungsbilanzen

Die auf der Erdoberfläche auftreffende Sonnenstrahlung entsteht aus der extraterrestrischen Strahlung, wobei folgende Effekte Intensität und Spektrum beeinflussen:

1. Reflexion an der Atmosphäre und der Erdoberfläche,
2. Streuung an Bestandteilen der Atmosphäre und
3. Absorption durch die Atmosphäre.

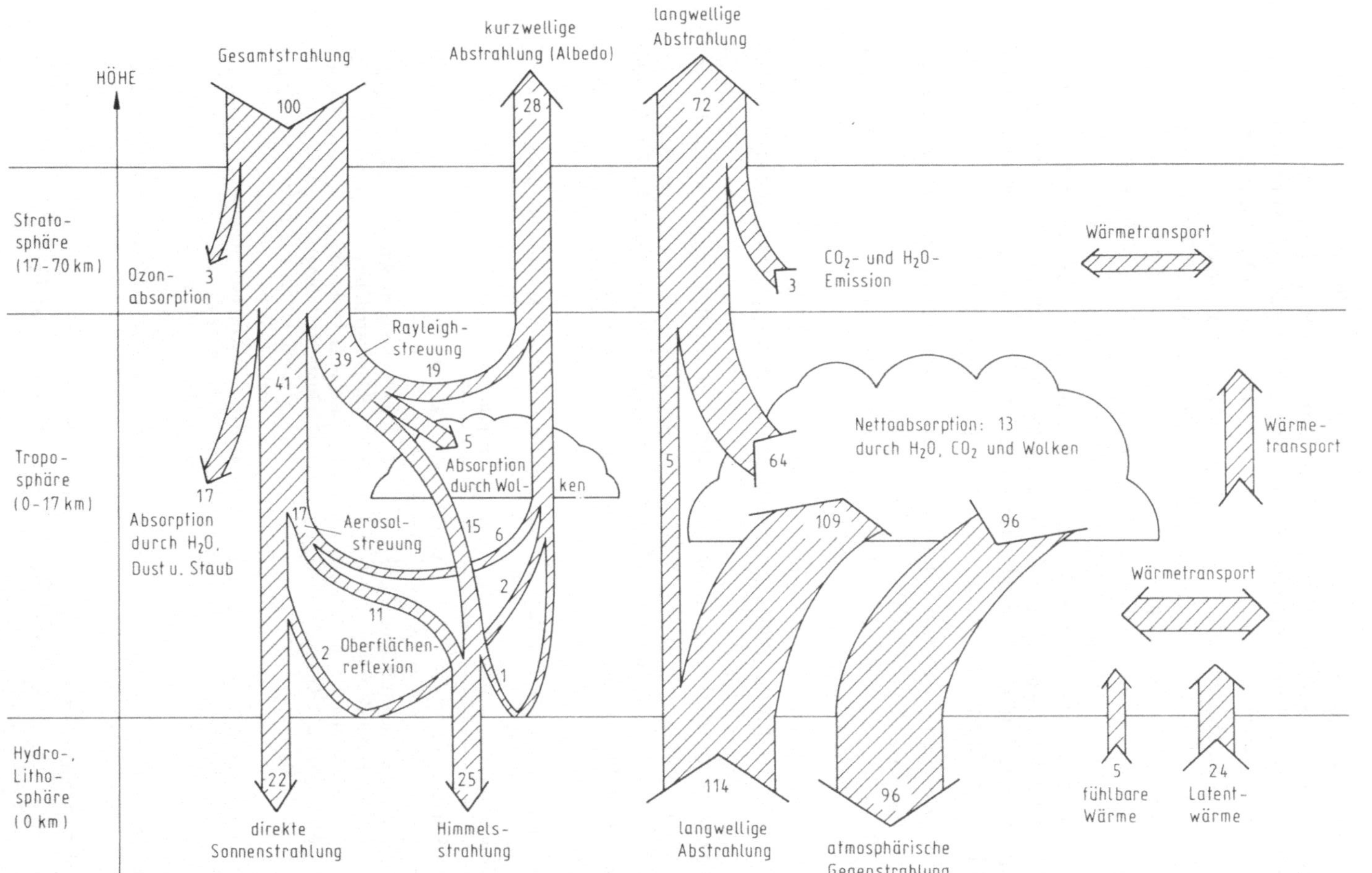

Abb. 2.7. Die Strahlungsbilanz der Erde zeigt, daß im globalen Mittel nur 47% der Sonnenstrahlung als direkte oder diffuse Strahlung (Himmelsstrahlung) die Atmosphäre durchdringen (nach Niehaus, 1975)

Den erstgenannten Effekt charakterisiert die sog. *Albedo*, d. h. das diffuse Rückstrahlvermögen der Erde. Die Albedo beträgt über alle Jahreszeiten und alle Erdregionen gemittelt etwa 28% (s. Abb. 2.7). Ältere Berechnungen geben meist höhere Werte an, die bis zu 35% reichen. Genauere Messungen mit Hilfe von Satelliten führen jedoch zu niedrigeren Zahlenangaben.

Dieser Anteil extraterrestrischer Strahlung geht also in Form kurzwelliger Rückstrahlung in den Weltraum für eine terrestrische Nutzung verloren. Die Albedo umfaßt damit auch einen Teil der durch Streuung entstehenden Verluste. Ein weiterer Teil dieser durch Streuung entstehenden diffusen Strahlung geht zwar auch noch innerhalb der Atmosphäre durch Absorption verloren, erreicht jedoch teilweise nach Mehrfachreflexion auch die Erdoberfläche in Form der sog. diffusen Himmelsstrahlung. Die auf die Erdoberfläche auffallende solare Strahlung besteht also aus zwei Komponenten:

1. der *direkten Strahlung*, d. h. der durch Absorption und Streuung geschwächten extraterrestrischen Strahlung,
2. der *diffusen Himmelsstrahlung*, die durch Streuung der direkten Strahlung an der Erdatmosphäre entsteht.

Die Summe dieser beiden Komponenten wird als *Globalstrahlung* bezeichnet.

Für die Strahlungsbilanz des Systems Erde − Atmosphäre ist darüber hinaus die sog. *atmosphärische Gegenstrahlung* von Bedeutung. Diese langwellige Eigenstrahlung der Atmosphäre übertrifft zwar in ihrer Leistungsdichte die Globalstrahlung, ihre Wellenlänge entspricht jedoch in etwa der Temperatur der Erdoberfläche und kann daher in einem Kollektor, der ja ebenfalls mindestens Umgebungstemperatur hat, nicht genutzt werden.

Tabelle 2.1. Die Strahlungsbilanzierung erfordert die Kenntnis vieler einzelner Komponenten

Einstrahlung			Abstrahlung		
Nr.	Komponente	Symbol	Nr.	Komponente	Symbol
1	Direkte Sonnenstrahlung	$\dot{G}_D$	5	Reflektierte direkte Sonnenstrahlung	$\dot{G}_{D,R}$
2	Diffuse Himmelsstrahlung	$\dot{G}_H$			
3	$\sum 1+2$: Globalstrahlung	$\dot{G}_G$	6	Reflektierte diffuse Sonnenstrahlung	$\dot{G}_{H,R}$
4	Atmosphärische Gegenstrahlung	$\dot{G}_A$	7	$\sum 5+6$: reflektierte kurzwellige Globalstrahlung	$\dot{G}_{G,R}$
			8	Reflektierte atmosphärische Gegenstrahlung	$\dot{G}_{A,R}$
			9	Abstrahlung der Empfangsfläche	$\dot{G}_E$
			10	$\sum 8+9$: gesamte langwellige Abstrahlung der Empfangsfläche	$\dot{G}_R$

$$\dot{Q}_N = \dot{G}_D + \dot{G}_H + \dot{G}_A - (\dot{G}_{D,R} + \dot{G}_{H,R} + \dot{G}_{A,R} + \dot{G}_E)$$
$$\dot{Q}_N = \dot{G}_G + \dot{G}_A - \dot{G}_{G,R} - \dot{G}_R$$
$$\dot{Q}_N = \text{Nutzbare Leistung je Flächeneinheit}$$

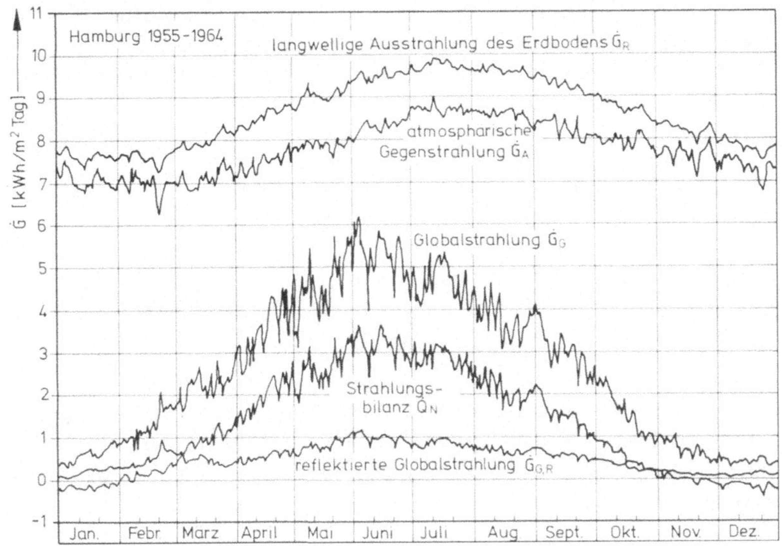

Abb. 2.8. Der Jahresgang der Strahlungsbilanz auf eine horizontale Fläche (Schulze, 1970)

Tabelle 2.1 zeigt die Bestimmungsgrößen der Strahlungsbilanz der Erdoberfläche und die im weiteren verwendeten Symbole. In Abb. 2.8 ist diese Strahlungsbilanz mit ihren Komponenten im Jahresablauf für Hamburg dargestellt (Zehnjahresmittel von 1955 bis 1964).

2.2.2 Das allgemeine Transmissionsgesetz

Die Strahlungsbilanz des Systems Erde–Atmosphäre weicht regional und zeitlich z. T. erheblich von den in Abb. 2.7 gezeigten Mittelwerten ab. Für die in der Solartechnik besonders interessierende *Globalstrahlung* resultiert diese Abweichung neben den oben diskutierten Schwankungen der Albedo aus der Streuung und Absorption der extraterrestrischen Strahlung in der Atmosphäre. *Beide Effekte* sind wellenlängenabhängig und werden in der Meteorologie als Schwächung oder *Extinktion* bezeichnet. Die partielle Reststrahlung ergibt sich zu

$$\mathrm{d}\dot{G} = -\dot{G}_0 x\,\mathrm{d}s \quad (\mathrm{W/m^2}) \tag{2.13}$$

mit $\mathrm{d}\dot{G}$ Reststrahlung der im Wellenlängenbereich einfallenden Strahlung $\dot{G}_0$ ($\mathrm{W/m^2}$), x Extinktionskoeffizient ($1/\mathrm{m}$) und $\mathrm{d}s$ partielle Weglänge des Strahls (m).

Durch Integration von (2.13) über die gesamte Weglänge m des Strahls folgt das allgemeine *Transmissionsgesetz*

$$\dot{G} = \dot{G}_0 \exp(-xm) \quad (\mathrm{W/m^2}) \tag{2.14}$$

mit $\dot{G}$ durchgelassene Strahlung (W/m^2), $\dot{G}_0$ auftreffende Strahlung (W/m^2), x Extinktionskoeffizient (1/m) und m optische Weglänge (m).

Das Verhältnis der durchgelassenen zur auftreffenden Strahlung wird als *Transmissionsfaktor* τ_G bezeichnet:

$$\tau_G = \frac{\dot{G}}{\dot{G}_0} = \exp\left(-xm\right) \; . \tag{2.15}$$

Er setzt sich aus drei Komponenten zusammen

$$\tau_G = \tau_{RS}\,\tau_{MS}\,\tau_{Ab} \tag{2.16}$$

mit τ_{RS} Transmissionsfaktor der Rayleigh-Streuung, τ_{MS} Transmissionsfaktor der Mie-Streuung und τ_{Ab} Transmissionsfaktor der Gasabsorption.

Abbildung 2.9 zeigt den Strahlendurchgang durch eine idealisierte, planparallele Atmosphäre konstanter Dichte. Für diese gilt

$$m = \frac{H}{\sin h} = \frac{H}{\cos \psi_z} \; (m) \tag{2.17}$$

mit H Höhe der Atmosphäre (m), h Sonnenhöhenwinkel (Grad) und ψ_z Zenitwinkel (Grad).

Für die reale Atmosphäre gilt (2.17) nur näherungsweise, da aufgrund der Krümmung der Erdoberfläche die Geraden G_1 und G_2 und m in der Abb. 2.9 tatsächlich gekrümmte Linien darstellen. Darüber hinaus ist die Atmosphäre nicht homogen: Ihre Dichte nimmt mit zunehmender Höhe ab, der Extinktionskoeffizient ist also nicht über die Weglänge konstant. Die Abweichungen sind jedoch nur für sehr kleine Sonnenhöhenwinkel relevant: Für Höhenwinkel über 10° betragen sie nicht einmal 3%.

Wegen der besonderen Bedeutung für die Solartechnik soll im folgenden etwas detaillierter auf die wichtigsten Streu- und Absorptionseffekte eingegangen werden.

2.2.3 Streuung in der Atmosphäre

Zwei Arten der Streuung beeinflussen die Strahlung in der Atmosphäre:

1. die *Rayleigh-Streuung* an den Molekülen und
2. die *Mie-Streuung* an den Aerosolen.

Rayleigh-Streuung
Die Rayleigh-Streuung erfolgt an Teilchen, deren Durchmesser wesentlich kleiner ist als die Wellenlänge des einfallenden Lichts. Dies sind die molekularen Bestandteile der Luft, welche die Strahlung umso stärker streuen, je kürzer die Wellenlänge ist:

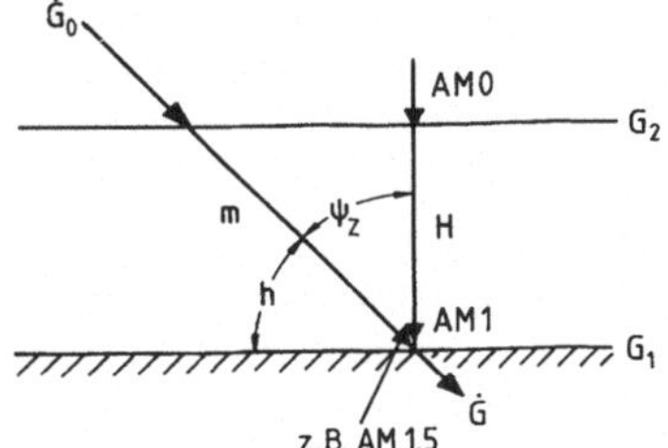

Abb. 2.9. Strahlendurchgang durch eine idealisierte, planparallele Atmosphäre konstanter Dichte

$$\dot{G}_{Ra} = \frac{2\pi^2}{N\lambda^4}\,(n_i^2 - 1)^2\,(1/\cos^2 \psi)\,\dot{G}_0 \quad (\text{W/m}^3) \tag{2.18}$$

mit $\dot{G}_{Ra}$ von einem Streuvolumen gestreute Strahlung (W/m³), N Zahl der Moleküle des durchstrahlten Luftvolumens (1/m³), λ Wellenlänge (m), ψ Streuwinkel (Grad), n_i Brechungsindex und $\dot{G}_0$ auftreffende Strahlung, Solarkonstante (W/m²).

Integriert man die in (2.18) angeführte Rayleighsche Streufunktion über alle Streuwinkel ψ, so erhält man den Rayleighschen Streukoeffizienten

$$a_1 = \frac{8\pi^3}{3N\lambda^4}\,(n_i^2 - 1)\quad (1/\text{m})\;. \tag{2.19}$$

Gleichung (2.14) nimmt somit für die idealisierte Rayleigh-Atmosphäre folgende Form an:

$$\dot{G}_{RS} = \dot{G}_0 \exp\,(-a_1 m)\quad (\text{W/m}^2) \tag{2.20}$$

mit $\dot{G}_{RS}$ von der idealisierten Rayleigh-Atmosphäre durchgelassene Strahlung (W/m²), $\dot{G}_0$ extraterrestrische Strahlung (W/m²), a_1 Rayleighscher Streukoeffizient (1/m) und m optische Weglänge (m).

Aus der λ^{-4}-Abhängigkeit des Streukoeffizienten wird ersichtlich, daß kurzwellige Strahlung stärker als langwellige gestreut wird. Im Bereich des sichtbaren Lichts führt dies beispielsweise dazu, daß die Sonne am Horizont eine rötlichere Färbung aufweist als sie tatsächlich besitzt, da bei direkter Sonnenbetrachtung die langwelligen Rotbestandteile der Strahlung weniger stark gestreut werden als beispielsweise die Violettanteile. Auch die Blaufärbung des Himmels hat in der Rayleigh-Streuung ihre Ursache: ist das Auge nicht direkt auf die Sonne gerichtet, so empfängt es vorrangig gestreute kurzwellige Strahlung.

In Tabelle 2.2 sind in der ersten Zeile die *Transmissionsfaktoren* der idealisierten, nur aus Sauerstoff und Stickstoff bestehenden Rayleigh-Atmosphäre aufgeführt. Global betrachtet, wird etwa die Hälfte der durch Rayleigh-Streuung entstehenden diffusen Strahlung in den Weltraum reflektiert, der Rest erreicht die Erde oder wird in den Wolken absorbiert (vgl. Abb. 2.7).

Tabelle 2.2. Die Gesamttransmission setzt sich aus drei Komponenten zusammen: Molekularstreuung, Absorption und Aerosolstreuung (Schulze, 1970)

Nr.	Sonnenhöhe h	90°	60°	30°	10°	5°
	Relative optische Weglänge m_R	1	1,154	1,995	5,60	10,40
1	Rayleigh-Streuung τ_{RS}	0,906	0,895	0,837	0,681	0,575
2	Absorption in H_2O, O_3, O_2, CO_2 (Normalatmosphäre) τ_{AB}					
		0,913	0,908	0,888	0,838	0,805
3	Streuung und Absorption in und am Aerosol τ_{MS}					
	Hochgebirge	1,000	0,993	0,959	0,846	0,754
	Flachland	0,925	0,911	0,823	0,613	0,465
	Großstadt	0,839	0,790	0,688	0,417	0,274
	Industriegebiet	0,744	0,705	0,551	0,257	0,135
4	Gesamttransmission $\tau_G = \tau_{RS}\,\tau_{Ab}\,\tau_{MS}$					
	Hochgebirge	0,827	0,806	0,712	0,482	0,349
	Flachland	0,765	0,740	0,618	0,349	0,215
	Großstadt	0,694	0,642	0,511	0,237	0,126
	Industriegebiet	0,615	0,572	0,409	0,146	0,062

Für den Transmissionsfaktor der Rayleigh-Streuung gilt entsprechend (2.20):

$$\tau_{RS} = \exp\left(-a_1 m\right) \ .$$

Statt der realen Höhe der Atmosphäre, Gl. (2.17), benutzt man für die Schwächungsmechanismen in der Atmosphäre häufig die relative Weglänge m_R als Bezugspunkt:

$$m_R = \frac{1}{\sin h} = \frac{1}{\cos \psi_z} \tag{2.21}$$

mit h Sonnenhöhenwinkel (Grad) und ψ_z Zenitwinkel (Grad). Die Transmissionsfaktoren für größere relative optische Weglängen m_R ergeben sich dann aus dem Transmissionsfaktor bei senkrechter Durchstrahlung, potenziert mit der Weglänge m_R. Die entsprechenden Werte sind in Tabelle 2.2 aufgeführt, allerdings korrigiert, um der Krümmung und der Dichtevariation der Realatmosphäre Rechnung zu tragen.

Mie-Streuung

Als *Mie-Streuung* bezeichnet man Streuvorgänge an Staub- und Verunreinigungsteilchen, deren Durchmesser mindestens gleich der Wellenlänge der Sonnenstrahlung ist.

Die Mie-Streuung ist zwar auch von der Wellenlänge der Strahlung abhängig, jedoch in viel geringerem Maße als die Rayleigh-Streuung. Sie wird vielmehr überwiegend vom Aerosolgehalt der Luft und damit von der optischen Weglänge in der Atmosphäre bestimmt.

Art und Zusammensetzung der Aerosole sind von Ort zu Ort unterschiedlich und jahreszeitlichen Schwankungen unterworfen. In der Meteorologie unterscheidet man gewöhnlich vier Kategorien des Aerosolgehalts:

- Hochgebirge,
- Flachland,
- Großstadt,
- Industriegebiet.

Tabelle 2.2 zeigt in Zeile 3 für diese Kategorien die Transmissionsfaktoren τ_{MS} in Abhängigkeit von dem Höhenwinkel h der Sonne. In diesen Werten ist neben der Streuung am Aerosol auch die dortige Absorption enthalten, die etwa 20% beträgt.

Von der Mie-Streuung führen etwa 65% zu einer Erhöhung der diffusen Himmelsstrahlung, die übrigen 35% werden in den Weltraum reflektiert (s. Abb. 2.7).

2.2.4 Absorption der Sonnenstrahlung

Die extraterrestrische Sonnenstrahlung ist bereits lange, bevor sie in den niedrigen Aerosolschichten von den festen Bestandteilen der Atmosphäre teilweise absorbiert wird, in größerer Höhe einer Gasabsorption durch Wasserdampf, Ozon, Sauerstoff und Kohlendioxid unterworfen. Auch diese Absorption ist abhängig von der optischen Weglänge und von der Zusammensetzung der Atmosphäre. Wasserdampf veranlaßt dabei den weit überwiegenden Teil der Strahlungsschwächung (ca. 78%). Der Wasserdampfgehalt in der Luftschicht wird in cm le (*liquid equivalent*) ausgedrückt unter der Annahme, der gesamte Dampf einer senkrechten Atmosphärensäule vom Querschnitt $1 \, cm^2$ sei zu einer reinen Wasserschicht kondensiert worden. Dieser Wasserdampfgehalt ist verschieden groß:

- trockene Hochalpenluft: $0,1$ cm le $= 0,1 \, g/cm^2$,
- mäßig feuchte Frühlingsluft: 1 cm le $= 1 \, g/cm^2$,
- feuchtes Sommerwetter: 4 cm le $= 4 \, g/cm^2$,
- schwüle Tropenluft: 10 cm le $= 10 \, g/cm^2$.

Die Absorption erfolgt jedoch selektiv und ist auf einige schmale Spektralgebiete beschränkt (Abb. 2.2). Schwankungen im Wasserdampfgehalt der Atmosphäre beeinflussen die direkte Sonnenstrahlung nur um $\pm 3\%$, so daß dieser Effekt häufig bei Strahlungsberechnungen völlig vernachlässigt wird.

Der starke Intensitätsabfall am kurzwelligen Ende des in Abb. 2.2 gezeigten Spektrums resultiert aus der Absorption durch die *Ozonschicht* der Atmosphäre. Diese Schicht ist für etwa 20% der Gasabsorption verantwortlich. Sauerstoff absorbiert dagegen nur sehr gering im Bereich um $0,76 \, \mu m$ und beeinflußt das Spektrum unerheblich.

CO_2 (Kohlendioxid) ist ein ungiftiges, für die Pflanzenwelt sogar lebensnotwendiges Gas (siehe Abschn. 8.1 Photosynthese). Es hat, wie aus Abb. 2.2

ersichtlich, die Eigenschaft, für kurzwellige Sonnenstrahlung, d. h. für sichtbares Licht, durchlässig zu sein und langwellige Strahlung, also auch die Wärmestrahlung der Erde, zu absorbieren.

Denselben Effekt weisen auch die übrigen sog. *Treibhausgase* auf: Methan (CH_4), Fluor-Chlor-Kohlenwasserstoffe (FCKW), Kohlenmonoxid (CO), Ozon (O_3), Stickoxide und Wasserdampf. Das Vorhandensein dieser Gase in unnatürlich hohen Konzentrationen führt zu einem anhaltenden Ungleichgewicht der Strahlungsbilanz der Erde. Als Folge wird innerhalb der nächsten 100 Jahre mit einer Erhöhung der mittleren *Temperatur der Erdatmosphäre* um 4 bis 5 °C gerechnet, die mit unvorstellbaren Konsequenzen für unser Klima verbunden ist.

Auch die Absorption im Wasserdampf, Ozon, Sauerstoff und Kohlendioxid wird gewöhnlich mit Hilfe von Transmissionskoeffizienten τ_{Ab} beschrieben. Für die sog. Normalatmosphäre sind die entsprechenden Werte in Zeile 2 der Tabelle 2.2 enthalten.

Die Gesamttransmission aus den Streu- und Absorptionsvorgängen ergibt sich als Produkt der einzelnen Transmissionsfaktoren (Zeile 4 von Tabelle 2.2).

2.2.5 Direkte Sonnenstrahlung

Die in den vorangegangenen Kapiteln beschriebenen Absorptions- und Streuverluste in der Atmosphäre werden der Einfachheit halber durch Einführung eines *Trübungsfaktors* zusammengefaßt. In Abhängigkeit von den Transmissionsfaktoren gilt für den Trübungsfaktor

$$T_r = 1 + \frac{\ln \tau_{MS} + \ln \tau_{Ab}}{\ln \tau_{RS}} \ . \tag{2.22}$$

In Abb. 2.10 sind die über mehrere Jahrzehnte gemessenen mittleren Trübungsfaktoren für die einzelnen Monate des Jahres und als Jahresmittel angeführt.

Die Jahresmittelwerte der drei beobachteten Regionen weichen nicht sehr stark von den aus den Transmissionskoeffizienten berechneten Trübungswerten

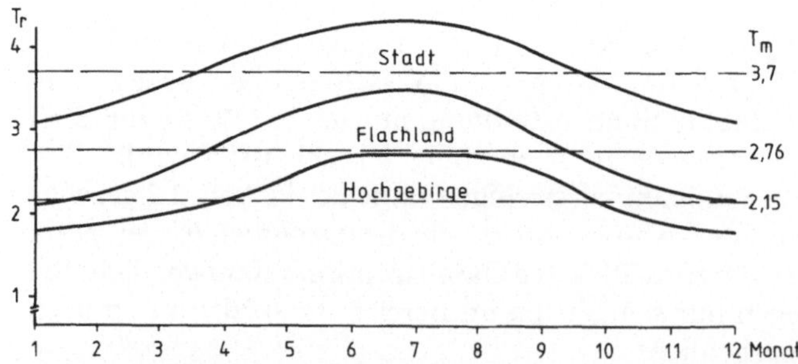

Abb. 2.10. Aufgrund des höheren Wasserdampfgehalts liegt der Trübungsfaktor im Sommer über dem Jahresdurchschnitt T_m (Schulze, 1970)

ab. Aufgrund des im Sommer erhöhten Wasserdampfgehalts der Atmosphäre liegen die Trübungsfaktoren in dieser Jahreszeit um etwa 30% höher als im Winter. Die in der Abb. 2.10 gezeigten Trübungsfaktoren unterliegen jedoch regionalen Schwankungen und können daher nur als grobe Mittelwerte angesehen werden.

Der Gesamttransmissionsfaktor τ_G nach (2.15) läßt sich damit folgendermaßen schreiben:

$$\tau_G = \exp\left(-T_r m\right) \text{ bzw. mit (2.21):}$$

$$\tau_G = \exp\left(-\frac{T_r}{\sin h}\right) . \qquad (2.23)$$

Die *direkte Strahlung* auf eine zur Einfallsrichtung senkrechte Ebene beträgt damit (2.14):

$$\dot{G}_D = \dot{G}_0 \cdot \exp\left(-\frac{T_r}{\sin h}\right) \; (\text{W/m}^2) \qquad (2.24)$$

mit $\dot{G}_0$ Solarkonstante. Für eine geneigte Fläche folgt nach (2.2):

$$\dot{G}_{D,g} = \dot{G}_D \cdot \cos \psi$$

$$\dot{G}_{D,g} = \dot{G}_0 \cdot \exp\left(-\frac{T_r}{\sin h}\right) \cdot \cos \psi \; (\text{W/m}^2) , \qquad (2.25)$$

mit h Sonnenhöhenwinkel (Grad) und ψ Einfallswinkel der Strahlung (Grad). Da diese Beziehungen wiederum nur für die idealisierte, planparallele und homogene Atmosphäre gelten, werden in der Praxis Näherungsgleichungen angewandt. Der Deutsche Wetterdienst verwendet folgenden Ansatz (Kasten, 1991):

$$\dot{G}_{D,g} = \dot{G}_0 \cdot \exp\left(-\frac{T_r}{0{,}9 + 9{,}4 \cdot \sin h}\right) \cdot \cos \psi \; (\text{W/m}^2) . \qquad (2.26)$$

Abbildung 2.11 zeigt die *Tagesverteilung der direkten Sonnenstrahlung* zur Jahresmitte im Stadtgebiet von Köln. Aus dem Vergleich mit dem ebenfalls in der Abbildung dargestellten Verlauf der extraterrestrischen Strahlung erkennt man, daß selbst an klaren Sommertagen noch über 1/3 der Sonnenstrahlung durch den Atmosphäreneinfluß für eine terrestrische Nutzung verlorengeht.

2.2.6 Himmelsstrahlung

Ebenso wie die direkte Sonnenstrahlung unterliegt auch die *diffuse Himmelsstrahlung* erheblichen zeitlichen und örtlichen Schwankungen. Dies zeigt z. B. Abb. 2.12, in der die Jahresgänge der Tagessummen beider Strahlungskomponenten für Hamburg (monatliche Mittelwerte der Jahre 1963 bis 1965) dargestellt sind.

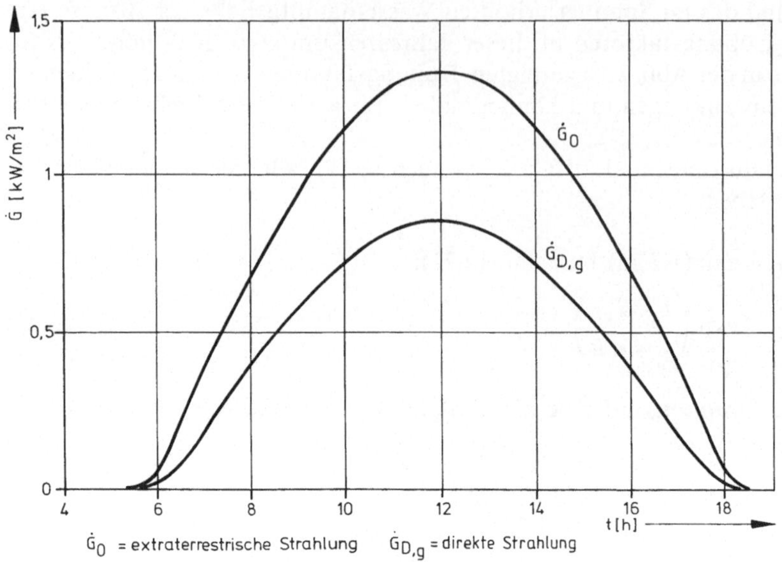

Abb. 2.11. Die Tagesgänge der Strahlung für Köln ($n = 45°$, $b = 51\,°N$, $a = 0°$) wurden für die Jahresmitte ($J = 183$) und einen Trübungsfaktor von $T_r = 4{,}2$ berechnet (AGF/ASA, 1976)

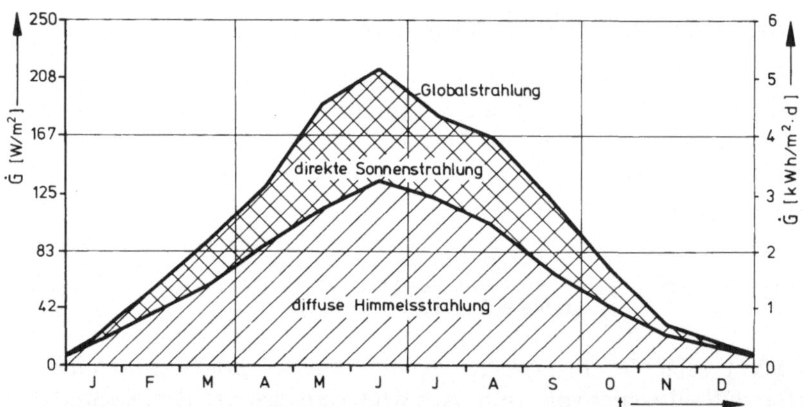

Abb. 2.12. Die Jahresgänge der Globalstrahlung und ihrer Komponenten zeigen, daß in unserem Land die diffuse Strahlung die direkte erheblich übersteigt (AGF/ASA, 1976, Tagesmittelwerte auf die Horizontalfläche, Hamburg)

Die Bewölkung der Bundesrepublik Deutschland liegt im Mittel nur geringfügig unter der von Hamburg. Die Abbildung zeigt also deutlich, daß für das Gebiet der Bundesrepublik die diffuse Himmelsstrahlung die direkte Sonnenstrahlung erheblich übersteigt. Dies ist für die mögliche Nutzung der Solarenergie in unseren Breiten von ausschlaggebender Bedeutung.

Die spektrale Zusammensetzung der *Himmelsstrahlung* entspricht im wesentlichen der in Abb. 2.2 dargestellten Spektralverteilung der Direktstrahlung, weist jedoch durch den Streueffekt im Bereich der kürzeren Wellenlängen relativ stärkere Absorptionsbanden auf. Die Abgrenzung der Himmelsstrahlung von der direkten Sonnenstrahlung ist zwar physikalisch eindeutig, läßt sich meßtechnisch jedoch nur verhältnismäßig schwer durchführen, da ein Teil der gestreuten Strahlung nach Mehrfachreflexion wiederum aus der unmittelbaren Sonnenumgebung einfallen kann (*sog. zirkumsolare Himmelsstrahlung*). Hinzu kommt, daß jede geneigte Empfangsfläche auch einen Teil der Umgebung „sieht", d. h. Strahlung empfängt, die von der Umgebung reflektiert wurde.

Aufgrund der komplexen Streu- und Absorptionsvorgänge in der Atmosphäre und ihrer außerordentlichen Standortabhängigkeit erfolgt die Berechnung der diffusen Himmelsstrahlung auf geneigte Flächen aus der extraterrestrischen Sonnenstrahlung durch verschiedene Näherungsverfahren. Der Deutsche Wetterdienst verwendet folgenden Ansatz (Kasten, 1991):

$$\dot{G}_{\mathrm{H,g}} = \dot{G}_{\mathrm{H,h}} \left[\frac{\dot{G}_{\mathrm{D,g}}}{\dot{G}_0} \cdot \cos\psi / \sin h + \left(1 - \frac{\dot{G}_{\mathrm{D,g}}}{\dot{G}_0} \right) \cos^2(n/2) \right] \quad (\mathrm{W/m}^2) \quad (2.27)$$

mit ψ Winkel zwischen Flächennormalen und Einfallsrichtung der direkten Strahlung (Grad), h Sonnenhöhenwinkel (Grad) und n Neigungswinkel (Grad).

Die Himmelsstrahlung auf die Horizontale $\dot{G}_{\mathrm{H,h}}$ muß dabei als Meßwert vorliegen. Das Verhältnis $\dot{G}_{\mathrm{D,g}}/\dot{G}_0$ wird nach (2.26) bestimmt.

2.2.7 Globalstrahlung

Als *Globalstrahlung* bezeichnet man die Summe der direkten Sonnenstrahlung und der (diffusen) Himmelsstrahlung, die auf einer horizontal auf der Erdoberfläche liegenden Empfangsfläche auftrifft. Die Fläche empfängt neben der Globalstrahlung noch die bereits erwähnte atmosphärische Gegenstrahlung und z. T. reflektierte Strahlung aus der Umgebung. Man spricht dann von der sog. *Gesamtstrahlung*. Die beiden letztgenannten Komponenten dieser Strahlung tragen jedoch nur geringfügig zur Wärmeabsorption in der Empfangsfläche bei, so daß bei technischen Anwendungen i. d. R. mit der Globalstrahlung allein gerechnet werden kann. Nur bei extremen Neigungswinkeln kann der reflektierte Anteil nennenswerten Einfluß gewinnen.

Die Spektralverteilung der Globalstrahlung unterscheidet sich nicht wesentlich von der in Abb. 2.2 dargestellten direkten Sonnenstrahlung. Erst mit zunehmender Weglänge durch die Atmosphäre (Sonnenhöhenwinkel kleiner als 25°) tritt eine geringfügige Spektralverschiebung in Richtung längerer Wellen ein.

Die Globalstrahlung ist wie ihre beiden Komponenten orts- und zeitabhängigen Schwankungen unterworfen. Die Maximalwerte können unter Umständen aufgrund der bereits erwähnten Mehrfach- und Umgebungsreflexion sogar die Solarkonstante übertreffen. Sie liegen jedoch wegen der unterschiedlichen Tageslängen weltweit in der gleichen Größenordnung (Abb. 2.13). Der Jahresgang weist jedoch zwischen sonnenbegünstigsten und gemäßigten Klimazonen erhebliche Unterschiede auf.

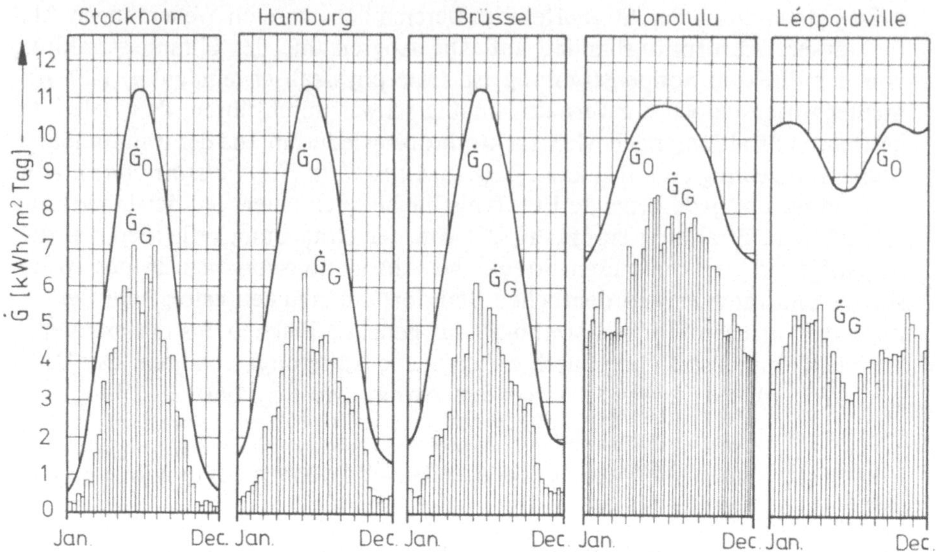

Abb. 2.13. Die Maximalwerte der Globalstrahlung sind zwar in sonnenreichen und sonnenarmen Gebieten ähnlich, die Jahressummen weichen aber erheblich voneinander ab (Schulze, 1970). Extraterrestrische Strahlung $\dot{G}_0$ und Globalstrahlung $\dot{G}_G$, Tagessummen auf die Horizontalfläche

Innerhalb der Bundesrepublik schwankt die Globalstrahlung im Jahresmittel zwischen ca. 965 kWh/a m² in Norddeutschland und etwa 1050 kWh/a m² in Süddeutschland. Der Unterschied zwischen Sommer- und Winterangebot ist dabei im Norden größer als im Süden.

Abbildung 2.14 zeigt die Jahresgänge der Globalstrahlung für Hamburg, die 1973 gemessen wurden.

Tages-, Monats- oder gar Jahresmittelwerte der Globalstrahlung erlauben jedoch nur sehr beschränkt eine Aussage über die technischen Umwandlungs- und Nutzungsmöglichkeiten dieser Energieform. Hierfür ist vielmehr die Kenntnis der jeweiligen Tagesverläufe erforderlich.

Abbildung 2.15 zeigt derartige Stundensummenverläufe für Hamburg und München (1973) für die Tage mit dem jeweils höchsten und niedrigsten Strahlungsangebot. Es zeigt sich, daß die Stundenwerte zur Mittagszeit an diesen Extremtagen um den Faktor 50 voneinander abweichen können.

Eine Berechnung der Globalstrahlung aus der extraterrestrischen Strahlung ist wegen der anteiligen Himmelsstrahlung nicht möglich (s. o.). Da die weltweit und in der Bundesrepublik zur Verfügung stehenden Meßdaten der Globalstrahlung jedoch außerordentlich gering sind, wird sie oftmals aus einer viel häufiger gemessenen meteorologischen Größe abgeleitet: der *Sonnenscheindauer*. Dies ist die Zeit eines Tages, an der die Solarstrahlung einen bestimmten, vom verwendeten Meßinstrument abhängigen Schwellenwert übertrifft. Der Korrelationskoeffizient zwischen der Globalstrahlung und der Zahl der Sonnenscheinstunden ist jedoch mit 76% im Winter und 86% im Sommer

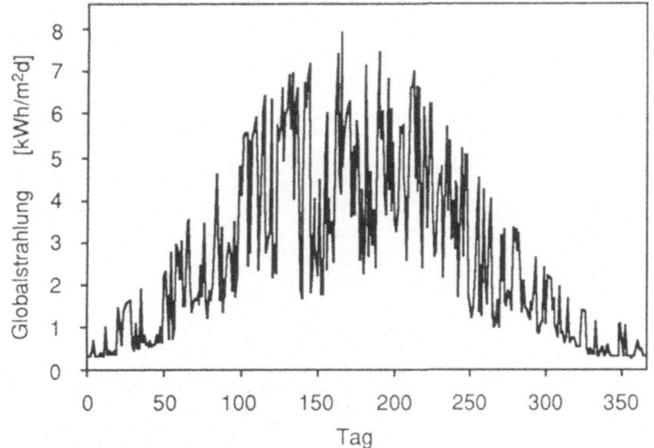

Abb. 2.14. Der Jahresverlauf der Tageswerte der Globalstrahlung für Hamburg. Gemessen 1973, Horizontalfläche (Meliß, 1978)

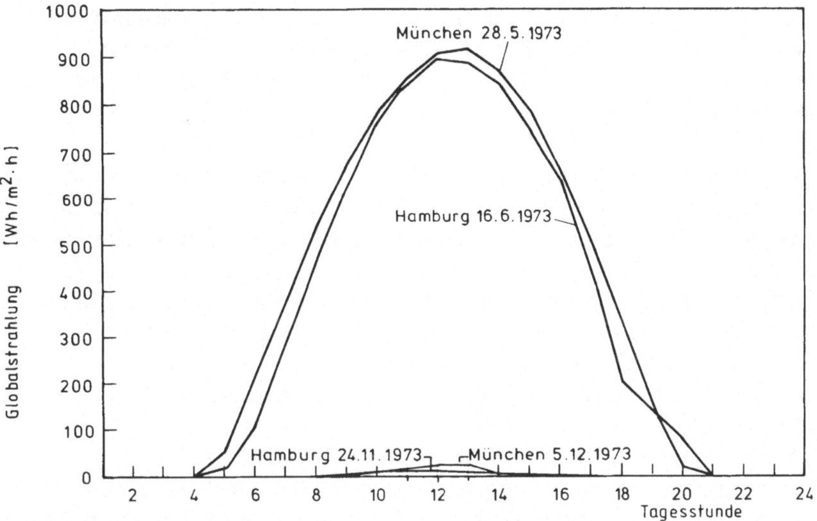

Abb. 2.15. Die Tagesverläufe ausgewählter Tage des Jahres 1973 zeigen die geringen örtlichen, aber gravierenden jahreszeitlichen Strahlungsunterschiede (Globalstrahlung auf die Horizontalfläche. Meliß, 1978)

nicht sehr hoch, die Messung der Sonnenscheindauer darüber hinaus aufgrund der Instrumente und Meßverfahren relativ ungenau.

2.3 Messung solarer Strahlungsenergie

Strahlungsmessungen werden in der Bundesrepublik Deutschland vom Deutschen Wetterdienst und von meteorologischen Universitätsinstituten durchgeführt, darüber hinaus von einer Reihe von Institutionen, für welche die Sonnenstrahlung von besonderer Bedeutung ist, z. B. von lichttechnischen Anstalten, gewässerkundlichen Einrichtungen, ökologischen Instituten etc.

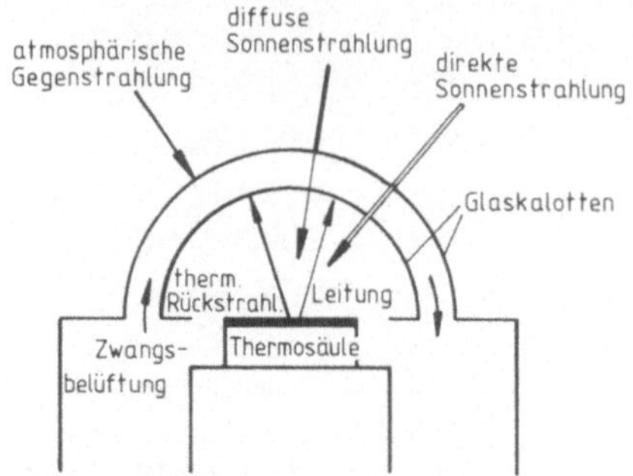

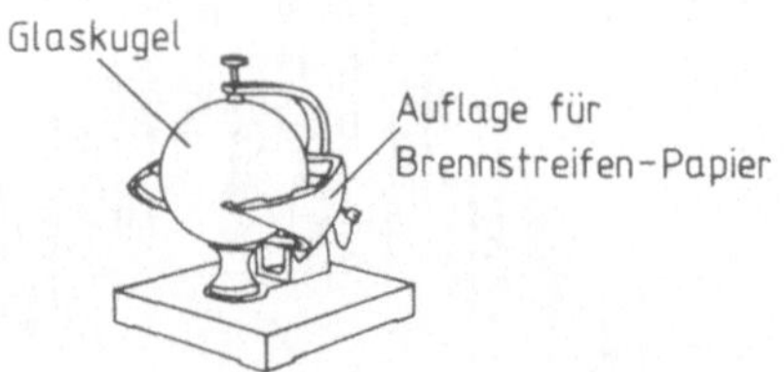

Abb. 2.16. Das Moll-Gorzynski-Pyranometer dient zur Messung der Globalstrahlung

Abb. 2.17. Der Sonnenscheinautograph nach Campbell-Stokes mißt die direkte Strahlung ab einem geräteabhängigen Schwellwert

Der überwiegende Teil der Stationen erfaßt jedoch nur die Globalstrahlung. Innerhalb des Globalstrahlungsnetzes des Deutschen Wetterdiensts wird heute einheitlich das Moll-Gorczynski-*Solarimeter* (Abb. 2.16) verwendet, das Stundensummen-Registrierungen mit einem Fehler von weniger als 3% gestattet.

Die *Messung der Globalstrahlung* erfolgt durch Temperaturmessung einer schwarzen Absorberfläche mit Hilfe einer Thermosäule. Zur Vermeidung des Einflusses der Umgebungstemperatur werden die inaktiven Lötstellen der Thermosäule durch Zwangsbelüftung auf Umgebungstemperatur gehalten. Die Absorberfläche ist mit zwei Glashalbkugeln abgedeckt. Da Glas ja einige Prozent der Globalstrahlung absorbiert, erwärmt es sich. Daraus resultiert eine höhere infrarote Bestrahlung zur Absorberfläche, als sie der Lufttemperatur entspricht. Die zweite innere Halbkugel soll diese Infrarotstrahlung von der Meßfläche fernhalten.

Der Sonnenscheinautograph nach Campbell-Stokes (Abb. 2.17) erzeugt durch Konzentration der Strahlung mittels einer Glaskugel auf einem in die Kalotte eingelegten Papier einen Brennstreifen. Das Gerät spricht erst bei einer Strahlung von mehr als 200 W/m^2 an und dient zur *Messung der Sonnenscheinstunden* (direkte Strahlung).

Die Strahlungsdaten des Deutschen Wetterdiensts werden in Form der täglichen Wetterberichte und der meteorologischen Jahrbücher veröffentlicht. Tagessummen der Globalstrahlung der fünf meteorologischen Hauptstationen Hamburg, Braunschweig, Trier, Würzburg, Hohenpeißenberg werden darüber hinaus von der World Meteorological Organization in St. Petersburg publiziert, die entsprechende Daten von Meßstationen aus aller Welt auswertet. Abbildung 2.18 zeigt die weltweite Verteilung der mittleren jährlichen Globalstrahlung, die auf diesen Daten basiert. Praktisch alle Stationen erfassen nur die Strahlung auf die Horizontalfläche. Die für solartechnische Anwendungen hauptsächlich interessierende Strahlung auf geneigte Flächen wurde über längere Zeitreihen nur in Hamburg gemessen und ausgewertet. Erst in jüngster Zeit richten Institutionen, die sich mit der Sonnenenergienutzung befassen, verstärkt Stationen zur Messung dieser Größe ein.

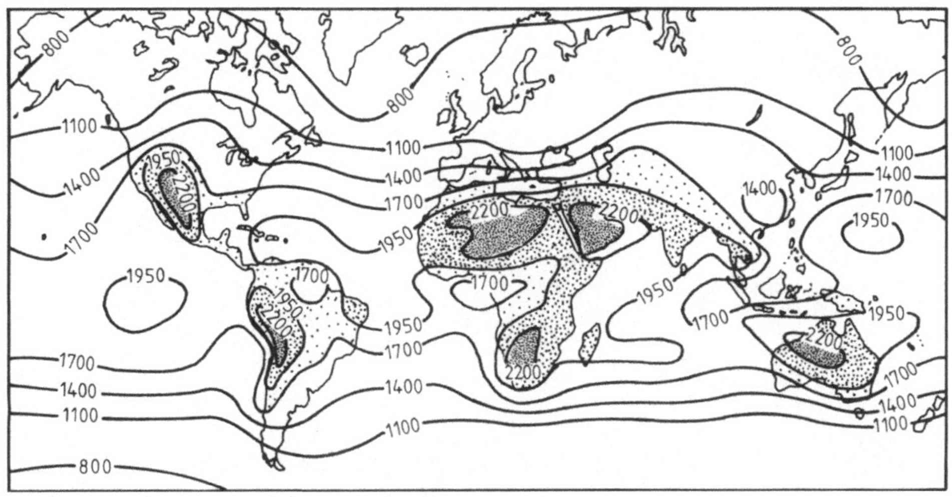

Abb. 2.18. Die Globalstrahlungskarte der Welt in kWh/m² a basiert auf Meßdaten der World Meteorological Organization WHO (Stoy, 1980)

2.4 Zusammenhang zwischen der Globalstrahlung auf horizontale Flächen und derjenigen auf geneigte Flächen

Da weltweit solare Strahlung üblicherweise auf horizontalen Flächen gemessen wird, Solaranlagen jedoch − wie im nächsten Kapitel gezeigt wird − meist zur Erhöhung ihrer Effizienz mit geneigten Strahlungssammlern (*Kollektoren*) ausgerüstet werden, ist zur Bestimmung des thermodynamischen Verhaltens eine Umrechnung der Strahlungswerte erforderlich. Die Umrechnung der direkten Strahlung ist dabei relativ einfach und wurde bereits in Abschn. 2.1.3 erläutert. Für die Umrechnung der diffusen Komponente müssen jedoch bestimmte Annahmen getroffen werden, da dieser Strahlungsanteil standortabhängig ist.

Grundsäztlich bieten sich drei Abschätzverfahren an (Abb.2.19):

1. Die Annahme, daß die Himmelsstrahlung zum überwiegenden Teil aus unmittelbarer Sonnennähe stammt. Dies kann mit guter Näherung für klare Tage angenommen werden. Die *Globalstrahlung* auf die *geneigte Fläche* $\dot{G}_{G,g}$ ist dann:

$$\dot{G}_{G,g} = R\,\dot{G}_{G,h} \quad (W/m^2) \tag{2.28}$$

mit R Verhältnis der Direktstrahlung auf eine geneigte Fläche zu der auf eine Horizontalfläche gemäß (2.12) und $\dot{G}_{G,h}$ gemessene Globalstrahlung auf die Horizontalfläche (W/m²).

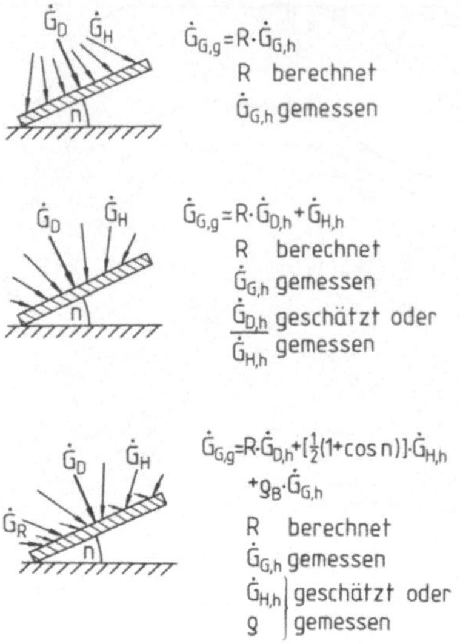

$\dot{G}_{G,g} = R \cdot \dot{G}_{G,h}$

R berechnet

$\dot{G}_{G,h}$ gemessen

$\dot{G}_{G,g} = R \cdot \dot{G}_{D,h} + \dot{G}_{H,h}$

R berechnet

$\dot{G}_{G,h}$ gemessen

$\dot{G}_{D,h}$ geschätzt oder

$\dot{G}_{H,h}$ gemessen

$\dot{G}_{G,g} = R \cdot \dot{G}_{D,h} + [\tfrac{1}{2}(1 + \cos n)] \cdot \dot{G}_{H,h}$

$\quad + \varrho_B \cdot \dot{G}_{G,h}$

R berechnet

$\dot{G}_{G,h}$ gemessen

$\dot{G}_{H,h}$ geschätzt oder

ϱ gemessen

Abb. 2.19. Verfahren zur Berechnung der Global- und der Gesamtstrahlung auf die geneigte Fläche (Duffie/Beckman, 1976)

2. Die Annahme, daß die Himmelsstrahlung gleichförmig über das gesamte Himmelsgewölbe verteilt ist. Dies ist eine gute Annäherung für bedeckte Tage. Die Globalstrahlung auf geneigte Flächen ergibt sich dann zu:

$$\dot{G}_{G,g} = R\,\dot{G}_{D,h} + \dot{G}_{H,h} \quad (\text{W/m}^2) \tag{2.29}$$

mit $\dot{G}_{D,h}$ direkte Strahlung auf die Horizontale (W/m^2).

Das Verhältnis R wird nach (2.12) berechnet. Zur Bestimmung der beiden Komponenten $\dot{G}_{D,h}$ und $\dot{G}_{H,h}$ gibt es zwei Möglichkeiten:

a) Die Globalstrahlung auf die Horizontale $\dot{G}_{G,h}$ wird gemessen.
Das Verhältnis der Direktstrahlung auf die Horizontalfläche, $\dot{G}_{D,h}$, zur Himmelsstrahlung auf die Horizontalfläche, $\dot{G}_{H,h}$, muß dabei geschätzt werden. Für den Extremfall völliger Bedeckung wird die Direktkomponente zu Null, die Globalstrahlung $\dot{G}_{G,g}$ ist dann unabhängig vom Neigungswinkel stets gleich $\dot{G}_{G,h}$.
b) Die beiden Komponenten $\dot{G}_{D,h}$ und $\dot{G}_{H,h}$ werden getrennt gemessen.

3. Liu und Jordan (1960) schlagen einen Mittelweg zwischen diesen beiden Extremen vor, der einerseits berücksichtigt, daß bei einer Neigung der Absorberfläche diese nur noch einen Teil des Himmelsgewölbes (nämlich $\tfrac{1}{2}(1 + \cos n)$) „sieht", andererseits jedoch einen zusätzlichen diffusen Anteil in Form von Bodenreflexion aus der Kollektorumgebung erhält. Die Gesamtstrahlung (Globalstrahlung + reflektierte Strahlung) auf die geneigte Fläche setzt sich dann aus drei Teilen zusammen, nämlich der direkten Komponente, der diffusen Komponente und dem reflektierten Anteil:

$$\dot{G}_{G,g} = R\,\dot{G}_{D,h} + [\tfrac{1}{2}(1 + \cos n)]\,\dot{G}_{H,h} + \varrho_B\,\dot{G}_{G,h} \quad (\text{W/m}^2) \tag{2.30}$$

mit n Neigungswinkel der Empfangsfläche (Grad) und ϱ_B Reflexionskoeffizient des umgebenden Bodens.

Die einzelnen Strahlungskomponenten $\dot{G}_{D,h}$, $\dot{G}_{H,h}$ und $\dot{G}_{G,h}$ werden wie im Verfahren 2) bestimmt.

Der Deutsche Wetterdienst verwendet einen ähnlichen Ansatz (Kasten, 1991):

$$\dot{G}_{G,g} = \dot{G}_{D,g} + \dot{G}_{H,g} + \dot{G}_R \quad (\text{W/m}^2) \tag{2.31}$$

mit $\dot{G}_{D,g}$ Direktstrahlung auf die Geneigte (2.25), $\dot{G}_{H,g}$ Diffusstrahlung auf die Geneigte (2.27) und $\dot{G}_R$ vom Erdboden reflektierte Globalstrahlung, alle in W/m^2.

Für $\dot{G}_R$ wird eine isotrope Verteilung angenommen:

$$\dot{G}_R = \varrho_B \cdot \dot{G}_{G,h} \cdot \sin^2 (n/2) \quad (\text{W/m}^2) \tag{2.32}$$

mit ϱ_B Reflexionskoeffizient des Erdbodens, n Neigungswinkel (Grad). Für die Globalstrahlung auf die Horizontale wird, falls keine Meßdaten vorliegen, näherungsweise angesetzt:

$$\dot{G}_{G,h} = 0{,}84 \; \dot{G}_0 \sin h \exp \left(-0{,}027 \cdot \frac{T_r}{\sin h} \right) \quad (\text{W/m}^2) \; . \tag{2.33}$$

Um die in Abschnitt 2.1.1 diskutierten Schwankungen der Solarkonstanten $\dot{G}_0$ explizit zu berücksichtigen, verwendet der Deutsche Wetterdienst folgende Korrekturgleichung:

$$\dot{G}_0 = \bar{\dot{G}}_0 \; (1 + 0{,}0334 \cos x) \quad (\text{W/m}^2) \tag{2.34}$$

mit $\bar{\dot{G}}_0$ mittlere Solarkonstante (1367 W/m^2) und der Zeitberücksichtigung x nach (2.5).

3 Niedertemperaturkollektoren

3.1 Aufbau und Funktionsweise des Flachkollektors

Thermische Solarkollektoren wandeln die Strahlungsenergie der Sonne in fühlbare Wärme um. Man unterscheidet zwei Bauweisen: den nicht konzentrierenden Flach- oder Niedertemperaturkollektor (NT-Kollektor) und den konzentrierenden Kollektor (HT-Kollektor). Der letztere wird in Kap. 5 behandelt.

Abbildung 3.1 zeigt den prinzipiellen Aufbau eines *Flachkollektors*. Der Flachkollektor besitzt eine schwarze Platte aus Metall oder Kunststoff, die das Sonnenlicht absorbiert und in fühlbare Wärme umwandelt. Diese Platte wird *Absorber* genannt. Unterhalb des Absorbers befinden sich Rohre, die von einem Wärmeträgermedium durchströmt werden. Dieses Medium transportiert die Wärme vom Absorber in ein Nutzungssystem. Damit nun der Kollektor möglichst wenig Wärme an die Umgebung verliert, wird er auf der Rückseite mit einer Wärmeisolation versehen, und auf der Vorderseite erhält er eine oder mehrere transparente Abdeckscheiben.

Abbildung 3.2 gibt einen Ausschnitt der vielen möglichen Gestaltungsformen von *NT-Kollektoren* wieder. In unserem Land werden überwiegend Flüssigkeitskollektoren eingesetzt, da die Ankopplung an die üblichen Brauchwasser- und Heizungsanlagen dadurch erleichtert wird. Als Medium findet überwiegend Wasser Verwendung, vermischt mit Frostschutzmitteln bzw. ggf.

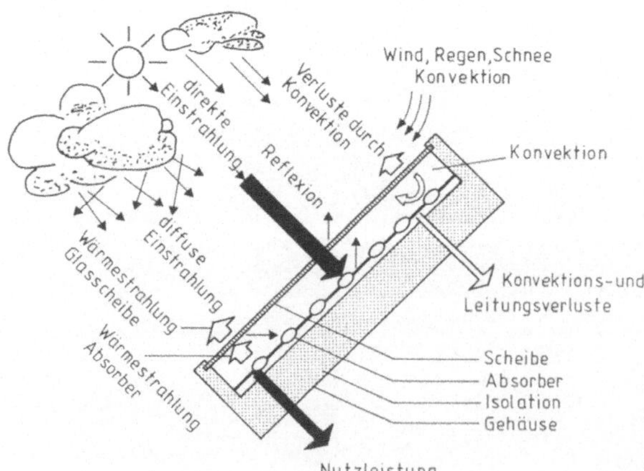

Abb. 3.1. Querschnitt durch einen Flachkollektor, der die Strahlung wie ein Treibhaus einfängt

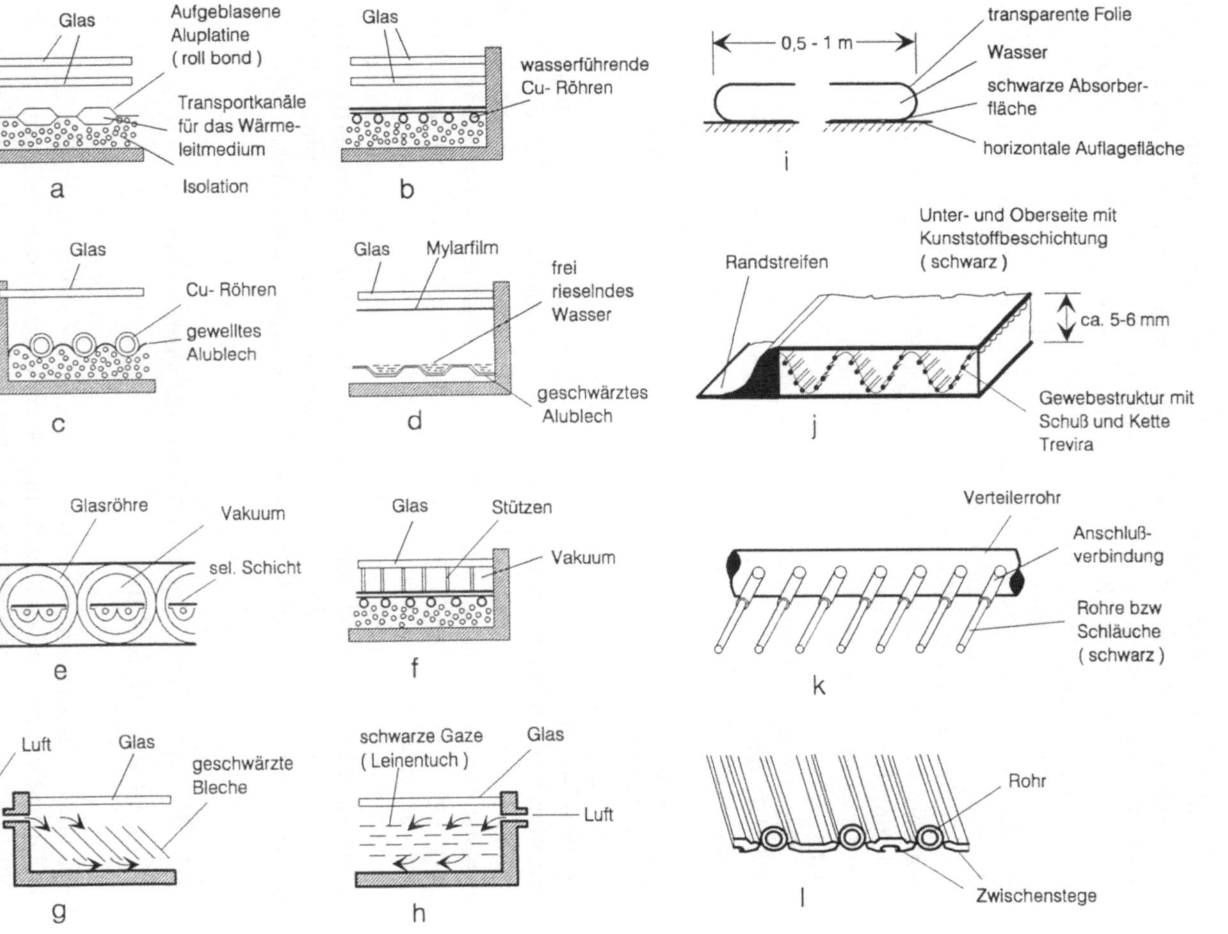

Abb. 3.2 a – l. Bauformen verschiedener Niedertemperatur-Flachkollektoren (**a – h**) und Absorber (**i – l**)

mit Inhibitoren zum Korrosionsschutz. Luftkollektoren (g und h) bieten sich in Verbindung mit Luft-Heizungsanlagen an, wie sie z. B. in den USA überwiegend eingesetzt werden. Bei uns beschränkt sich ihr Einsatz z. Zt. auf Anwendungen in der Landwirtschaft (u. a. zum Trocknen) und im Kleingewerbe (z. B. Vorwärmer für Heizungen von Werkstatthallen).

Hocheffiziente Kollektoren, bei denen ein Vakuum als thermischer Isolator den Raum zwischen Absorber und erster Glasabdeckung einnimmt, sind als Röhren- (e) bzw. Flachkollektoren am Markt (f).

Bei den evakuierten Röhrenkollektoren befinden sich die Absorber, die manchmal als Wärmerohr (Heat Pipe) ausgebildet sind, in einem Permanentvakuum. Bei den schwieriger abzudichtenden *Vakuum-Flachkollektoren* muß der Unterdruck im Betrieb in regelmäßigen Abständen wieder hergestellt werden.

Der heute überwiegend eingesetzte Absorbertyp entspricht dem in Abb. 3.2a dargestellten. Der Aluminiumabsorber wird durch Kaltverschweißen zweier Aluminiumbleche hergestellt, wobei der Verlauf der Transportkanäle durch Aufbringen von Trennpasten zwischen den Blechen freigehalten wird. Der Verlauf kann mäanderförmig oder streifenförmig (Parallelrohr) sein. Durch Aufblasen der Transportkanäle in entsprechenden Formen können beliebige Kanal-Querschnitte hergestellt werden. Dieses Herstellverfahren ist unter dem Namen „Roll-Bond-Verfahren" patentiert und wird heute weltweit vor allem zur Herstellung der Wärmeaustauscher von Kühlschränken eingesetzt.

Der rechte Teil von Abb. 3.2 zeigt Querschnitte von Kunststoff-Absorbern, wie sie typischerweise im Bereich der Schwimmbadwassererwärmung eingesetzt werden (s. a. Abb. 4.5). Wegen der relativ geringen Kollektortemperaturen kann dabei auf eine frontseitige Abdeckung ebenso wie auf die rückseitige Isolierung verzichtet werden. Die schwarzen Absorber werden häufig nur auf einem Flachdach ausgerollt und unmittelbar (d. h. ohne Wärmeübertrager) mit dem Beckenwasser-Kreislauf verbunden. Ein anderer wichtiger Einsatzbereich ist derjenige als Wärmesammler für Wärmepumpen (Luboschik, 1988).

3.2 Die optischen Eigenschaften des Absorbers und der Abdeckung

Wichtigstes Bauelement des NT-Kollektors ist der *Absorber*, in dem die kurzwellige Solarstrahlung (s. Kap. 2) in Wärme umgewandelt und dann z. T. als Nutzwärme an ein Transportmedium abgegeben wird. Der Absorber sollte ein möglichst hohes *Absorptionsvermögen* α (Anteil der absorbierten zur gesamten auftreffenden Strahlung) aufweisen. In idealer Form tut dies ein physikalisch *schwarzer Körper* ($\alpha(\lambda) = 1$), der Strahlung jeder Wellenlänge λ vollständig absorbiert. In der Praxis verhalten sich Ruß, Samt und ähnliche schwarze Stoffe ($\alpha \geq 0{,}9$) nahezu wie schwarze Körper.

Gemäß dem *Kirchhoffschen Gesetz* weisen diese Stoffe jedoch stets auch maximale *Emissionszahlen* $\varepsilon(\lambda)$ (Verhältnis der abgestrahlten Energiemenge eines Wellenlängenbereichs zu derjenigen, die der schwarze Körper bei gleicher Temperatur t emittieren würde) auf:

$$\frac{\varepsilon(\lambda)}{\alpha(\lambda)} = f(\lambda, t) \ . \tag{3.1}$$

Diese Wellenlängenabhängigkeit macht man sich durch Verwendung sog. *selektiver Absorberbeschichtungen* zunutze, die neben einem hohen Absorptionsvermögen im sichtbaren Wellenlängenbereich ein geringes Emissionsvermögen im Infrarotbereich aufweisen. Der Quotient aus dem Absorptionsvermögen im Bereich des Sonnenspektrums α_s und dem Emissionsvermögen im infraroten Wellenlängenbereich ε_I erreicht für solche Schichten also besonders hohe Werte, man bezeichnet sie daher häufig auch als α/ε-Schichten, s.a. Tabelle 3.1 und Tabelle 5.2.

Es gibt eine Fülle unterschiedlicher Gestaltungsmöglichkeiten selektiver Absorberschichten, die von konstruktiven Maßnahmen (z. B. trapezförmig gekerbten Oberflächen, $\alpha_s/\varepsilon_I \approx 3$) bis zum Aufdampfen von Halbleiterschichten (z. B. Silicium, $\alpha_s/\varepsilon_I \approx 10$) reichen (Abb. 3.3). Obwohl die Effektivität solarer Niedertempertursysteme durch hochwertige α_s/ε_I-Schichten außerordentlich verbessert werden kann, weisen sie z. Zt. noch zwei Nachteile auf:

1. starke Empfindlichkeit gegenüber hohen Temperaturen und Witterungseinflüssen sowie
2. hohe Produktionskosten.

Für nichttransparente Schichten gilt

$$\alpha + \varrho = 1 \tag{3.2}$$

Tabelle 3.1. Die optischen Eigenschaften von Kollektorkomponenten können durch selektive Beschichtung in bezug auf möglichst hohe Wärmeübertragung an das Transportmedium optimiert werden

Material	Bereich						
	Sichtbar			Infrarot			
	$\alpha_s = \varepsilon_s$	τ	ϱ	$\alpha_I = \varepsilon_I$	τ	ϱ	α_s/ε_I
Fensterglas	0,02	0,97	0,01	0,94	0	0,06	0,02
IR-reflektierendes Glas:							
$\quad$ IN$_2$O$_3$	0,10	0,85	0,05	0,15	0	0,85	0,67
$\quad$ ZnO$_2$	0,20	0,79	0,01	0,16	0	0,84	1,25
Nichtselektiver Absorber (lackiertes Blech)	0,97	0	0,03	0,97	0	0,03	1,00
Selektiver Absorber (Schwarznickel)	0,88	0	0,12	0,07	0	0,93	12,57
Schwarzchrom	0,87	0	0,13	0,09	0	0,91	9,67
Aluminiumgitter	0,70	0	0,30	0,07	0	0,93	10,00

Typ	Aufbau		Beispiele	Probleme
Interferenz- filter		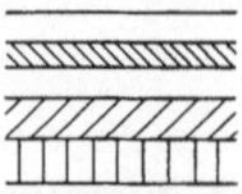 transp. dielektr. Schicht semitransp. Metall transp. dielektr. Schicht Metallreflektor Grundkörper	$Al_2O_3/Mo/Al_2O_3$	Kosten α-Wert
Halbleiter- filter		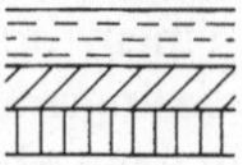 schwarzer Halbleiter Metallreflektor Grundkörper	Schwarznickel Schwarzchrom	Lebensdauer Prozeßkontrolle
		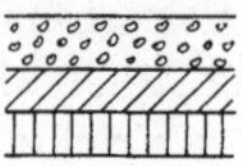 dielektr. Träger Halbleiterpigmente Metallreflektor Grundkörper	selektive Lacke	Temperatur- festigkeit ε-Wert
		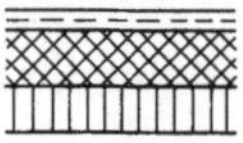 transp. Halbleiter schwarze dielektr. Schicht Grundkörper	IN_2O_3 SnO_2	Kosten α-Wert
Struktur- filter		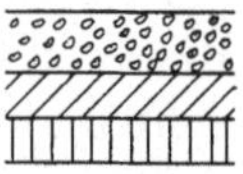 dielektr. Träger Metallpigmente Metallreflektor Grundkörper	Cermet	Kosten α/ε-Verhältnis
		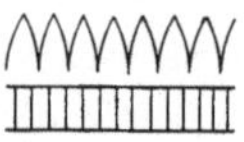 Metallschicht mit Nadelstruktur Grundkörper	Solarox	

Abb. 3.3. Selektive Schichten können sehr unterschiedlich hergestellt werden. Problematisch sind ihre relativ hohen Herstellungskosten und ihre Lebensdauer (Scherber, 1980)

mit α Absorptionskoeffizient und ϱ Reflexionskoeffizient, bzw.

$$\alpha = 1 - \varrho \ . \tag{3.3}$$

In Abb. 3.4 ist ϱ für eine selektive Absorberschicht in Abhängigkeit von der Wellenlänge aufgetragen. Im kurzwelligen Bereich ist ϱ klein, d. h. α ist dort groß, und im langwelligen Infrarotbereich ist ϱ groß ($\hat{=} \alpha$ klein).

Die absorbierte Energie wird durch folgende Mechanismen abgeführt (vgl. Abb. 3.5):

1. Abstrahlung im langwelligen Bereich an die Umgebung,
2. Konvektion in die umgebende Atmosphäre und
3. Wärmeübertragung an das Arbeitsmedium.

Die Leitungsverluste, die an den Befestigungen und Anschlüssen des Kollektors auftreten, sind demgegenüber sehr klein und werden meist in den Betrachtungen vernachlässigt.

Die beiden erstgenannten Energieflüsse sind die Verluste des Kollektors. Die Konvektionsverluste auf der Rückseite des Kollektors können mit Hilfe von Isolationsmaßnahmen (z. B. Mineralwolle oder Polyurethanschaum) rela-

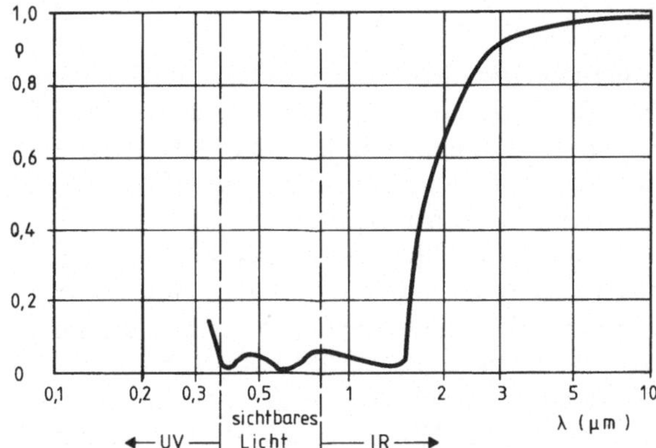

Abb. 3.4. Die selektive Absorberschicht reflektiert im energiereichen Spektralbereich (sichtbares Licht und nahes Infrarot) fast nicht, wirkt für größere Wellenlängen jedoch praktisch wie ein Spiegel (AGF/ASA, 1976)

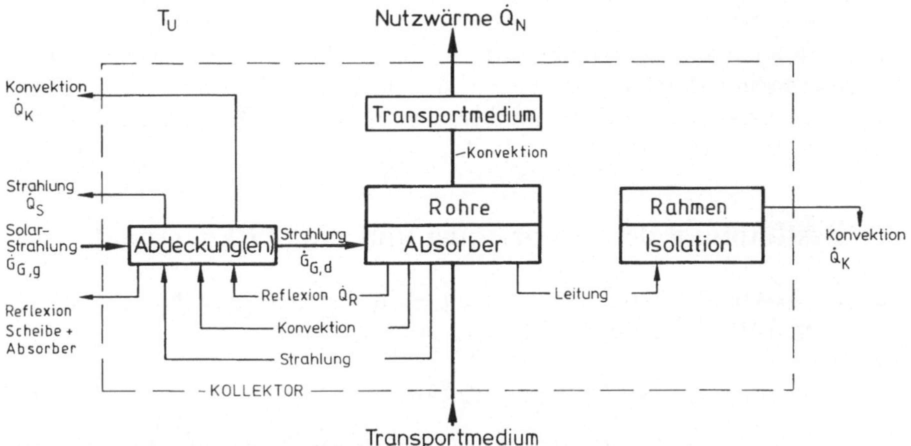

Abb. 3.5. Wärmeströme an den Kollektorkomponenten

tiv leicht eingeschränkt werden. Auf der Vorderseite können die Konvektionsverluste z. B. durch eine oder mehrere Glasscheiben und durch Vakuum verringert werden. Die Abstrahlung der Seiten und der Rückwand kann aufgrund der Isolierung praktisch völlig vernachlässigt werden. Schwieriger ist die Verhinderung der Abstrahlung von der Vorderfront des Kollektors. Ähnlich den selektiven Absorberschichten müssen die Abdeckungen ja für den kurzwelligen Spektralbereich hohe *Transmissionskoeffizienten* τ (Anteil der durchgehenden zur gesamten auftreffenden Strahlung) aufweisen, für den langwelligen dagegen möglichst niedrige. Der Forderung nach hohen Transmissionswerten entspricht wegen der geringen *Reflexivität* ϱ (Anteil der reflektierten zur gesamten Strahlung) transparenter Schichten und der Gesetzmäßigkeit

$$\alpha + \tau + \varrho = 1 \tag{3.4}$$

die Forderung nach möglichst geringer Absorption im gleichen Wellenlängenbereich. Glas erfüllt, wie Tabelle 3.1 zeigt, diese optischen Eigenschaften für bestimmte Wellenlängen bereits in recht hohem Maße. Einer Absorption von 2% im Sichtbaren steht eine solche von 94% im Infraroten gegenüber. Gemäß dem Kirchhoffschen Gesetz bringt die hohe Absorption im IR-Bereich jedoch wiederum hohe Emissionswerte und damit Abstrahlverluste in Richtung auf die zweite Abdeckung bzw. bei Einfachbedeckungen auf die Umgebung mit sich. Das Aufdampfen *infrarotundurchlässiger Schichten* (z. B. Indiumoxid, Zinkoxid etc.) kann diese Verluste weitgehend einschränken (s. Abb. 3.10). Derartige Schichten weisen heute jedoch noch ebenso wie die α/ε-Schichten der Absorber den Nachteil der Temperatur- und Witterungsempfindlichkeit sowie hoher Produktionskosten auf.

In der Bundesrepublik Deutschland sind fast ausschließlich Flüssigkeitskollektoren in Betrieb, die mit Wasser und ggf. Frostschutzzusätzen arbeiten. Zur besseren Nutzung der in unserem Lande herrschenden Sonnenstrahlung erscheinen die sog. *hocheffizienten Kollektoren*, die mit selektiven Absorber- und/oder Abdeckungsschichten versehen und oft noch zusätzlich evakuiert sind, besonders günstig. Der zu ihrer Produktion erforderliche Mehraufwand an Kosten sollte durch eine höhere Energieausbeute kompensiert werden. Die folgenden Erläuterungen beschränken sich zwar auf Flüssigkeitskollektoren, sie gelten jedoch ebenso für Luftkollektoren.

3.3 Bestimmung der Nutzleistung und des Wirkungsgrads

Aus den in Abb. 3.5 dargestellten prinzipiellen Energieflüssen läßt sich für den Kollektor folgende stationäre Energiebilanz aufstellen

$$\dot{G}_{G,d} A_K = \dot{Q}_N + \dot{Q}_K + \dot{Q}_S + \dot{Q}_R \ (W) \tag{3.5}$$

mit $\dot{G}_{G,d}$ Gesamtstrahlung, die auf den Absorber trifft (W/m^2), A_K Kollektor- oder Absorberfläche (m^2), $\dot{Q}_N$ abgeführte Nutzleistung (W), $\dot{Q}_K$ Konvektionsverluste des Kollektors (W), $\dot{Q}_S$ langwellige Abstrahlung des Kollektors (W) und $\dot{Q}_R$ Reflexionsverluste des Absorbers (W).

Die zwei Verlustwärmeströme $\dot{Q}_K$ und $\dot{Q}_S$ werden üblicherweise zu einem Verlustwärmestrom $\dot{Q}_V$ zusammengefaßt.

$$\dot{Q}_V = \dot{Q}_K + \dot{Q}_S \ (W) \ . \tag{3.6}$$

Damit ergibt sich

$$\dot{G}_{G,d} A_K = \dot{Q}_N + \dot{Q}_V + \dot{Q}_R \ (W) \ . \tag{3.7}$$

Beim Durchgang der Globalstrahlung durch die Abdeckscheibe wird ein Teil reflektiert und absorbiert. Es gilt

$$\dot{G}_{G,d} A_K = \tau \dot{G}_{G,g} A_K \quad (W) \tag{3.8}$$

mit τ Transmissionskoeffizient der Abdeckung, $\dot{G}_{G,g}$ auf die geneigte Kollektorvorderseite auftreffende Globalstrahlung (W/m^2) und A_K Kollektor- oder Absorberfläche (m^2).

Für den vom Absorber reflektierten Anteil $\dot{Q}_R$ gilt

$$\dot{Q}_R = \tau \dot{G}_{G,g} A_K \varrho \quad (W) \tag{3.9}$$

mit ϱ Reflexionskoeffizient des Absorbers.

Mit diesen Beziehungen ergibt sich aus (3.7)

$$\tau \dot{G}_{G,g} A_K = \dot{Q}_N + \dot{Q}_V + \tau \dot{G}_{G,g} A_K \varrho \quad (W) \ . \tag{3.10}$$

Nach der Nutzwärme aufgelöst erhält man

$$\dot{Q}_N = \tau \dot{G}_{G,g} (1 - \varrho) A_K - \dot{Q}_V \quad (W) \ . \tag{3.11}$$

Beim Absorber, der ja strahlungsundurchlässig ist, gilt

$$\alpha + \varrho = 1 \tag{3.12}$$

oder

$$\alpha = 1 - \varrho \tag{3.13}$$

mit α Absorptionskoeffizient des Absorbers. Daraus folgt also

$$\dot{Q}_N = \alpha \tau \dot{G}_{G,g} A_K - \dot{Q}_V \quad (W) \ . \tag{3.14}$$

Der Verlustwärmestrom $\dot{Q}_V$ setzt sich aus verschiedenen Konvektions- und Strahlungsanteilen (langwellig) zusammen. Er läßt sich i. allg. wegen der ungleichförmigen Temperaturverteilung an der Kollektoroberfläche und der unterschiedlichen Wärmeübergangs- und Abstrahlungsbedingungen nicht berechnen. Er wird üblicherweise empirisch für jede Kollektorbauweise bestimmt. Man behilft sich hier mit einem experimentell zu bestimmenden Wärmedurchgangskoeffizienten U_L, in dem alle Einflüsse zusammengefaßt werden:

$$\dot{Q}_V = U_L A_K (t_A - t_U) \quad (W) \tag{3.15}$$

mit U_L Wärmedurchgangskoeffizient (W/m^2 K), A_K Kollektorfläche (m^2), t_A Absorbertemperatur (°C) und t_U Umgebungstemperatur (°C).

Die Nutzleistung für den Kollektor lautet damit

$$\dot{Q}_N = \alpha \tau \dot{G}_{G,g} A_K - U_L A_K (t_A - t_U) \quad (W) \tag{3.16}$$

oder als spezifische Nutzleistung

$$\dot{q}_N = \alpha \tau \dot{G}_{G,g} - U_L (t_A - t_U) \quad (W/m^2) \ . \tag{3.17}$$

In dieser Gleichung ist τ ein Maß für die Transmission der Kollektorabdeckung. Sie wird in Abschn. 3.4 detaillierter behandelt.

Für den *Wirkungsgrad des Kollektors* gilt

$$\eta = \frac{\dot{q}_N}{\dot{G}_{G,g}} \; .$$

Aus (3.17) folgt dafür

$$\eta = \alpha\tau - \frac{U_L(t_A - t_U)}{\dot{G}_{G,g}} \; . \tag{3.18}$$

Zur Vereinfachung kann $(\alpha\tau)$ zum Konversionsfaktor η_0 zusammengefaßt werden

$$\eta = \eta_0 - \frac{U_L}{\dot{G}_{G,g}}(t_A - t_U) \; . \tag{3.19}$$

3.4 Transmissionsverluste der Kollektorabdeckung

3.4.1 Bestimmung des Reflexionskoeffizienten mit Hilfe der Brechungsindizes

Abbildung 3.6 zeigt das Prinzip der Transmission der beiden Hauptkomponenten der Globalstrahlung $\dot{G}_H$ und $\dot{G}_D$ durch die transparente Kollektorabdeckung. Für beide Komponenten treten sowohl Reflexions- als auch Absorptionsverluste auf, so daß ein *Transmissionskoeffizient* definiert werden kann, der beide Strahlungsschwächungen berücksichtigt:

$$\tau = \frac{\dot{G}_{H,d} + \dot{G}_{D,d}}{\dot{G}_H + \dot{G}_D} = \frac{\dot{G}_{G,d}}{\dot{G}_G} \tag{3.20}$$

mit $\dot{G}_G$ Globalstrahlung, $\dot{G}_{G,d}$ durchgelassene Globalstrahlung, $\dot{G}_H$ einfallende Himmelsstrahlung, $\dot{G}_{H,d}$ durchgelassene Himmelsstrahlung, $\dot{G}_D$ einfallende Direktstrahlung, $\dot{G}_{D,d}$ durchgelassene Direktstrahlung, jeweils in (W/m^2).

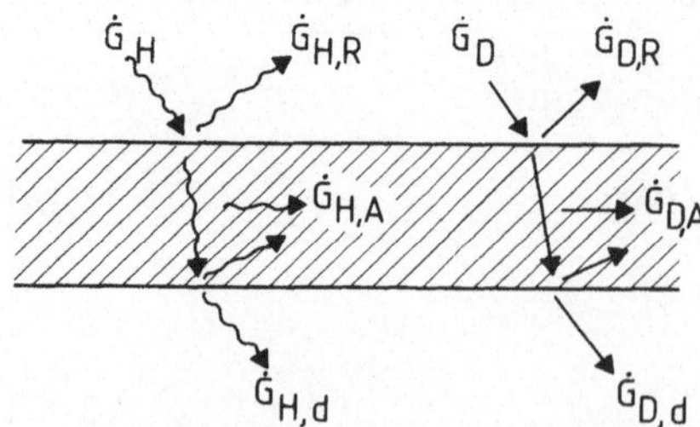

Abb. 3.6. Beim Durchgang von diffuser und direkter Strahlung durch ein transparentes Medium treten Absorptions- und Reflexionsverluste auf

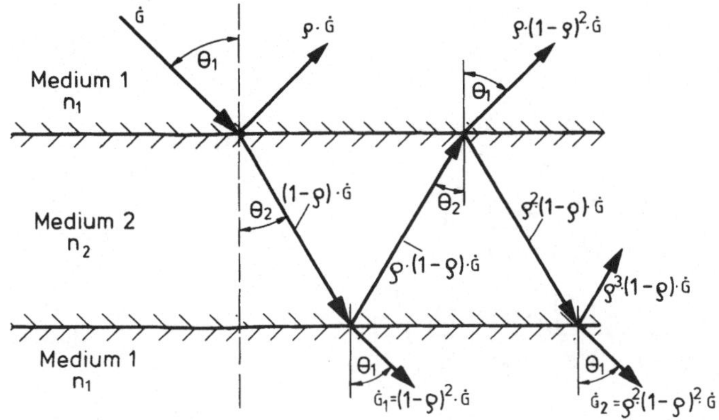

Abb. 3.7. Bei Vernachlässigung der Absorption wird der Strahlendurchgang durch transparente Medien von den Brechungsindizes und der Mehrfachreflexion bestimmt

Der Reflexionskoeffizient ϱ ist das Verhältnis der insgesamt reflektierten Strahlung zur gesamten einfallenden Strahlung.

$$\varrho = \frac{\dot{G}_{D,R} + \dot{G}_{H,R}}{\dot{G}_D + \dot{G}_H} = \frac{\dot{G}_{G,R}}{\dot{G}_G} \, , \tag{3.21}$$

mit $\dot{G}_{G,R}$ reflektierte Globalstrahlung (W/m²), $\dot{G}_{D,R}$ reflektierte Direktstrahlung, $G_{H,R}$ reflektierte Himmelsstrahlung, $\dot{G}_G$ Globalstrahlung, $\dot{G}_{G,R}$ reflektierte Globalstrahlung.

Abbildung 3.7 zeigt die Strahlungsverhältnisse beim Strahlungsdurchgang durch transparente Medien (z. B. Luft und Glas) mit unterschiedlichen Brechungsindizes (n_1 und n_2) ohne Berücksichtigung der Absorption der Himmelsstrahlung ($G_{H,A} = 0$) und der Absorption der Direktstrahlung ($\dot{G}_{D,A} = 0$). An beiden Grenzflächen treten Mehrfachreflexionen auf.

Nach *Fresnel* gilt dabei für natürliches, *unpolarisiertes Licht* an jeder der Grenzflächen folgende Beziehung:

$$\varrho = \frac{\dot{G}_{G,R}}{\dot{G}_G} = \frac{1}{2} \left[\frac{\sin^2 (\Theta_1 - \Theta_2)}{\sin^2 (\Theta_1 + \Theta_2)} + \frac{\tan^2 (\Theta_1 - \Theta_2)}{\tan^2 (\Theta_1 + \Theta_2)} \right] \tag{3.22}$$

mit $\dot{G}_{G,R}$ reflektierte Strahlung (W/m²), $\dot{G}_G$ einfallende Strahlung (W/m²), Θ_1 Einfallswinkel (Grad), Θ_2 Brechungswinkel (Grad) und ϱ Reflexionskoeffizient.

Der erste Term in der eckigen Klammer von (3.22) bezieht sich auf eine senkrecht zur Einfallsebene polarisierte Strahlung, der zweite Term auf eine parallel zur Einfallsebene polarisierte. Der Faktor 1/2 ergibt sich aus der Mittelung über alle Polarisationsrichtungen bei unpolarisiertem Licht.

Die beiden Winkel Θ_1 und Θ_2 sind dabei durch das *Snellius-Gesetz* miteinander verknüpft

$$\frac{n_1}{n_2} = \frac{\sin \Theta_2}{\sin \Theta_1} = \frac{1}{n_{1,2}} \qquad (3.23)$$

mit n_1, n_2 = Brechungsindizes der beiden Medien. Damit folgt aus (3.22)

$$\varrho = \frac{1}{2} \left[\left(\frac{\sqrt{n_{1,2}^2 - \sin^2 \Theta_1} - \cos \Theta_1}{\sqrt{n_{1,2}^2 - \sin^2 \Theta_1} + \cos \Theta_1} \right)^2 + \left(\frac{n_{1,2}^2 \cos \Theta_1 - \sqrt{n_{1,2}^2 - \sin^2 \Theta_1}}{n_{1,2}^2 \cos \Theta_1 + \sqrt{n_{1,2}^2 - \sin^2 \Theta_1}} \right)^2 \right] . \qquad (3.24)$$

Ist die transparente Abdeckung eines Kollektors auf beiden Seiten mit Luft umgeben, so kann n_1 mit guter Näherung gleich 1 gesetzt werden. Der *Brechungsindex* der für Kollektorabdeckungen verwendbaren Materialien (Glas oder Kunststoff) ist zwar wellenlängenabhängig, kann in der Praxis jedoch als konstant angesehen werden. Für Glas beträgt $n_2 = 1,526$.

Im Sonderfall des senkrechten Strahlungseinfalls ($\Theta_1 = \Theta_2 = 0$) ergibt sich für das transparente Medium

$$\varrho_0 = \left(\frac{n_{1,2} - 1}{n_{1,2} + 1} \right)^2 \qquad (3.25)$$

mit ϱ_0 Reflexionsvermögen eines von Luft umgebenen Mediums bei senkrechter Bestrahlung und $n_{1,2}$ Brechungsindex.

Für eine von der Luft umgebene Glasscheibe mit $n_1 = 1$, $n_2 = 1,526$, $n_{1,2} = 0,655$ ergibt sich für den Reflexionskoeffizienten $\varrho_0 = 0,043$, d. h. 4,3% des eingestrahlten Lichts werden reflektiert. Die in Abb. 3.7 dargestellten Verhältnisse gelten nur bei Vernachlässigung der Absorption.

3.4.2 Bestimmung des Transmissionskoeffizienten aus den Reflexionskoeffizienten ohne Absorption im Glas

Der Transmissionskoeffizient der Kollektorabdeckung ist das Verhältnis des Energieflusses hinter der Scheibe zu dem einfallenden Energiefluß (3.20). Hier wird die Absorption im Glas nicht berücksichtigt ($\dot{G}_{H,A} = 0$ und $\dot{G}_{D,A} = 0$). Da an den beiden Grenzflächen Mehrfachreflexionen auftreten (Abb. 3.7), setzt sich der durchgelassene Wärmestrom aus mehreren Einzelbeträgen $\dot{G}_1$ bis $\dot{G}_n$ zusammen. Es gilt

$$\dot{G}_1 = \varrho^0 (1 - \varrho)^2 \dot{G} ,$$
$$\dot{G}_2 = \varrho^2 (1 - \varrho)^2 \dot{G} ,$$
$$\dot{G}_3 = \varrho^4 (1 - \varrho)^2 \dot{G} ,$$
$$\dot{G}_n = \varrho^{2n-2} (1 - \varrho)^2 \dot{G} .$$

Daraus ergibt sich

$$\sum_{j=1}^{\infty} \dot{G}_j = \left[(1-\varrho)^2 \sum_{n=0}^{\infty} \varrho^{2n} \right] \dot{G} \;\; (\text{W/m}^2) \;, \quad \text{mit} \quad n = j-1 \;. \qquad (3.26)$$

Der Ausdruck

$$\sum_{n=0}^{\infty} \varrho^{2n}$$

ist eine geometrische Reihe, für die bei Berücksichtigung von $\varrho < 1$ gilt:

$$\sum_{n=0}^{\infty} \varrho^{2n} = \frac{1}{1-\varrho^2} = \frac{1}{(1-\varrho)(1+\varrho)} \;. \qquad (3.27)$$

Setzt man diesen Ausdruck in (3.26) ein, so erhält man

$$\sum_{j=1}^{\infty} \dot{G}_j = \left[\frac{1-\varrho}{1+\varrho} \right] \dot{G} \;\; (\text{W/m}^2) \;. \qquad (3.28)$$

Der Transmissionskoeffizient, der sich ohne Berücksichtigung der Absorption aus der Reflektivität ergibt, lautet

$$\tau_r = \frac{\sum\limits_{j=1}^{\infty} \dot{G}_j}{\dot{G}} \;,$$

bzw.

$$\tau_r = \frac{1-\varrho}{1+\varrho} \;. \qquad (3.29)$$

Unter der gleichen Bedingung ergibt sich für den Strahlungsdurchgang durch N Medien des gleichen Brechungsindex

$$\tau_r = \frac{1-\varrho}{1+(2N-1)\varrho} \qquad (3.30)$$

mit τ_r Transmissionskoeffizient durch alle Abdeckungen bei ausschließlicher Berücksichtigung der Reflexionsverluste (ohne Absorption), N Anzahl der Abdeckungen und ϱ Reflexionskoeffizient.

Für den Fall einer Einscheibenabdeckung mit einem Reflexionskoeffizienten $\varrho = 0{,}0434$ ergibt sich beispielsweise aus (3.29) eine Transmission $\tau_r = 0{,}92$. Dies bedeutet, daß schon allein durch die Reflexion an der Abdeckscheibe 8% der zugestrahlten Energie verlorengehen.

3.4.3 Bestimmung der Transmissionskoeffizienten bei alleiniger Berücksichtigung der Absorption

Beim Durchgang durch ein transparentes Medium erfolgt, wie Abb. 3.6 schon zeigt, eine Schwächung der auftreffenden Strahlung durch Absorption. Diese ist umso größer, je länger der Weg der Strahlung durch das Medium ist.

Analog zum allgemeinen Transmissionsgesetz (2.15) gilt

$$\tau_A = \exp(-xm) \tag{3.31}$$

mit τ_A Transmissionskoeffizient bei alleiniger Berücksichtigung der Absorption (Verhältnis der durchgelassenen zur eindringenden Strahlung), x Absorptionskonstante (1/m) und m optische Weglänge (m).

Für die unter dem Winkel Θ_1 (Abb. 3.7) auftreffende Strahlung ergibt sich beim Durchgang durch N Schichten mit gleicher Absorptionskonstante

$$\tau_A = \exp\left(-\frac{NxD}{\cos\Theta_2}\right) \tag{3.32}$$

mit N Zahl der Schichten, D Dicke der Schichten (m), x Absorptionskonstante (1/m) und Θ_2 Brechungswinkel (Grad).

Auch die *Absorptionskonstante* x (Extinktionskoeffizient) ist wellenlängenabhängig, kann jedoch im praktischen Fall als konstant angenommen werden. Für Glas beträgt sie zwischen 4/m und 32/m.

Abbildung 3.8 zeigt, daß im günstigsten Fall des senkrechten Strahlungsdurchgangs für Glas mit $x = 13{,}1$/m 5% Verluste durch Absorption auftreten.

3.4.4 Bestimmung des Gesamttransmissionskoeffizienten bei Reflexion und Absorption

Für den Strahlungsdurchgang durch N Abdeckungen kann damit ein *Gesamttransmissionskoeffizient* definiert werden zu

$$\tau = \tau_r \tau_A \tag{3.33}$$

$$\tau = \frac{1-\varrho}{1+(2N-1)\varrho}\exp\left(-\frac{NxD}{\cos\Theta_2}\right). \tag{3.34}$$

Für das in den beiden obigen Abschnitten berechnete Beispiel einer 4 mm dicken Einscheibenabdeckung ($\varrho = 0{,}0434$ und $x = 13{,}1$/m) ergibt sich aus (3.34) bei senkrechter Einstrahlung eine Gesamtdurchlässigkeit von $\tau = 0{,}87$. Das heißt, daß selbst unter solchen idealen Betriebsbedingungen 13% der eingestrahlten Sonnenenergie gar nicht genutzt werden können.

In Abb. 3.9 sind für Flachkollektoren mit bis zu vier Abdeckungen die Gesamtdurchlässigkeiten in Abhängigkeit vom Einfallswinkel Θ_1 aufgetragen.

Absorptionsgesetz:

$$\tau_A = \exp(-N \cdot x \cdot m) = \exp\left(-\frac{N \cdot x \cdot D}{\cos\theta_2}\right)$$

Beispiel:

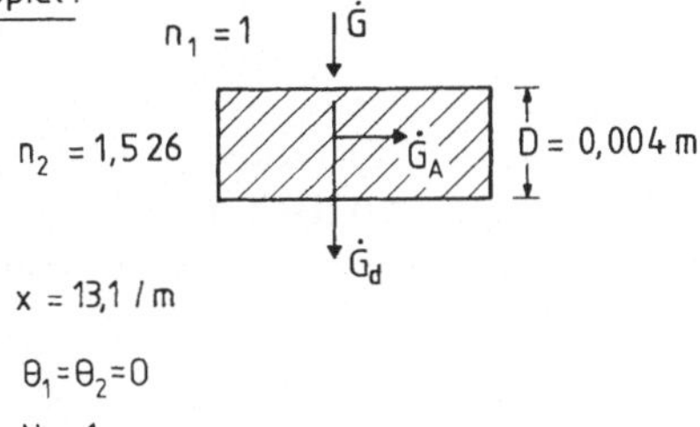

$x = 13,1 \; / \, m$

$\theta_1 = \theta_2 = 0$

$N = 1$

$$\tau_A = e^{-x \cdot D}$$
$$\Rightarrow \tau_A = 0,95$$

Abb. 3.8. Absorption ohne Reflexion bei senkrechtem Strahlendurchgang

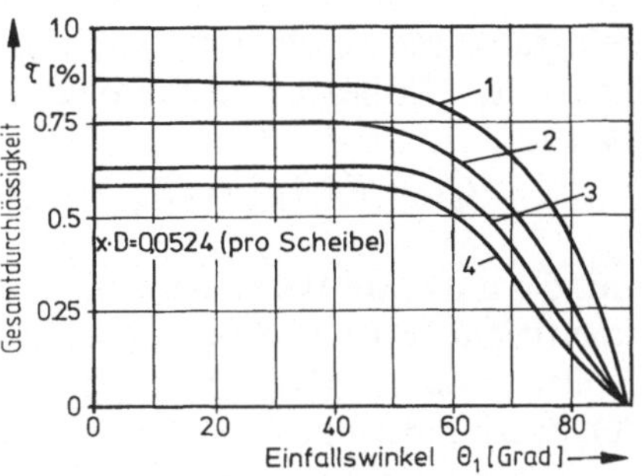

Abb. 3.9. Einfluß von Einfallswinkel und Anzahl der Abdeckscheiben ($N = 1$ bis 4) auf die Gesamtdurchlässigkeit

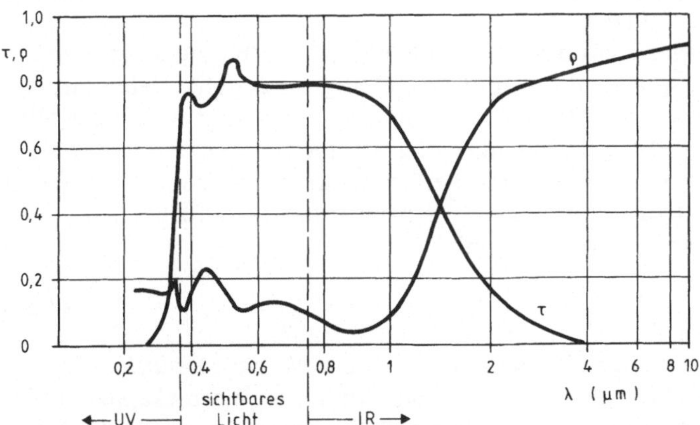

Abb. 3.10. Die selektive Kollektorabdeckung (Glas) ist für den kurzwelligen Strahlungsbereich weitgehend transparent, während sie für größere Wellenlängen wie ein Spiegel wirkt (AGF/ASA, 1976)

Hier wird ersichtlich, daß für die in der Solartechnik interessierenden Anwendungsbereiche ($N = 1$ bis 2 und $\Theta_1 = 0°$ bis 60°) die Transmissionsverluste praktisch konstant sind und etwa in der Größenordnung von 10% bis 25% liegen.

Mit den beschriebenen Transmissionsvorgängen wird die Forderung nach einer *selektiven Kollektorabdeckung* verständlich, d. h. die Abdeckung soll für den leistungsstarken kurzwelligen Strahlungsbereich möglichst transparent (hohe Transmission im Sichtbaren), für langwellige Wärmestrahlung jedoch möglichst undurchsichtig (hohe Reflexivität im Langwelligen) sein. Abbildung 3.10 zeigt die optischen Eigenschaften einer solchen selektiven Kollektorabdeckung.

3.5 Das HWB-Kollektormodell

Bereits 1942 entwickelten Hottel und Woertz ein Kollektormodell, dessen Verfeinerung und Ergänzung durch Bliss die Grundlage praktisch aller heute angewandten Kollektorsimulationen bildet. Die Grundgleichung dieses Modells lautet

$$\dot{Q}_N = F_R A_K [\alpha \tau \dot{G}_{G,g} - U_L (t_e - t_U)]\,(\text{W}) \tag{3.35}$$

mit $\dot{Q}_N$ nutzbare Wärmeleistung (W), F_R *Wärmeabfuhrfaktor,* α Absorptionskoeffizient, τ Transmissionskoeffizient, $\dot{G}_{G,g}$ Globalstrahlung auf die geneigte Kollektorfläche (W/m^2), U_L mittlerer Wärmedurchgangskoeffizient (W/m^2 K), t_e Einlaßtemperatur des Wärmetransportmediums (°C), t_U Umgebungstemperatur (°C) und A_K Kollektorfläche (m^2).

Die obige Gleichung ist mit der in Abschnitt 3.3 hergeleiteten Gleichung (3.16) identisch. Statt der Absorbertemperatur t_A, die man meist nicht kennt, wird hier die leicht meßbare Kollektoreintrittstemperatur t_e verwendet, F_R dient dafür als Korrekturfaktor.

$\dot{Q}_N$ wird als lineare Funktion der Temperaturdifferenz zwischen einströmendem Wärmetransportmedium und Umgebung dargestellt. Beide Größen sind in der Regel bekannt, was die Berechnung von $\dot{Q}_N$ und damit des Wirkungsgrads sehr vereinfacht. Die Ungenauigkeit, die mit der Betrachtung des Kollektors als isothermem Gebilde mit der Temperatur t_e verbunden ist, steckt in dem experimentell zu ermittelnden Wärmeübergangskoeffizienten U_L.

Für den Wärmeabfuhrfaktor F_R gilt

$$F_R = F' F'' \tag{3.36}$$

mit F' *Absorberwirkungsgradfaktor* und F'' *Wärmekapazitätsfaktor.*

Der Wärmekapazitätsfaktor F'' berücksichtigt die Wärmekapazität des Wärmetransportmediums, die bei der Ableitung im vergangenen Abschnitt unberücksichtigt geblieben war:

$$F'' = \frac{\dot{m} c_K}{A_K U_L F'} [1 - \exp(-F' U_L A_K / \dot{m} c_K)] \tag{3.37}$$

mit $\dot{m}$ Massenstrom des Wärmetransportmediums (kg/s), c_K spezifische Wärme des Transportmediums (J/kg K), A_K Kollektorfläche (m^2) und U_L mittlerer Wärmeübergangskoeffizient (W/m^2 K).

Der Absorberwirkungsgradfaktor F' stellt das Verhältnis der Nutzenergie bei einer mittleren Absorbertemperatur $t_M = (t_e + t_0)/2$ zur tatsächlich auftre-

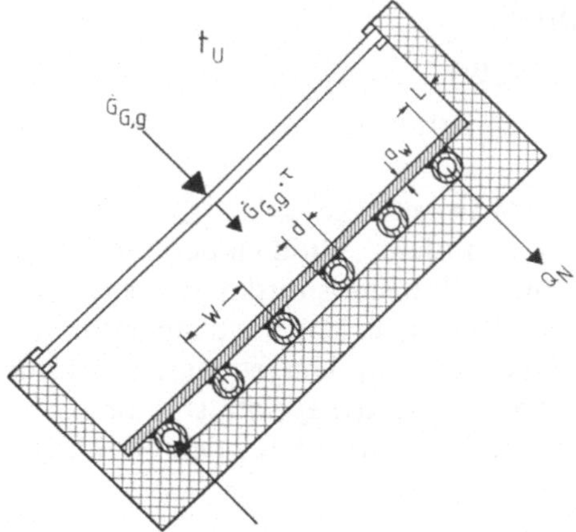

Abb. 3.11. Zur Bestimmung des Absorberwirkungsgradfaktors F' müssen die Kollektorgeometrien bekannt sein. W Abstand der Rohrleitungen (m); d Durchmesser (m); L Flossenlänge (m); a_W Absorberwandstärke (m); t_U Umgebungstemperatur (°C); $\dot{Q}_N$ Nutzwärme (W); $\dot{G}_{G,g}$ Globalstrahlung auf die geneigte Fläche (W/m^2); τ Transmissionskoeffizient

tenden bei t_A dar, mit t_0 Austrittstemperatur des Wärmetransportmediums (°C). Im Gegensatz zu der im letzten Abschnitt angenommenen idealen Absorberfläche mit gleichmäßiger Temperatur t_A und unendlich kleiner Wärmekapazität müssen daher zur Bestimmung von F' die Absorbergeometrien bekannt sein (vgl. Abb. 3.11):

$$F' = \frac{1/U_L}{W\left[\dfrac{1}{U_L\,[d+(W-d)F^*]} + \dfrac{1}{\pi\,d\,\alpha_R}\right]} \tag{3.38}$$

mit W Abstand der Rohrleitungen (m), d Durchmesser (m), F^* Flossenfaktor und α_R Wärmeübergangskoeffizient im Rohr (W/m^2 K).

Der *Flossenfaktor* F^* berücksichtigt die Wärmeleitung von der Absorberplatte (Flossen, Rippen) zum Rohr

$$F^* = \frac{\tanh{(bL)}}{bL} \tag{3.39}$$

mit $b = (U_L/\Lambda\,a_w)^{1/2}$ in (1/m), Λ Wärmeleitfähigkeit des Absorbers (W/m K), a_w Absorberwandstärke (m) und L Flossenlänge (m).

Der Wärmeabfuhrfaktor F_R kann also folgendermaßen ausgedrückt werden

$$F_R = \frac{\dot{m}c_K}{A_K U_L}\left[1-\exp\left(-\frac{F'U_L A_K}{\dot{m}c_K}\right)\right]. \tag{3.40}$$

3.6 Vergleich der drei Kollektorgleichungen

Wie der vorangegangene Abschnitt gezeigt hat, lassen sich für die Nutzleistung des Flachkollektors drei Gleichungen mit verschiedenen Bezugstemperaturen aufstellen:

$$\dot{Q}_N = A_K\,[\alpha\,\tau\,\dot{G}_{G,g} - U_L\,(t_A - t_U)]\,(W)\ , \qquad (3.41)$$

$$\dot{Q}_N = A_K\,F'\,[\alpha\,\tau\,\dot{G}_{G,g} - U_L\,(t_M - t_U)]\,(W)\ , \qquad (3.42)$$

$$\dot{Q}_N = A_K\,F'\,F''\,[\alpha\,\tau\,\dot{G}_{G,g} - U_L\,(t_e - t_U)]\,(W) \qquad (3.43)$$

mit A_K Kollektorfläche (m^2), U_L mittlerer Wärmeübergangskoeffizient (W/m^2 K), t_A Absorbertemperatur (°C), t_M mittlere Fluidtemperatur (°C), $t_M = (t_e + t_0)/2$, α Absorptionskoeffizient, τ Transmissionskoeffizient, $\dot{G}_{G,g}$ Globalstrahlung auf die geneigte Fläche (W/m^2), t_e Eintrittstemperatur des Fluids (°C), t_0 Austrittstemperatur des Fluids (°C), t_U Umgebungstemperatur (°C), F' Absorberwirkungsgradfaktor und F'' Wärmekapazitätsfaktor.

Aus (3.41) bis (3.43) lassen sich folgende Beziehungen für den *Wirkungsgrad* herleiten:

$$\eta = \alpha\,\tau - \frac{U_L\,(t_A - t_U)}{\dot{G}_{G,g}}\ , \qquad (3.44)$$

$$\eta = F'\left[\alpha\,\tau - \frac{U_L\,(t_M - t_U)}{\dot{G}_{G,g}}\right]\ , \qquad (3.45)$$

$$\eta = F'\,F''\left[\alpha\,\tau - \frac{U_L\,(t_e - t_U)}{\dot{G}_{G,g}}\right]\ . \qquad (3.46)$$

Die Gleichung (3.46) ist auf der Abb. 3.12 für zwei reale Kollektoren, davon einer mit Schwarznickel und einer mit 3M-Lack als Absorberbeschichtung, dargestellt. Bei der Schwarznickelschicht ist der Wirkungsgradabfall im betrachteten Bereich noch fast linear, wie es die Gleichung vorschreibt. Bei der 3M-

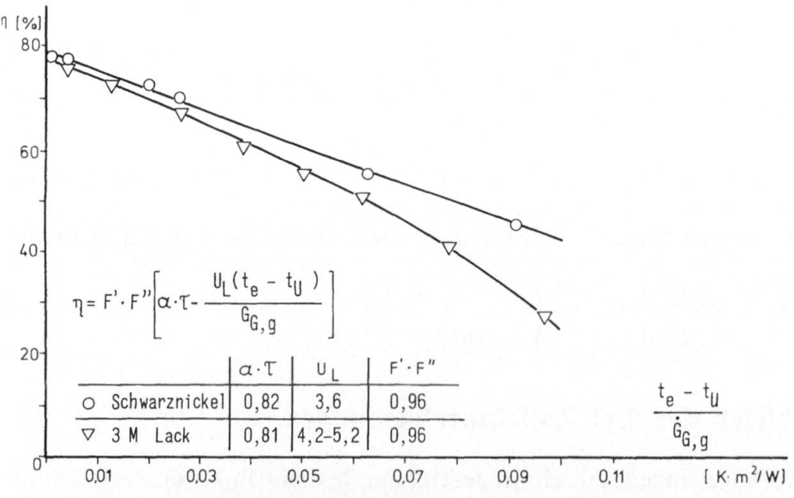

Abb. 3.12. Messungen an realen Kollektoren zeigen, daß die Wirkungsgradkennlinien nicht streng linear sind, wie es die HWB-Gleichungen angeben (Ley/Kalt, 1976)

Schicht tritt bedingt durch die anderen Abstrahleigenschaften schon eher ein überproportionaler Abfall des Wirkungsgrads auf. Bei höheren Kollektortemperaturen fallen die Abstrahlungsverluste stärker ins Gewicht, d. h. der mittlere Wärmeübergangskoeffizient U_L ist eigentlich keine konstante Größe, sondern steigt mit der Temperatur, was zu einem überproportionalen Abfall des Wirkungsgrads mit der Temperatur führt. Ursache hierfür ist, daß die langwellige Abstrahlung, die in U_L enthalten ist, mit der 4. Potenz der Temperatur steigt. Bei kleinen Absorbertemperaturen fällt sie noch nicht ins Gewicht, wohl aber bei größeren. U_L ist also nicht exakt konstant, sondern temperaturabhängig.

3.7 Test von Niedertemperaturkollektoren

Grundlage für den *Test von NT-Kollektoren* bildet die folgende Gleichung

$$\eta = \frac{\dot{q}_N}{\dot{G}_{G,g}} = \alpha\tau - \frac{\dot{Q}_V}{\dot{G}_{G,g}A_K} \qquad (3.47)$$

mit η Kollektorwirkungsgrad, $\dot{q}_N$ spez. Nutzleistung (W/m^2), $\dot{G}_{G,g}$ Globalstrahlung auf die geneigte Fläche (W/m^2), α Absorptionskoeffizient des Absorbers, τ Transmissionskoeffizient der Abdeckung, $\dot{Q}_V$ Gesamtwärmeverluste (W) und A_K Kollektorfläche (m^2).

Faßt man die thermischen Verluste wieder mit U_L zusammen und bezieht sie auf die mittlere Fluidtemperatur, so gilt

$$\dot{Q}_V = F'\,U_L\,(t_M - t_U)\,A_K \qquad (3.48)$$

mit $t_M = (t_e + t_0)/2$ und F' Absorberwirkungsgradfaktor (3.38), U_L mittlere Wärmeübergangszahl des Kollektors (W/m^2 K), t_M mittlere Fluidtemperatur (°C), t_e Fluid-Eintrittstemperatur (°C), t_0 Fluid-Austrittstemperatur (°C).

Für den Konversionsfaktor η_0 gilt bei Bezug auf die mittlere Fluidtemperatur nach (3.45)

$$\eta_0 = F'\alpha\tau \ .$$

Das jetzt gültige Testverfahren (DIN 4757, Teil 4) schreibt vor, daß der Konversionsfaktor η_0 und die Gesamtwärmeverluste $\dot{Q}_V$ getrennt bestimmt werden.

In dem vom BSE (Bundesverband Solarenergie) entwickelten Verfahren wird der Konversionsfaktor im Außentest (outdoor), der Gesamtwärmeverlust dagegen im Innentest (indoor) bestimmt.

Beim Außentest wird der Absorber analog dem realen Einsatzfall betrieben, allerdings wird die Kollektoreinlauftemperatur so gewählt, daß die mittlere Fluidtemperatur gleich der Temperatur der Umgebungsluft ist ($t_M = t_U$). Dadurch werden die Verluste $\dot{Q}_V$ zu Null, und der Konversionsgrad kann gemäß (3.47) aus dem Quotienten von $\dot{q}_N$ und $\dot{G}_{G,g}$ bestimmt werden. Dazu werden nach einer 30minütigen Einlaufphase die globale Strahlung $\dot{G}_{G,g}$, die

Temperaturspreizung $t_0 - t_e$ im Wärmeträger, die Eintrittstemperatur t_e sowie der Volumen- bzw. Massenfluß gemessen und $\dot{q}_N$ berechnet.

Der Innentest dagegen findet in einem geschlossenen Raum statt, wobei die Beleuchtungsstärke $1\ \text{W/m}^2$ nicht überschreiten darf. In dieser Größenordnung ist ihr Einfluß vernachlässigbar. Im Test wird der Kollektor quasi wie ein Heizkörper betrieben. Um ähnliche Temperaturverteilungen im Absorber wie beim Außentest zu erhalten, wird dieser in umgekehrter Richtung mit einem Wärmeträgermedium betrieben. Am eigentlichen Kollektoraustritt wird ein warmes Fluid eingeführt, das nach Abgabe der Verlustwärme abgekühlt am eigentlichen Kollektoreintritt ausströmt. Für den Wärmeverlust $\dot{Q}_V$ gilt

$$\dot{Q}_V = c_K (t_e - t_0)\, \dot{m} \quad (\text{W}) \tag{3.49}$$

mit c_K spez. Wärme des Fluids (J/kg K), t_e Fluid-Eintrittstemperatur (°C), t_0 Fluid-Austrittstemperatur (°C) und $\dot{m}$ Massenstrom (kg/s).

Zur Bestimmung werden nach mindestens 60minütiger Einlaufzeit der Durchfluß $\dot{m}$, die Eintrittstemperatur t_e und die Temperaturspreizung $t_e - t_0$ gemessen.

Im Testverfahren werden jeweils 8 Meßpunkte $\dot{q}_V = \dot{Q}_V/A_K$ (W/m^2) ermittelt und durch Ausgleichsparabeln

$$q_V = a_0 (t_M - t_U) + a_1 (t_M - t_U)^2 \quad (\text{W/m}^2) \tag{3.50}$$

angenähert. Der Wirkungsgrad wird dann folgendermaßen dargestellt:

$$\eta = \eta_0 - \frac{a_0 (t_M - t_U) + a_1 (t_M - t_U)^2}{\dot{G}_{G,g}}\ , \tag{3.51}$$

wobei die Globalstrahlung auf die Geneigte $\dot{G}_{G,g}$ als Parameter für die jeweiligen Wirkungsgradkennlinien auftritt.

Tabelle 3.2 gibt einen Überblick über typische NT-Kollektoren, wie sie am deutschen Markt angeboten werden. Die Kenngrößen wurden vom TÜV-Bayern in einem Vergleichstest in den Jahren 1985–1986 ermittelt (BINE, 1987). Die Tabelle zeigt, daß die meisten Kollektoren mit selektiven Schichten arbeiten, wobei die größten Aufwendungen bei den Vakuum-Röhrenkollektoren gemacht werden ($\alpha_S/\varepsilon_I = 19$). Je nach Aufbau und Qualität schwanken die Stillstandstemperaturen, die auftreten, wenn dem Kollektor keine Nutzleistung $\dot{Q}_N$ entnommen wird, zwischen 135° und 250 °C.

3.8 Kollektorpreise

Die Preise für komplette Warmwasserbereitungssysteme liegen heute bei 1000,– bis 2000,– DM/m² Kollektorfläche mit Extremwerten bis zu 3000,– DM/m² (s. a. Abschn. 4.2.3.6). Rund 30% bis 50% der Aufwendungen

Tabelle 3.2. Die am deutschen Markt angebotenen Flachkollektoren weisen eine große Vielfalt bezüglich Aufbau und Leistung auf (BINE, 1987)

Nr.	Typ	Absorber	Absorber-schicht[a]	Stillstands-temperatur	η_0	a_0 (W/m$^2\cdot$K)	a_1 (W/m$^2\cdot$K^2)
1	Sunstrip	Al-Lamellen, Cu-Rohr	selektiv (6,33)	197 °C	0,82	2,635	0,0190
2	SET-Vakuum-Röhre[b]	Al-Flosse, Cu-Rohr	selektiv (19,0)	244 °C	0,63	1,740	0,0049
3	Thermomax Vakuumrohr	Cu-Flosse, Edelstahlrohr	selektiv (9,6)	–	0,64	1,979	0,0101
4	Giordano C-25	Al-Lamelle, Cu-Rohr	selektiv	164 °C	0,78	4,056	0,0172
5	Christeva CF 79	Al-Roll-Bond	selektiv	184 °C	0,70	3,227	0,0154
6	Mildebrath Solku	Cu-Blech, Cu-Rohr	mattschwarz	166 °C	0,66	3,336	0,0253
7	Getra, K 2101	Al-Roll-Bond	selektiv	176 °C	0,71	3,068	0,128
8	Ziereis SKL 4[b]	Stahl	mattschwarz	152 °C	0,76	4,958	0,0184
9	SES 100S	Al-Lamellen, Cu-Rohr	selektive Folie	178 °C	0,76	3,222	0,0171
10	Walo WK 12	Al-Roll-Bond	mattschwarz (1,1)	139 °C	0,78	5,183	0,0242
11	GEFASOL G1 – 0	Cu-Blech, Cu-Rohr	selektiv	135 °C	0,67	4,421	0,0229
12	Solardiamant ZKK HS	Al-Lamellen, Cu-Rohr	selektiv (9,6)	186 °C	0,76	2,833	0,0198
13	Solar-Fit FS/FW	Kupfer	Schwarz-chrom	208 °C	0,83	3,257	0,0144
14	SET, B1T[b]	Al-Roll-Bond	selektiv	–	0,80	3,617	0,0143
15	Giordano C-25[b]	Al-Lamellen, Cu-Rohr	selektiv	164 °C	0,78	4,056	0,0172

[a] Werte in Klammern: α_s/ε_I
[b] Thermosiphonanlage

entfallen dabei auf die Kollektoren, 30% bis 35% auf Speicher und Regelung und 20% bis 30% auf die Montage. NT-Kollektoren kosten heute also rund 300 bis 1100 DM/m^2, wobei die höheren Werte für hocheffiziente Kollektoren (i. d. R. Vakuumkollektoren), die niedrigeren für Standard-Einscheibenkollektoren gelten.

Plastikabsorber ohne Glasabdeckung und Gehäuse, wie sie in Abb. 3.2 im rechten Teil und in Abb. 4.5 dargestellt sind, kosten demgegenüber nur 30 bis 70 DM/m^2 (vgl. Tabelle 4.5).

4 Solare Niedertemperatursysteme

4.1 Solarbeheizte Freischwimmbäder

4.1.1 Günstige Voraussetzungen für die Solarenergienutzung bei Freischwimmbädern

Die Nutzung der Solarenergie in *Freibädern* hat gegenüber anderen Nutzungsmöglichkeiten in der Bundesrepublik Deutschland drei entscheidende Vorteile:

- Während der Badesaison von Mai bis September ist das jahreszeitliche Strahlungsangebot am größten. Heizenergienachfrage und Sonnenenergieangebot fallen zeitlich zusammen, und im Winter, wenn die Sonne kaum scheint, wird die Anlage nicht betrieben.
- Das Beckenwasser braucht nur auf maximal 28 °C aufgewärmt zu werden, während z. B. bei Brauchwasseranlagen eine Temperatur von 45°–90 °C wünschenswert ist. Die niedrige Wassertemperatur im Freischwimmbad ermöglicht die Verwendung von einfachen und billigen Kollektoren.
- Ein separater Wärmespeicher, der bei allen Solaranlagen notwendig ist, um zeitliche Schwankungen des Solarenergieangebots auszugleichen, ist beim Schwimmbad nicht notwendig, weil das Beckenwasser selbst als Kurzzeitspeicher dient. Durch den Wegfall des zusätzlichen Speichers ergibt sich eine Vereinfachung und eine Verbilligung des Solarsystems.

4.1.2 Berechnung des Wärmebedarfs ohne Beckenabdeckung

Das hier vorgeschlagene Rechenverfahren verwendet saisonale Mittelwerte und erlaubt daher eine schnelle und ausreichend genaue Überschlagsrechnung.

4.1.2.1 Bilanzierung der Wärmeströme eines Freibads

Abbildung 4.1 zeigt die auftretenden Wärmeströme und das Schaltschema eines Freibads.

Für die *Wärmebilanz des Freibads* gilt

$$\dot{Q}_\mathrm{H} = \dot{Q}_\mathrm{K} + \dot{Q}_\mathrm{S} + \dot{Q}_\mathrm{Vd} - \dot{Q}_\mathrm{Ste} + \dot{Q}_\mathrm{Tr} \ (\mathrm{W}) \tag{4.1}$$

mit $\dot{Q}_\mathrm{H}$ Heizwärme, $\dot{Q}_\mathrm{K}$ Konvektionsverluste an der Wasseroberfläche, $\dot{Q}_\mathrm{S}$ Abstrahlungsverluste der Wasseroberfläche, $\dot{Q}_\mathrm{Vd}$ Verdunstungsverluste an der

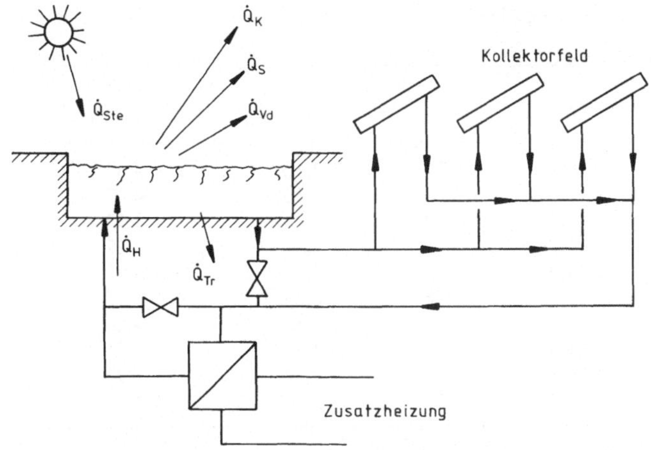

Abb. 4.1. Wärmeströme und Schema eines solarbeheizten Freibads

Wasseroberfläche, $\dot{Q}_{\mathrm{Tr}}$ Transmissionsverluste an das Erdreich und $\dot{Q}_{\mathrm{Ste}}$ Wärmegewinn durch Einstrahlung in das Becken, jeweils in (W).

Alle Wärmeströme sind über die Dauer der Badesaison gemittelt.

4.1.2.2 Berechnung der Strahlungs- und Konvektionsverluste

Da Strahlungs- und Konvektionsanteil nicht mit ausreichender Genauigkeit getrennt berechnet werden können, werden sie beide gemeinsam errechnet. Dabei wird eine empirische Wärmeübergangszahl eingesetzt. Das hier vorgeschlagene Rechenverfahren ist an Rouvel (1970) und DVWG (1975) angelehnt. Für die *Strahlungs- und Konvektionsverluste* gilt näherungsweise

$$\dot{Q}_{\mathrm{K}} + \dot{Q}_{\mathrm{S}} = \alpha_{\mathrm{K,S}} A_{\mathrm{W}}(t_{\mathrm{W}} - t_{\mathrm{m}}) \ (\mathrm{W}) \tag{4.2}$$

mit A_{W} Wasseroberfläche (m^2), t_{W} Beckenwassertemperatur ($^{\circ}$C), t_{m} mittlere Lufttemperatur ($^{\circ}$C) (sie wird aus Tabelle 4.1 entnommen) und $\alpha_{\mathrm{K,S}}$ Wärmeübergangszahl Wasser−Luft, die Konvektion und Abstrahlung berücksichtigt $(\mathrm{W/m}^2\,\mathrm{K})$.

Für $\alpha_{\mathrm{K,S}}$ werden folgende Erfahrungswerte eingesetzt:

$$\alpha_{\mathrm{K,S}} = 10{,}7 \ \mathrm{W/m}^2\,\mathrm{K} \ \text{für windgeschützte Lage,}$$
$$\alpha_{\mathrm{K,S}} = 11{,}7 \ \mathrm{W/m}^2\,\mathrm{K} \ \text{für normale Lage,}$$
$$\alpha_{\mathrm{K,S}} = 12{,}7 \ \mathrm{W/m}^2\,\mathrm{K} \ \text{für ungeschützte Lage.}$$

In Tabelle 4.1 sind für einige ausgesuchte Standorte Anhaltswerte für Klimadaten zusammengetragen, die über die Dauer der Badesaison vom 1. Mai bis zum 30. September gemittelt sind.

4.1.2.3 Berechnung der Verdunstungsverluste

Die *Verdunstungsverluste* werden wie folgt berechnet:

$$\dot{Q}_{\mathrm{Vd}} = \dot{m}_{\mathrm{s}} r A_{\mathrm{W}} \ (\mathrm{W}) \tag{4.3}$$

Tabelle 4.1. Mittlere Klimadaten für die Badesaison vom 1. Mai bis zum 30. September an einigen ausgesuchten Standorten

Nr.	Standort	t_m °C	φ %	$\bar{G}_{G,h}\,t_{BS}$ GJ/m² a	$\bar{G}_{G,h}\,t_d$ kWh/m² d
1	Braunschweig	15,9	74	2,50	4,54
2	Essen	15,7	75	2,30	4,18
3	Freiburg	17,3	70	2,71	4,92
4	Gießen	15,9	71	2,41	4,38
5	Hamburg	14,9	77	2,43	4,41
6	München	15,3	75	2,78	5,05
7	Nürnberg	15,5	74	2,66	4,83
8	Passau	15,6	75	2,76	5,01
9	Stuttgart	16,8	68	2,59	4,70
10	Trier	16,4	71	2,50	4,54

t_m mittlere Lufttemperatur; φ mittlere relative Luftfeuchte; $\bar{G}_{G,h}$ mittlere Globalstrahlung auf eine horizontale Fläche (W/m²); t_{BS} Dauer der Badesaison (s) und t_d Dauer eines Tages (s).

mit $\dot{Q}_{Vd}$ Verdunstungsverlust (W), $\dot{m}_s$ verdunsteter Massenstrom (kg/s m²) und r Verdampfungswärme (J/kg). Im folgenden wird mit dem konstanten Wert $r = 2451$ kJ/kg gerechnet.

Für die je m² Wasseroberfläche verdunstete Wassermenge gilt

$$\dot{m}_s = \frac{\alpha_{K,S}}{c_L}\,(X''_{WO} - X)\ \ (\text{kg/s m}^2) \tag{4.4}$$

mit c_L spezifische Wärme der gesättigten Luft bei der Temperatur der Wasseroberfläche (J/kg K). Hier kann mit dem konstanten Wert von $c_L = 1005$ J/kg K gerechnet werden; X Wasserdampfgehalt der überströmenden Luft bei der Temperatur t_m (kg/kg) und X''_{WO} Wasserdampfgehalt gesättigter Luft bei der Temperatur der Wasseroberfläche (kg/kg).

Da die mittlere Lufttemperatur i. allg. niedriger ist als die mittlere Wassertemperatur, ist in der 1 bis 3 mm starken Oberflächengrenzschicht des Beckenwassers die mittlere Temperatur niedriger als die mittlere Wassertemperatur t_W. In den vorstehenden Gleichungen kann aber statt der unbekannten und schwer zu ermittelnden Temperatur der Wasseroberfläche die Wassertemperatur t_W eingesetzt werden, wenn ein Korrekturfaktor von 0,7 eingeführt wird (Dienelt 1967). Damit ergibt sich für die Verdunstungsverluste folgende Beziehung:

$$\dot{Q}_{Vd} = 0,7\,\frac{\alpha_{K,S}}{c_L}\,(X''_W - X)\,r A_W\ \ (\text{W})\ . \tag{4.5}$$

Der Wasserdampfgehalt X''_W bei der Temperatur t_W kann Tabelle 4.2 entnommen werden. Der Wasserdampfgehalt der überströmenden Luft X muß aus der relativen Feuchte φ berechnet werden.

Tabelle 4.2. Sättigungsdampfgehalt in Abhängigkeit von der Temperatur

t in °C	14	15	16	17	18	19	20
X'' in kg/kg	0,0101	0,0108	0,0115	0,0123	0,0131	0,0139	0,0149
t in °C	21	22	23	24	25	26	27
X'' in kg/kg	0,0159	0,0169	0,0180	0,0191	0,0203	0,0216	0,0230

Bei den niedrigen Umgebungstemperaturen t_m, mit denen wir es hier zu tun haben, und bei Umgebungsdruck von 1 bar kann man die relative Feuchte als Verhältnis von Wasserdampfgehalt zu Sättigungsgehalt schreiben:

$$\varphi = \frac{X}{X''_m} \tag{4.6}$$

mit X''_m Wasserdampfgehalt gesättigter Luft bei der Temperatur t_m. Für X gilt dann

$$X = \varphi X''_m \quad (kg/kg) \ . \tag{4.7}$$

Dabei wird φ aus Tabelle 4.1 und X''_m aus Tabelle 4.2 entnommen.

4.1.2.4 Transmissionsverluste an das Erdreich

Die *Transmissionsverluste* an das Erdreich machen nur ca. 3% der gesamten Verluste aus. Sie werden deshalb in den folgenden Berechnungen nicht mehr berücksichtigt:

$$\dot{Q}_{Tr} \approx 0 \quad (W) \ . \tag{4.8}$$

Nach den Richtlinien der „Deutschen Gesellschaft für das Badewesen" sind zur Wassererneuerung täglich je Besucher 30 l Frischwasser nachzufüllen. Üblicherweise sind es jedoch 50−80 Liter je Besucher (Croy, 1991). Der damit verbundene Wärmeverlust von ca. 1% der Gesamtverluste wird ebenfalls vernachlässigt.

4.1.2.5 Berechnung des Wärmezugewinns durch Sonneneinstrahlung ins Becken

Für die direkt ins Becken gestrahlte und dort absorbierte Sonnenenergie gilt

$$\dot{Q}_{Ste} = \xi \bar{\dot{G}}_{G,h} A_W \quad (W) \tag{4.9}$$

mit $\dot{Q}_{Ste}$ Wärmezugewinn (W), ξ Anteil der absorbierten Globalstrahlung, $\bar{\dot{G}}_{G,h}$ mittlere Globalstrahlung auf die Horizontale während der Badesaison (W/m^2) und A_W Beckenwasseroberfläche (m^2).

Tabelle 4.3. Absorptionsgrad von Beckenwasser und Beckenboden für verschiedene Fliesenfarben (Biasin, 1976)

Fliesenfarbe	ξ-Werte			
	$0,5^a$	$1,0^a$	$1,5^a$	$2,0^a$
Weiß	0,73	0,79	0,83	0,85
Hellblau	0,84	0,87	0,90	0,91
Dunkelblau	0,93	0,95	0,96	0,97

[a] Wassertiefe in m

Bei reiner Sommernutzung von Mitte Mai bis Mitte September sollte der *Neigungswinkel* des Kollektors gegen die Horizontale möglichst klein sein. Eine optimale Ausbeute der Sonnenstrahlung wird für einen Winkelbereich von $15 \leq n \leq 25°$ erreicht. Häufig werden die Kollektoren flach aufgelegt ($n = 0$). Die Verluste betragen dadurch nur wenige Prozent (s. a. Abschn. 4.2.3.2).

Die Globalstrahlungswerte müssen zur Planung einer Anlage aus den einschlägigen Klimahandbüchern entnommen werden, oder sie müssen am Standort über einen längeren Zeitraum gemessen werden.

Aus Tabelle 4.1 kann $\dot{G}_{G,h}$ für einige ausgesuchte Standorte errechnet werden. Der Faktor ξ kann Tabelle 4.3 in Abhängigkeit von der Farbe der Beckenfliesen und der Wassertiefe entnommen werden.

4.1.2.6 Berechnung des gesamten saisonalen Heizwärmebedarfs

Der gesamte saisonale *Heizwärmebedarf* Q_{Hges} ergibt sich aus folgender Gleichung:

$$Q_{Hges} = (\dot{Q}_K + \dot{Q}_S + \dot{Q}_{Vd} - \dot{Q}_{Ste})\,t_{BS} \quad \text{(J/a)} \tag{4.10}$$

mit $\dot{Q}_K + \dot{Q}_S$ Konvektions- und Abstrahlungsverluste (W), $\dot{Q}_{Vd}$ Verdunstungsverluste (W) und $\dot{Q}_{Ste}$ Sonneneinstrahlung (W) und t_{BS} Dauer der Badesaison (s/a).

Wie Vergleiche mit einzelnen Meßwerten von Lakner (1990) zeigen, kann das hier vorgeschlagene Rechenverfahren u. U. etwas zu große Werte für $\dot{Q}_{Vd}$ und etwas zu kleine Werte für $\dot{Q}_K + \dot{Q}_S$ ergeben. Die Summe stimmt jedoch recht gut.

Tabelle 4.4. Anteil der zusätzlichen Heizwärme Q_{Hges} an der gesamten Wärmezufuhr ($Q_{Hges} + Q_{Ste}$) mit und ohne Beckenabdeckung (Standort Essen, $\xi = 0,9$, ungeschützte Lage)

	Anteil in %						
Wassertemperatur	21 °C	22 °C	23 °C	24 °C	25 °C	26 °C	27 °C
Ohne Abdeckung	31,4	40,3	47,6	53,3	58,1	62,2	65,7
Mit Abdeckung	4,0	16,6	26,8	34,7	41,4	47,2	52,1

Der Anteil der zusätzlichen Heizwärme Q_{Hges} an der insgesamt zugeführten Wärme ($Q_{\text{Hges}} + Q_{\text{Ste}}$) steigt mit der gewünschten Wassertemperatur t_{W} an (vgl. Tabelle 4.4).

Der auf die Wasseroberfläche bezogene Heizwärmebedarf ist

$$q_{\text{Hges}} = \frac{Q_{\text{Hges}}}{A_{\text{W}}} \quad (\text{J/m}^2\,\text{a}) \ . \tag{4.11}$$

4.1.3 Reduktion des Wärmebedarfs durch eine Beckenabdeckung

Vor der Ausrüstung eines Bades mit Sonnenkollektoren ist es sinnvoll, den Wärmebedarf durch eine *Beckenabdeckung* während der Nacht zu verringern. Dies geschieht bevorzugt durch Kunststoffplanen oder durch rolladenähnliche Schwimmkörper, die über die Wasseroberfläche gezogen werden (Abb. 4.2 und 4.3). Gelegentlich wird von Problemen bei der Handhabung der Beckenabdeckung berichtet (Lakner, 1990).

Für den saisonalen Heizwärmebedarf gilt bei Verwendung einer Beckenabdeckung

$$\hat{Q}_{\text{Hges}} = [F_{\text{KS}}(\dot{Q}_{\text{K}} + \dot{Q}_{\text{S}}) + F_{\text{Vd}}\dot{Q}_{\text{Vd}} - \dot{Q}_{\text{Ste}}]\, t_{\text{BS}} \quad (\text{J/a}) \tag{4.12}$$

mit $\hat{Q}_{\text{Hges}}$ gesamter Heizwärmebedarf bei Verwendung einer Beckenabdeckung (J/a), t_{BS} Dauer der Badesaison (s/a), F_{KS} Minderungsfaktor für Konvektions- und Abstrahlungsverluste und F_{Vd} Minderungsfaktor für Verdunstungsverluste.

Wird das Becken während der Nacht ca. 10 h abgedeckt, so werden die verdunstete Wassermenge und damit der Wärmeverlust um ca. 30% gesenkt. Die Absenkung ist nicht proportional der Abdeckzeit, weil während des Tages der Badebetrieb läuft, so daß dann die Verdunstung infolge der Wellenbewegung und der höheren Umgebungstemperatur größer ist. Für den Minderungsfaktor wird daher

$$F_{\text{Vd}} = 0{,}7 \tag{4.13}$$

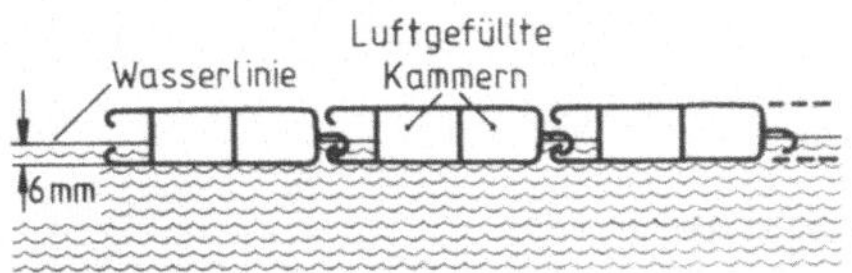

Abb. 4.2. Beispiel für rolladenförmige Abdeckelemente (Biasin, 1980)

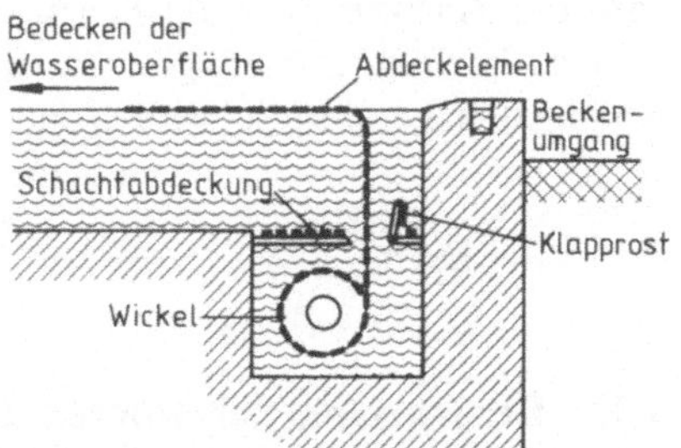

Abb. 4.3. Unterbringung der Wickelvorrichtung (Biasin, 1980)

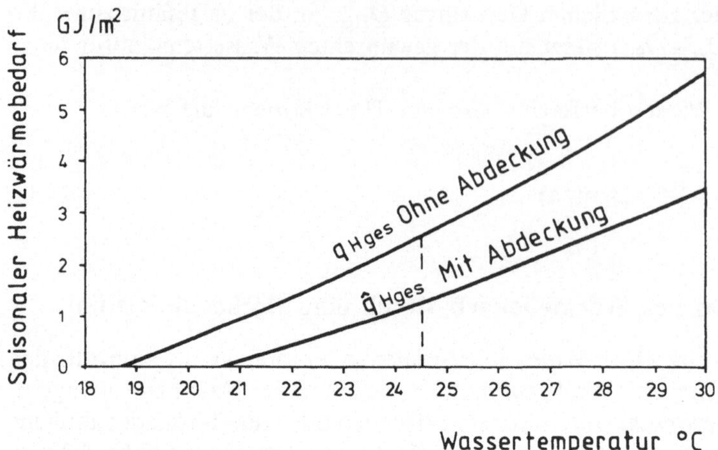

Abb. 4.4. Der Einfluß der Beckenabdeckung auf den saisonalen Heizwärmebedarf je m² Wasseroberfläche (Standort Essen, $\xi = 0{,}9$, ungeschützte Lage)

angenommen. Durch eine Beckenabdeckung wird der Wärmeübergangskoeffizient für Konvektionen und Strahlung reduziert. Der Wärmedurchgangskoeffizient handelsüblicher Beckenabdeckungen wird mit 3,0 bis 5,1 W/m² K angegeben (Rationelle Energieverwendung im Bäderbau, 1985). Berücksichtigt man, daß das Becken ca. 10 h abgedeckt ist, so vermindern sich die Verluste durch Strahlung und Konvektion im Mittel um ca. 25%. Für den Minderungsfaktor gilt dann

$$F_{KS} = 0{,}75 \; . \tag{4.14}$$

Abbildung 4.4 zeigt den Einfluß der Beckenabdeckung auf den spezifischen Heizwärmebedarf eines Freibads. Je höher die Wassertemperatur ist, um so größer ist der Absolutbetrag der Energieeinsparung durch die Beckenabdeckung. Für eine Wassertemperatur von 24,5 °C kann durch eine Beckenabdeckung der Heizwärmebedarf um die Hälfte gesenkt werden. Entsprechend wird der Aufwand für die Heizungsanlage geringer.

Das Verhältnis F_{Abd} gibt an, um wieviel der Heizwärmebedarf durch die Abdeckung gemindert werden kann:

$$F_{Abd} = \frac{\hat{q}_{Hges}}{q_{Hges}} \; . \tag{4.15}$$

4.1.4 Berechnung der solaren Deckungsrate

Da bei Schwimmbädern die wichtigen Kennzahlen üblicherweise auf die Wasseroberfläche bezogen werden, wird im folgenden das Verhältnis von notwendiger Kollektorfläche zu Wasseroberfläche bestimmt. Für die Heizwärme läßt sich die nachstehende Bilanz ansetzen:

$$\hat{q}_{\mathrm{Hges}} A_{\mathrm{W}} D_{\mathrm{S}} = \bar{\dot{G}}_{\mathrm{G,g}} A_{\mathrm{K}} \bar{\eta}_{\mathrm{F}} t_{\mathrm{BS}} \quad (\mathrm{W}) \tag{4.16}$$

mit D_{S} *solare Deckungsrate*, die das Verhältnis von genutzter Sonnenenergie zu tatsächlichem Heizwärmebedarf angibt, $\hat{q}_{\mathrm{Hges}}$ gesamter spezifischer Heizwärmebedarf in einer Saison bei Berücksichtigung der Beckenabdeckung (J/m^2 a), A_{W} Wasseroberfläche (m^2), $\bar{\dot{G}}_{\mathrm{G,g}}$ Globalstrahlung auf die geneigte Kollektorfläche, gemittelt während einer Badesaison (W/m^2), t_{BS} Dauer der Badesaison (s/a), A_{K} Kollektorfläche (m^2) und $\bar{\eta}_{\mathrm{F}}$ mittlerer saisonaler Wirkungsgrad oder Nutzungsgrad des Solarsystems.

Der Nutzungsgrad des Kollektorfelds ist wegen zusätzlicher Wärmeverluste an Leitungen und Armaturen und wegen ungleichmäßiger Durchströmung der Kollektorreihen kleiner als der Nutzungsgrad des einzelnen Kollektors, der unter Laborbedingungen ermittelt wird. Für den *Systemnutzungsgrad* $\bar{\eta}_{\mathrm{F}}$ (mittl. Wirkungsgrad) gilt bei großen Schwimmbad-Kollektorfeldern

$$\bar{\eta}_{\mathrm{F}} \approx \bar{\eta} \cdot 0{,}8 \tag{4.17}$$

mit $\bar{\eta}$ saisonaler Nutzungsgrad des Einzelkollektors.

Der Faktor 0,8 ist eine mittlere empirische Größe, die je nach Qualität des Felds schwanken kann.

Für den Wirkungsgrad eines Kollektors gilt

$$\eta = \frac{\dot{q}_{\mathrm{N}}}{\dot{G}_{\mathrm{G,g}}} \tag{4.18}$$

mit $\dot{q}_{\mathrm{N}}$ Nutzleistung bezogen auf die Kollektorfläche (W/m^2) und $\dot{G}_{\mathrm{G,g}}$ Globalstrahlung auf die geneigte Kollektorfläche (W/m^2).

Für den über die Badesaison gemittelten Wirkungsgrad (*Nutzungsgrad*) eines Kollektors gilt

$$\bar{\eta} = \frac{\dfrac{1}{t_{\mathrm{BS}}} \displaystyle\int_0^{t_{\mathrm{BS}}} \dot{q}_{\mathrm{N}}\, \mathrm{d}t}{\dfrac{1}{t_{\mathrm{BS}}} \displaystyle\int_0^{t_{\mathrm{BS}}} \dot{G}_{\mathrm{G,g}}\, \mathrm{d}t} \;. \tag{4.19}$$

Mit (3.17) für die Nutzleistung ergibt sich

$$\bar{\eta} = \frac{\dfrac{1}{t_{\mathrm{BS}}} \displaystyle\int_0^{t_{\mathrm{BS}}} [\alpha\,\tau\,\dot{G}_{\mathrm{G,g}} - U_{\mathrm{L}}\,(t_{\mathrm{A}} - t_{\mathrm{U}})]\, \mathrm{d}t}{\dfrac{1}{t_{\mathrm{BS}}} \displaystyle\int_0^{t_{\mathrm{BS}}} \dot{G}_{\mathrm{G,g}}\, \mathrm{d}t} \;. \tag{4.20}$$

Die Werte von α, τ und U_L sind unabhängig von der Zeit. Für die über eine Badesaison gemittelte Globalstrahlung gilt

$$\bar{\dot{G}}_{\mathrm{G,g}} = \frac{1}{t_{\mathrm{BS}}} \int_0^{t_{\mathrm{BS}}} \dot{G}_{\mathrm{G,g}}\, \mathrm{d}t \quad (\mathrm{W/m^2}) \; . \tag{4.21}$$

Für die saisonalen Mittelwerte der Umgebungstemperatur t_U und der Absorbertemperatur t_A gilt

$$\bar{t}_\mathrm{A} = \frac{1}{t_{\mathrm{BS}}} \int_0^{t_{\mathrm{BS}}} t_\mathrm{A}\, \mathrm{d}t \quad (^\circ\mathrm{C}) \tag{4.22}$$

$$t_\mathrm{m} = \frac{1}{t_{\mathrm{BS}}} \int_0^{t_{\mathrm{BS}}} t_\mathrm{U}\, \mathrm{d}t \quad (^\circ\mathrm{C}) \; . \tag{4.23}$$

Für den saisonalen *Nutzungsgrad* des Kollektors $\bar{\eta}$ kann man schreiben

$$\bar{\eta} = \alpha\tau - \frac{U_\mathrm{L}(\bar{t}_\mathrm{A} - t_\mathrm{m})}{\bar{\dot{G}}_{\mathrm{G,g}}} \tag{4.24}$$

mit α Absorptionskoeffizient, τ Gesamttransmissionskoeffizient, U_L Wärmedurchgangskoeffizient ($\mathrm{W/m^2\,K}$), $\bar{t}_\mathrm{A}$ gemittelte Absorbertemperatur ($^\circ\mathrm{C}$), t_m mittlere Lufttemperatur ($^\circ\mathrm{C}$) und $\bar{\dot{G}}_{\mathrm{G,g}}$ gemittelte Globalstrahlung auf die geneigte Fläche ($\mathrm{W/m^2}$).

Die Gleichung für den Kollektorwirkungsgrad geht in die Gleichung für den Kollektornutzungsgrad über, wenn die Variablen als Mittelwerte einer Zeitperiode eingesetzt werden.

Für Kollektoren unterschiedlicher Qualität ergeben sich die in Tabelle 4.5 zusammengefaßten Anhaltswerte für die Kennzahlen. Der Kollektor *1* ist einfach aufgebaut und billig, die Kollektoren *2* und *3* sind aufwendiger. Bei den billigen ist $\alpha\tau$ größer. Der Wärmedurchgangskoeffizient U_L, der den Wirkungsgradverlauf in Abhängigkeit von der Temperatur bestimmt, wird mit steigendem Bauaufwand kleiner, d. h. günstiger (vgl. Abb. 3.12).

Tabelle 4.5. Kennzahlen für verschiedene Kollektortypen

		$\alpha\tau$	U_L in $\mathrm{W/m^2\,K}$	$\mathrm{DM/m^2}$ [a]
1	Schwarzer Kunststoffabsorber ohne Glasscheibe	0,91	19	50 ... 70
2	Einfachkollektor mit schwarzem Metallabsorber und Glasscheibe	0,84	9	250 ... 400
3	Normalkollektor mit selektivem Absorber und einer Glasscheibe	0,81	4	600 ... 800

[a] Richtwerte; s. a. Abschn. 3.8

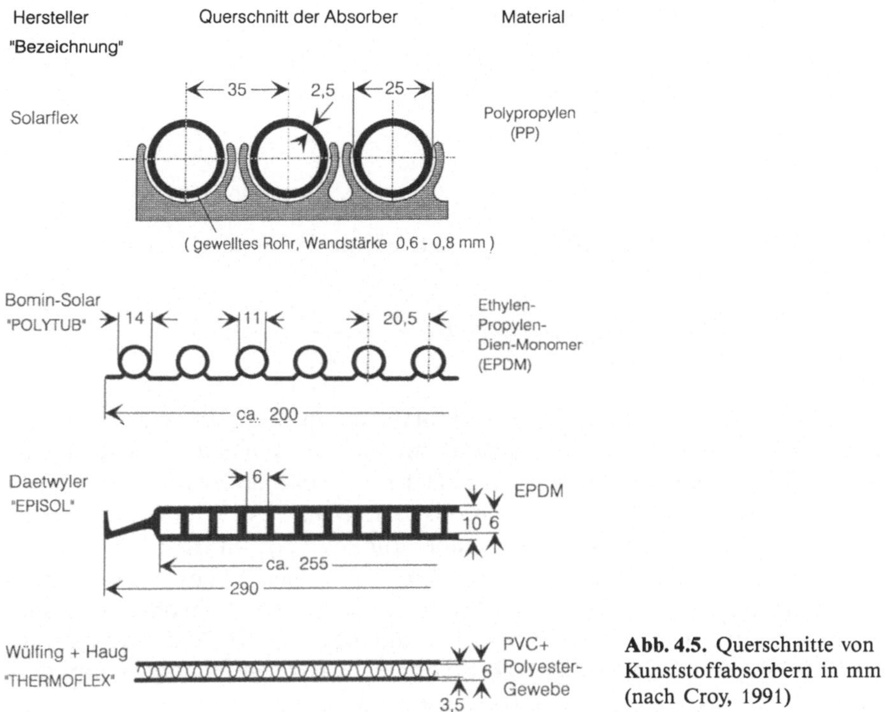

Abb. 4.5. Querschnitte von Kunststoffabsorbern in mm (nach Croy, 1991)

Abbildung 4.5 zeigt einige Querschnitte unverglaster *Kunststoffabsorber*. Von den Materialien werden Temperaturbeständigkeit möglichst bis 120° oder 150°C, UV-Stabilität und Frostbeständigkeit gefordert.

Da Schwimmbadkollektoren i. allg. bei niedrigen Temperaturen arbeiten, sind die Wirkungsgradunterschiede zwischen billigen und hochwertigen Kollektoren nicht so groß. Die Kosten der Billigkollektoren sind aber um ein Vielfaches niedriger als die Kosten von Normalkollektoren. Ihr Einsatz ist trotz des geringfügig niedrigeren Wirkungsgrades lohnend (vgl. Tabelle 4.8).

Um die solare Deckungsrate bestimmen zu können, müssen Vereinfachungen eingeführt werden. Für die mittlere Absorbertemperatur wird angesetzt:

$$\bar{t}_A \approx \frac{t_W + (t_W - \Delta t)}{2} = t_W - \frac{\Delta t}{2} \; (^\circ C) \tag{4.25}$$

mit t_W gewünschte Beckenwassertemperatur = Kollektoraustrittstemperatur ($^\circ$C), $t_W - \Delta t$ Kollektoreintrittstemperatur ($^\circ$C) und Δt Abkühlung des Beckenwassers ($^\circ$C).

Dabei wird angenommen, daß das Beckenwasser um Δt abgekühlt in den Absorber zurückläuft und daß die Absorbertemperatur gleich dem Mittel aus Ein- und Austrittstemperatur ist. Die tatsächliche Absorbertemperatur liegt etwas höher, da ja ein Wärmeübergang vom Absorber an das Wasser stattfindet.

Der saisonale Nutzungsgrad nach (4.24) ist dann

$$\bar{\eta} = \alpha\tau - \frac{U_L\left(t_W - \dfrac{\Delta t}{2} - t_m\right)}{\bar{G}_{G,g}} \ . \tag{4.26}$$

Diese Gleichung wird in (4.16) eingesetzt, die nach D_S aufgelöst wird:

$$D_S = \frac{A_K}{A_W}\frac{1}{\hat{q}_{Hges}}\bar{G}_{G,g}t_{BS}\left[\alpha\tau - U_L\frac{t_W - 0{,}5\,\Delta t - t_m}{\bar{G}_{G,g}}\right]0{,}8 \tag{4.27}$$

mit D_S solare Deckungsrate, A_K Kollektorfläche (m^2), A_W Beckenwasseroberfläche (m^2), $\bar{G}_{G,g}$ gemittelte Globalstrahlung auf die geneigte Kollektorfläche
(W/m^2), $\hat{q}_{Hges}$ saisonaler Heizwärmebedarf mit Beckenabdeckung (J/m^2 a), α
Absorptionskoeffizient, τ Transmissionskoeffizient, U_L Wärmedurchgangszahl (W/m^2 K), t_W mittlere Wassertemperatur (°C), t_m mittlere Umgebungstemperatur (°C) und Δt Temperaturdifferenz zwischen Kollektoraustritt und
Kollektoreintritt (üblicherweise gilt $2\,°C \leq \Delta t \leq 6\,°C$). Die folgenden Rechnungen werden mit einem Mittelwert von 4 °C durchgeführt. In Abb. 4.6 ist die *solare Deckungsrate D_S* in Abhängigkeit von der Wassertemperatur t_W und dem
Flächenverhältnis A_K/A_W dargestellt. Die Berechnung ist mit $\bar{G}_{G,h}$ durchgeführt worden, d. h. es wurde angenommen, daß die Kollektoren horizontal angeordnet sind.

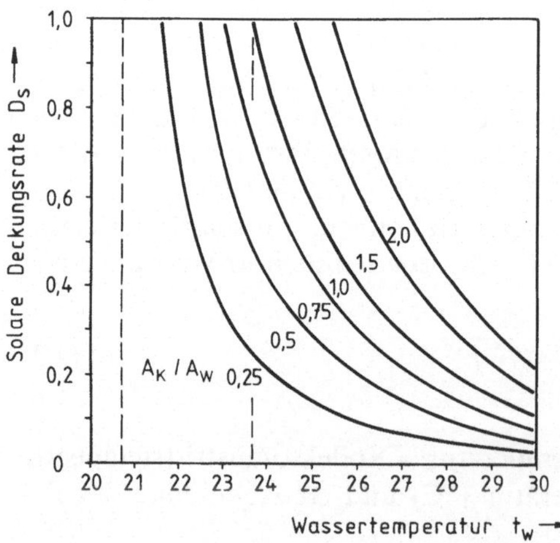

$\alpha_{KS} = 12{,}7$ W/m^2 K $\bar{G}_{G,h} = 174$ W/m^2 Beckenabdeckung

$t_m = 15{,}7$ °C $\alpha\tau = 0{,}84$ Fliesen hellblau

$\varphi = 0{,}75$ $U_L = 9{,}0$ W/m^2 K   Wassertiefe 1,5 m

Abb. 4.6. Solare Deckungsrate bei Verwendung eines Einfachkollektors (Neigungswinkel $n = 0°$)

Tabelle 4.6. Flächenbedarf verschiedener Kollektortypen zur Erzielung einer bestimmten solaren Deckungsrate (Schwimmbad wie Tabelle 4.4)

D_S	t_W (°C)	Absorber[a] ohne Glas A_K/A_W	Einfach-[a] kollektor A_K/A_W	Normal-[a] kollektor A_K/A_W	Beckenausführung
0,5	24,5	2,1	0,72	0,54	mit Abdeckung
1,0	21,5	1,3	1,0	0,9	ohne Abdeckung

[a] Kennzahlen in Tabelle 4.5

Mit einer Kollektorfläche, die gleich der Beckenwasserfläche ist ($A_K/A_W = 1$), läßt sich unter den angegebenen Bedingungen mit einer Solarheizung alleine ($D_S = 1$) eine Temperatur von ca. 23,7 °C erreichen. Das ist 3 °C über der Temperatur des unbeheizten Beckens von 20,7 °C. Die Temperatur des unbeheizten und abgedeckten Beckens stellt sich aufgrund der Sonneneinstrahlung ein (s. a. Abb. 4.4). Will man höhere Beckenwassertemperaturen erzielen, so muß entsprechend Abb. 4.6 das Flächenverhältnis A_K/A_W vergrößert werden, oder es muß mit einer zusätzlichen Heizung gearbeitet werden. Im letzteren Fall ist D_S kleiner als 1,0.

Bei einer hohen Wassertemperatur von 24,5 °C benötigt man vom Absorber etwa die dreifache Fläche im Vergleich zum Einfachkollektor, um die gleiche solare Deckungsrate zu erzielen. Dies zeigt Tabelle 4.6 deutlich. Geht man um 3 °C auf 21,5 °C mit der Wassertemperatur herunter, dann ist die Absorberfläche nur noch 30% größer. Dies hängt mit den nun geringeren Wirkungsgradunterschieden der beiden Kollektortypen zusammen. Bei niedrigen Temperaturen lohnt sich eher ein billiger Kollektor, ($\alpha\tau$ groß, U_L groß), und bei hohen Wassertemperaturen ist eher ein effizienter und teurer Kollektor ($\alpha\tau$ klein, U_L klein) sinnvoll.

4.1.5 Wirtschaftlichkeit der Beckenwassererwärmung

Investitionskosten
Bei öffentlichen Freibädern in der Größenordnung von ca. 1000 bis ca. 2500 m^2 Wasseroberfläche sind für die Energieanlagen die in Tabelle 4.7 zusammengestellten spezifischen Investitionskosten anzusetzen:

Gesamtjahreskosten
Die Gesamtjahreskosten setzen sich aus drei Hauptkomponenten zusammen (Rado, 1975):

— Kapitaldienst,
— Betriebskosten,
— Energiekosten.

Tabelle 4.7. Spezifische Investitionskosten und Betriebskostensätze 1992
(Rationelle Energieverwendung im Bäderbau, 1985; Croy, 1991; VDI, 1991
und EUR, 1987)

Anlagenteil	Investitionskosten k_i DM/m^2	Betriebskostensatz $\dot{z}_B$ $\%/a$
Ölheizkessel	80,0[a]	5,0
Beckenabdeckung	180,0[a]	2,0
Kollektoranlage	1140,0[b]	1,0
Absorberanlage	200,0[b]	3,2

[a] bezogen auf Wasserfläche
[b] bezogen auf Kollektorfläche

Kapitaldienst
Die Investitionskosten werden mit gleichbleibender Annuität für die gesamte
Lebensdauer der Anlage auf das Jahr umgelegt. Für die *Annuität* gilt

$$A_n = \frac{q^{n*}(q-1)}{q^{n*}-1} \tag{4.28}$$

mit A_n Annuität (1/a), $n*$ Nutzungsdauer der Anlage (15 Jahre),
$q = 1+p_z/100$ und p_z Zinsfuß (8%/a).
    Der Kapitaldienst ist das Produkt aus Annuität A_n und Investitionskosten
K oder den spezifischen Investitionskosten k.

Betriebskosten
Unter Betriebskosten werden alle Kosten erfaßt, die zum störungsfreien Betrieb
neben den Energiekosten anfallen. Es sind dies die Kosten für Bedienung, War-
tung und Instandhaltung der Anlage. Die *Betriebskosten* k_B können mit ausreichender Genauigkeit als Funktion der Investitionskosten angegeben werden.

$$k_B = \sum_{i=1}^{n} k_i \frac{z_{B,i}}{100} \quad (DM/m^2\,a) \tag{4.29}$$

mit k_B jährliche Betriebskosten ($DM/m^2\,a$), k_i spezifische Investitionskosten
(DM/m^2), z_B jährlicher Betriebskostensatz und n Anzahl der Subsysteme,
z. B. Ölheizung, Abdeckung und Solaranlage ($n = 3$).

Energiekosten
Die Energiekosten setzen sich aus den Brennstoffkosten des Zusatzwärme-
erzeugers zusammen. Die Kosten für elektrische Hilfsenergie sind im Betriebskostensatz z_B enthalten. Für die *Energiekosten* k_E gilt

$$k_E = \frac{q_{Hges}}{\eta}(1-D_S)F_{Abd}\,b_E \quad (DM/m^2\,a) \tag{4.30}$$

mit q_{Hges} saisonaler Heizwärmebedarf des Bades ohne Abdeckung ($J/m^2 a$), D_S solare Deckungsrate, b_E Brennstoffpreis (DM/J), η gesamter Wirkungsgrad der Feuerung (0,75) und F_{Abd} Minderungsfaktor der Beckenabdeckung nach (4.15). Da nur ein Zusatzwärmeerzeuger eingesetzt wird, entfällt das Summenzeichen in (4.30).

Gesamtjahreskosten
Die *Gesamtjahreskosten* k_a sind die Summe der einzelnen Kostenkomponenten

$$k_a = A_n \sum_{i=1}^{n} k_i + k_B + k_E \quad (DM/m^2 a) \ . \tag{4.31}$$

Dabei wurde angenommen, daß die Subsysteme alle die gleiche Nutzungsdauer haben. Tabelle 4.8 zeigt die Gesamtjahreskosten bezogen auf die Wasserfläche für verschiedene Heizungssysteme im Vergleich. Die Werte sind für ein Schwimmbad (Standort Essen) gerechnet, und zwar mit den Daten aus den vorhergehenden Kapiteln. Nimmt man die Ölheizung als Referenzsystem, dann lassen sich aus Tabelle 4.8 folgende Aussagen herleiten:

— Bei höheren Temperaturen kommt eine zusätzliche Abdeckung zur Ölheizung eher an die Grenze der Wirtschaftlichkeit als bei niedrigen Temperaturen.
— Kollektoranlagen verteuern bei derzeitigen Ölpreisen gegenüber Ölheizungen die Versorgung ganz erheblich.
— Absorberanlagen sind bei den angenommenen Ölpreisen und bei niedrigen Wassertemperaturen der Ölheizung wirtschaftlich gleichwertig.

Tabelle 4.8. Spezifische Jahreskosten für verschiedene Schwimmbadheizungen im Vergleich (Heizölpreis b_E = 0,4 DM/l)

	Ölheizung	Ölheizung + Abdeck.	Ölheizung + Abdeck. + Einfach-Kollektoren	Ölheizung + Abdeck. + Einfach-Kollektoren	Absorber + Abdeck.	Absorber
A_K/A_W	–	–	0,4	0,8	–[a]	–[a]
D_S	–	–	0,28	0,56	–	–
t_W (°C)	24,5	24,5	24,5	24,5	–	–
k_a (DM/m²a)	51,43	56,65[b]	109,26[c]	161,86	–	–
A_K/A_W	–	–	–	–	0,27	1,3
D_S	–	–	–	–	1,0	1,0
t_W (°C)	21,5	21,5	–	–	21,5	21,5
k_a (DM/m²a)	30,42	41,62[d]	–	–	30,94	30,38

[a] nicht gerechnet, da $A_K/A_W \geqslant 1$
[b] mit der Ölheizung für $b_E \geq 0,51$ DM/l konkurrenzfähig
[c] mit der Ölheizung für $b_E \geq 1,35$ DM/l konkurrenzfähig
[d] mit der Ölheizung für $b_E \geq 0,72$ DM/l konkurrenzfähig

4.2 Brauchwassererwärmung und Raumheizung

4.2.1 Thermosiphonanlagen

Neben der im vorangegangenen Abschnitt diskutierten Anwendung von Niedertemperaturkollektoren zur Erwärmung von Schwimmbädern können diese auch zur Bereitstellung von Brauchwarmwasser und zu Heizungszwecken eingesetzt werden.

Der einfachste Anlagentyp zur Erwärmung von Brauchwasser mittels Sonnenenergie sind die sog. *Thermosiphonanlagen* oder *Schwerkraftanlagen*. Abbildung 4.7 zeigt den Aufbau einer solchen Anlage. Sie besteht im wesentlichen aus folgenden Komponenten:

- dem Kollektor,
- dem Tank bzw. Speicher und
- den sie verbindenen Rohrleitungen.

Charakteristisches Merkmal der Thermosiphonanlagen ist, daß der Tank höher steht als der Kollektor. Die im Kollektor erwärmte und somit leichtere Flüssigkeit steigt aus eigener Kraft in den höher gelegenen Speicher. Gleichzeitig fließt aus dem Speicher die relativ kältere und somit schwerere Flüssigkeit in den Kollektor zurück. Da die Anlagen also weder eine Zwangsumlaufpumpe noch eine entsprechende Regelung erfordern, können sie ohne zusätzliche Hilfsenergie betrieben werden. Sie zeichnen sich daher sowohl durch geringe Investitions- als auch Betriebskosten aus. Anlagen dieser Art werden bereits zu Hunderttausenden in vielen Ländern der Erde betrieben. Vorreiter bei ihrer Entwicklung und Nutzung waren die USA, Israel, Australien und Japan. Im folgenden werden die physikalischen Grundlagen, das Betriebsverhalten und die Wirtschaftlichkeit von Thermosiphonanlagen skizziert.

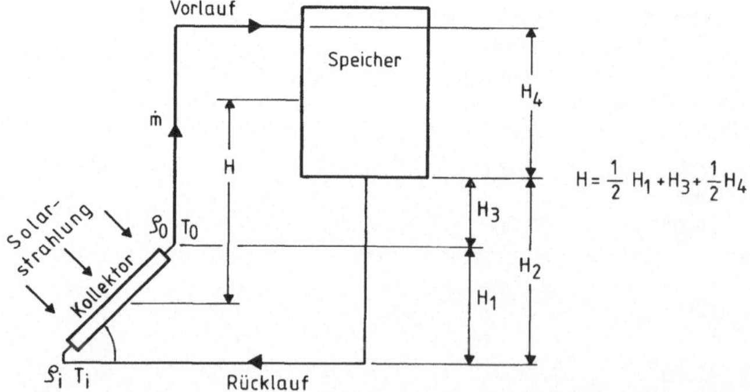

Abb. 4.7. Charakteristisch für ein thermosiphonisches Warmwasserbereitungssystem ist die Anordnung des Speichers oberhalb des Kollektors. Durch den natürlichen Auftrieb steigt das solar erwärmte Wasser von selbst in den Speicher. Umwälzpumpe und Regelung können entfallen (Späte, 1983)

4.2.1.1 Thermosiphonischer Massenstrom

Abbildung 4.7 zeigt das Schema und Abb. 4.8 die Ausführung eines wassergekühlten Thermosiphonsystems. Die solare Einstrahlung führt zu einem Temperaturunterschied zwischen dem oberen und unteren Kollektorende. Der damit verbundene Dichteunterschied im Wasser führt zu einem Auftriebsdruck Δp_A. Nimmt man an, daß das Speichervolumen groß gegenüber dem Kollektorvolumen ist und die Wärme des erhitzten Fluids sofort beim Eintritt in den Speicher abgegeben wird, der ideal durchmischt ist (quasi-stationärer Betrieb), so gilt

$$\Delta p_A = (\varrho_i - \varrho_0)gH \quad (\text{N/m}^2) \tag{4.32}$$

mit ϱ_i Dichte am Kollektoreintritt (kg/m^3), ϱ_0 Dichte am Kollektoraustritt (kg/m^3), g Erdbeschleunigung (m/s^2) und H Höhe der Wassersäule in m nach Abb. 4.7.

Da in einem Thermosiphonsystem in der Regel nur kleine Strömungsgeschwindigkeiten auftreten, kann laminare Strömung ($Re \ll 2300$) angenommen werden. Dies gilt jedoch nur für Systeme, die mit Wasser oder wasserähnlichen Gemischen betrieben werden, nicht für Thermosiphonanlagen mit Luftkollektoren, wie sie beispielsweise zur solaren Trocknung eingesetzt werden.

Für nicht sehr zähe Flüssigkeiten und laminare Strömung in Rohren mit Radius R und Länge L gilt für den durch eine Druckdifferenz Δp hervorgerufenen Volumenstrom das *Hagen-Poiseuillesche Gesetz:*

$$\dot{V} = \frac{\pi R^4}{8\eta_d L}\Delta p \quad (\text{m}^3/\text{s}) \tag{4.33}$$

mit η_d dynamische Zähigkeit (kg/m s). Die dynamische Zähigkeit ist zwar temperaturabhängig, kann hier jedoch als Mittelwert konstant angenommen werden. Der Auftriebsdruck $\Delta p_A = \Delta p$ bewirkt also den Volumenstrom

Abb. 4.8. Solares Warmwassersystem nach dem Thermosiphonprinzip

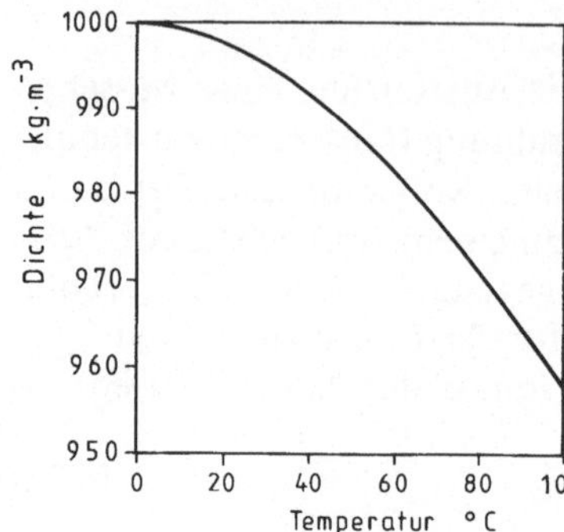

Abb. 4.9. Die Abnahme der Wasserdichte bei atmosphärischem Druck kann im Arbeitsbereich von Thermosiphonanlagen praktisch als linear angenommen werden (Fricke/Borst, 1984)

$$\dot{V} = \frac{\pi R^4}{8\eta_\mathrm{d}L}\,Hg(\varrho_\mathrm{i} - \varrho_0)\ \ (\mathrm{m}^3/\mathrm{s})\ .\tag{4.34}$$

Für Temperaturunterschiede zwischen $15°$ und $60\,°\mathrm{C}$, wie sie für Thermosiphonkollektoren typisch sind, kann für die Dichteänderung angenommen werden:

$$\Delta\varrho = \varrho_0 - \varrho_\mathrm{i} = -\beta\varrho_\mathrm{i}\Delta T_\mathrm{K}\ \ (\mathrm{kg}/\mathrm{m}^3)\tag{4.35}$$

mit β Volumenausdehnungskoeffizient $(1/\mathrm{K})$ und ΔT_K Temperaturanstieg im Kollektor (K).

Abbildung 4.9 zeigt die Abhängigkeit der Wasserdichte bei atmosphärischem Druck als Funktion der Temperatur. Der Volumenausdehnungskoeffizient β kann als Steigung dieser Funktion im Bereich von $15°$ bis $60\,°\mathrm{C}$ mit ca. $3{,}3\cdot10^{-4}\,\mathrm{K}^{-1}$ als nahezu konstant angesehen werden. Durch Einsetzen von (4.35) in (4.34) erhält man

$$\dot{V} = \frac{\pi R^4 Hg}{8\eta_\mathrm{d}L}\,\beta\varrho_\mathrm{i}\Delta T_\mathrm{K}\ \ (\mathrm{m}^3/\mathrm{s})\ .\tag{4.36}$$

Um den Massenstrom $\dot{m}$ zu bestimmen, geht man von einer mittleren Dichte $\bar{\varrho} = (\varrho_\mathrm{i} + \varrho_0)/2$ aus:

$$\dot{m} = \dot{V}\bar{\varrho}$$

$$\dot{m} = \frac{\pi R^4 Hg}{16\eta_\mathrm{d}L}\,\beta\varrho_\mathrm{i}^2\Delta T_\mathrm{K}(2 - \beta\Delta T_\mathrm{K})\ \ (\mathrm{kg}/\mathrm{s})\ .\tag{4.37}$$

Die vom Kollektor erzeugte Nutzwärme wird vom Kühlfluid abgeführt. Es gilt daher

$$\eta\dot{G}_{G,g}A_\mathrm{K} = \dot{m}c_\mathrm{K}\Delta T_\mathrm{K}\ \ (\mathrm{W})\ ,\tag{4.38}$$

bzw.

$$\dot{m} = \frac{\eta \dot{G}_{\mathrm{G,g}} A_{\mathrm{K}}}{c_{\mathrm{K}} \Delta T_{\mathrm{K}}} \quad \text{(kg/s)} \tag{4.39}$$

mit η Kollektorwirkungsgrad, $\dot{G}_{\mathrm{G,g}}$ Globalstrahlung auf die geneigte Fläche (W/m^2), A_{K} Kollektorfläche (m^2), c_{K} spezifische Wärme des Kollektorfluids (J/kg K) und ΔT_{K} Temperaturdifferenz im Kollektor (K).

Aus (4.37) sieht man, daß der Massenstrom aufgrund des thermosiphonischen Effekts praktisch linear mit zunehmendem Temperaturanstieg des Kollektors wächst. Die Energiebilanz im Kollektor (4.38) zeigt andererseits bei konstanter Einstrahlung mit zunehmendem Massenstrom eine abnehmende Temperaturdifferenz im Kollektor.

Abbildung 4.10 gibt beide Abhängigkeiten qualitativ wieder. Im Betriebspunkt thermosiphonischer Systeme müssen beide Gleichungen erfüllt sein:

$$\frac{\pi c_{\mathrm{K}} g R^4 H \beta \varrho_{\mathrm{i}}^2}{16 \eta_{\mathrm{d}} L \eta \dot{G}_{\mathrm{G,g}} A_{\mathrm{K}}} \Delta T_{\mathrm{K}}^2 (2 - \beta \Delta T_{\mathrm{K}}) - 1 = 0 \; . \tag{4.40}$$

Da der Term $(\beta \Delta T_{\mathrm{K}})$ stets klein gegen Zwei ist, kann er vernachlässigt werden. Läßt man weiterhin die Temperaturabhängigkeit des Volumenausdehnungskoeffizienten β sowie der dynamischen Zähigkeit η_{d} unberücksichtigt, so ergibt sich für die Temperaturdifferenz im Kollektor vereinfacht

$$\Delta T_{\mathrm{K}} = \left(\frac{8 \eta_{\mathrm{d}} \dot{G}_{\mathrm{G,g}} \eta L A_{\mathrm{K}}}{\pi g \beta c_{\mathrm{K}} H R^4 \varrho_{\mathrm{i}}^2} \right)^{1/2} \quad \text{(K)} \; . \tag{4.41}$$

Durch Einsetzen in (4.39) ergibt sich der resultierende Massenstrom

$$\dot{m} = 0{,}627 \cdot R^2 \varrho_{\mathrm{i}} \left(\frac{\eta \dot{G}_{\mathrm{G,g}} A_{\mathrm{K}} g \beta H}{\eta_{\mathrm{d}} L_{\mathrm{eff}} c_{\mathrm{K}}} \right)^{1/2} \quad \text{(kg/s)} \tag{4.42}$$

mit L_{eff} wirksame Rohrleitungslänge (m).

Mit Hilfe der Systemparameter, dem mittleren Höhenunterschied H, dem Rohrleitungsradius R, der wirksamen Rohrlänge L_{eff}, auf die weiter unten

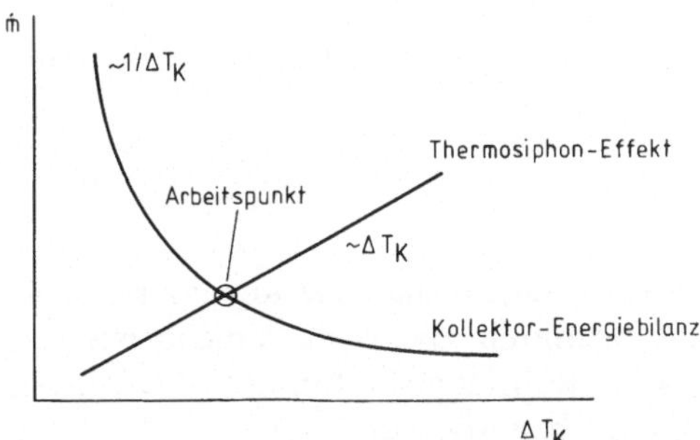

Abb. 4.10. Beim thermosiphonischen Effekt steigt der Massenstrom mit zunehmender Temperaturdifferenz, im Kollektor dagegen führt eine Massenstromzunahme zum Sinken der Temperaturdifferenz. Am Schnittpunkt beider Kurven liegt der Arbeitspunkt eines thermosiphonischen Systems (Uhlemann, 1983)

eingegangen wird, dem Kollektorwirkungsgrad η und der Kollektorfläche A_K kann man so für den quasistationären Zustand den Massenstrom berechnen. Die dazugehörige Temperaturdifferenz ΔT_K ergibt sich durch Einsetzen in die Energiebilanz des Kollektors (4.38). Trotz der vereinfachenden Annahmen bei dieser iterativen Berechnung zeigt sich eine gute Übereinstimmung mit experimentell ermittelten Werten (Uhlemann, 1983).

4.2.1.2 Effektive Rohrleitungslänge

Die in (4.42) angeführte effektive Rohrlänge L_{eff} unterscheidet sich von der geometrischen Rohrlänge L des Systems, die ja lediglich die Länge des Rohrs durch den Kollektor zum Speicher und zurück darstellt:

$$L_{\text{eff}} = L + L_{\text{Zu}} \quad \text{(m)} \tag{4.43}$$

mit L_{Zu} zusätzliche Rohrlänge (m).

Die zusätzliche Rohrlänge berücksichtigt beispielsweise Querschnittsverengungen, Bögen und Knicke, die ja zu einem größeren Druckabfall führen, als dies im Hagen-Poiseuille-Gesetz für ein glattes Rohr unterstellt ist. Für L_{Zu} gilt nach Recknagel/Sprenger, 1986/87:

$$L_{\text{Zu}} = \zeta \frac{D}{\lambda} \quad \text{(m)} \tag{4.44}$$

mit ζ Widerstandsbeiwert aller Bögen und Verengungen, D innerer Rohrdurchmesser (m) und λ Reibungszahl.

Die Widerstandsbeiwerte können der Literatur entnommen werden. Für die Reibungszahl gilt bei laminarer Strömung

$$\lambda = \frac{64}{Re} \tag{4.45}$$

mit Reynoldszahl $Re = v D \varrho / \eta_d$ und v Geschwindigkeit (m/s).

Die Strömungsgeschwindigkeit v läßt sich experimentell aus dem Massenstrom $\dot{m}$ bestimmen

$$\dot{m} = A v \bar{\varrho} \quad \text{(kg/s)} \tag{4.46}$$

mit A Querschnittsfläche des Rohrs (m^2) und $\bar{\varrho}$ mittlere Dichte (kg/m^3) zu:

$$v = \frac{\dot{m}}{A \bar{\varrho}} \quad \text{(m/s)} \ . \tag{4.47}$$

Die Berechnung kann nur iterativ erfolgen, indem man die Reynoldszahl Re schätzt, die Reibungszahl λ nach (4.45) ermittelt, die Widerstandsbeiwerte ζ der Literatur entnimmt und so die effektive Rohrlänge bestimmt (4.43), die zur Berechnung des Massenstroms nach (4.42) benötigt wird.

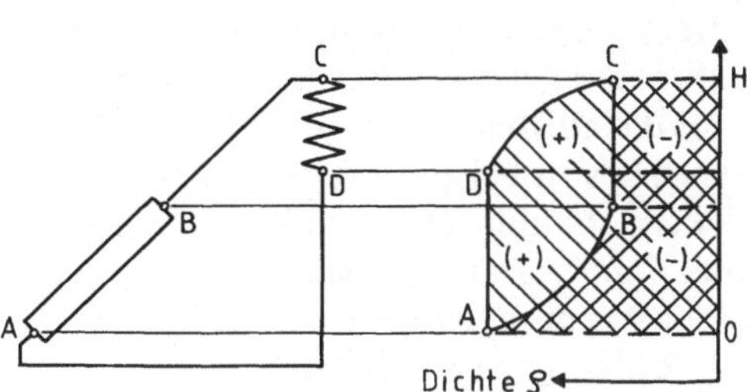

Abb. 4.11. Im Dichte-Höhe-Diagramm eines Thermosiphonsystems ergibt sich der Gesamtauftrieb aus dem Ringintegral der Auftriebsdrücke der einzelnen Komponenten (Scheller, 1986). (+) Auftrieb in gewünschter Flußrichtung, (−) Auftrieb entgegen der gewünschten Flußrichtung

4.2.1.3 Dichte-Höhe-Diagramm und Auftriebsflächen

Neben den allgemeinen Kollektor-, Speicher- und Rohrleitungskenndaten wird der Auftrieb eines Thermosiphonsystems, wie wir gesehen haben, also maßgeblich von der Lage seiner Wärmequelle (Kollektor) in bezug auf seine Wärmesenke (Speicher bzw. Wärmeübertrager) bestimmt. Trägt man den Verlauf der Dichte des Fluids über der Höhe H auf, so entspricht die Fläche zwischen Dichtekurve und Höhenachse nach (4.32) dem Auftriebsdruck Δp_A (s. Abb. 4.11).

Zählt man die in gewünschter Durchflußrichtung wirkenden Drücke positiv, die entgegengesetzt wirkenden dagegen negativ, so ergibt sich der für den Massendurchsatz entscheidende Gesamtauftrieb proportional zu der von den Kurven eingeschlossenen *Auftriebsfläche:*

$$\Delta p_A = g \oint_0^H \varrho(H)\,dH \ (\text{N/m}^2) \ . \tag{4.48}$$

4.2.1.4 Gestaltung von Thermosiphonsystemen

Für die Ausgestaltung von Thermosiphonanlagen gibt es viele Möglichkeiten. Einige Unterscheidungsmerkmale können Abb. 4.12 entnommen werden. Die in Abb. 4.12a und b dargestellten Systeme sind *offene Thermosiphonsysteme,* die ohne Wärmeübertrager im Speicher arbeiten. Dies ist in Breiten wie den unseren wegen des Auftretens von Frost nicht ganzjährig möglich, so daß hier

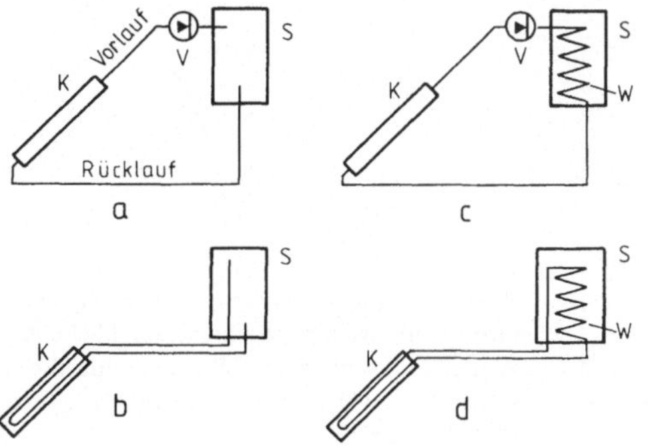

Abb. 4.12a–d. Unterscheidungsmerkmale von Thermosiphonanlagen (K = Kollektor, V = Rückschlagventil, S = Speicher und W = Wärmeübertrager)

geschlossene Systeme zum Einsatz gelangen, wie sie in Abb. 4.12c und d gezeigt sind. Ein weiteres Unterscheidungskriterium ergibt sich aus der Beherrschung des *umgekehrten thermosiphonischen Flusses.* In dem in Abb. 4.7 dargestellten System können Temperaturgefälle auftreten, die zu einer Umkehrung des thermosiphonischen Flusses führen. Dies ist beispielsweise nachts der Fall, wenn sich der tagsüber erwärmte Kollektor abkühlt. Dabei sinkt das kalte Wasser nach unten und drückt Wasser aus dem Vorlauf zurück in den Speicher. Dies führt hier zu einer Verdrängung von Warmwasser über den Kollektorrücklauf in den Kollektor, wo sich der Abkühlvorgang wiederholt.

Viele Thermosiphonanlagen verhindern den Rückfluß durch Einbau von Rückschlagventilen (Abb. 4.12a, c). Eine Verringerung des Rückflusses zu unbedeutender Größe läßt sich jedoch einfacher und preiswerter durch konstruktive Maßnahmen erreichen.

Hier kann zum einen die Kollektorrücklaufleitung ohne Isolation im Kollektor selbst zurückgeführt werden. Um zu verhindern, daß tagsüber bei Bestrahlung zu viel Wärme aufgenommen und damit der Auftrieb reduziert wird, sollte dieser Teil der Rücklaufleitung nicht schwarz ausgeführt werden. Nachts strahlt die Leitung Energie ähnlich intensiv wie der Absorber ab, so daß zwischen den Flüssigkeitssäulen beider Schenkel des Kollektors keine großen Temperatur- und damit Gewichtsunterschiede entstehen, der Rückfluß wird vermindert. Analog dazu können entweder die Vorlaufleitung oder die Rücklaufleitung unisoliert durch den Speicher geführt werden. Bei solarer Einstrahlung wird zwar durch die Parallelführung dieser Leitungen mit dem Wärmeübertrager der Speicherwirkungsgrad geringfügig vermindert. Bei Nichteinstrahlung befinden sich jedoch beide Schenkel wiederum nahezu im Temperaturgleichgewicht, so daß der unerwünschte thermosiphonische Rückfluß ebenfalls reduziert wird.

Als drittes Unterscheidungsmerkmal schließlich kann die Gesamtauftriebshöhe H des Systems gelten. Nach (4.32) nimmt der Auftriebsdruck mit zunehmender Höhe zu. Dem stehen jedoch zunehmende Rohrreibungsverluste entgegen. Untersucht man mit Hilfe detaillierter Simulationsmodelle den Einfluß der Gesamthöhe H auf die solare Deckungsrate des Systems, so zeigt sich die in Abb. 4.13 dargestellte qualitative Abhängigkeit. Ab einer durch die übrigen Systemparameter bestimmten Grenze wächst die solare Nutzwärme mit zuneh-

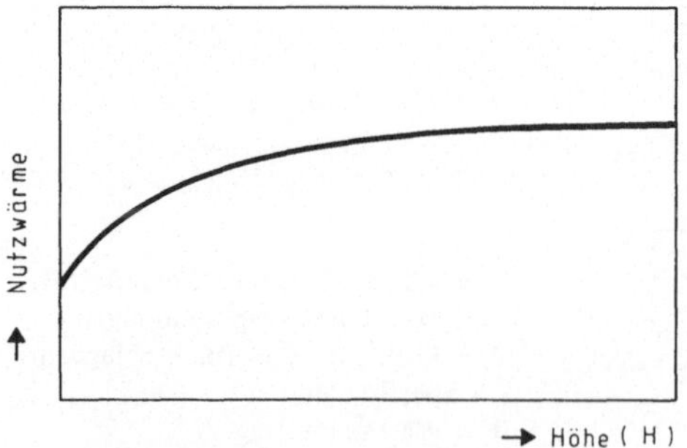

Abb. 4.13. Ist die Höhe schon groß, dann nimmt mit weiter zunehmender Höhe der Wärmesenke über der Wärmequelle die solare Nutzwärme nur noch marginal zu (Scheller, 1986)

mender Höhe also nur noch marginal, so daß der dafür erforderliche technische Mehraufwand nicht mehr gerechtfertigt ist.

Mit Hilfe der Dichte-Höhe-Diagramme des vorangegangenen Abschnitts läßt sich auch eine Untergrenze für die Gesamthöhe bestimmen. Dabei zeigt sich, daß das *Schwerkraftprinzip* zwar auch noch funktioniert, wenn sich die Höhenniveaus von Kollektor (H_1 in Abb. 4.7) und Wärmeübertrager (H_4 in Abb. 4.7) überlappen, jedoch sinkt die resultierende Durchflußrate dabei so weit ab, daß nur noch eine sehr geringe solare Nutzwärme erreicht wird.

4.2.2 Warmwassersysteme mit Zwangsumlauf

Abbildung 4.14 zeigt das Anlagenschema einer solaren Brauchwarmwasseranlage wie es für unsere Breiten typisch ist, Abb. 4.15 zeigt das Foto einer solchen Anlage. Hier kann der Kollektor im Gegensatz zu den Thermosiphonanlagen z. B. auf dem Dach des Hauses, also oberhalb vom Speicher, der sich üblicherweise im Keller befindet, angeordnet werden. Aufgabe des Systems ist die Er-

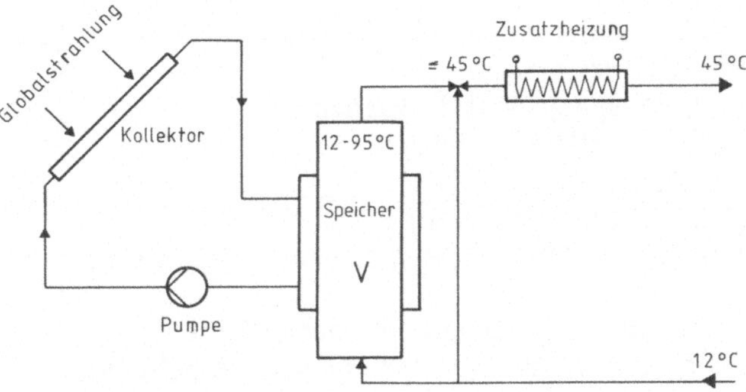

Abb. 4.14. Bei einem solaren System mit Zwangsumlauf (Pumpensystem) kann der Kollektor z. B. in die Hausdachfläche integriert werden, also oberhalb des im Keller befindlichen Speichers angeordnet sein

Abb. 4.15. Kollektoren einer solaren Brauchwasseranlage auf einem Hausdach (Viessmann)

wärmung von Kaltwasser mit einer relativ konstanten Temperatur von z. B. 12 °C auf ein Temperaturniveau von etwa 45 °C.

Aus Druckgründen sollte die Speichertemperatur 95 °C nicht überschreiten. Liegt die Temperatur oberhalb von 45 °C, so wird eine entsprechende Menge Kaltwasser über ein Mischventil zugeführt. Liegt die Speichertemperatur darunter, muß z. B. mit Hilfe eines Durchlauferhitzers auf das geforderte Niveau nachgeheizt werden.

Für diese konventionelle *Nachheizung* gibt es eine Reihe energetisch weniger guter Alternativen, wie z. B. die Integration eines elektrischen Heizstabs in den oberen Teil des Speichers oder den Einbau eines mit der konventionellen Heizungsanlage betriebenen Wärmeüberträgers an der gleichen Stelle (s. a. Abschn. 4.2.3.5). Entsprechend dem Temperaturniveau im Speicher und im Kollektor muß eine Regelung für das Ein- und Ausschalten der Kollektorkreislaufpumpe sorgen.

Je nach vorgegebenem Wärmebedarf und den Strahlungs- und Temperaturbedingungen muß das solare Warmwassersystem sorgfältig optimiert werden, um eine möglichst hohe solare Deckungsrate zu erzielen. Einflußparameter sind dabei:

- die thermohydraulischen Kollektordaten (Größe, Wirkungsgrad, Wärmekapazität, Massenstrom, Druckverlust),
- die Kollektoraufstellung (Neigungswinkel, Ausrichtung),
- die meteorologischen Standortdaten (Globalstrahlung, Umgebungstemperatur, Windgeschwindigkeit),
- die Daten des Speichers (Größe, Isolation),
- die Rohrleitungsdaten (Länge, Durchmesser, Isolation, Wärmekapazität, Druckverlust),
- die Art der Kollektor-Schaltung (z. B. parallel oder in Serie),
- die Daten der Zusatzheizung (Leistung, Wirkungsgrad, Schaltung),
- die Wärmebedarfsdaten (Entnahmemengen, Entnahmezeiten, Wassertemperatur, Zirkulation).

Zur genaueren Untersuchung des Einflusses dieser Parameter werden üblicherweise Simulationsmodelle eingesetzt.

Die folgenden Überlegungen beziehen sich auf ein Solarsystem zur Bereitstellung von täglich 280 l Warmwasser von 45 °C. Dies ist der typische Verbrauch eines Vier-Personen-Haushalts, der mit statistisch ermittelten Abnahmespitzen am Morgen, zur Mittags- und zur Abendzeit nachgefragt wird (Hörster, 1980). Zugrundegelegt sind die meteorologischen Daten von Hamburg, 1973. Die Kollektoren sind um 48° geneigt und nach Süden ausgerichtet.

4.2.2.1 Einfluß von Kollektorfläche und Speichervolumen

Für die genannten Einsatzbedingungen zeigt Abb. 4.16 die Abhängigkeit der *solaren Deckungsrate* von der Kollektorfläche und dem Speichervolumen. Die untere Kurvenschar gilt für einen nichtselektiven, mäßig guten Standardkollektor mit einer Abdeckung ($\eta_0 = 0{,}81$, $U_L = 6{,}5$ W/m^2 K). Die oberen Kurven gelten einem hocheffizienten Röhrenkollektor mit Vakuum und selektiver Ab-

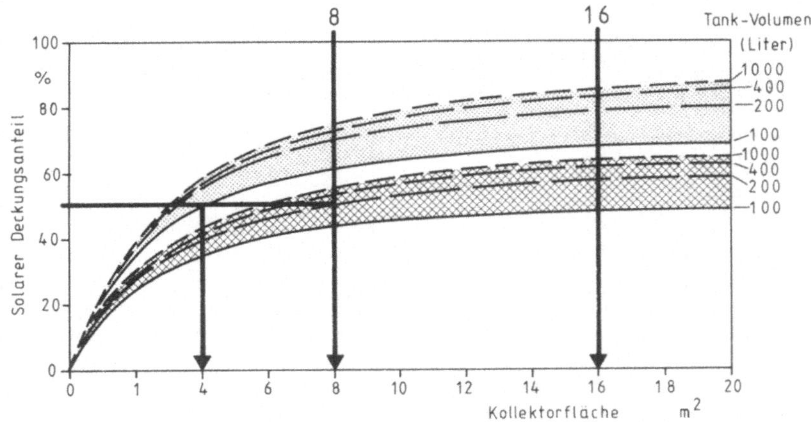

Abb. 4.16. Unabhängig von der Kollektorqualität zeigen solare Pumpensysteme sowohl bei zunehmender Kollektorfläche als auch bei steigendem Speichervolumen ein typisches Sättigungsverhalten in bezug auf die solare Deckungsrate (nach Hörster, 1980)

sorberbeschichtung ($\eta_0 = 0,85$, $U_L = 1,5$ W/m² K). In allen Fällen zeigt sich ein typisches Sättigungsverhalten sowohl bei zunehmender Kollektorfläche als auch bei steigendem Speichervolumen. So steigt beispielsweise bei einem Speichervolumen von 400 l die solare Deckungsrate bei einer Verdoppelung der Kollektorfläche von 8 auf 16 m² nur um rund 10%.

Bei gleicher Kollektorfläche von 8 m² bringt eine Verdopplung des Speichervolumens von 400 auf 800 l bei beiden Kollektortypen sogar noch weit geringere Zuwächse der solaren Deckungsrate. Der Abb. 4.16 ist zu entnehmen, daß für den gegebenen Einsatzfall ein System mit rund 8 m² Kollektorfläche und 200 l Speichervolumen die obere sinnvolle Grenze dieser Einflußparameter darstellt. Die solare Deckungsrate liegt dabei für den Standardkollektor bei rund 50%, für den höher effizienten Kollektor jedoch bei etwa 70%. Oder, da ja letztlich die erzielte Energieeinsparung über die Wirtschaftlichkeit der Anlage entscheidet: der höher effiziente Kollektor kann die Deckungsrate von 50% schon mit einer halb so großen Kollektorfläche und einem halb so großen Speichervolumen erreichen wie der Standardkollektor.

4.2.2.2 Einfluß anderer Systemparameter

Analysiert man den Einfluß der übrigen Systemparameter, so ergibt sich für das System mit 8 m² Kollektorfläche und 200 l Speichervolumen das in Abb. 4.17 dargestellte Bild. Die Einsatzbedingungen sind die gleichen wie in Abschnitt 4.2.2.1, nur daß jetzt der Standort Trier zugrundegelegt ist, für den die solare Deckungsrate rund 10% höher liegt als im ungünstigeren Standort Hamburg. Bei der Sensitivitätsanalyse werden alle Systemparameter bis auf einen als Festwert (3. Spalte) konstant gehalten. Der jeweils in der ersten Spalte angeführte Parameter wird in den Grenzen, die in Spalte 4 angeführt sind, variiert und führt damit zu Schwankungen in der solaren Deckungsrate, die in der

	Dimension	Festwert	Variation	% Solar
Solarkollektorfläche	m^2	8		
Tankvolumen	l	200		50 60 70 80
Kollektor				
Konversionsfaktor, $\tau \alpha$		0,81	0,6...0,9	
Verluste nach außen[a]	W/m^2K	8,6	10...1	
Verluste nach innen[b]	W/m^2K	0,5	2,5...0	
Wärmekapazität	Wh/m^2K	4,0	12...3	
Neigung	Grad	48	10...70	
System				
Leitungslänge	m	30	70...10	
Tankisolation	cm	10	5...30	
Durchflußmenge	l/h	250	100...500	
Wärmedurchgangszahl	W/m^2K	300	200...400	
Benutzer				
Entnahmeprofil		Real	140 l $^{7^{00}}_{20^{00}}$	61,4

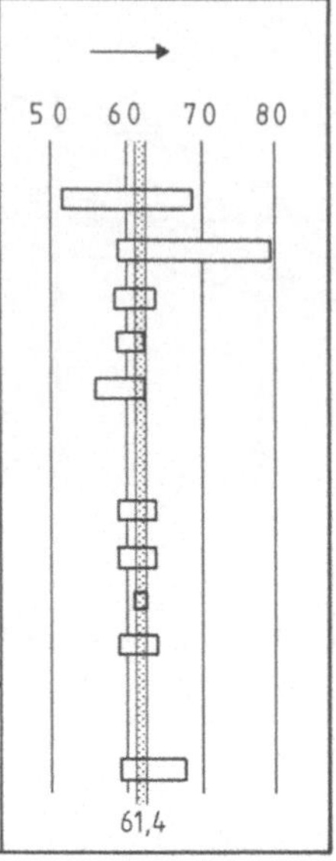

a: Frontverluste
b: Verluste an der Kollektorrückseite
Die Gesamtverluste sind die Summe der Einzelverluste

Abb. 4.17. Die Sensitivitätsanalyse der wichtigsten Einflußparameter eines solaren Pumpensystems zeigt, daß die Leistungsfähigkeit in erster Linie von den Kollektoreigenschaften bestimmt wird (nach Hörster, 1980)

letzten Spalte dargestellt sind. Als Referenzwert dieser Größe ist hier die solare Deckungsrate von 61,4% für alle Festwerte eingetragen. Es wird deutlich, daß die Leistungsfähigkeit von Solarsystemen zur Warmwasserbereitung in erster Linie durch die Kollektoreigenschaften bestimmt wird.

4.2.3 Auslegungshinweise

Die nachfolgenden Auslegungshinweise sollen die detaillierte Auslegung – i.d.R. mit Hilfe von Simulationsprogrammen durchgeführt – nicht ersetzen, sondern auf einige Punkte bei der Planung, der Komponentenauswahl und der Installation hinweisen, wo in der Praxis oftmals Fehler gemacht werden. Die Ausführungen basieren auf langjährigen Erfahrungen mit den vielen Solaranlagen, die von der Zentralstelle für Solartechnik (ZfS) meßtechnisch beobachtet werden (Peuser, 1986/87, Luboschik, 1988).

4.2.3.1 Energiebedarf

Die erste Auslegungsgröße für ein Energiesystem ist die Höhe des zu befriedigenden Bedarfs. Im vorliegenden Fall des Brauchwarmwassers (BWW)

Tabelle 4.9. Brauchwassernutzung gestaffelt nach unterschiedlichen Ansprüchen (VDI-Richtlinie 2067)

Verbrauchertyp	Brauchwasser l/Kopf·d	Nutzwärme[a] kWh/Kopf·d[b]
Hohe Ansprüche	70 . . . 115	2,90 . . . 4,64
Mittlere Ansprüche	50 . . . 70	2,03 . . . 2,90
Einfache Ansprüche	35 . . . 50	1,45 . . . 2,03

[a] Bei einer Kaltwassertemperatur von $10\,°C$ und einer Austrittstemperatur von $45\,°C$
[b] $1\ kWh = 3,6 \cdot 10^6\ J$

schwankt der Bedarf in der Praxis allerdings in weiten Grenzen: zwischen weniger als 20 l und mehr als 150 l pro Tag und Kopf (Waschmaschinen oder Geschirrspüler nicht mit eingerechnet).

Wenn − wie dies bei Neubauten i. d. R. der Fall ist − keine Messungen des BWW-Verbrauches vorliegen, muß die Dimensionierung mit Hilfe von Norm-Verbrauchswerten erfolgen (VDI, 2067).

Tabelle 4.9 gibt einen Überblick über diese Werte, deren Grenzen allerdings immer noch sehr weit gesteckt sind.

Bei bestehenden, bewohnten Gebäuden kann der BWW-Verbrauch mit Hilfe von Wassermengenzählern leicht ermittelt werden. Dies sollte über einen längeren Zeitraum erfolgen, um möglichst alle Extremwerte des Verbrauches mit zu erfassen. Abbildung 4.18 zeigt schematisch Tagessummen des BWW-Verbrauches (nach Peuser, 1986/87). Keinesfalls sollte man das Solarsystem nach der Höchstlast 100% auslegen: es wäre dann für die Vielzahl der „Normaltage" erheblich überdimensioniert. Aus einer Auslegung nach dem Mittel-

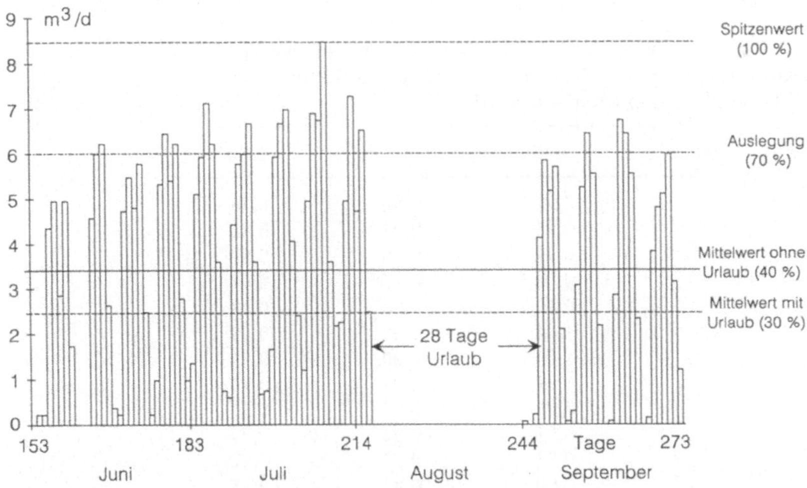

Abb. 4.18. Tagessummen des Warmwasserverbrauchs einer Großanlage als Grundlage für den Auslegungsbedarf (nach Peuser, 1986/87)

wert über eine Zeitperiode einschließlich der Urlaubszeit, in der das System gar nicht genutzt wird, würde dagegen ein zu kleines System resultieren. Als Faustformel empfiehlt die Praxis heute einen Wert von ca. 70% bis 75% der Spitzenlast.

Beim Verbrauchsdiagramm in Abb. 4.18 ist zu beachten, daß es sich um eine Großanlage für ein Truppenunterkunftsgebäude handelt. An den Wochenenden kommt es deshalb immer zu starken Verbrauchseinbrüchen. Die Mittelwerte beziehen sich auf die Sommerperiode vom 153. Tag bis zum 273. Tag und nicht auf das ganze Jahr.

4.2.3.2 Solares Energieangebot

Wie Abb. 2.14 zeigt, unterscheiden sich die Tagessummen der Globalstrahlung in unserem Lande im Mittel um den Faktor 10 (Sommer/Winter). Der Unterschied zwischen extremen Einzeltagen kann sogar größer als der Faktor 50 sein (Abb. 2.15).

Änderungen der *Kollektorneigung n* und der Kollektorausrichtung (Azimut *a*) beeinflussen die Strahlungsbedingungen (s. Abschn. 2.1.3) und damit auch den Nutzwärmeertrag eines Kollektors. Die Änderungen bleiben aber in bestimmten Grenzen klein. Eine Abweichung des Azimutwinkels von der Südausrichtung um $\pm 20°$ bringt lediglich eine Verringerung des Strahlungsangebots des ganzen Jahres von 3% mit sich, wie Tabelle 4.10 zeigt.

Gegenüber dem Jahresoptimum des Neigungswinkels von ca. 30 bis 40° bewirkt eine Veränderung im Bereich von 20 bis 50° eine Verringerung der Ausbeute um 5% (Tabelle 4.11). Eine aufwendige automatische Nachführung des Kollektors lohnt sich daher nicht.

Wichtiger ist die Frage, wann die Anlage ihren maximalen Beitrag zur Gesamtversorgung liefern soll. Eine Solaranlage kann nicht sinnvoll den BWW-Bedarf an sonnenarmen Wintertagen decken, wo ohnehin i.d.R. ein konven-

Tabelle 4.10. Korrekturfaktor für die Gesamtstrahlung bei unterschiedlicher Kollektorverdrehung aus der Südorientierung (Kollektorneigung: 45 °C; ca. 50° nördl. Breite) (Aemisegger, 1980)

Kollektorazimutwinkel β	$\pm 15°$	$\pm 20°$	$\pm 40°$
Januar	0,92	0,90	0,76
Februar	0,93	0,93	0,82
März	0,97	0,96	0,87
April	0,98	0,97	0,91
Mai	0,99	0,98	0,93
Juni	1,00	1,00	0,95
Juli	1,00	1,00	0,95
August	0,99	0,98	0,93
September	0,98	0,97	0,91
Oktober	0,97	0,96	0,87
November	0,93	0,93	0,82
Dezember	0,90	0,88	0,75
Jahresmittel	0,98	0,97	0,91

Tabelle 4.11. Korrekturfaktor für die Gesamtstrahlung bei unterschiedlicher Kollektorneigung (Ausrichtung: Süden; ca. 50° nördl. Breite) (Aemisegger, 1980)

Kollektor- neigungswinkel	0°	10°	20°	30°	40°	45°	50°	60°	70°	80°	90°
Januar	1	1,12	1,23	1,30	1,36	1,37	1,38	1,37	1,33	1,27	1,18
Februar	1	1,14	1,26	1,35	1,41	1,43	1,44	1,44	1,40	1,33	1,23
März	1	1,11	1,19	1,24	1,27	1,27	1,27	1,23	1,17	1,09	0,98
April	1	1,06	1,09	1,10	1,09	1,07	1,05	0,99	0,91	0,81	0,69
Mai	1	1,03	1,03	1,02	0,98	0,95	0,92	0,84	0,75	0,64	0,53
Juni	1	1,01	1,00	0,98	0,93	0,90	0,86	0,78	0,68	0,58	0,47
Juli	1	1,02	1,02	0,99	0,95	0,92	0,88	0,81	0,71	0,60	0,49
August	1	1,05	1,07	1,07	1,04	1,02	0,99	0,93	0,84	0,74	0,62
September	1	1,09	1,16	1,20	1,21	1,20	1,20	1,15	1,08	0,99	0,88
Oktober	1	1,14	1,25	1,34	1,39	1,41	1,41	1,40	1,36	1,28	1,18
November	1	1,13	1,24	1,32	1,38	1,40	1,41	1,40	1,37	1,30	1,21
Dezember	1	1,16	1,30	1,41	1,50	1,52	1,54	1,56	1,54	1,48	1,39
Jahresmittel	1	1,06	1,10	1,11	1,11	1,09	1,06	1,01	0,93	0,83	0,72

tionelles Heizsystem betrieben wird, das den BWW-Bedarf günstig mit befriedigen kann. Interessant sind vielmehr die Zeiten des Überganges vom Winter zum Sommer und umgekehrt sowie insbesondere die Sommerperiode. Dann kann die konventionelle Heizung u. U. ganz abgestellt werden. Da das Strahlungsangebot im Sommer sein Maximum aufweist, sollte die Auslegung der BWW-Solaranlage mit Einstrahlungswerten der Zeitperioden Mitte Mai bis Mitte September erfolgen. Der optimale Neigungswinkel liegt, wie Tabelle 4.11 zeigt, hier bei 15 bis 25°. Ohne große Einbußen können die Kollektoren für die Sommernutzung horizontal angeordnet werden, wie dies z. B. bei der Schwimmbaderwärmung häufig gemacht wird (Abschn. 4.1.2.5). Die Mittelwerte der Tagessummen liegen dafür je nach geographischer Breite in unserem Lande zwischen 4 und 5 kWh/m$^2 \cdot$d.

4.2.3.3 Kollektoren

Geht man von einer verwertbaren Einstrahlung am Auslegungstag von ca. 4,5 kWh/m$^2 \cdot$d aus, dann soll der BWW-Bedarf an diesem Tag voll gedeckt werden. Das bedeutet, daß die Speichertemperatur etwa zwischen 25° und 50 °C schwankt. Der Mittelwert liegt bei 35° bis 40 °C je nach Verbrauchsmenge, -rhythmus und -temperatur an den Zapfstellen. Die mittlere Kollektortemperatur muß also auch etwa 50 °C betragen. Bei einer Umgebungstemperatur von 20 °C ergibt sich ein ΔT von 30 K. Geht man für den Auslegungstag von 7 bis 8 Stunden Sonnenschein aus, so ergibt sich im Mittel eine Einstrahlung von rund 600 W/m^2 auf die geneigte Kollektorfläche. Bezieht man die Kollektor-Umgebungstemperaturdifferenz auf diese Einstrahlung (s. Abb. 3.12), so ergibt sich der Wert von 0,05 K$\cdot$m^2/W. Ein Standard-NT-Kollektor arbeitet dabei mit einem typischen Wirkungsgrad von 50% bis 55%. Vom angebotenen Strahlungseinfall auf den Kollektor in Höhe von 4,5 kWh/m$^2 \cdot$d werden also

2,3 bis 2,5 kWh/m^2·d an das BWW-System abgegeben. Ein Teil dieser Nutzwärme geht aber im Solarsystem an folgenden Stellen verloren:

a. an den Verbindungsleitungen zwischen den Kollektoren,
b. an den Sammelleitungen vom Kollektorfeld zum Solarspeicher,
c. am Solarspeicher,
d. am externen Wärmetauscher (falls nicht im Solarspeicher angeordnet) und
e. an den Verbindungsleitungen zwischen Solarspeicher und konventionellem System.

Die Verlustquellen a und b (Kollektorkreislauf) können in der Praxis in ungünstigen Fällen bis zu 30% der Kollektornutzwärme ausmachen. Bei guter Isolierung sollte der Verlust aber nicht mehr als 10% bis 15% betragen. In der gleichen Maximalhöhe sollten auch die Speicherverluste (c) zusammen mit den Verlustquellen d und e liegen. Damit liegt der Systemnutzungsgrad bei 35% bis 40%, das Solarsystem liefert also etwa 1,6 bis 1,7 kWh/m^2·d nutzbare Energie an das konventionelle System. Dies entspricht bei einer Kaltwassertemperatur von 10° bis 15 °C einer Bereitstellung von ca. 40 bis 45 l BWW mit einer Temperatur von 40° bis 45 °C je m^2 Standardkollektor.

Bei hocheffizienten Kollektoren erhöht sich der Wert auf 60 bis 70 l BWW. Diese hohen Werte gelten nur für den oben angenommenen Auslegungstag in der warmen Jahreszeit, nicht jedoch im Jahresdurchschnitt.

Geht man von einem mittleren Brauchwasserbedarf entsprechend Tabelle 4.9 von 50 bis 70 l pro Person und Tag aus, dann ist eine Kollektorfläche von 5 bis 7 m^2 für einen 4-Personen-Haushalt bei Verwendung von Standardkollektoren notwendig.

4.2.3.4 Speicher

Aus den oben angestellten Überlegungen ergibt sich, daß der Solarspeicher als Tagesspeicher ausgelegt werden sollte. Bei kleinerem Speichervolumen würden sich Speichertemperatur und -verluste unnötig erhöhen, außerdem müßte an der Zapfstelle mehr Kaltwasser zugemischt werden. Bei größerem Volumen würde der Speicher nicht die geforderte Soll-Temperatur erreichen, es sei denn, er sei bereits durch vorherige strahlungsgünstigere Tage oder Minderverbrauch thermisch geladen.

Für den vorliegenden Fall muß pro Quadratmeter Kollektorfläche also ein Speichervolumen von ca. 40 l vorgesehen werden. Bei einer 6 m^2 großen Anlage mit Standardkollektoren für einen 4-Personen-Haushalt sollte der Speicher 240 l fassen.

4.2.3.5 Sonstige Systemkomponenten

Bei BWW-Solaranlagen muß die Wärme des Kollektorkreislaufs mit Hilfe eines *Wärmetauschers* übertragen werden. Dieser kann außerhalb des Speichers angeordnet oder in diesen integriert sein. Externe Wärmetauscher ermöglichen zwar eine bessere Wärmeübertragung, erfordern aber höhere Kosten als integrierte Tauscher. Für in Solarspeicher eingebaute Wärmetauscher sollte die Tauscherfläche größer als bei konventionellen BWW-Boilern gewählt werden,

Tabelle 4.12. Zusammenhang zwischen dem Durchmesser von Kollektorverrohrungen und maximal anschließbarer Kollektorfläche (Peuser, 1986/87)

Rohrinnendurchmesser (mm)	Kollektorfläche (m^2) bei Strömungsgeschwindigkeiten von	
	0,5 m/s	1,0 m/s
10	3	6
13	5	9
16	7	14
20	11	22
25	18	35
32	29	58
40	45	90
50	70	140

um einen guten Wärmeübergang vom Tauscher zum Speicherwasser zu gewährleisten. Als Mindestwerte gelten für glatte Tauscherrohre 0,2 m^2/m^2 Kollektorfläche und für Rippenrohre 0,4 m^2/m^2 Kollektorfläche (Peuser, 1986/87).

Im praktischen Betrieb von solaren BWW-Systemen haben sich Durchflußmengen im Kollektorkreis von 30 bis 50 l/h·m^2 Kollektorfläche bewährt. Nach diesen Volumendurchsätzen ist die *Kollektorkreislaufpumpe* zu dimensionieren. Dabei ist zu beachten, daß Solaranlagen i. d. R. mit Frostschutz-Zusätzen betrieben werden müssen. Bei einer üblichen Zumischung von 40% Antifrogen N erhöht sich der Druckabfall im Kollektorkreislauf etwa um den Faktor 1,5. Entsprechend höher ist die Pumpenleistung zu dimensionieren.

Querschnitt und Verlegungsart der *Verrohrung* bestimmen den Druckabfall in den Leitungen sowie die im Kreislauf enthaltene Masse (Wärmekapazität). Große Querschnitte verringern zwar den Druckabfall, vergrößern aber die träge Masse des Rohrnetzes und erschweren die Regelung (Aufheizen des Netzes vor jeder Nutzung, Restwärmebindung nach Abschalten der Pumpe, Verzögerungszeiten etc.). Um Fließgeräusche bei zu starker Durchströmung zu verhindern, empfiehlt sich die in Tabelle 4.12 genannte Zuordnung von Rohrdurchmesser (Stahl oder Kupfer) und maximal daran anzuschließender Kollektorfläche.

Alle Rohrleitungen sollten mit einer Wärmedämmung von mindestens 3 cm (bei Rohren mit mehr als 30 mm Durchmesser Isolierungsstärke mindestens gleich dem Durchmesser!) versehen werden.

Zur *Regelung einer solaren Warmwasseranlage* empfiehlt sich eine einfache Temperaturdifferenzregelung (ΔT-Regelung). Dabei wird die Temperatur an einem Kollektoraustritt mit derjenigen im Speicher in Höhe des Solarwärmetauschers verglichen. Liegt die Kollektortemperatur um einen Sollwert (empfohlen werden 5 bis 7 K) höher als die Speichertemperatur, wird die Kollektorkreislaufpumpe eingeschaltet. Sinkt die Temperaturdifferenz um einen zweiten Sollwert (empfohlen: 3 K), so wird die Pumpe wieder abgeschaltet.

Die Genauigkeit der Regelung (Temperaturmessungen und Elektronik) sollte besser als 1 K sein. Bei längeren Rohrleitungen zwischen Kollektor und Speicher treten beim Anfahren des Systems Temperaturschwingungen auf, die durch Verzögerungsglieder im Regler kompensiert werden müssen. In unserem Lande ist bei jedem solaren BWW-System eine *Nachheizung* mit konventioneller Energie zumindest zeitweise notwendig. Dies geschieht üblicherweise entweder mit Hilfe von Durchlauferhitzern, die dem Solarspeicher nachgeschaltet sind, oder aber in Nachheizspeichern. Dazu kann entweder der obere Teil des Solarspeichers oder ein zweiter, separater Speicher benutzt werden. Als Wärmequelle kommt eine Elektro-Direktheizung (Heizstab) oder ein konventionell beheizter Wärmetauscher in Betracht.

Die Nachheizung mittels vorhandenem Heizkessel sollte stets vorgesehen werden. Der zusätzliche Einbau eines Heizstabes ermöglicht dabei das Abschalten des Kessels im Sommer, was insbesondere bei älteren Kesselanlagen vorteilhaft ist (schlechte Teillast-Wirkungsgrade).

4.2.3.6 Kosten der Warmwasserbereitung

Abbildung 4.19 gibt die Systemkosten (inklusive Montage) für die in Tabelle 3.2 aufgeführten Kollektoren bei ihrem Einsatz in solaren Warmwasserbereitungssystemen wieder (BINE, 1987).

Die Extremwerte der Kosten liegen bei DM 1000,–/m^2 bzw. DM 3000,–/m^2 Kollektorfläche, im Mittel aber bei DM 1500,–/m^2 bis DM 1700,–/m^2. Die Kosten stammen entsprechend der oben zitierten Literatur aus dem Jahre 1986. Eine Aussage über ihre Wirtschaftlichkeit kann beispielsweise aus der Amortisationsdauer dieser Investitionskosten abgeleitet werden, wie sie in Abb. 4.20 dargestellt ist. In unserem Lande verfügt man mittlerweile über mehr als 15 Jahre Erfahrungen mit Solaranlagen des betrachteten Typs. Seriöse Anbieter gewähren heute auf ihre Kollektoren eine 5jährige,

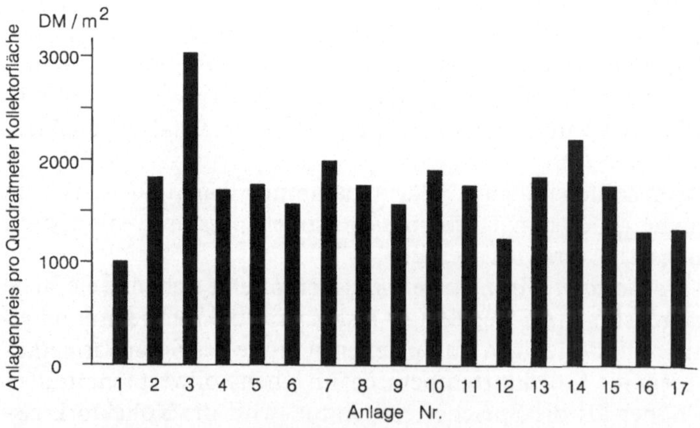

Abb. 4.19. Spezifischer Anlagenpreis verschiedener Solarsysteme zur Warmwasserbereitung (BINE, 1987)

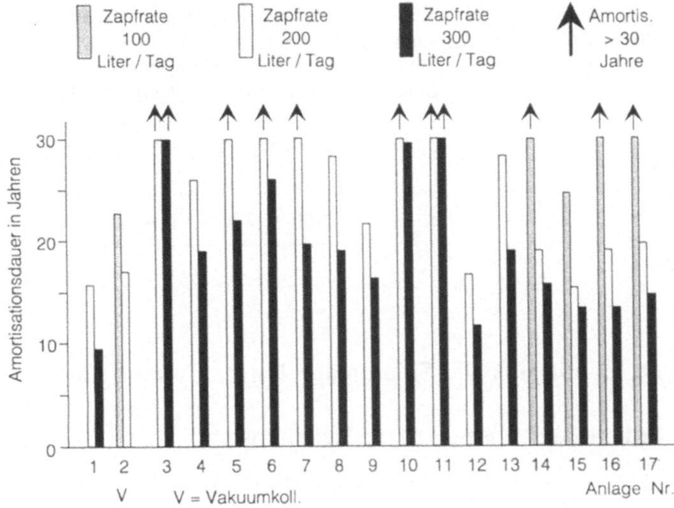

Abb. 4.20. Amortisationsdauer verschiedener Solarsysteme bei angenommenen Kosten der konventionellen Alternativenergie von 21 Pf/kWh (BINE, 1987)

manchmal sogar 10jährige Garantie. Abbildung 4.20 zeigt, daß sich die Investitionen der Solaranlage innerhalb von 15 Jahren in einigen wenigen Fällen schon amortisieren. Dies setzt allerdings den Preis von konventioneller Energie für die Nachheizung von 21 Pf/kWh voraus (Arbeitspreis für Strom). Eine 15jährige Amortisation ist darüber hinaus selbst für Kapitalanleger im privaten Bereich i. d. R. zu lang. Aufgrund der Umweltfreundlichkeit der Solaranlagen gewähren der Bund und die einzelnen Länder Investitionszuschüsse und steuerliche Abschreibungsmöglichkeiten, die den derzeitigen Wirtschaftlichkeitsnachteil der Solaranlagen gegenüber konventionellen Wärmeerzeugungssystemen lindern sollen.

Im folgenden werden die Energiegestehungskosten k_W für eine solare Brauchwasseranlage berechnet.

$$k_W = \frac{K\left(A_n + \dfrac{z_B}{100}\right)}{Q_N} \quad (\text{DM/kWh}) \ . \tag{4.49}$$

Mit K Investitionskosten (DM), A_n Annuität (s. Gl. 4.28) (1/a), z_B Betriebskostensatz (%/a) und Q_N jährliche Nutzenergie der Solaranlage (kWh/a). Heute übliche Anlagen zur Versorgung eines Einfamilienhauses haben ein Kollektorfeld von 5 bis 7 m^2 und eine Speichergröße von 200 bis 300 l. Die *Gestehungskosten* des Warmwassers belaufen sich auf 0,46 bis 0,68 DM/kWh, wie Tabelle 4.13 zeigt (ohne Zuschüsse gerechnet).

Vergleicht man die Solaranlage mit einer Ölheizung, so läßt sich nach dem Prinzip der vermiedenen Brennstoffkosten leicht ausrechnen, wie hoch der

Tabelle 4.13. Anhaltswerte für die Kosten der solaren Brauchwassererwärmung (umgerechnet nach Energie und Klima, 1990; BINE, 1990; Kleemann, 1991; Peuser, 1991)

Investition[a] K (DM)	Betriebs-kosten-satz z_B (%/a)	Abschreibungs-dauer n^* (a)	Zinssatz p_Z (%/a)	Solare Nutz-energie Q_N (kWh/a)	Gestehungskosten k_W (DM/kWh)
8000...15000	0,5	15	8	2100...2700	0,46...0,68

[a] ohne Zuschüsse gerechnet

Heizölpreis sein müßte, damit sich die Solaranlage lohnt. Es muß für den Grenzfall gelten:

Jahreskosten der Solaranlage = eingesparte Heizölkosten

$$K\left(A_n + \frac{z_B}{100}\right) = \frac{Q_N b_E}{\eta H_u} \text{ (DM/a)} \tag{4.50}$$

mit b_E Heizölpreis (DM/l), η Nutzungsgrad der Ölheizung in der betrachteten Periode und H_u unterer Heizwert des Öls (kWh/l).

Wird (4.49) eingesetzt, so ergibt sich:

$$\frac{b_E}{k_W} = \eta H_u \left(\frac{\text{kWh}}{\text{l}}\right). \tag{4.51}$$

Für einen mittleren Sommerwirkungsgrad des Ölkessels von $\eta = 0{,}5$ und mit einem Heizwert von $H_u = 10{,}5$ kWh/l ergibt sich ein Verhältnis $b_E/k_W = 5{,}25$ kWh/l. Die Gestehungskosten des Warmwassers (solar), ausgedrückt in DM/kWh, müssen ca. 1/5 des Heizölpreises (in DM/l) betragen, damit die Solaranlage wirtschaftlich konkurrenzfähig ist. Ein Blick auf Tabelle 4.13 zeigt, daß die Solaranlagen bei den heutigen niedrigen Ölpreisen noch weit davon entfernt sind. Es müssen erhebliche Zuschüsse gewährt werden, damit die Anlagen für den Verbraucher attraktiv werden.

4.2.4 Raumheizung mit NT-Kollektoren

Abbildung 4.21 zeigt eine qualitative Gegenüberstellung des jährlichen Heizwärmebedarfs mit dem Strahlungsangebot für einen typischen Anwendungsfall in Hamburg. Es wird deutlich, daß aufgrund der völlig gegenläufigen Kurven von Energieangebot und -nachfrage für Heizungszwecke in unserem Lande weitaus schlechtere Voraussetzungen gegeben sind als für die bislang diskutierten Zwecke der Warmwasserbereitstellung. Zwar kann das Strahlungsangebot an günstigeren Standorten jährlich um bis zu 20% höher liegen und der Raumwärmebedarf durch Isolationsmaßnahmen erheblich reduziert werden, dennoch bleibt die gegenläufige Tendenz erhalten. Nur die Langzeitspeicherung

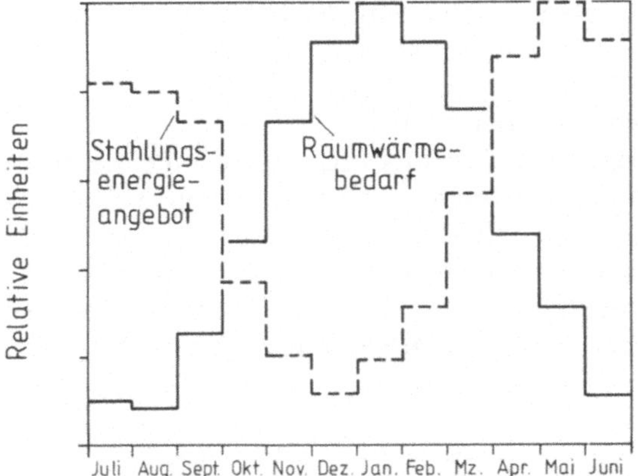

Abb. 4.21. Dem qualitativen Jahresverlauf der solaren Einstrahlung und des Raumwärmebedarfs ist zu entnehmen, daß für die solare Heizung in unserem Lande sehr ungünstige Ausgangsbedingungen vorliegen (nach Dietrich, 1980)

solarer Wärme vom Sommer bis zum Winter könnte hier Abhilfe schaffen. Kostengünstige Lösungen wurden hierfür bislang jedoch noch nicht gefunden.

Wie bei den Brauchwasserbereitungsanlagen kann man technisch und wirtschaftlich optimierte solare Heizungsanlagen mit Hilfe von Simulationsmodellen untersuchen (z. B. Meliß, 1978; Hörster, 1980; Wensierski, 1985). Die nachfolgend kurz diskutierten Ergebnisse entstammen einer Analyse unterschiedlicher Gebäudetypen (Ein-, Zwei- und Zwölffamilienhaus) mit sehr verschiedenartiger Wärmedämmung, die von der alten Normvorschrift (DIN 4108, August 1965) über die heute gültige zweite Wärmeschutzverordnung bis hin zum extremen Wärmeschutz des Philips-Experimentierhauses reicht (Hörster, 1980). Die unterschiedlichen Solarsysteme decken dabei sowohl den Heizungs- als auch den Warmwasserbedarf, wobei die Klimadaten von Hamburg für 1973 zugrundegelegt wurden. Als konventionelles Vergleichssystem wird eine Ölzentralheizung mit Niedertemperaturkessel angenommen. Beim Kostenvergleich kommt die dynamische Kapitalwertmethode zum Einsatz. Untersucht werden drei Kollektortypen.

Für alle drei Gebäudetypen läßt sich feststellen, daß der Einsatz thermisch verbesserter Kollektoren weitaus günstiger ist als der von Einfachkollektoren. Gegenüber einem Einfachkollektor ($\eta_0 = 0{,}85$, $U_L = 7{,}5\,\text{W/m}^2\,\text{K}$) führt der Einsatz hocheffizienter Kollektoren ($\eta_0 = 0{,}65$, $U_L = 1{,}5\,\text{W/m}^2\,\text{K}$) zu max. 20% höheren Nutzungsgraden (Verhältnis der insgesamt genutzten Energie zur eingestrahlten Energie). Die entsprechenden solaren Deckungsraten betragen dabei rund 10%, was dem Bereich des Warmwasseranteils am Gesamtwärmebedarf entspricht. Mit der Forderung nach höheren solaren Deckungsraten durch größere Kollektorflächen sinkt der Nutzungsgrad selbst bei Einsatz hocheffizienter Kollektoren stark ab, weil der Sommerüberschuß nicht genutzt werden kann. Schon aufgrund der daraus resultierenden Anlagendimensionen erscheint in unseren Breiten eine solare Volldeckung des Energiebedarfs nicht möglich.

Dies zeigt noch verstärkt die ökonomische Analyse: für alle Dämmstufen, Gebäude- und Kollektortypen liegt eine solare Volldeckung fernab einer möglichen ökonomischen Realisierbarkeit. Die Gesamtkosten betragen bei heutigen Preisen in allen Fällen mehr als das Fünffache der konventionellen Systeme. Auch für technisch sinnvollere Systeme mit Deckungsraten um 10% sind alle solaren Heizungsanlagen derzeit nicht konkurrenzfähig. Hier zeigt aber der Vergleich von Ein- und Zwölffamilienhaus, daß die solaren Systemkosten einer starken Degression mit zunehmender Anlagengröße unterliegen.

5 Konzentrierende Kollektoren

5.1 Geometrie der Parabel

Bei einer Parabel wird jeder zur Parabelachse parallele Strahl auf einen Punkt, den Brennpunkt, reflektiert. Diese Eigenschaft wird bei *konzentrierenden Kollektoren* genutzt. Die einfallenden Sonnenstrahlen werden von der parabelförmig gekrümmten Spiegeloberfläche des Kollektors im Brennpunkt konzentriert und erzeugen dort sehr hohe Temperaturen. Abbildung 5.1 zeigt eine Parabel, die durch die Gleichung

$$y = \frac{x^2}{4f} \ (\mathrm{m}) \tag{5.1}$$

beschrieben wird. Der Abstand des Brennpunkts F vom Scheitelpunkt 0 wird *Brennweite f* genannt.

Eine Parabel kann unter bestimmten Voraussetzungen auch durch Kreisbogenstücke angenähert werden.

Abbildung 5.2 zeigt einen Kreis, der um seinen Radius r auf der y-Achse verschoben ist.

Die Gleichung dieses Kreises lautet

$$x^2 + (y - R)^2 = R^2 \tag{5.2}$$

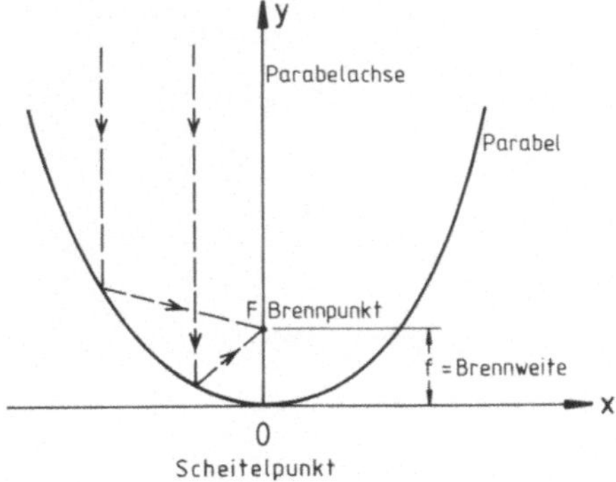

Abb. 5.1. Geometrie der Parabel

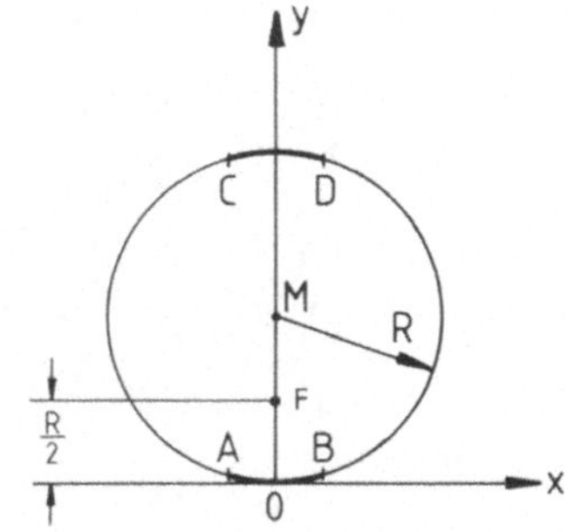

Abb. 5.2. Kreissegmente als Parabelersatz

$$y = \pm R \sqrt{1 - \frac{x^2}{R^2}} + R \ .$$

Für kleine Oberflächensegmente $x^2/R^2 \ll 1$ gilt die Näherungsformel (Dubbel, 1983):

$$\sqrt{1 - \frac{x^2}{R^2}} \approx 1 - \frac{x^2}{2R^2} \ . \tag{5.3}$$

Damit vereinfacht sich die Kreisformel zu

$$y = \pm \left(R - \frac{x^2}{2R} \right) + R \ \text{(m)} \ . \tag{5.4}$$

Diese Gleichung beschreibt die beiden Kreisbögen AB und CD (Abb. 5.2). Betrachtet man nur den unteren Bogen AB, so gilt

$$y = \frac{x^2}{2R} \ \text{(m)} \ . \tag{5.5}$$

Beim Vergleich mit (5.1) fällt auf, daß (5.5) auch eine Parabel mit $f = R/2$ beschreibt. Dies gilt unter der genannten Voraussetzung $(x^2/R^2 \ll 1)$.

5.2 Aufbau eines konzentrierenden Kollektors

Abbildung 5.3 zeigt den schematischen Aufbau eines konzentrierenden Kollektors. Die Spiegelachse muß immer auf die Sonne ausgerichtet sein, damit die Strahlen achsparallel einfallen. Deshalb ist bei konzentrierenden Kollektoren

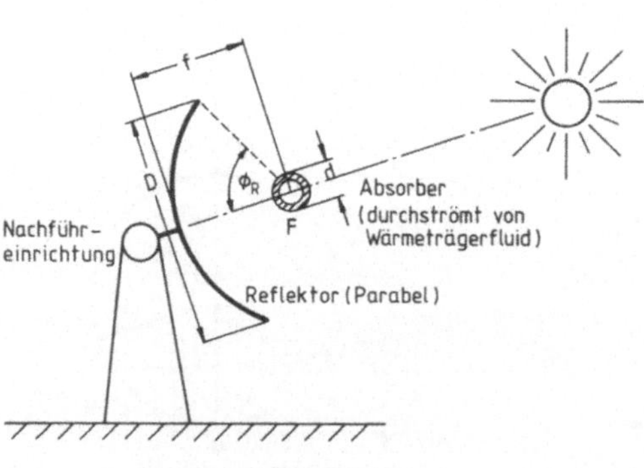

Abb. 5.3. Prinzipieller Aufbau eines konzentrierenden Kollektors

im Gegensatz zu Flachkollektoren eine *Nachführung* notwendig. Diese Nachführung erfolgt i. allg. durch Motor-/Getriebeeinheiten z. B. in Ost-West-Rich-
tung (einachsig) oder zusätzlich noch in Nord-Süd-Richtung (zweiachsig). Ein
anderer wesentlicher Unterschied zu Flachkollektoren ist, daß die konzentrierenden Kollektoren nur die direkte Sonnenstrahlung nutzen können. Diffuse
Strahlen können nicht konzentriert werden.

Der Absorber im Brennpunkt eines konzentrierenden Solarkollektors hat
die Aufgabe, die reflektierte Strahlung aufzunehmen und möglichst vollständig
in fühlbare Wärme, umzuwandeln und diese an ein Wärmeträgerfluid abzugeben. Es werden *offene Absorber, geschlossen Absorber* (mit transparenter Umhüllung) und sog. *Hohlraumabsorber,* die nur eine kleine Einstrahlöffnung besitzen, angewendet (s. a. Abb. 5.15, 6.15 und 6.26).

Abbildung 5.4 zeigt einen einachsig nachführbaren Kollektor mit *Parabolrinnen* und insgesamt 545 m² Fläche. Die Reflektoren bestehen aus rinnenför-
mig gezogenem und verspiegeltem Glas. Als Absorber wird ein selektiv be-
schichtetes Rohr verwendet, das von einem Glasrohr zur Minderung der Kon-
vektions- und Abstrahlungsverluste umhüllt ist. Der Wärmeträger im Rohr erreicht eine Arbeitstemperatur von bis zu 393 °C. Dieser Kollektortyp wird zur
Erzeugung von elektrischem Strom verwendet (s. a. Kap. 6).

Die Abb. 5.5 zeigt einen *Paraboloidkollektor* mit einem rotationssymmetri-
schen Spiegel von 5 m Durchmesser. Die Spiegelform wird durch Aufkleben
kleiner, ebener Spiegelfacetten auf einen Paraboloidgrundkörper hergestellt.
Der Absorber hat die Form einer Kugel. Mit diesem Kollektor werden Arbeitstemperaturen über 400 °C erreicht. Er wird für stromerzeugende Anlagen eingesetzt (Zewen, 1979).

Als konzentrierende Kollektoren werden auch große ebene Spiegel (*Heliostaten*) eingesetzt. Abbildung 5.6 zeigt einen Heliostaten mit 23 m² Spiegelfläche. Die Spiegel bestehen aus 3 mm dickem, versilbertem Glas. Der gesamte
Heliostat ist über 5 m hoch.

Abb. 5.4. Einachsig nachgeführter Parabolrinnenkollektor mit einem Konzentrationsverhältnis
von 82 (Hersteller Flachglas)

Abb. 5.5. Paraboloid-Konzentrator mit 5 m Durchmesser und einem Konzentrationsverhältnis von 200 (Hersteller MBB)

Abb. 5.6. Heliostat (Hersteller MBB)

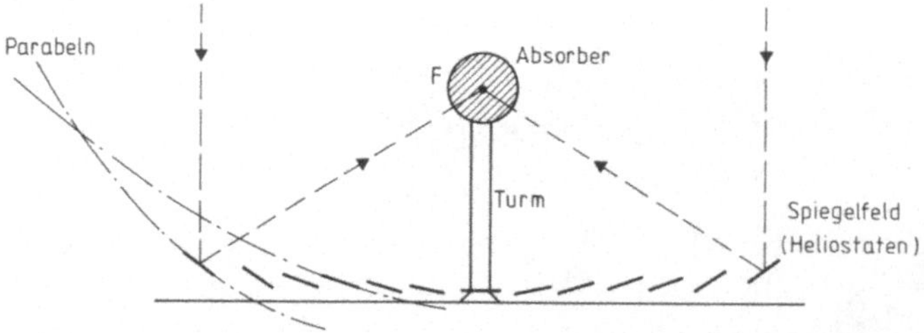

Abb. 5.7. Schema einer Solar-Toweranlage (s. Abschn. 6.5)

Eine Konzentration wird hier erreicht, indem viele solcher Spiegel um einen Absorber, der sich auf einem Turm befindet, angeordnet werden (*Solar-Toweranlagen*). Die einzelnen Heliostaten sind dann als quasi finite Segmente einer Parabelschar aufzufassen, die alle ihren Brennpunkt im Absorber haben. Abbildung 5.7 zeigt eine solche Anordnung.

5.3 Maximales Konzentrationsverhältnis und maximale Temperatur

5.3.1 Bestimmung des maximalen Konzentrationsverhältnisses

Die Strahlen der Sonne sind wegen des endlichen Abstands Erde/Sonne und des relativ großen Sonnendurchmessers nicht exakt parallel. Die *Divergenz der Sonnenstrahlen* beträgt $\alpha_D = 32'$ (s. Abb. 5.10). Abbildung 5.8 zeigt, wie bei einem Paraboloid die Sonne in der Brennebene von einem divergenten Strahl, der bei *P* reflektiert wird, abgebildet wird.

Die Größe und die Gestalt des Sonnenbilds in der Brennebene variieren mit dem Winkel Φ. Für $\Phi = 0$ ergibt sich das *ideale kreisförmige Sonnenbild* mit dem Durchmesser

$$d_B = f\alpha_D \ \text{(m)} \ .\tag{5.6}$$

Für $\Phi > 0$ ist das Sonnenbild, das von einem Punkt *P*, reflektiert wird, eine Ellipse mit der großen Achse a_{EL} und der kleinen Achse b_{EL}. Für die Achsen gilt

$$a_{EL} = \frac{\varrho_s \alpha_D}{\cos \Phi} \ \text{(m)} \ ,\tag{5.7}$$

$$b_{EL} = \varrho_s \alpha_D \ \text{(m)}\tag{5.8}$$

mit ϱ_s Abstand $P-F$ in Abb. 5.8 (m), α_D Divergenz der Sonnenstrahlen (rad) und Φ Winkel zwischen Spiegelachse und reflektiertem Strahl (Grad).

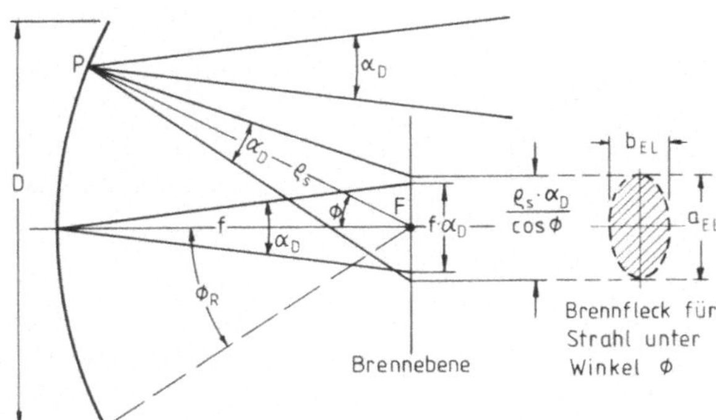

Abb. 5.8. Abbildung der Sonne in der Brennebene eines Paraboloidkollektors

Der Flächeninhalt des elliptischen Sonnenbilds ist

$$A_{EL} = \frac{\pi}{4}\, \frac{\varrho_s^2\, \alpha_D^2}{\cos \Phi}\ (m^2)\ . \tag{5.9}$$

Das geometrische *Konzentrationsverhältnis* C ist als ein Flächenverhältnis definiert

$$C = \frac{\text{Aperturfläche}}{\text{Fläche des Sonnenbilds in der Brennebene}} \tag{5.10}$$

mit *Aperturfläche* = Öffnungsfläche des Kollektors. Da bei dieser Definition Energieverluste durch unvollständige und fehlerhafte Reflexion am Spiegel vernachlässigt werden, wird in der Praxis auch das energetische Konzentrationsverhältnis benutzt. Dieses ist durch das Verhältnis der am Absorber auftreffenden zu der am Spiegel eingestrahlten Energieflußdichte definiert.

Für das Konzentrationsverhältnis gibt es, bedingt durch die Divergenz der Sonnenstrahlen, einen maximalen Wert, der durch Integration über die Spiegelflächen ermittelt wird (Abb. 5.9).

Aus den mathematischen Eigenschaften der Parabel folgt die Gleichheit der Strecken: $FT = FP$ (das Dreieck FTP ist gleichschenklig). Die projizierte Fläche dA des Spiegels ist ein Ring der Breite $\varrho_s\, d\Phi$ mit dem mittleren Durchmesser $2\varrho_s \sin \Phi$:

$$dA = 2\pi \varrho_s^2 \sin \Phi\, d\Phi\ (m^2)\ . \tag{5.11}$$

Das geometrische Konzentrationsverhältnis (5.10) bezogen auf dieses Flächenelement ist dann nach Uhlemann, 1981:

$$dC = dA/A_{EL}\ . \tag{5.12}$$

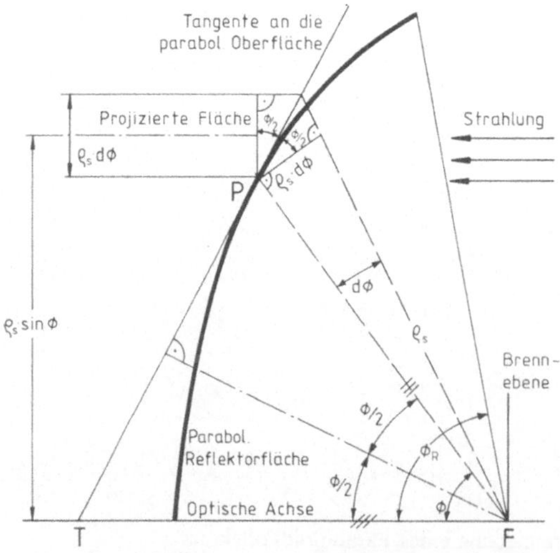

Abb. 5.9. Projektion der Paraboloidfläche zur Berechnung der maximalen Konzentration (nach Uhlemann, 1981)

Mit (5.9) und (5.11) ergibt sich dann

$$dC = 8 \sin \Phi \cos \Phi \, d\Phi / \alpha_D^2 \; . \tag{5.13}$$

Die Integration von $\Phi = 0$ bis zum *Randwinkel* $\Phi = \Phi_R$ ergibt

$$C = 4 \sin^2 \Phi_R / \alpha_D^2 \; . \tag{5.14}$$

Mit einer Divergenz der Sonnenstrahlen von $\alpha_D = 32' = 0{,}0093$ rad gilt

$$C = 46\,211 \sin^2 \Phi_R \; . \tag{5.15}$$

Das Konzentrationsverhältnis hängt nur vom Randwinkel des Paraboloids ab. Für $\Phi_R = 90°$ ergibt sich das *maximal mögliche theoretische Konzentrationsverhältnis* von

$$C_{max} = \frac{4}{\alpha_D^2} \tag{5.16}$$

oder

$$C_{max} = 46\,211 \; . \tag{5.17}$$

Mit realen Paraboloiden, die mit verschiedenen Herstellungsungenauigkeiten und Fehlern behaftet sind, kann heute ein Konzentrationsverhältnis von 5000 bis 8000 erreicht werden. Für technische Anlagen ist dieses Verhältnis wesentlich niedriger. Der Kollektor in Abb. 5.4 hat ein Konzentrationsverhältnis von $C = 82$ und der in Abb. 5.5 ein solches von $C = 200$.

Wird im Brennpunkt ein gut wärmeleitender Absorber angeordnet, der etwa die Größe des verschmierten Brennflecks hat, so kann das geometrische *Konzentrationsverhältnis* näherungsweise folgendermaßen geschrieben werden:

$$C = \frac{\text{Aperturfläche}}{\text{Absorberfläche}} = \frac{A_R}{A_A} \; . \tag{5.18}$$

Dabei ist die Fläche A_A die vom Reflektor (Spiegel) angestrahlte projizierte Absorberfläche. Diese Definition des Konzentrationsverhältnisses wird im folgenden immer verwendet.

5.3.2 Bestimmung der maximalen Absorbertemperatur

Mit dem vorher berechneten maximalen Konzentrationsverhältnis läßt sich die maximal mögliche Absorbertemperatur bestimmen. Zur Herleitung dieser maximalen theoretischen Absorbertemperatur werden geometrische Beziehungen aus Abb. 5.10 benutzt.

Für die Sonnenoberfläche gilt

$$A_S = 4 \pi R_S^2 \; (\text{m}^2) \; . \tag{5.19}$$

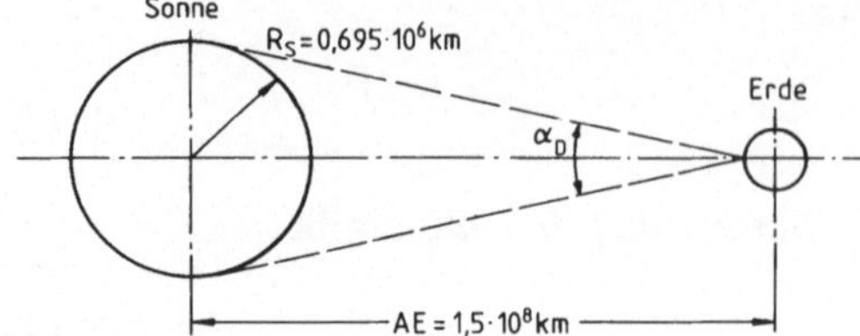

Abb. 5.10. Die Strahlen der Sonne treffen unter dem Winkel α_D auf die Erdoberfläche

Wegen des sehr kleinen Winkels gilt

$$\tan \alpha_D \approx \alpha_D = \frac{2R_S}{AE} \; . \tag{5.20}$$

Werden die Sonne und der Absorber als schwarze Körper angenommen, dann wird von der Sonnenoberfläche je m² die Strahlungsmenge

$$\dot{G}_S = \sigma T_S^4 \; (\text{W/m}^2) \tag{5.21}$$

emittiert. Davon erreicht bei Vernachlässigung von Verlusten in der Atmosphäre der Bruchteil $\dot{G}_0$ die Apertur (Öffnung) des konzentrierenden Kollektors

$$\dot{G}_0 = \dot{G}_S \frac{A_S}{4\pi (AE)^2} \; (\text{W/m}^2) \; . \tag{5.22}$$

Mit $4\pi (AE)^2$ als die von der Sonne bestrahlte Kugelhülle (m²), AE astronomische Einheit $(1,5 \cdot 10^{11}$ m), σ Stefan-Boltzmann-Konstante $(5,67 \cdot 10^{-8}$ W/ m² K⁴) und T_S Oberflächentemperatur der Sonne (5762 K).

Der Absorber seinerseits strahlt die Energiemenge $\dot{Q}_S$ ab:

$$\dot{Q}_S = A_A \sigma T_A^4 \; (\text{W}) \tag{5.23}$$

mit A_A Absorberfläche (m²) und T_A Absorbertemperatur (K).

Nimmt man an, daß sonst keine Verluste auftreten und daß der Kollektor keine Nutzleistung abgibt (Leerlauf), dann gilt

$$\dot{Q}_S = \dot{G}_0 A_R \; (\text{W}) \tag{5.24}$$

mit A_R Aperturfläche in m². Den von der Sonne absorbierten Wärmestrom gibt der Absorber wieder an die Umgebung ab. Mit (5.19) und (5.21) bis (5.24) ergibt sich

$$A_A \sigma T_A^4 = \frac{A_R 4\pi R_S^2 \sigma T_S^4}{4\pi (AE)^2} \; (\text{W}) \; . \tag{5.25}$$

Nach (5.20) gilt

$$\frac{R_S^2}{(\mathrm{AE})^2} = \frac{\alpha_D^2}{4} \ .$$

Mit (5.16) folgt

$$\frac{R_S^2}{(\mathrm{AE})^2} = \frac{1}{C_{\max}} \ ,$$

mit $C_{\max}$ maximal mögliches Konzentrationsverhältnis.

Für das Flächenverhältnis wird (5.18) eingesetzt

$$\frac{A_R}{A_A} = C \ .$$

Dann ergibt sich für die *maximale theoretische Absorbertemperatur* in Abhängigkeit vom Konzentrationsverhältnis aus (5.25) die Beziehung:

$$T_A = T_S \left[\frac{C}{C_{\max}} \right]^{1/4} \ (\mathrm{K}) \ . \tag{5.26}$$

Diese Formel gilt unter der Voraussetzung, daß der Absorber als idealer schwarzer Körper die einfallende Sonnenenergie mit der Fläche A_A wieder abstrahlt. Abbildung 5.11 zeigt diesen Zusammenhang.

Unter den genannten Voraussetzungen erreicht man mit einem Flachkollektor ($C = 1$) eine Leerlauftemperatur von 393 K = 120 °C. Diese Temperatur erscheint zunächst sehr niedrig, wenn man bedenkt, daß in unseren Regionen mit ausgeführten Flachkollektoren Leerlauftemperaturen bis ca. 200 °C auftreten. Bei den realen Flachkollektoren stellt sich nur deshalb ein höheres Temperaturniveau ein, weil die Abstrahlung im langwelligen Bereich durch Glasscheiben und selektive Schichten behindert wird (s. Abschn. 3.2 und 3.4.4).

Eine wichtige Erkenntnis aus (5.26) ist, daß man das Konzentrationsverhältnis eines Kollektors vergrößern muß, wenn man höhere Temperaturen am Absorber erreichen will.

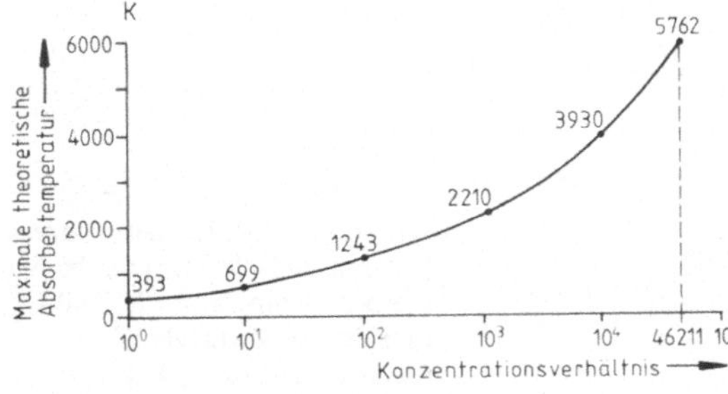

Abb. 5.11. Konzentrationsverhältnis und maximale theoretische Temperatur

Für den Fall $C = C_{max}$ wird die Absorbertemperatur gleich der *Sonnenoberflächentemperatur von 5762 K*. Höhere Temperaturen sind nach (5.26) nicht möglich. Dies würde auch dem zweiten Hauptsatz der Thermodynamik widersprechen.

5.3.3 Konzentrationsverhältnis und Temperatur für verschiedene Kollektoren

Abbildung 5.12 zeigt für verschiedene Reflektortypen die theoretischen Konzentrationsverhältnisse und Absorbertemperaturen als Funktion des Randwinkels Φ_R. Zum Vergleich ist in der Abbildung auch eine Fresnel-Linse mit aufgeführt.

Die höchsten Konzentrationsverhältnisse lassen sich mit einem *Paraboloid* erreichen. Alle anderen Spiegelformen konvergieren gegen ein kleineres Konzentrationsverhältnis oder fallen sogar nach Erreichen eines Maximalwertes schnell ab. Dies gilt insbesondere für die Formen, die nicht parabolisch sind.

5.4 Verluste am konzentrierenden Kollektor

An einem konzentrierenden Kollektor treten im wesentlichen die folgenden Verlustquellen auf:

- unvollständige Reflexion des Spiegels,
- Oberflächenfehler infolge von Fertigungsungenauigkeiten,
- Orientierungsfehler, wenn die Spiegelachse nicht genau in Sonnenrichtung zeigt, oder der Absorber nicht exakt im Brennpunkt angeordnet ist,
- Reflexion am Absorber,

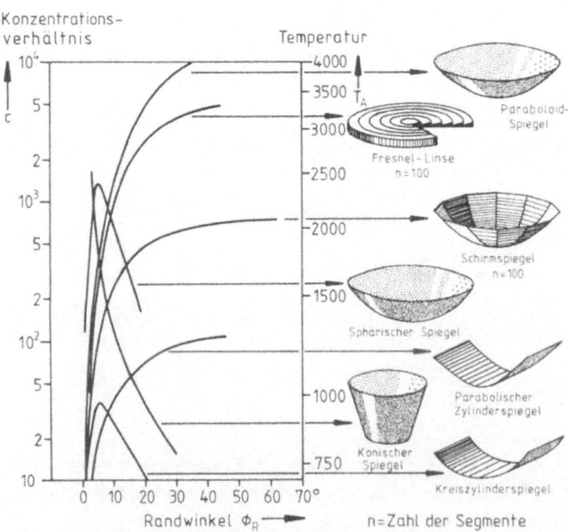

Abb. 5.12. Das Konzentrationsverhältnis verschiedener Konzentratoren und die theoretische Absorbertemperatur als Funktion des Randwinkels (nach Uhlemann, 1981)

Tabelle 5.1. Der Reflexionskoeffizient von verschiedenen Spiegelbeschichtungen

Spiegelaufbau	ϱ
Glas mit Aluminiumschicht	0,76
Teflon mit Aluminiumschicht	0,79
Acryl mit Aluminiumschicht	0,80
Teflon mit Silberschicht	0,86
Glas mit Silberschicht	0,87
Spezialglas mit Silberschicht	0,95

– Abstrahlung des Absorbers im langwelligen Bereich,
– Konvektion am Absorber.

Der Absorber kann in offener Bauweise (ohne Umhüllung) oder als geschlossene Bauweise (mit Umhüllung) ausgeführt werden.

5.4.1 Unvollständige Reflexion des Spiegels

Der *Reflexionskoeffizient* ϱ von Spiegeln für solartechnische Anwendungen reicht je nach Material von ca. 0,76 bis 0,95, d. h. 5% bis zu 24% der einfallenden Strahlung werden nicht zum Absorber reflektiert. Tabelle 5.1 zeigt die Reflexionskoeffizienten ausgewählter Spiegelschichten.

Die *Verluste* $\dot{Q}_R$ *durch unvollständige Reflexion* des Spiegels sind

$$\dot{Q}_R = (1 - \varrho)\,\dot{G}_{D,g}A_R \ \ (W) \tag{5.27}$$

mit ϱ Reflexionskoeffizient, $\dot{G}_{D,g}$ Direktstrahlung auf die geneigte Kollektorfläche (W/m^2) und A_R Aperturfläche des Spiegels (m^2).

5.4.2 Oberflächenfehler

Durch Oberflächenwelligkeit der Spiegelfläche und Maßabweichungen von der geometrisch exakten Kontur entstehen Winkelabweichungen des reflektierten

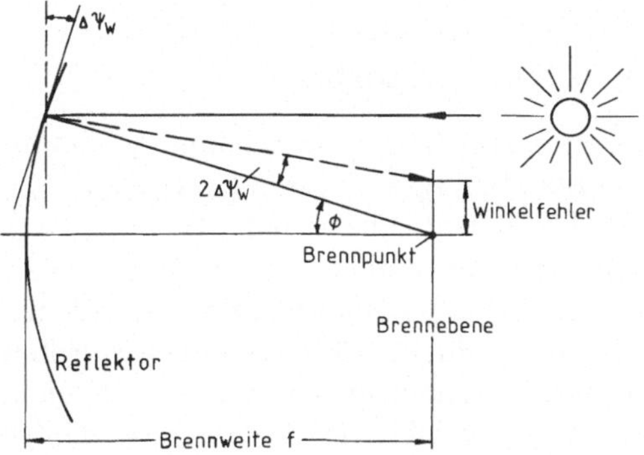

Abb. 5.13. Winkelfehler durch Oberflächenungenauigkeiten (nach Uhlemann, 1981)

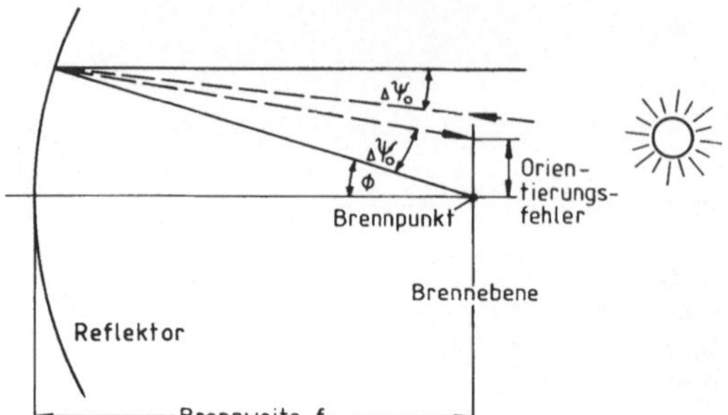

Abb. 5.14. Strahlablenkung durch Orientierungsfehler (nach Uhlemann, 1981)

Strahls, die zu einer Vergrößerung und weiteren „Verschmierung" des Brennflecks führen, so daß ein Teil der Strahlung den Absorber nicht trifft und verlorengeht. Abbildung 5.13 zeigt die *Winkelfehler* schematisch.

Die Abweichung der Tangentenneigung an einer Fehlstelle um den Winkel $\Delta\psi_W$ führt zu einer Strahlauslenkung um den Winkel $2\Delta\psi_W$. Oberflächenfehler wirken also verstärkt.

5.4.3 Orientierungsfehler

Die fehlerhafte Ausrichtung des Kollektors zur Sonne, bedingt durch Toleranzen im Nachführungssystem oder durch unstetige Nachführung, bewirkt eine Verschiebung und Verzerrung des Brennflecks und damit eine Verringerung der Energieausbeute. In Abb. 5.14 ist schematisch die Strahlablenkung um den Winkel $\Delta\psi_0$ durch eine ungenaue Ausrichtung des Gesamtsystems zur Sonne dargestellt.

Je höher das Konzentrationsverhältnis ist, umso größer ist die Genauigkeitsforderung an die Nachführung, weil der Absorber relativ kleiner wird.

Für einfache Parabolrinnen mit einem Konzentrationsverhältnis $3 \leq C \leq 10$ ist ein Orientierungsfehler von $\pm 3°$ bis $\pm 1°$ zulässig. Bei höher konzentrierenden Rinnen, Paraboloiden und Heliostaten mit $10 \leq C \leq 500$ ist nur noch eine Abweichung in der Genauigkeit der *Nachführung* von $\pm 1°$ bis $\pm 0,1°$ oder weniger zulässig.

5.4.4 Reflexion und Emission des offenen Absorbers

Ebenso wie bei Flachkollektoren können auch bei konzentrierenden Kollektoren die Absorber mit *selektiven Schichten* überzogen werden (s. Abschn. 3.2). Die Haltbarkeit einer selektiven Schicht hängt sehr stark von der Höhe der Absorbertemperatur ab. Neben der hohen Temperatur stellt auch die konzentrierte UV-Bestrahlung eine erschwerende Betriebsbedingung für die empfindlichen selektiven Schichten dar. Eine gute selektive Schicht soll ein möglichst großes Verhältnis α_s/ε_I haben (α_s = Absorptionskoeffizient im kurzwelligen Bereich, ε_I = Emissionskoeffizient im langwelligen Bereich). Tabelle 5.2 zeigt einige

Tabelle 5.2. Kennwerte selektiver Schichten (Goebel 1979, Tihanyi et al. 1983)

Grund-material	Beschichtung	α_s[a]	ε_I[f]	α_s/ε_I	Absorbertemperatur °C
Stahl	Mattnickel/ Schwarzchrom	0,923	0,085	10,86	$\leq 100,0$
Stahl	Hochglanznickel/ Schwarzchrom	0,868	0,088	9,86	$\leq 100,0$
Alu	Zinkat[d]-Messing- Mattnickel/ Schwarzchrom	0,971	0,08	12,14	$\leq 100,0$
Alu	Zinkat[d]-cyan.[e] Kupfer- Mattnickel/ Schwarzchrom	0,967	0,08	12,09	$\leq 100,0$
Stahl	CVD[b]-Molybdän/ CVD-Schwarzwolfram	0,965	0,15	6,43	$\leq 550,0$[c]
Stahl	Rhodium/CVD- Schwarzchrom	0,945	0,15	6,30	$\leq 550,0$
Stahl	Nickel/Schwarznickel	0,940	0,115	8,17	$\leq 350,0$

[a] Absorption im kurzwelligen Bereich.
[b] CVD = Chemical Vapor Deposition.
[c] Gilt nur unter Vakuum.
[d] Beim Galvanisieren von Aluminium wird mit Zinkatbeize aufgerauht.
[e] Cyan. Kupfer ist ein Kupfersalz.
[f] Emission im langwelligen Bereich

Beispiele für verschiedene Grundmaterialien und Beschichtungsarten, die für Solarkollektoren verwendet werden können (s. a. Tabelle 3.1).

Der *Reflexionskoeffizient* ϱ_A des Absorbers ist

$$\varrho_A = 1 - \alpha_s \ . \tag{5.28}$$

Dabei ist angenommen, daß der Absorber nicht mit einer transparenten Hülle umgeben ist. Bei den selektiven Schichtmaterialien aus Tabelle 5.2 liegt der Reflexionskoeffizient im Bereich $0,02 < \varrho_A < 0,14$. Etwa 2% bis 14% der vom Spiegel an den Absorber reflektierten Sonnenenergie werden also vom Absorber reflektiert.

Der *Emissionskoeffizient* ε_I ist ein Maß dafür, wieviel Energie vom Absorber wieder im langwelligen Bereich abgestrahlt wird. Selektive Schichten zeichnen sich dadurch aus, daß sie im langwelligen Bereich ein kleines ε_I besitzen.

Durch *Reflexion am Absorber* entstehen folgende Verluste

$$\dot{Q}_{A,R} = \varrho_A \varrho \dot{G}_{D,g} A_R \ (W) \ . \tag{5.29}$$

Durch *Abstrahlungsverluste* im langwelligen Bereich geht die Wärme

$$\dot{Q}_S = \varepsilon_I A_A \sigma (T_A^4 - T_U^4) \ (W) \tag{5.30}$$

verloren. Dabei bedeuten ϱ Reflexionskoeffizient des Spiegels, ε_I Emissions-koeffizient des Absorbers, A_A Absorberfläche (m^2), σ Stefan-Boltzmann-Konstante ($5,67 \cdot 10^{-8}$ W/m^2 K^4), T_A absolute Absorbertemperatur (K) und T_U Absoluttemperatur der Umgebung (K).

5.4.5 Konvektion am offenen Absorber

Da der Absorber wärmer ist als die Umgebungsluft, verliert er Wärme durch Konvektion. Diese *Konvektionsverluste* werden bei offenen Absorbern erheblich vom Wind beeinflußt. Zur Verminderung dieser Konvektionsverluste können Glasrohre um den Absorber angeordnet werden (transparente Hülle). Dies bringt jedoch optische Verluste infolge von Reflexion und Absorption der Hülle mit sich. Die Berechnung der Konvektion kann im einfachen Fall mit den üblichen Wärmeübergangsgleichungen, wie sie z. B. im VDI-Wärmeatlas oder in Lehrbüchern der Wärmeübertragung angegeben sind, erfolgen.

Der Wärmeverlust eines offenen Absorbers infolge Konvektion $\dot{Q}_K$ ist

$$\dot{Q}_K = U_A A_A (t_A - t_U) \quad (\text{W}) \tag{5.31}$$

mit U_A Wärmeübergangskoeffizient (W/m^2 K), A_A Absorberfläche (m^2), t_A Absorbertemperatur (°C) und t_U Umgebungstemperatur (°C).

Der *Wärmeübergangskoeffizient U_A* hängt von der Geometrie des Absorbers ab und von der Windstärke. Am geringsten sind die Konvektionsverluste an sog. Hohlraumabsorbern, die nur eine kleine Einstrahlöffnung haben. Diese Absorber können zur weiteren Verringerung der Verluste von außen mit einer Wärmeisolierung versehen werden (s. a. Abschn. 6.5.4).

5.4.6 Absorber mit transparenter Umhüllung

Durch die *transparente Umhüllung* des Absorbers werden die Abstrahlungs- und Konvektionsverluste verringert und die Reflexionsverluste vergrößert. Insgesamt wird aber der Wirkungsgrad des Kollektors verbessert. Abbildung 5.15 zeigt die Wärmeströme am *geschlossenen Rohrabsorber* eines Parabolrinnenkollektors.

5.5 Nutzleistung und Wirkungsgrad

Führt man eine Leistungsbilanz für einen konzentrierenden Kollektor mit einem *offenen Absorber* unter Vernachlässigung der Oberflächen- und Orientierungsfehler durch, so ergibt sich

$$\dot{G}_{D,g} A_R = \dot{Q}_R + \dot{Q}_{A,R} + \dot{Q}_K + \dot{Q}_S + \dot{Q}_N \quad (\text{W}) \tag{5.32}$$

mit $\dot{G}_{D,g}$ direkte solare Einstrahlung auf die geneigte Fläche (W/m^2), $\dot{Q}_R$ Reflexionsverlust des Spiegels (W), $\dot{Q}_{A,R}$ Reflexionsverlust des Absorbers (W),

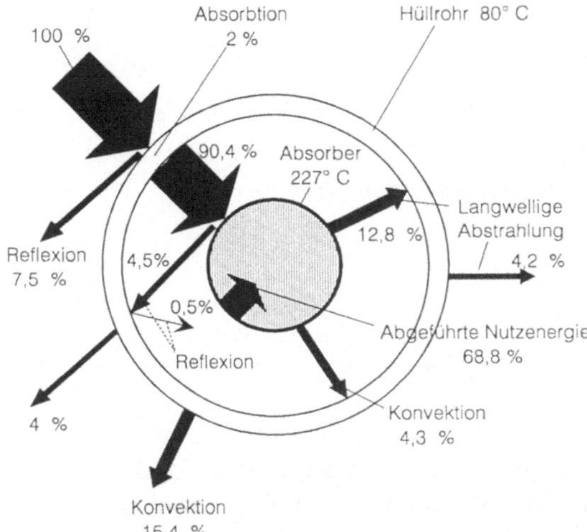

Abb. 5.15. Wärmeströme eines geschlossenen Absorbers (umgerechnet nach Kuczera, 1979)

$\dot{Q}_\mathrm{K}$ Konvektionsverlust des Absorbers (W), $\dot{Q}_\mathrm{S}$ Strahlungsverlust des Absorbers im langwelligen Bereich (W), $\dot{Q}_\mathrm{N}$ Nutzleistung (W) und A_R Aperturfläche (Kollektorfläche) (m²). Die Gleichung kann folgendermaßen genauer beschrieben werden:

$$\dot{G}_{\mathrm{D,g}}A_\mathrm{R} = (1-\varrho)\,\dot{G}_{\mathrm{D,g}}A_\mathrm{R} + \varrho_\mathrm{A}\varrho\,\dot{G}_{\mathrm{D,g}}A_\mathrm{R} + U_\mathrm{A}A_\mathrm{A}(t_\mathrm{A}-t_\mathrm{U})$$

$$+\,\varepsilon_\mathrm{I}A_\mathrm{A}\,\sigma(T_\mathrm{A}^4-T_\mathrm{U}^4) + \dot{Q}_\mathrm{N} \ \ (\mathrm{W}) \tag{5.33}$$

mit $\dot{G}_{\mathrm{D,g}}$ Direktstrahlung auf die nachgeführte Fläche (W/m²), A_R projizierte Reflektorfläche, Aperturfläche (m²), ϱ Reflexionskoeffizient des Spiegels, ϱ_A Reflexionskoeffizient des Absorbers, U_A Wärmeübergangskoeffizient des Absorbers (W/m² K), A_A Absorberfläche (m²), t_A Absorbertemperatur (°C), T_A absolute Absorbertemperatur (K), t_U Umgebungstemperatur (°C), T_U Absoluttemperatur der Umgebung (K), ε_I Emissionskoeffizient und σ Stefan-Boltzmann-Konstante ($5{,}67\cdot10^{-8}$ W/m² K⁴).

Für die spezifische Nutzleistung gilt allgemein

$$\dot{q}_\mathrm{N} = \dot{Q}_\mathrm{N}/A_\mathrm{R} \ \ (\mathrm{W/m^2}) \ . \tag{5.34}$$

Mit dem *Konzentrationsverhältnis*

$$C = A_\mathrm{R}/A_\mathrm{A} \tag{5.35}$$

ergibt sich für die Nutzleistung des konzentrierenden Kollektors bezogen auf die Aperturfläche

$$\dot{q}_\mathrm{N} = \dot{G}_{\mathrm{D,g}}\varrho(1-\varrho_\mathrm{A}) - \frac{U_\mathrm{A}}{C}(T_\mathrm{A}-T_\mathrm{U}) - \frac{\varepsilon_\mathrm{I}\sigma}{C}(T_\mathrm{A}^4-T_\mathrm{U}^4) \ \ (\mathrm{W/m^2}) \ .$$

Mit (5.28) folgt

$$\dot{q}_N = \dot{G}_{D,g}\varrho\,\alpha - \frac{U_A}{C}(T_A - T_U) - \frac{\varepsilon_I\sigma}{C}(T_A^4 - T_U^4)\ (\text{W/m}^2)\ . \qquad (5.36)$$

Dabei ist der *Wirkungsgrad des konzentrierenden Kollektors*

$$\eta = \frac{\dot{q}_N}{\dot{G}_{D,g}}$$

oder

$$\eta = \varrho\,\alpha - \frac{U_A}{\dot{G}_{D,g}C}(T_A - T_U) - \frac{\varepsilon_I\sigma}{\dot{G}_{D,g}C}(T_A^4 - T_U^4) \qquad (5.37)$$

mit ϱ Reflexionskoeffizient des Spiegels, α Absorptionskoeffizient des Absorbers, U_A Wärmeübergangszahl des Absorbers (W/m^2 K), $\dot{G}_{D,g}$ Direktstrahlung auf die geneigte Fläche (W/m^2), T_A Absoluttemperatur des Absorbers (K), T_U Absoluttemperatur der Umgebung (K), ε_I Emissionskoeffizient des Absorbers und C Konzentrationsverhältnis.

Abbildung 5.16 zeigt den Wirkungsgrad konzentrierender Kollektoren in Abhängigkeit von der Absorbertemperatur mit dem Konzentrationsverhältnis als Parameter. Mit steigender Absorbertemperatur fällt der Wirkungsgrad ab, weil die Verluste durch Abstrahlung in der 4. Potenz mit der Absorbertemperatur steigen und die Konvektionsverluste linear abfallen. Für konstante Absorbertemperatur steigt der Wirkungsgrad stark mit dem Konzentrationsverhältnis an. Aus Gleichung (5.37) für den Wirkungsgrad erkennt man, daß die beiden Verlustanteile für Konvektion und Strahlung mit steigender Konzentration abfallen, weil C im Nenner steht. Außerdem hängt der Wirkungsgrad von der Einstrahlung $\dot{G}_{D,g}$ ab, d. h. bei größer werdender Einstrahlung werden die Ver-

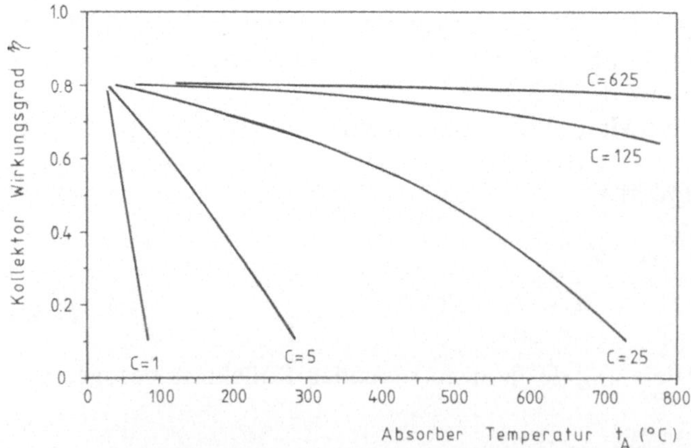

Abb. 5.16. Der Einfluß des Konzentrationsverhältnisses und der Absorbertemperatur auf den Wirkungsgrad. Mit: $\varrho = 0{,}85$; $\alpha = 0{,}95$; $\varepsilon_I = 0{,}15$; $t_U = 25\,°\text{C}$; $\dot{G}_{D,g} = 800\ \text{W/m}^2\,\text{K}$; $U_A = 8\ \text{W/m}^2\,\text{K}$

luste durch Konvektion und Abstrahlung bei sonst gleichen Bedingungen kleiner.

5.6 Gegenüberstellung von konzentrierendem Kollektor und Flachkollektor

Die Gleichung für den *Wirkungsgrad des Flachkollektors* entsprechend (3.44) lautet

$$\eta_{FK} = \alpha\,\tau - \frac{U_L\,(t_A - t_U)}{\dot{G}_{G,g}} \tag{5.38}$$

mit η_{FK} Wirkungsgrad des Flachkollektors, τ Transmissionskoeffizient, α Absorptionskoeffizient des Absorbers, U_L mittlerer Wärmeübergangskoeffizient (W/m^2 K), t_A Absorbertemperatur (°C), t_U Umgebungstemperatur (°C) und $\dot{G}_{G,g}$ Gesamtstrahlung auf die geneigte Fläche (W/m^2).

Für den konzentrierenden Kollektor gilt nach (5.37), wenn man den konvektiven Term nicht in Absoluttemperaturen schreibt:

$$\eta_{KK} = \varrho\,\alpha - \frac{U_A}{C\,\dot{G}_{D,g}}\,(t_A - t_U) - \frac{\varepsilon_I\,\sigma}{C\,\dot{G}_{D,g}}\,(T_A^4 - T_U^4)\ . \tag{5.39}$$

Die Wirkungsgrade entsprechend Gleichungen (5.38) und (5.39) sind wegen der unterschiedlichen Bezugsgrößen $\dot{G}_{G,g}$ und $\dot{G}_{D,g}$ nicht direkt vergleichbar. Die Globalstrahlung auf die geneigte Fläche $\dot{G}_{G,g}$ ist i. allg. auf eine fest nach Süden ausgerichtete Empfangsfläche mit einem unveränderlichen Neigungswinkel gegen die Horizontale bezogen. Die Bezugsgröße für konzentrierende Kollektoren ist nicht die Globalstrahlung, sondern nur die direkte Strahlung, und zwar für eine nachgeführte Empfangsfläche. Eine Vergleichbarkeit der beiden Wirkungsgrade wäre nur dann gegeben, wenn beide auf die Globalstrahlung einer nachgeführten Fläche bezogen würden. Dies ist aber für die Praxis

Tabelle 5.3. Vergleich von Flachkollektor und konzentrierendem Kollektor

Flachkollektor	Konzentrierender Kollektor
$C = 1$	$C \gg 1$
$t_A \leqq 150\,°C$	t_A bis 4000 °C
Niedertemperaturanwendung	Hochtemperaturanwendung
Nutzt Globalstrahlung	Nutzt nur direkte Strahlung
Ohne Spiegel	Mit gekrümmter Spiegelfläche
Keine Nachführung	Mit Nachführung
Wirkungsgrad niedrig	Wirkungsgrad hoch
Wirkungsgrad fällt stark mit t_A ab	Wirkungsgrad fällt weniger stark mit t_A ab
Billige Bauweise	Teure Bauweise

irrelevant, denn einerseits werden Flachkollektoren aus wirtschaftlichen Gründen nie nachgeführt, andererseits können konzentrierende Kollektoren aus physikalischen Gründen nie den diffusen Anteil der Globalstrahlung nutzen. Es wird deshalb hier vorgeschlagen, die Wirkungsgrade separat nur auf die üblicherweise nutzbaren Strahlungsangebote zu beziehen und damit auf eine unmittelbare Vergleichbarkeit zu verzichten.

Tabelle 5.3 faßt die Unterschiede der beiden Kollektorbauarten zusammen.

6 Solarthermische Stromerzeugung

6.1 Unterscheidungsmerkmale für Farm- und Towerkraftwerke

Bei der solarthermischen Stromerzeugung wird die Sonnenenergie mit konzentrierenden Kollektoren eingesammelt und an einen Absorber übertragen, wo dann fühlbare Wärme entsteht. Durch den Absorber strömt ein Fluid, das die Wärme direkt oder über einen Zwischenkreislauf zu einer Kraftmaschine transportiert. Dort erfolgt die Umwandlung in mechanische Energie. Ein angekoppelter Generator stellt schließlich die elektrische Energie bereit. Der thermodynamische Kreislauf arbeitet genau so wie bei einem konventionellen Dampf- oder Gasturbinenkraftwerk. Die Wärmequelle ist aber nicht der Kessel oder die Brennkammer, sondern der Absorber (auch Receiver genannt).

Bei *solarthermischen Kraftwerken* unterscheidet man zwei Konzepte: die *Farmanlage* und die *Toweranlage*. Unterscheidungskriterium ist die Art des eingesetzten Kollektors und des Absorbers.

In Abb. 6.1 sind die Schaltungen der beiden Konzepte dargestellt. Das entscheidende Kennzeichen der Farmanlage sind die verteilten Absorber, d. h. jeder einzelne Kollektor hat einen eigenen Absorber. Es handelt sich entweder um Parabolrinnen oder Paraboloide (s. Abschn. 5.2). Jeder Kollektor ist mittels einer Vor- und Rücklaufleitung mit der zentralen Maschineneinheit verbunden. Der Transport der Energie erfolgt durch ein Wärmeträgerfluid (Konvektion).

Um die Querschnitte der Leitungen und damit ihre Kosten klein zu halten, wurde der Kollektorkühlkreis bisher mit einer Flüssigkeit betrieben, weil diese ein wesentlich geringeres spezifisches Volumen hat als die zugehörige Dampfphase. Der Arbeitskreis dagegen wird mit Dampf betrieben (*Zweikreisanlage*). Neuere Kollektorentwicklungen zielen auf die direkte Wasserverdampfung im Absorber ohne Zwischenkreis (Meinecke, 1991). Mit diesen Kollektoren hofft man kostengünstig Blockleistungen von 160 bis 320 MW bauen zu können. Der Begriff „Farm" soll darauf hinweisen, daß die Sonnenenergie durch die Kollektorfelder quasi geerntet wird.

Solartoweranlagen besitzen eine Vielzahl von zweiachsig nachgeführten Spiegeln (*Heliostaten*), die das Sonnenlicht auf einen zentralen Absorber reflektieren, der sich an der Spitze eines Turms (engl.: tower) befindet und der gleichzeitig als Dampferzeuger für den thermodynamischen Kreislauf dient. Da der Energietransport von den Kollektoren zur Maschineneinheit durch Strahlung erfolgt, kann das bei Farmsystemen übliche Leitungsnetz entfallen.

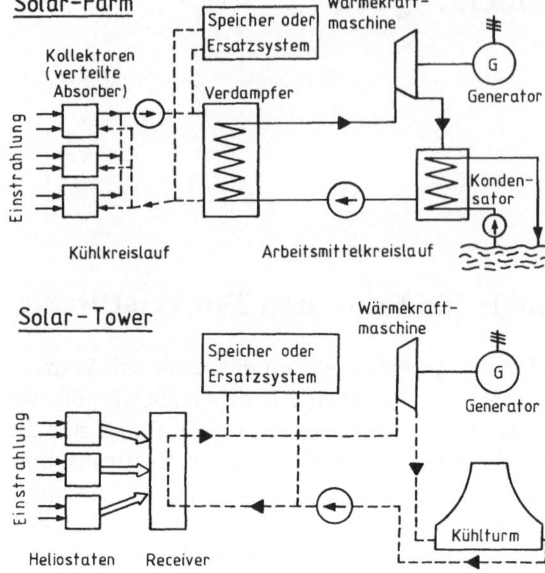

Abb. 6.1. Prinzipielle Schaltschemata für herkömmliche solarthermische Kraftwerke

Allerdings sind, bedingt durch den maximal möglichen Abstand der äußeren Spiegel vom Turm, Leistungsgrößen von höchstens 200 MW_{el} für eine Anlageneinheit zweckmäßig.

Farm- und Turmanlagen besitzen i. allg. Speicher oder Ersatzwärmeerzeuger.

6.2 Beispiele solarthermischer Kraftwerke

SEGS
Abbildung 6.2 zeigt die Luftaufnahme der SEGS Solarkraftwerke in Kalifornien. Die gesamte Anlage besteht aus mehreren Blöcken mit einer Einheitenleistung von je 30 bzw. 80 MW.

Farmanlage mit Paraboloiden
Ein Beispiel für eine Farmanlage mit Paraboloiden zeigt Abb. 6.3. Diese Demonstrationsanlage wurde in Kuwait errichtet. Sie gibt eine elektische Leistung von 100 kW ab. Die Abwärme der Anlage (500 kW) kann zur Kühlung, Klimatisierung und Entsalzung verwendet werden.

Toweranlage (Eurelios)
Diese Forschungsanlage mit 1 MW_{el} wurde von der europäischen Gemeinschaft unter Mitwirkung von Frankreich, Italien und Deutschland in Sizilien errichtet. Abbildung 6.4 zeigt eine Teilansicht des Spiegelfelds.

Abb. 6.2. Farmkraftwerke mit Parabolrinnen in Kalifornien (Flachglas-Solartechnik, 1992)

Abb. 6.3. 100-kW$_{el}$-Farmanlage mit Paraboloiden zur Stromerzeugung und Prozeßwärmebereitstellung in Kuwait (MBB, 1980)

Toweranlage (GAST)
Für eine 20-MW$_{el}$-Anlage mit Gasturbinenkreislauf und 800 °C Turbineneintrittstemperatur wurde von verschiedenen deutschen Industriefirmen eine gemeinsame Studie durchgeführt. Abbildung 6.5 zeigt eine Skizze dieser nicht gebauten Anlage mit ihren 3000 Spiegeln von je 40 m^2.

6.3 Arbeitstemperatur und Wirkungsgrad

In Kap. 5 über konzentrierende Kollektoren wurde auf den engen Zusammenhang zwischen Konzentrationsverhältnis und erreichbarer Temperatur hinge-

Abb. 6.4. 1-MW$_{el}$-Towerkraftwerk Eurelios in Sizilien (MBB, 1980)

Abb. 6.5. Projektentwurf des 20-MW$_{el}$-Towerkraftwerks GAST (Arge GAST, 1980)

wiesen. Je höher das Konzentrationsverhältnis ist, umso größer ist die Absorbertemperatur. Typisch für einen Solarkollektor ist, daß der Wirkungsgrad mit der Temperatur abfällt. Die Ursachen hierfür sind das Ansteigen der Konvektions- und Strahlungsverluste mit der Temperatur. Der thermodynamische Kreislauf dagegen hat einen mit der Temperatur ansteigenden Wirkungsgrad. Der Verlauf dieser Wirkungsgradkurven ist in Abb. 6.6 dargestellt.

Für die Wirkungsgrade gilt die Beziehung

$$\eta = \eta_{KF}\,\eta_{KL} \tag{6.1}$$

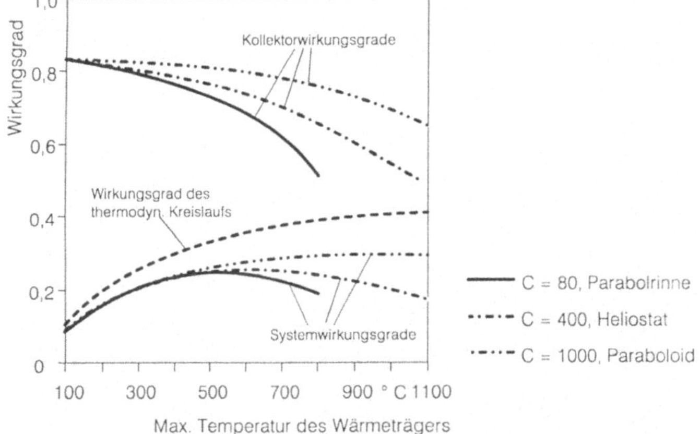

Abb. 6.6. Prinzipieller Verlauf der Wirkungsgrade des Systems Kollektor/Wärmekraftmaschine

mit η Gesamtwirkungsgrad (auch *Systemwirkungsgrad* genannt), η_{KF} Wirkungsgrad des Kollektorfelds und η_{KL} Wirkungsgrad des Kreislaufs.

Der *Gesamtwirkungsgrad eines Solarkraftwerks* ergibt sich durch Multiplikation der Einzelwirkungsgrade. Diese Gesamtwirkungsgrade haben in Abhängigkeit von der Temperatur ein Maximum, d. h. für einen bestimmten Kraftwerkstyp existiert in Abhängigkeit von der Kollektorbauart eine optimale Betriebstemperatur.

6.4 Das Farmkraftwerk

6.4.1 Aufbau von Farmanlagen mit Parabolrinnen

Das vereinfachte Schaltschema einer Solarfarmanlage ist in Abb. 6.7 dargestellt. Der *Kollektorkühlkreis* arbeitet üblicherweise mit *Thermoöl*, das bei 300° bis 400 °C und einem geringen Überdruck flüssig bleibt und nicht verdampft. Der gesamte Kühlkreislauf und die Absorberrohre können so für einen kleinen Volumenstrom und einen geringen Druck ausgelegt werden. Bei billigen Thermoölen auf Mineralölbasis können Temperaturen bis ca. 300 °C realisiert werden. Die sehr viel teureren synthetischen Wärmeträgeröle können bis 400 °C erhitzt werden, darüber hinaus zersetzen sie sich (Schmidt, 1981).

Die Solar-Farmanlage in Abb. 6.7 ist so geschaltet, daß die Kollektoren die Wärme an den Speicher abgeben, und von dort wird sie über einen Zwischenkreislauf durch die Speicherpumpe in den Verdampfer transportiert. Die Kollektoren können nicht direkt auf den Verdampfer arbeiten. Dies hat zwei Vorteile:

– der Arbeitskreis wird unabhängig von kurzzeitigen Sonnenscheinschwankungen mit Wärme von praktisch konstantem Temperaturniveau aus dem Speicher versorgt;

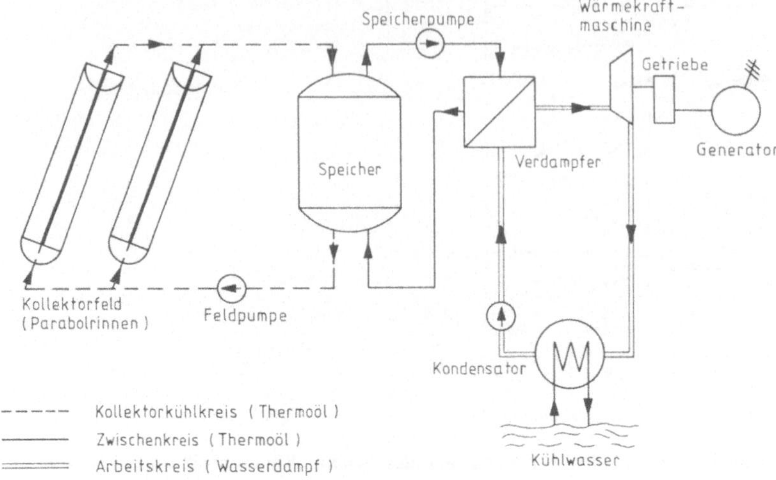

Abb. 6.7. Prinzipielles Schaltbild einer einfachen Solarfarmanlage

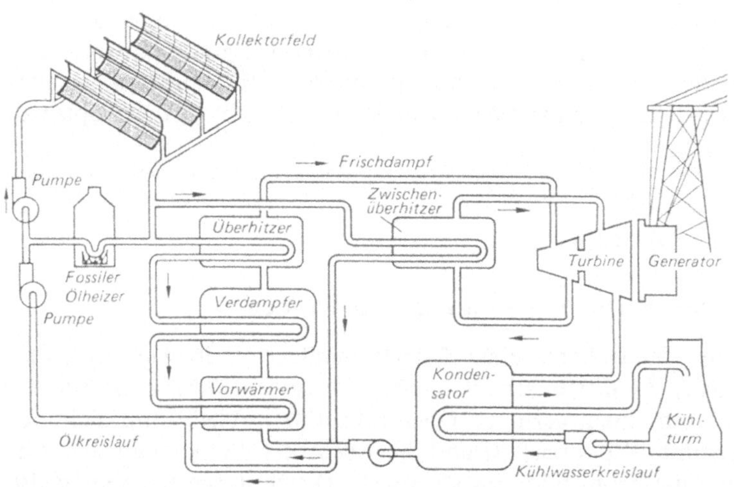

Abb. 6.8. Blockschaltbild eines 80-MW-Farmkraftwerks mit der Typenbezeichnung SEGS VIII entsprechend Abb. 6.2 (Flachglas Solartechnik, 1992)

– Kollektorkühlkreislauf und Arbeitsmittelkreislauf können unabhängig voneinander und damit einfacher geregelt werden.

Abbildung 6.8 zeigt das Schaltbild einer modernen Farmanlage mit Rinnenkollektoren. Die Feldaustrittstemperatur beträgt 393 °C. Der überhitzte Wasserdampf tritt mit 100 bar und 371 °C in die Hochdruckturbine. Mit dieser Bauweise werden Kreislaufwirkungsgrade von 37,7% erreicht.

6.4.2 Das Kollektorfeld

Die Nutzleistung des Kollektorfelds $\dot{Q}_{N,F}$ ist

$$\dot{Q}_{N,F} = \dot{G}_{D,g} A_{KF} \eta_{KF} \quad (\text{W}) \ . \tag{6.2}$$

Für die spezifische auf die Kollektorfläche bezogene Leistung $\dot{q}_{N,F}$ gilt

$$\dot{q}_{N,F} = \dot{G}_{D,g} \eta_{KF} \quad (\text{W/m}^2) \tag{6.3}$$

mit $\dot{G}_{D,g}$ direkte Strahlung auf die geneigte Fläche (W/m²), A_{KF} Kollektorfeldfläche (m²) und η_{KF} Wirkungsgrad des Kollektorfelds.

Der Wirkungsgrad des aus vielen Einzelkollektoren bestehenden Kollektorfelds ist geringer als der Wirkungsgrad des Einzelkollektors, weil die langen Reihen parallel geschalteter Kollektoren nicht gleichmäßig durchströmt werden, und weil an den Sammel- und Verteilrohren sowie den Armaturen Wärme- und Druckverluste auftreten. Je nach Feldqualität gilt für den *Kollektorfeld-Wirkungsgrad* η_{KF}:

$$\eta_{KF} = f^* \eta_{KK} \ , \tag{6.4}$$

wobei f^* üblicherweise im folgenden Intervall liegt

$$0{,}80 \leqq f^* \leqq 0{,}95 \ . \tag{6.5}$$

Der *Wirkungsgrad des konzentrierenden Kollektors* η_{KK} ist nach (5.37)

$$\eta_{KK} = \varrho\,\alpha - \frac{U_A}{\dot{G}_{D,g} C}(T_A - T_U) - \frac{\varepsilon_I \sigma}{\dot{G}_{D,g} C}(T_A^4 - T_U^4) \tag{6.6}$$

mit ϱ Reflexionskoeffizient des Spiegels, α Absorptionskoeffizient des Absorbers, U_A Wärmeübergangszahl des Absorbers (W/m² K), $\dot{G}_{D,g}$ Direktstrahlung auf die geneigte Kollektorfläche (W/m²), T_A Absorbertemperatur (K), T_U Umgebungstemperatur (K), ε_I Emissionskoeffizient des Absorbers, σ Stefan-Boltzmann-Konstante ($5{,}67 \cdot 10^{-8}$ W/m² K⁴) und C Konzentrationsverhältnis.

Die Nutzleistung eines einzelnen konzentrierenden Kollektors wird von der Absorberinnenwand an das Fluid übertragen. Es gilt

$$\dot{Q}_{N,K} = \alpha_i \Delta t_m A_i \quad (\text{W}) \tag{6.7}$$

mit A_i Übertragungsfläche auf der Absorberinnenseite (m²), Δt_m mittlere Temperaturdifferenz zwischen Absorber und Fluid (K) und α_i Wärmeübergangszahl auf der Innenseite des Absorbers (W/m² K).

Im Falle von Parabolrinnen sind die Absorber als Rohre ausgebildet. Zur Berechnung von α_i können dann die Wärmeübergangsgleichungen für das gerade durchströmte Rohr herangezogen werden. Für Thermoöle gilt bei turbulenter Strömung nach Schmidt, 1981:

$$\alpha_i = \frac{\Lambda}{d}\,0{,}012\ Re^{0{,}87} Pr^{0{,}4}\ (\text{W/m}^2\,\text{K}) \tag{6.8}$$

mit Λ Wärmeleitfähigkeit des Fluids (W/m K), Re Reynoldszahl, Pr Prandtlzahl und d Rohrdurchmesser (m).

Durch die Wärmeübertragung erwärmt sich das Kollektorkühlfluid um die Temperaturdifferenz $t_0 - t_e$:

$$t_0 - t_e = \frac{\dot{Q}_{N,K}}{c_K\,\dot{m}}\ (\text{K}) \tag{6.9}$$

mit t_0 Absorberaustrittstemperatur (°C), t_e Absorbereintrittstemperatur (°C), $\dot{Q}_{N,K}$ Nutzleistung eines Kollektors (W), $\dot{m}$ Massenstrom (kg/s) und c_K spezifische Wärme des Fluids (J/kg K).

Für die Nutzleistung $\dot{Q}_{N,F}$ des Kollektorfelds gilt

$$\dot{Q}_{N,F} = \dot{Q}_{N,K}\,n_K f^* \ (\text{W}) \tag{6.10}$$

mit $\dot{Q}_{N,K}$ Nutzleistung eines Kollektors (W), n_K Anzahl der Kollektoren und f^* Minderungsfaktor (6.4).

Eine wichtige Größe zur Beurteilung der Leistungsfähigkeit einer Solaranlage ist der *Nutzungsgrad*. Er wird für einen bestimmten Zeitraum (z. B. Tag,

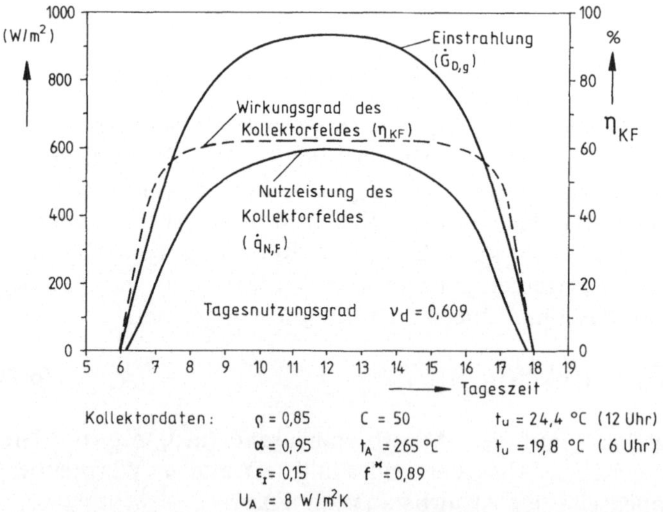

Abb. 6.9. Einstrahlung, Nutzleistung, Wirkungsgrad und Tagesnutzungsgrad eines Kollektorfeldes mit Parabolrinnen

Monat oder Jahr) als Verhältnis von Nutzenergie zu eingestrahlter Sonnenenergie definiert. So gilt für den *Tagesnutzungsgrad* eines Kollektorfelds

$$v_\mathrm{d} = \frac{\int\limits_{t_1}^{t_2} \dot{Q}_\mathrm{N,F}\,\mathrm{d}t}{A_\mathrm{KF}\int\limits_{t_1}^{t_2} \dot{G}_\mathrm{D,g}\,\mathrm{d}t} \tag{6.11}$$

mit t Zeit (s), $t = t_1$ Zeitpunkt des Sonnenaufgangs (s), $t = t_2$ Zeitpunkt des Sonnenuntergangs (s), $\dot{G}_\mathrm{D,g}$ Direktstrahlung auf die geneigte Fläche, die immer senkrecht zu den Sonnenstrahlen steht (W/m^2), $\dot{Q}_\mathrm{N,F}$ Nutzleistung des Kollektorfelds (W) und A_KF Fläche des Kollektorfelds (m^2).

In Abb. 6.9 ist das Leistungsverhalten einer Parabolrinne dargestellt. Die eingestrahlte Tagesenergie von 8,46 kWh/m^2 bezieht sich auf einen sonnenreichen Standort, z. B. in Südeuropa. Mit einem Tagesnutzungsgrad von $v_\mathrm{d} = 0{,}609$ wird vom Kollektorfeld eine thermische Nutzleistung von 5,15 kWh/m^2 je Tag bereitgestellt.

6.4.3 Der Speicher

Der Speicher hat bei solarthermischen Kraftwerken im wesentlichen zwei Aufgaben zu erfüllen:

— Ausgleich von Schwankungen im Solarenergieangebot z. B. durch vorüberziehende Wolken oder in den Morgen- und Abendstunden, wenn die Sonne schwächer scheint.
— Bereitstellung von Energie während der Nachtstunden.

Häufig wird das Kühlfluid im Kollektorkreislauf gleichzeitig auch als Speichermedium benutzt. Die Wärme wird durch die Temperaturerhöhung des Fluids gespeichert, das sich dabei chemisch nicht verändert.

Die Temperaturdifferenz zwischen aufgeladenem und entladenem Speicher nennt man *Temperaturspreizung* Δt_Sp:

$$\Delta t_\mathrm{Sp} = t_\mathrm{max} - t_\mathrm{min}\quad (^\circ\mathrm{C}) \tag{6.12}$$

mit t_max maximale Temperatur im oberen Bereich des Speichers ($^\circ$C) und t_min minimale Temperatur im unteren Speicherbereich ($^\circ$C). Dabei ist eine Temperaturschichtung angenommen, d. h. das erwärmte Fluid sammelt sich im oberen Teil des Speichers und das kalte im unteren. Eine Durchmischung soll im Laufe eines Betriebstages durch eine geeignete Strömungsführung am Ein- und Auslauf vermieden werden.

Die Temperaturspreizung des Speichers ist, unter der Annahme, daß keine nennenswerten thermischen Verluste im Speicher sowie in den Rohren auftreten, gleich der Temperaturdifferenz zwischen Eintritt und Austritt auf der Primärseite des Verdampfers oder auch gleich der Temperaturdifferenz zwischen Kollektoraustritt und Kollektoreintritt (vgl. Abb. 6.7).

Am Speicher treten aber Wärmeverluste $\dot{Q}_{V,S}$ auf, die näherungsweise durch die folgende Wärmeleitungsgleichung beschrieben werden können:

$$\dot{Q}_{V,S} = \frac{\Lambda}{\delta_I} A_{Sp}(t_{Sp} - t_U) \ (W) \tag{6.13}$$

mit Λ Wärmeleitfähigkeit der Isolation (W/mK), δ_I Dicke der Isolation (m), A_{Sp} Speicheroberfläche (m^2), t_{Sp} mittlere Speichertemperatur (°C) und t_U Umgebungstemperatur (°C).

Der Speicher wird häufig so isoliert, daß der Temperaturabfall während der Nacht nicht mehr als 1 °C beträgt.

Das notwendige *Speichervolumen* V_{Sp} ergibt sich aus der folgenden Gleichung:

$$V_{Sp} = \frac{Q_{N,Sd} + Q_{V,S}}{c_{Sp}\varrho_{Sp}\Delta t_{Sp}} \ (m^3) \tag{6.14}$$

mit $Q_{N,Sd}$ Tagesnutzenergie des Speichers (J), $Q_{V,S}$ Tagesverluste des Speichers (J), c_{Sp} spez. Wärme des Speichermediums (J/kg K), ϱ_{Sp} Dichte des Speichermediums (kg/m^3) und Δt_{Sp} Temperaturspreizung des Speichers (K).

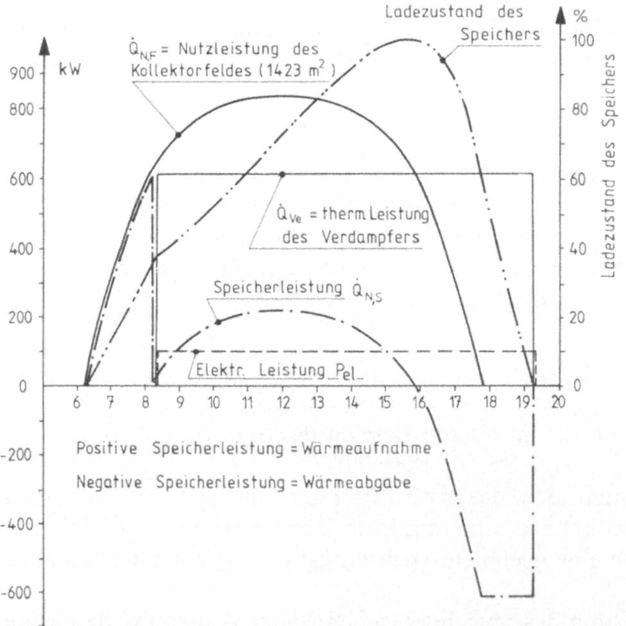

Abb. 6.10. Betriebsverhalten einer Solarfarmanlage mit Speicher nach Abb. 6.7 (Kollektoren wie in Abb. 6.9)

In Abb. 6.10 ist die Betriebscharakteristik für den Speicher einer 100-kW-Solar-Farmanlage dargestellt. Der Speicher sorgt hier dafür, daß trotz sinusförmigem Verlauf der Einstrahlung von ca. 8.15 bis ca. 19.15 Uhr, das sind 1,25 h nach Sonnenuntergang, eine konstante elektrische Leistung abgegeben werden kann.

Im gefüllten Zustand (um 15.45 Uhr) befinden sich 1906 kWh ($Q_{N,Sd}$) im Speicher. Bei einer angenommenen Temperaturspreizung von $\Delta t_{Sp} = 100\,°C$ und einer spezifischen Wärme von Thermoöl von $c_{Sp} = 2,3\,kJ/kg\ K$ ($\varrho_{Sp} = 830\,kg/m^3$) ergibt sich ein Speichervolumen von immerhin 36 m^3. Dieses Beispiel zeigt, daß man bei größeren Kraftwerksleistungen mit dem Speicher sehr schnell an wirtschaftliche Grenzen stößt.

Der Speicher wird aus Kostengründen gelegentlich mit Festkörperstücken, z. B. Gußeisen oder Flußsteinen (Neuner, 1978) aufgefüllt. Allerdings haben diese Festkörper eine ca. 3- bis 5mal geringere spezifische Wärme als Thermoöle.

Der Ladezustand L eines Tagesspeichers (s. Abb. 6.10) ist das Verhältnis des aktuellen Speicherinhalts $Q_{N,S}$ zum maximalen Inhalt $Q_{N,Sd}$.

$$L = \frac{Q_{N,S}}{Q_{N,Sd}}\, 100\% \ . \tag{6.15}$$

Dem Speicher wird vom Kollektorfeld die Leistung $\dot{Q}_{N,F}$ zugeführt, gleichzeitig werden die Verluste $\dot{Q}_{V,S}$ und die Verdampferleistung $\dot{Q}_{Ve}$ abgeführt. Die Speicherleistung $\dot{Q}_{N,S}$ ist dann

$$\dot{Q}_{N,S} = \dot{Q}_{N,F} - \dot{Q}_{V,S} - \dot{Q}_{Ve}\ (W)\ . \tag{6.16}$$

Wird die Kollektorleistung kleiner als die Verdampferleistung, was in Abb. 6.10 nach 16 Uhr der Fall ist, dann wird $\dot{Q}_{N,S}$ negativ, d. h. der Speicher gibt dann Leistung ab, und sein Ladezustand verringert sich. Für den aktuellen Speicherinhalt gilt:

$$Q_{N,S} = \int_{t_1}^{t_2} \dot{Q}_{N,S}\, dt\ (J) \tag{6.17}$$

mit t_1 Zeitpunkt, zu dem der Speicher leer ist (s) und t_2 als beliebigen Zeitpunkt (s).

Das Verhältnis von Kollektorleistung bei Sonnenhöchststand zu Verdampferleistung wird als *Solarvielfaches* bezeichnet. Diese Kennzahl drückt aus, um wieviel das Kollektorfeld überdimensioniert ist, um einen bestimmten Speicherbetrieb zu ermöglichen. Für die Verhältnisse in Abb. 6.10 ist das Solarvielfache *SM* = 1,4.

6.4.4 Der Arbeitskreislauf

Neben Wasser wurden gelegentlich auch synthetische Fluide (z. B. Kältemittel, Toluol etc.) als *Kreislaufmittel* für Solarfarmanlagen eingesetzt (MBB, 1980).

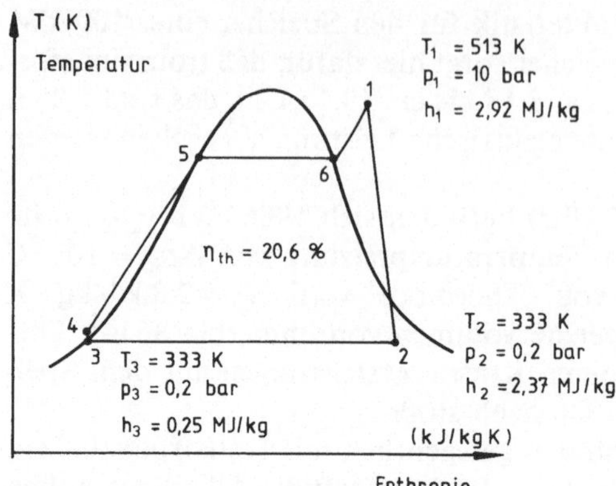

1-2	Expansion in der Wärmekraftmaschine
2-3	Wärmeabfuhr im Kondensator
3-4	Druckerhöhung in der Speisewasserpumpe
4-5	Vorwärmung
5-6	Verdampfung
6-1	Überhitzung

Abb. 6.11. T-s-Diagramm für den Wasserdampfprozeß einer 100-kW$_{el}$-Solarfarmanlage

Hierbei ist aber zu beachten, daß sich diese Stoffe oberhalb einer bestimmten Temperatur zersetzen. Wasser hat eine Reihe von Vorteilen gegenüber synthetischen Mitteln, es ist leicht zu handhaben, ungiftig, billig und hat gute thermodynamische Eigenschaften. Abbildung 6.11 zeigt das T-s-Diagramm einer kleinen Solarfarmanlage entsprechend Abb. 6.7.

Für die vom Verdampfer an das Arbeitsmittel abgegebene Leistung $\dot{Q}_{Ve}$ kann man schreiben:

$$\dot{Q}_{Ve} = \dot{m}(h_1 - h_4) \ (\text{W}) \tag{6.18}$$

mit $\dot{m}$ Massenstrom im Arbeitskreis (kg/s) und $h_1 - h_4$ *Enthalpiedifferenz* des Arbeitsmittels am Verdampfer (J/kg).

Für den thermischen Wirkungsgrad η_{th} gilt die Gleichung

$$\eta_{th} = \frac{h_1 - h_2}{h_1 - h_4} \tag{6.19}$$

mit $h_1 - h_2$ Enthalpiedifferenz in der Maschine (J/kg).

Die thermische Leistung an der Arbeitsmaschine ist dann

$$P_{th} = \dot{m}(h_1 - h_4)\eta_{th} \ (\text{W}) \ . \tag{6.20}$$

Die Nettoleistung der Anlage ergibt sich unter Berücksichtigung der *mechanischen Verluste*, des *Generatorwirkungsgrads* und des *Eigenverbrauchs* aus der thermischen Leistung

$$P_{el} = P_{th}\eta_m\eta_G\eta_e \ \ (\mathrm{W}) \tag{6.21}$$

mit P_{el} elektr. Nettoleistung der Anlage (W), P_{th} thermische Leistung (W), η_m mechanischer Wirkungsgrad, η_G Generatorwirkungsgrad und η_e Wirkungsgrad für den Eigenverbrauch (Pumpen und Regelung).

Als *Wärmekraftmaschine* bieten sich für Solarfarmanlagen

- Schraubenexpansionsmaschinen,
- Dampfturbinen und
- Stirlingmotoren an.

Turbinen eignen sich als Strömungsmaschinen für hohe Volumenströme und große Druckverhältnisse. Von Nachteil ist der niedrige Teillastwirkungsgrad. Bei kleinen Leistungen z. B. unterhalb 100 kW arbeiten Turbinen mit sehr hohen Drehzahlen bis zu $50000\,\mathrm{min}^{-1}$, was Probleme bei den angekoppelten Getrieben verursacht. Die Turbine kommt deshalb als Arbeitsmaschine nur für Leistungen oberhalb einiger hundert kW in Frage. Bei kleineren Leistungen wurde häufig die *Schraubenexpansionsmaschine* eingesetzt, die als Verdrängermaschine mit rotierenden Schrauben arbeitet. Die Bauweise ist einfach und robust mit gutem Teillastverhalten bei relativ niedriger Drehzahl. Abbildung 6.12 zeigt eine geöffnete Schraubenexpansionsmaschine. Bei großen Druckverhältnissen kann es notwendig werden, zwei Schraubenexpander hintereinander zu schalten.

Der Stirlingmotor erfordert hohe Arbeitstemperaturen, damit gute Wirkungsgrade erreicht werden. Von Nachteil ist der komplexe Aufbau der Maschine. Stirlingmotoren werden üblicherweise mit Paraboloiden kombiniert. Der Erhitzertopf der Stirlingmaschine ist der Absorber. Kollektor, Arbeitsmaschine und Generator bilden eine Einheit.

6.4.5 Das Energieflußbild

Abbildung 6.13 zeigt das *Energieflußbild* einer kleinen Solarfarmanlage für einen bestimmten Tag mit $8,46\,\mathrm{kWh/m^2}$ Einstrahlung entsprechend Abb. 6.9, 6.10 und 6.11. Die angegebenen Wirkungsgrade sind als mittlere Tageswirkungsgrade aufzufassen. Der gesamte Tagesnutzungsgrad beträgt 10%, das ist

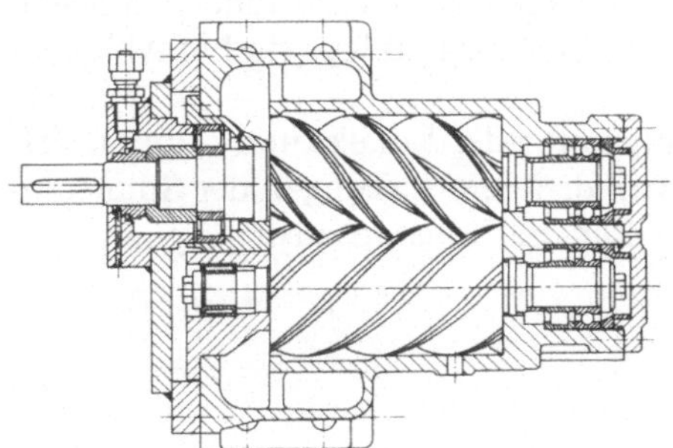

Abb. 6.12. Schraubenexpansionsmaschine für eine Solarfarmanlage kleiner Leistung (Linde, MBB 1977)

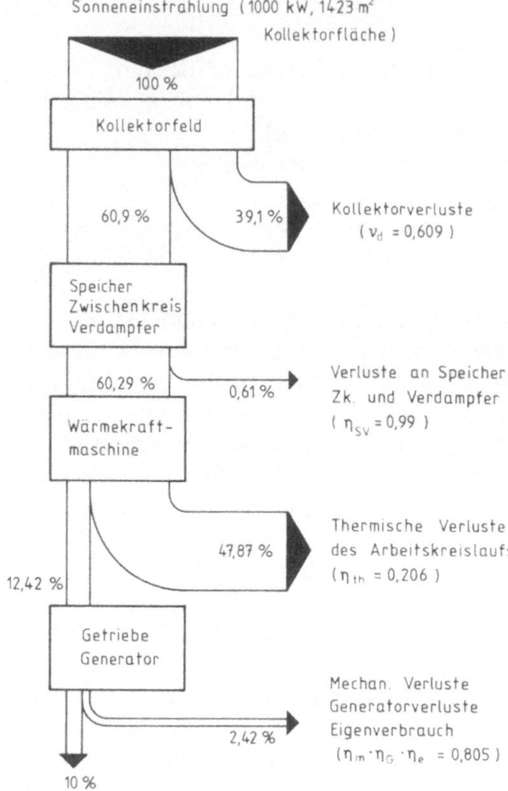

Abb. 6.13. Energieflußbild einer 100-kW$_{\text{el}}$-Solarfarmanlage

ein typischer Wert für kleine Solarfarmanlagen. Moderne Großanlagen von 30 MW wie die SEGS-Baureihe in Kalifornien erreichen Jahresnutzungsgrade von 14,8 % (Meinecke 1991).

6.4.6 Regelung der Anlage

Das Ziel der *Regelung* ist es, soweit wie möglich unabhängig von der Sonnenintensität eine konstante oder eine den Verbrauchern angepaßte Leistung abzugeben, d.h. im Vollast- und im Teillastbereich stabile Betriebszustände herzustellen. Die Regeleinrichtungen einer typischen Solarfarmanlage sind in Abb. 6.14 dargestellt.

Der Regler R1 regelt die Austrittstemperatur der Kollektoren t_0 durch Veränderung des Massenstroms auf einen von den Schwankungen der Sonnenintensität unabhängigen konstanten Wert. Für die Kollektoraustrittstemperatur t_0 gilt nach (6.2) und (6.9)

$$t_0 = \frac{\dot{G}_{\text{D,g}} A_{\text{KF}} \eta_{\text{KF}}}{c_{\text{K}} \dot{m}} + t_e \quad (^{\circ}\text{C}) \tag{6.22}$$

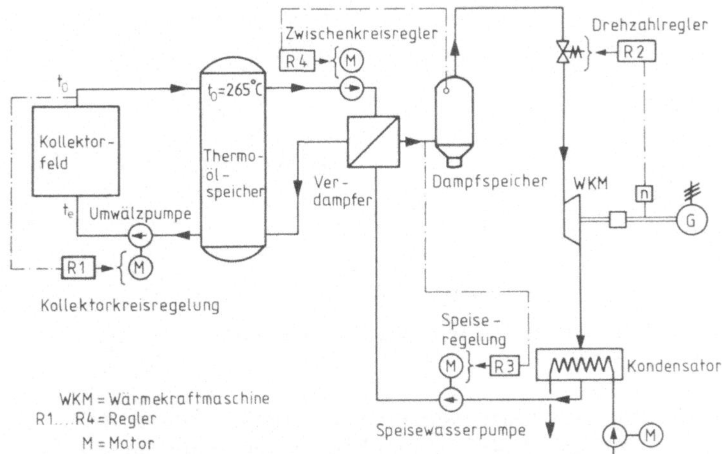

Abb. 6.14. Regeleinrichtungen einer Solarfarmanlage (nach MBB, 1977 u. a.)

mit $G_{D,g}$ Direktstrahlung auf die geneigte Kollektorfläche (W/m^2), A_{KF} Kollektorfläche (m^2), η_{KF} Wirkungsgrad des Kollektorfelds, c_K spez. Wärme des Thermoöls (J/kg), $\dot{m}$ Massenstrom (kg/s) und t_e Kollektoreintrittstemperatur (°C).

Bei einer konstanten Kollektoreintrittstemperatur muß im Falle sinkender/steigender Einstrahlung der Massendurchsatz verringert/erhöht werden, um die Kollektoraustrittstemperatur konstant zu halten.

Arbeitskreisregelung
Jede Laständerung bewirkt eine Drehzahländerung. Steigt die Last, dann öffnet der Regler R2 das Zuführventil, damit mehr Dampf strömt und die Maschine wieder beschleunigt wird. Die Zusatzdampfmenge wird dem Dampfspeicher entnommen. Dauert der Regelvorgang länger, dann fallen Druck und Temperatur im Speicher ab. Der Durchsatz des Kreislaufs muß nun vergrößert werden. Dies besorgt der Regler R3, der die Speisepumpe beschleunigt. Gleichzeitig muß die Energiezufuhr aus dem Speicher vergrößert werden. Dies geschieht durch den Regler R4, der die Thermoölpumpe im Zwischenkreis zu erhöhtem Durchsatz veranlaßt.

6.5 Das Towerkraftwerk

6.5.1 Konzepte für Absorber, Turm und Spiegelfeld

Bei der Ausführung des Absorbers (*Receivers*) sind unterschiedliche Konzepte möglich:
– offene Absorber,
– Hohlraumabsorber,
– volumetrische Absorber.

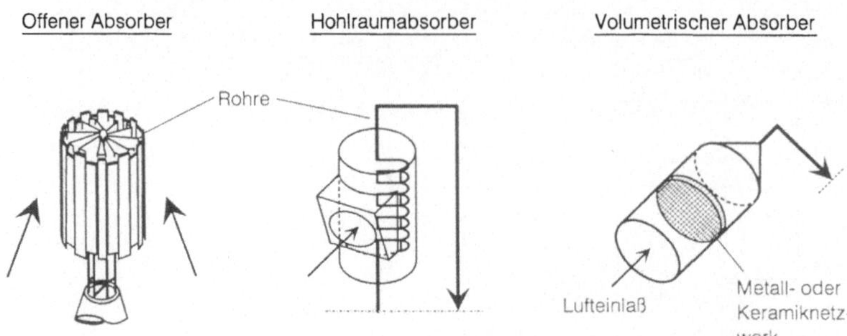

Abb. 6.15. Absorberkonzepte für Turmkraftwerke (Ispra, 1979; VDI 1988)

In Abb. 6.15 sind die drei Ausführungsformen dargestellt. *Offene Absorber* sind billig in der Bauweise, haben aber keinen besonderen Schutz gegen Wärmeverluste. Ausreichende Wirkungsgrade werden nur erreicht, wenn der Absorber klein gebaut wird, so daß er mit hohen Wärmestromdichten betrieben wird (s. a. Gleichung (6.50) und Tabelle 6.3). Die Oberfläche des offenen Absorbers besteht aus einer Vielzahl von lückenlos nebeneinander liegenden Wärmeübertragerrohren.

Hohlraumabsorber besitzen eine relativ kleine Einstrahlöffnung (*Apertur*). Die Innenfläche ist mit Wärmeüberträgerrohren ausgelegt. Es werden bei kleinen Wärmestromdichten höhere Wirkungsgrade als beim offenen Absorber erreicht.

Eine Alternative zu den mit Rohren ausgestatteten Hohlraumabsorbern bieten die sogenannten *volumetrischen Absorber.* Hier besteht der Strahlungsabsorber aus einem Metall- oder Keramiknetzwerk, das von der einfallenden Strahlung erhitzt und von Luft zwangsdurchströmt wird.

In Abb. 6.16 sind zwei *Turmbauweisen* dargestellt, der Stahlturm und der Stahlbetonturm. Stahltürme sind billiger bei leichten Absorbern und bei Höhen < 100 m. Stahlbetontürme sind wirtschaftlicher bei sehr schweren Absorbern und großen Turmhöhen (100 bis 250 m).

Bei der Anordnung der Spiegel (*Heliostaten*) zu *Spiegelfeldern* werden zwei Möglichkeiten unterschieden, die in Abb. 6.17 dargestellt sind, nämlich umlau-

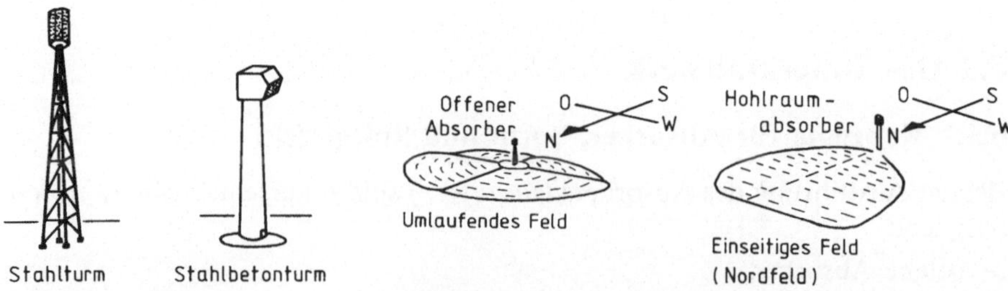

Abb. 6.16. Turmkonzepte (Ispra, 1979; VDI 1988)

Abb. 6.17. Prinzipielle Feldanordnungen einer Solartoweranlage auf der nördlichen Halbkugel (Ispra, 1979)

Tabelle 6.1. Anhaltswerte für elektrische Leistung, Feldgröße und Spiegelabstand verschieden großer Solartoweranlagen

Elektrische Leistung MW	Feldgröße m^2	Abstand des letzten Spiegels m	Spiegelfläche m^2
1	$24 \cdot 10^3$	200	$6 \cdot 10^3$
20	$500 \cdot 10^3$	500	$120 \cdot 10^3$
100	$3300 \cdot 10^3$	1300	$880 \cdot 10^3$

fende und einseitige Felder. Umlaufende Felder können nur bei offenen Absorbern konzipiert werden. Ein solches umlaufendes Feld mit dem Turm in der Mitte wäre nur in geringen Breiten sinnvoll. Bei einem Standort z. B. in etwas größeren nördlichen Breiten würden im südlichen Bereich des Felds große *Cosinus-Verluste* auftreten. Da die Spiegel das Sonnenlicht zum Absorber reflektieren, sind sie i. allg. nicht auf die Sonne gerichtet, sondern stehen schräg dazu. Sie bieten daher dem Strahleneinfall eine verkleinerte Fläche, was einen Verlust an Energie bedeutet. Diese Verluste sind proportional dem Cosinus des Einfallswinkels und heißen daher Cosinus-Verluste (s. auch Abschn. 6.5.2).

Bei geschlossenem Absorber kommt nur ein Feld nördlich der Apertur in Frage (Nordfeld), sofern die Anlage auf der nördlichen Halbkugel steht. Auf der südlichen Halbkugel muß das Feld südlich des Turms angeordnet werden. Auf diese Weise werden die Cosinus-Verluste des Felds minimiert.

Tabelle 6.1 gibt einige Anhaltswerte für die Ausdehnung des Spiegelfelds in Abhängigkeit von der elektrischen Leistung. Die großen Entfernungen der äußeren Spiegel zeigen, daß an die Nachführgenauigkeit extrem hohe Anforderungen gestellt werden (s. a. Abschn. 6.5.2).

6.5.2 Aspekte der Feldauslegung

In Abb. 6.18 ist ein Schnitt in Nord-Süd-Richtung um 12 Uhr Sonnenzeit durch ein Towerkraftwerk gezeigt. Die Spiegelnormale ist die Winkelhalbierende zwischen einfallendem und reflektiertem Strahl. Jeder Spiegel hat bedingt durch seine Position relativ zum Turm einen anderen *Neigungswinkel n*. Für die in Abb. 6.19 dargestellte Ebene gelten die folgenden Winkelbeziehungen:

$$\psi = h + n - 90° \ \text{(Grad)} \quad \text{und} \tag{6.23}$$

$$90° - n = \arctan\left(\frac{z_\mathrm{T} - z_\mathrm{S}/2}{x}\right) + \psi \ \text{(Grad)} . \tag{6.24}$$

Daraus erhält man für den Neigungswinkel der Spiegel folgende Beziehung:

$$n = \frac{180° - h - \arctan\left(\dfrac{z_\mathrm{T} - z_\mathrm{S}/2}{x}\right)}{2} \ \text{(Grad)} . \tag{6.25}$$

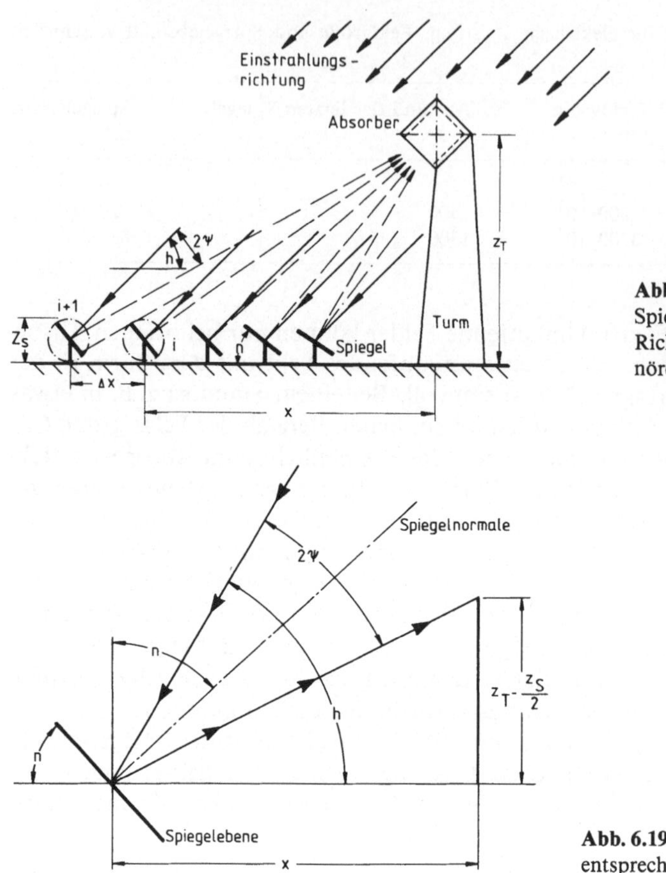

Abb. 6.18. Schnitt durch ein Spiegelfeld in Nord-Süd-Richtung um 12 Uhr auf der nördlichen Erdhalbkugel

Abb. 6.19. Winkel im Spiegelfeld entsprechend Abb. 6.18

Wenn die Sonne hoch am Himmel steht (h groß), dann ist der Neigungswinkel klein. Je weiter der Spiegel vom Turm wegsteht (x groß), um so größer muß der Neigungswinkel der Spiegel sein, und je höher der Turm ist (z_T groß), um-so kleiner wird der Neigungswinkel. Jeder einzelne Spiegel hat also eine andere Neigung, wie diese prinzipiellen Überlegungen zeigen.

Wegen der Vielzahl der Spiegel mit ihrer jeweils anderen Position im Feld und wegen der vom geographischen Standort und von der Tages- und auch Jahreszeit abhängenden Neigung werden Auslegungsrechnungen nur mit Computerprogrammen durchgeführt.

Verlustquellen im Spiegelfeld

Im Spiegelfeld treten eine Reihe unterschiedlicher Verluste auf, die den Gesamtwirkungsgrad von Solartoweranlagen entscheidend beeinflussen. Es sind dies Verluste durch Blocken und Abschatten, Cosinus-Verluste, Spiegelfehler und Reflexionsverluste sowie Nachführungsungenauigkeiten und von Sonne und Wind an Turm und Spiegeln verursachte Auslenkungen.

Blocken
Blocken heißt, daß einem Spiegel durch den vorderen Nachbarspiegel der Blick
auf den Absorber ganz oder teilweise verhindert ist. Blocken kann durch einen
großen Spiegelabstand Δx vermieden werden. Mündet die gemeinsame Tangente an die Schwenkkreise in Richtung des reflektierten Strahls benachbarter
Spiegel (i und $i+1$) noch in den Absorber (Abb. 6.18), so tritt kein Blocken auf.
Für den in Abb. 6.18 dargestellten Fall und Zeitpunkt gilt:

$$\frac{z_S}{\Delta x} \approx \frac{z_T}{x} .$$

(6.26)

Für den Spiegelabstand Δx folgt daraus die Näherungsformel

$$\Delta x \approx x \frac{z_S}{z_T} \ (\mathrm{m})$$

(6.27)

mit x Abstand des Spiegels vom Turm (m), z_S Spiegelhöhe (m) und z_T Turm-
höhe (m).

Mit wachsendem Abstand x vom Turm und mit größer werdendem Verhältnis z_S/z_T muß auch der Abstand der Spiegel untereinander zunehmen. Der
Abstand des Spiegels darf aber nicht größer als nötig gewählt werden, weil
sonst die Nachführung zu aufwendig wird und der Landbedarf für das Spiegelfeld zu stark ansteigt.

Abschatten
Wenn einem Spiegel durch einen Nachbarspiegel der Blick auf die Sonne ver-
wehrt ist, dann spricht man von Abschatten. *Abschattung* tritt besonders dann
auf, wenn die Sonne tief steht. Zu beachten ist auch, daß der Turm einen bestimmten Teil des Felds abschattet.

Cosinus-Verluste
Die Spiegelnormale steht praktisch nie in Richtung der Sonne, es sei denn, die
Sonne stünde aus der Blickrichtung des Heliostaten gesehen genau hinter dem
Absorber, wodurch aber ein Turmschatten auftreten würde. Die effektive Spie-
gelfläche ist also immer kleiner als die tatsächliche Spiegelfläche (Abb. 6.20).
Die Verkleinerung ist proportional dem Cosinus des Einfallswinkels.

Die effektiv wirksame Spiegelfläche A_{eff} ist

$$A_{\mathrm{eff}} = A_K \cos \psi \ (\mathrm{m}^2)$$

(6.28)

mit A_K gesamte Spiegelfläche (m^2) und ψ Einfallswinkel = Reflexionswinkel
(Grad).

Spiegelfehler (Oberflächenfehler)
Abweichungen von der ebenen Spiegelform führen zu Streuungen des Sonnen-
lichts und damit zu Wärmeverlusten am Absorber (s. a. Abschn. 5.4.2).

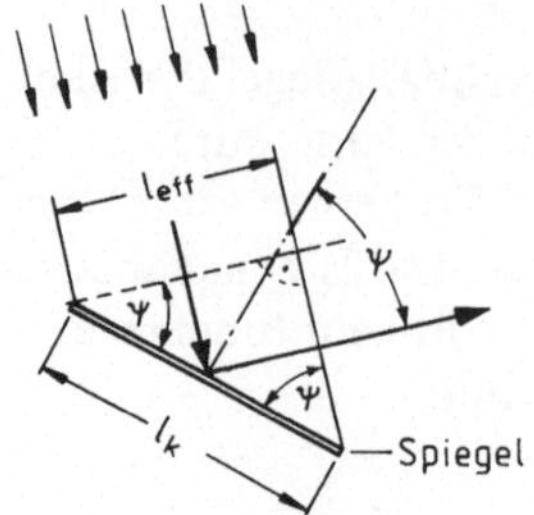

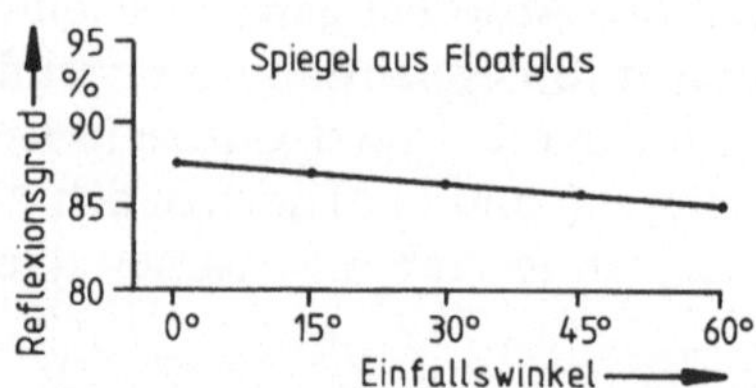

Abb. 6.20. Cosinus-Verluste

Abb. 6.21. Reflexionsgrad und Einfallswinkel (Flabeg, 1979)

Nachführungsungenauigkeiten (Orientierungsfehler)

Bei den heute bekannten Solartoweranlagen von 1 bis 20 MW betragen die zu-
lässigen Abweichungen in der *Nachführung* 1,75 bis 4 mrad, das sind 6 bis 14
Bogenminuten (Schober, 1983). Auf eine Entfernung von z. B. 100 m darf die
Abweichung des reflektierten Strahls nur 17,5 bis 40 cm betragen. Dies verlangt
einen hohen technischen Aufwand. Ist die Nachführung nicht in der gewünschten Genauigkeit, so treten Verluste auf, weil dann ein Teil der Strahlung neben
die Absorberöffnung reflektiert wird. Dies kann zu einer unerwünschten Auf-
heizung des Absorbergehäuses führen.

Windbelastung der Spiegel

Verbiegung des Spiegels und Schwingungen, verursacht durch Windkräfte,
führen zur Auslenkung des Strahls und damit ebenfalls zu Verlusten. Um diese
Verluste klein zu halten, muß der Spiegel auf einer sehr biegesteifen Struktur
montiert werden.

Turmbewegungen

Turmbewegungen entstehen durch Wind und durch einseitige Erwärmung auf
der Sonnenseite. Dies führt dazu, daß ein Teil der Strahlung nicht in die Absorberöffnung trifft.

Reflexionsverluste

Der *Reflexionskoeffizient* hängt nicht nur vom Glas und der Rückseitenbe-
schichtung ab, wie in Tabelle 5.1 gezeigt, sondern auch noch vom Reflexionswinkel.

In Abb. 6.21 ist der Reflexionskoeffizient für einen silberbeschichteten
Glasspiegel, wie er häufig Anwendung findet, in Abhängigkeit vom Einfallswinkel dargestellt.

Größenordnung der Verluste

Tabelle 6.2 gibt für das gesamte Feld unter günstigen Einstrahlbedingungen die
Größenordnung der genannten Verlustquellen im Spiegelfeld wieder.

Der Gesamt*wirkungsgrad eines Spiegels* $\eta_{SF,i}$ ergibt sich aus den Einzel-
wirkungsgraden

Tabelle 6.2. Übliche Bereiche für die Verluste im Spiegelfeld

Blocken und Abschatten	$\eta_{B,A}$:	0,98...0,99
Cosinus-Verluste	η_C:	0,70...0,95
Spiegelfehler und Nachführungsungenauigkeiten	η_F:	0,90...0,99
Windbelastung und Turmbewegung	$\eta_{W,T}$:	0,93...0,97
Reflexionsverluste	$\varrho = \eta_R$:	0,80...0,95
Heliostat-Ausfallrate	η_{Aus}:	0,98...1,00

$$\eta_{SF,i} = \eta_{B,A}\,\eta_C\,\eta_F\,\eta_{W,T}\,\eta_R\,\eta_{Aus} \quad (0,45 \leq \eta_{SF,i} \leq 0,85) \; . \tag{6.29}$$

Für den *Gesamtwirkungsgrad des Spiegelfeldes* gilt dann der gewichtete Durchschnitt

$$\eta_{SF} = \frac{\displaystyle\sum_{i=1}^{n} \eta_{SF,i} A_{KF,i}}{A_{KF}} \tag{6.30}$$

mit n Anzahl der Spiegel, $A_{KF,i}$ Fläche eines Heliostaten (m^2), A_{KF} Fläche des gesamten Kollektorfeldes (m^2).

Übliche Wirkungsgrade für Spiegelfelder liegen im Bereich von

$$0,55 \leq \eta_{SF} \leq 0,80 \; . \tag{6.31}$$

Von den Heliostaten wird an den Absorber die Nutzleistung $\dot{Q}_{N,H}$ reflektiert:

$$\dot{Q}_{N,H} = A_{KF}\,\eta_{SF}\,\dot{G}_{D,g} \quad (W) \tag{6.32}$$

mit η_{SF} Feldwirkungsgrad, A_{KF} tatsächliche Spiegelfeldfläche (m^2) und $\dot{G}_{D,g}$ direkte Einstrahlung auf eine dem Sonnenstand exakt nachgeführte Fläche, deren Einfallswinkel zu jedem Zeitpunkt Null ist (W/m^2).

In Abb. 6.22 ist das Feld der Eurelios-Anlage (Abb. 6.4) zu sehen. Es handelt sich hierbei um ein Projekt der europäischen Gemeinschaft, deshalb werden zwei unterschiedliche Heliostaten eingesetzt, französische mit je $52\,m^2$ Spiegelfläche und deutsche mit $23\,m^2$.

Es handelt sich um ein einseitiges Nordfeld, das etwa einen elliptischen Umriß hat. Der Spiegelabstand Δx nimmt mit dem Abstand vom Turm x zu, um Blocken und Abschatten der Spiegel zu verringern. Der letzte Spiegel dieser 1-MW_{el}-Anlage ist ca. 200 m von dem 55 m hohen Turm entfernt.

Abbildung 6.23 zeigt die Feldauslegung für die 20-MW_{el}-Anlage GAST (Abb. 6.5). Hier sind alle Spiegel durch Linien gleichen Wirkungsgrads miteinander verbunden. Die höchsten Teil-Feldwirkungsgrade treten in der Mitte gegenüber dem Turm auf. Die Spiegel am Feldrand haben den geringsten Wirkungsgrad von 48−51%. Die am weitesten entfernten sind etwa 500 m vom Turm weg. Je größer das Feld wird, umso schneller fällt der Wirkungsgrad ab, d. h. die Wirkungsgradlinien (Linien gleichen Wirkungsgrades) rücken immer

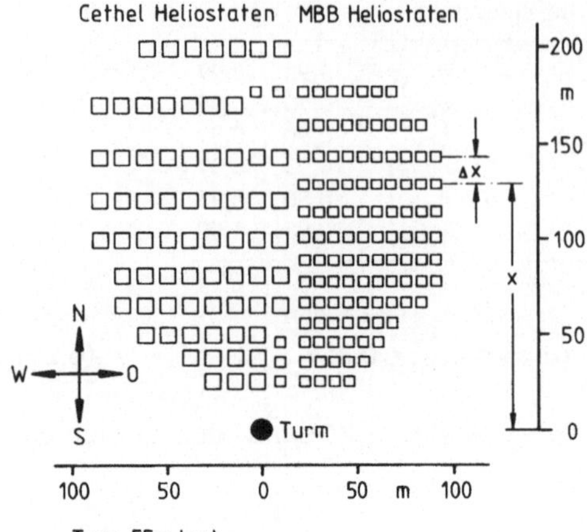

Turm 55m hoch,
geschlossener Absorber,
70 Cethel Heliostaten (3640m^2),
109 MBB Heliostaten (2507m^2)

Abb. 6.22. Die Heliostaten der Eurelios-Toweranlage bestehen aus französischen und deutschen Spiegeln (nach Hofmann/Hartung, 1979)

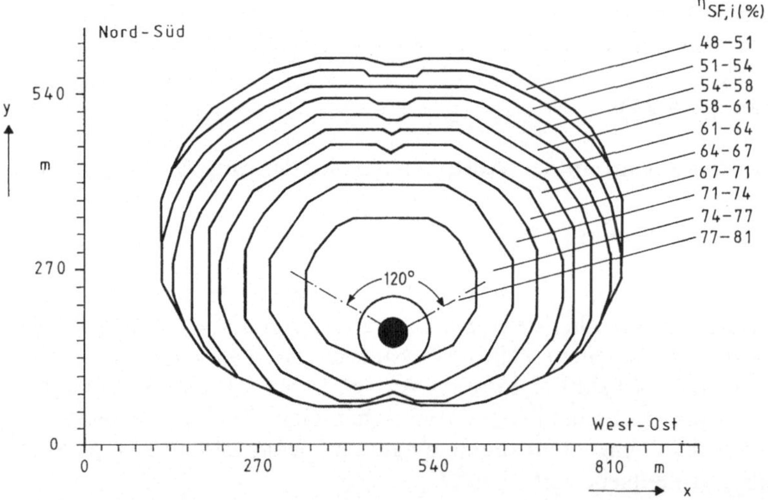

Abb. 6.23. Berechnete Wirkungsgradlinien des Spiegelfelds der 20-MW$_{el}$-Solartoweranlage GAST (nach GAST, 1989)

enger zusammen. Irgendwo gibt es eine Grenze, wo die Spiegel dann so weit vom Turm entfernt sind, daß sie keine nennenswerte Energie mehr in den Absorber bringen.

Bemerkenswert ist bei diesem Konzept, daß der Absorber zwei Öffnungen unter einem Winkel von 120° besitzt. Der Vorteil von zwei Receiveröffnungen ist, daß das Spiegelfeld sich mehr kreisbogenförmig um den Turm herum anordnen läßt, während bei nur einer Öffnung wie z. B. beim Eurelios-Feld der

Umriß mehr elliptisch ist. Im Falle von zwei Öffnungen ist der letzte Spiegel näher am Turm als bei nur einer Öffnung. Dies verringert den Aufwand für die Nachführung.

6.5.3 Nachführung der Heliostaten

Der schematische Aufbau einer *Nachführungseinrichtung* ist in Abb. 6.24 gezeigt. Der Heliostat enthält einen Mikroprocessor (Heliostatrechner) mit dem einprogrammierten Sonnenstand. Die aktuelle Spiegelstellung wird mit dem horizontalen und dem vertikalen Stellungsgeber abgetastet und mit dem einprogrammierten Wert verglichen. Bei Abweichung werden die entsprechenden Antriebseinheiten veranlaßt, den Spiegel nachzustellen. Darüber hinaus besitzt das Feld noch einen Zentralrechner für übergeordnete Steueraufgaben.

Die Aufgaben der Nachführung lassen sich wie folgt zusammenfassen:

— Ausgleich der Bewegung der Erde um die eigene Achse und um die Sonne. Diese kontinuierliche Nachführung erfordert eine hohe Präzision, sie wird vom Heliostatrechner gesteuert,
— Herausdrehen einzelner Spiegel zu Wartungszwecken durch den Zentralrechner,
— Herunterklappen aller Spiegel bei Unwetter oder nachts (wird vom Zentralrechner gesteuert) und
— Wegdrehen der Spiegel bei einem Störfall in der Anlage. Dies wird ebenfalls vom Zentralrechner aus gesteuert.

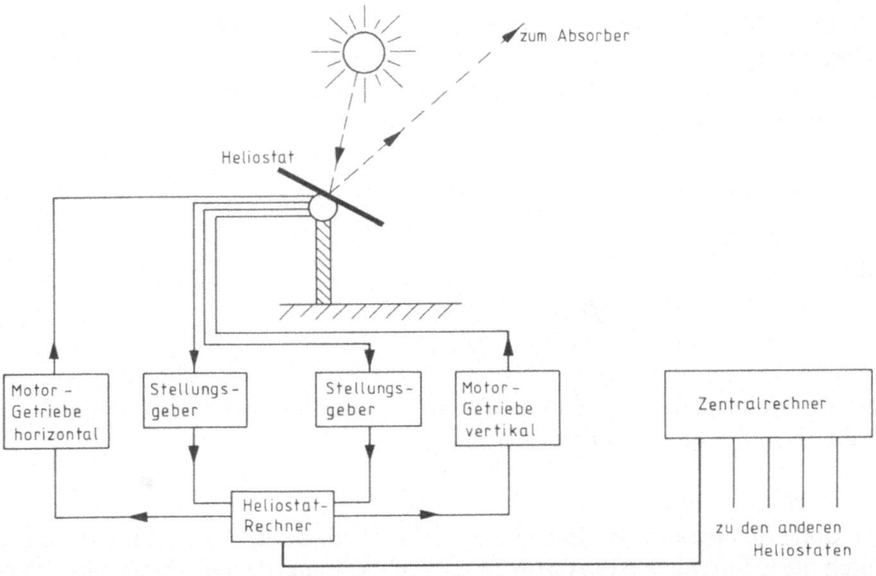

Abb. 6.24. Vereinfachtes Schema einer Heliostat-Nachführeinrichtung (nach MBB, 1980; Schober, 1983)

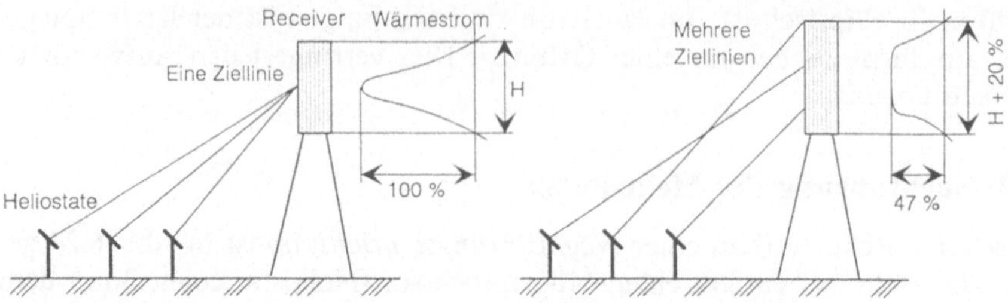

Abb. 6.25. Verschiedene Zielstrategien für die Nachführung von Heliostaten

Die Anforderungen an die Nachführgenauigkeit sind in Abschnitt 6.5.2 beschrieben. Durch die Wahl der Zielpunkte für die Heliostaten läßt sich die Verteilung der Strahlungsbelastung auf der Absorberoberfläche beeinflussen (Abb. 6.25). Bei mehreren Zielpunkten kann die Spitzenbelastung durch den Wärmestrom um mehr als die Hälfte verringert werden.

6.5.4 Der Receiver

In Abb. 6.26 ist ein üblicher Hohlraumabsorber (Receiver) schematisch dargestellt.

Für die *Bilanz der Wärmeströme am Receiver* gilt

$$\dot{Q}_{N,A} = \dot{Q}_{N,H} - \dot{Q}_K - \dot{Q}_R - \dot{Q}_S - \dot{Q}_T \ (W) \tag{6.33}$$

mit $\dot{Q}_{N,A}$ Nutzleistung des Absorbers, $\dot{Q}_{N,H}$ eingestrahlte Nutzleistung des Felds, $\dot{Q}_K$ Konvektionsverluste, $\dot{Q}_R$ Reflexionsverluste, $\dot{Q}_S$ Strahlungsverluste im langwelligen Bereich und $\dot{Q}_T$ Transmissionsverluste jeweils in W.

Der Wirkungsgrad ist das Verhältnis von Nutzleistung zu eingestrahlter Leistung

$$\eta = \frac{\dot{Q}_{N,A}}{\dot{Q}_{N,H}} \tag{6.34}$$

oder

$$\eta = 1 - \frac{\dot{Q}_K}{\dot{Q}_{N,H}} - \frac{\dot{Q}_R + \dot{Q}_S}{\dot{Q}_{N,H}} - \frac{\dot{Q}_T}{\dot{Q}_{N,H}} \tag{6.35}$$

Dabei wird angenommen, daß die gesamte Einstrahlung der Heliostaten $\dot{Q}_{N,H}$ in die Öffnung des Absorbers trifft.

Konvektionsverluste
Die hohe Temperatur im Inneren des Absorbers bewirkt eine Luftströmung durch die Öffnung, wie in Abb. 6.26 schematisch angedeutet. Dabei wird Wärme durch freie Konvektion nach außen transportiert. Für diese *Konvektionsverluste* gilt

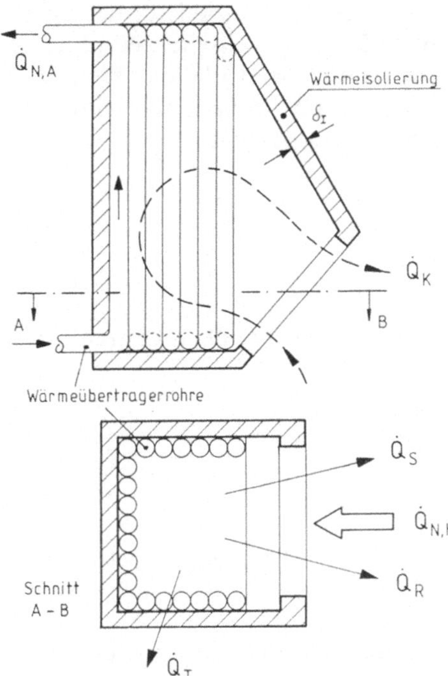

Abb. 6.26. Wärmeströme am Hohlraumabsorber (schematisch)

$$\dot{Q}_K = \alpha_K (T_A - T_U) A_{RA} \quad (\mathrm{W}) \tag{6.36}$$

mit α_K Wärmeübergangszahl der freien Konvektion ($\mathrm{W/m^2\,K}$), T_A Absorberinnentemperatur (K), T_U Umgebungstemperatur (K) und A_{RA} Aperturfläche des Absorbers ($\mathrm{m^2}$).

Nach Clausing, 1981, liegen die Wärmeübergangszahlen für Receiver von 1 bis 38 MW im Bereich von

$$5{,}9 \ \mathrm{W/m^2\,K} \leqq \alpha_K \leqq 7{,}8 \ \mathrm{W/m^2\,K} \ . \tag{6.37}$$

Transmissionsverluste

Da die Receiver meist mit einer ausreichenden Wärmeisolierung versehen sind, bleiben die *Transmissionsverluste* i. allg. klein. Sie werden mit der Formel

$$Q_T = k(T_A - T_U)(A_A - A_{RA}) \quad (\mathrm{W}) \tag{6.38}$$

berechnet. Für die Wärmedurchgangszahl k gilt

$$k = \frac{1}{\dfrac{1}{\alpha_i} + \dfrac{\delta_I}{\Lambda} + \dfrac{1}{\alpha_a}} \quad (\mathrm{W/m^2\,K}) \tag{6.39}$$

mit A_A gesamte Absorberfläche (m^2), α_i Wärmeübergangszahl auf der Innenseite (W/m^2 K), α_a Wärmeübergangszahl auf der Außenseite (W/m^2 K), δ_I Dicke der Isolation (m) und Λ Wärmeleitfähigkeit der Isolation (W/mK).

Da der Wärmedurchgang im wesentlichen von δ_I / Λ bestimmt wird, können α_i und α_a in erster Näherung vernachlässigt werden:

$$\dot{Q}_T = \frac{\Lambda}{\delta_I} (T_A - T_U)(A_A - A_{RA}) \ \text{(W)} \ . \tag{6.40}$$

Reflexions- und Strahlungsverluste
In den Receiver wird vom Kollektorfeld die Nutzleistung $\dot{Q}_{N,H}$ gestrahlt. Dabei gelten die Gleichungen

$$\dot{Q}_{N,H} = \dot{q}_{RA} A_{RA} \ \text{(W)} \tag{6.41}$$

und

$$\dot{Q}_{N,H} = \dot{q}_A A_A \ \text{(W)} \tag{6.42}$$

mit $\dot{q}_{RA}$ mittlere Leistungsdichte in der Apertur (W/m^2), A_{RA} Apertur (Öffnungsfläche) (m^2), $\dot{q}_A$ mittlere Leistungsdichte auf der Receiverfläche (W/m^2) und A_A gesamte Receiverfläche (m^2).

Für die folgenden Ableitungen werden noch die Flächenverhältnisse

$$f_1 = \frac{A_A - A_{RA}}{A_A} \tag{6.43}$$

und

$$f_2 = \frac{A_A}{A_{RA}} \tag{6.44}$$

benötigt.

Die einfallende Strahlung wird im *Hohlraumabsorber* mehrmals hin und her reflektiert. Bei jeder Reflexion wird ein Teil durch die Öffnung nach außen reflektiert. Diese Reflexionen der kurzwelligen Strahlung sind durch den Reflexionskoeffizienten ϱ charakterisiert. Darüber hinaus strahlt die erwärmte Absorberfläche noch im langwelligen Bereich Wärme ab. Dieser Vorgang wird durch die Emissionszahl ε_I gekennzeichnet. Die langwellige Strahlung wird auch an den Wänden reflektiert, und bei jeder Reflexion geht ein Teil nach draußen. Für die Reflexion im langwelligen Bereich ist ein anderer Koeffizient ϱ_I verantwortlich.

Im langwelligen Bereich gilt

$$\varrho_I = 1 - \varepsilon_I \ . \tag{6.45}$$

Die insgesamt durch die Öffnung nach außen gestrahlte Verlustwärme setzt sich aus vielen Einzelbeiträgen im kurz- und im langwelligen Bereich zusammen, die entsprechend der Anzahl der Reflexionen immer kleiner werden. Trifft die Strahlung $\dot{q}_A$ zum ersten Mal auf die Absorberwand, so wird der Betrag $\varrho \dot{q}_A$ reflektiert. Davon wird bei der zweiten Reflexion $\varrho(\varrho \dot{q}_A) f_1$ reflektiert und bei der dritten $\varrho^3 \dot{q}_A f_1^2$ usw. Die abgestrahlte langwellige Leistung hat die Dichte

$$\dot{q}_S = \varepsilon_I \sigma (T_A^4 - T_U^4) \quad (W/m^2) \tag{6.46}$$

mit ε_I Emissionskoeffizient, σ Stefan-Boltzmann-Konstante $(5{,}67 \cdot 10^{-8}\ W/m^2\ K^4)$, T_A Absorberinnentemperatur (K) und T_U Umgebungstemperatur (K). Für die *Verluste durch Reflexion und Strahlung* gilt

$$\dot{Q}_S + \dot{Q}_R = A_{RA}(\varrho \dot{q}_A + \varrho^2 \dot{q}_A f_1 + \varrho^3 \dot{q}_A f_1^2 + \ldots + \varrho^{n+1} \dot{q}_A f_1^n)$$
$$+ A_{RA}(\dot{q}_S + \varrho_I \dot{q}_S f_1 + \varrho_I^2 \dot{q}_S f_1^2 + \ldots + \varrho_I^n \dot{q}_S f_1^n) \quad (W)$$

$$\text{bzw.}\ \dot{Q}_S + \dot{Q}_R = A_{RA} \varrho \dot{q}_A (1 + \varrho f_1 + \varrho^2 f_1^2 + \ldots + \varrho^n f_1^n)$$
$$+ A_{RA} \dot{q}_S (1 + \varrho_I f_1 + \varrho_I^2 f_1^2 + \ldots + \varrho_I^n f_1^2) \quad (W) \ .$$

Für die geometrischen Reihen in den Klammern können vereinfachte Ausdrücke eingesetzt werden

$$\dot{Q}_S + \dot{Q}_R = A_{RA} \varrho \dot{q}_A \frac{1}{1 - \varrho f_1} + A_{RA} \dot{q}_S \frac{1}{1 - \varrho_I f_1} \quad (W) \ .$$

Mit (6.43), (6.45) und (6.46) ergibt sich

$$\dot{Q}_S + \dot{Q}_R = \frac{A_{RA} \varrho \dot{q}_A}{1 - \varrho \dfrac{A_A - A_{RA}}{A_A}} - \frac{A_{RA} \varepsilon_I \sigma (T_A^4 - T_U^4)}{1 - (1 - \varepsilon_I) \dfrac{A_A - A_{RA}}{A_A}} \quad (W) \ . \tag{6.47}$$

Für den Wirkungsgrad folgt aus (6.35), (6.36), (6.40), (6.41) und der vorstehenden Gleichung

$$\eta = 1 - \frac{\alpha_K (T_A - T_U) A_{RA}}{\dot{q}_{RA} A_{RA}} - \frac{A_{RA} A_A \varrho \dot{q}_A}{(A_A - \varrho(A_A - A_{RA})) \dot{q}_{RA} A_{RA}}$$
$$- \frac{A_{RA} A_A \varepsilon_I \sigma (T_A^4 - T_U^4)}{(A_A - (1 - \varepsilon_I)(A_A - A_{RA})) \dot{q}_A A_A} - \frac{\Lambda (T_A - T_U)(A_A - A_{RA})}{\delta_I \dot{q}_{RA} A_{RA}} \ .$$

Unter Berücksichtigung von (6.41), (6.42), (6.44) und (6.51) folgt

$$\eta = 1 - \frac{\alpha_K (T_A - T_U)}{\dot{q}_{RA}} - \frac{\varrho}{f_2 - \varrho(f_2 - 1)} - \frac{f_2 \varepsilon_I \sigma (T_A^4 - T_U^4)}{(f_2 - (1 - \varepsilon_I)(f_2 - 1)) \dot{q}_{RA}}$$
$$- \frac{\Lambda (T_A - T_U)(f_2 - 1)}{\delta_I \dot{q}_{RA}} \tag{6.48}$$

mit η Wirkungsgrad des Hohlraum-Receivers, α_K Wärmeübergangszahl für freie Konvektion an der Absorberöffnung $(W/m^2\ K)$, T_A Absorberinnentemperatur (K), T_U Umgebungstemperatur (K), $\dot{q}_{RA}$ eingestrahlte Leistungsdichte in der Aperturebene (W/m^2), ϱ Reflexionskoeffizient, f_2 Flächenverhältnis (ges. Receiverfläche/Apertur), ε_I Emissionskoeffizient, σ Stefan-Boltzmann-Konstante $(5{,}67 \cdot 10^{-8}\,\text{W/m}^2\,\text{K}^4)$, Λ Wärmeleitfähigkeit der Isolierung (W/m K) und δ_I Dicke der Isolierung (m).

Für den offenen Absorber (Abb. 6.15) gilt

$$f_2 = 1$$

und

$$\dot{q}_A = \dot{q}_{RA} \; . \tag{6.49}$$

Für den *offenen Receiver* lautet die Gleichung des Wirkungsgrads dann

$$\eta_{OR} = 1 - \frac{\alpha_K(T_A - T_U)}{\dot{q}_A} - \varrho - \frac{\varepsilon_I \sigma(T_A^4 - T_U^4)}{\dot{q}_A} \; . \tag{6.50}$$

Abbildung 6.27 zeigt den *Receiver-Wirkungsgrad* in Abhängigkeit von der Einstrahlungsdichte in der Apertur $\dot{q}_{RA}$ und der Absorbertemperatur t_A. Je höher die Absorbertemperatur, um so höher sind die Verluste und um so kleiner der Wirkungsgrad. Durch eine Vergrößerung der Einstrahlungsdichte wird der Wirkungsgrad verbessert. Eine Erhöhung der Einstrahlungsdichte in der Apertur bedeutet bei einer gegebenen Sonneneinstrahlung eine Vergrößerung des *Konzentrationsverhältnisses*, wie (6.51) zeigt.

$$\dot{q}_{RA} = \eta_{SF} A_{KF} \dot{G}_{D,g} / A_{RA} \quad (\text{W/m}^2)$$

$$\dot{q}_{RA} = C \dot{G}_{D,g} \quad (\text{W/m}^2) \tag{6.51}$$

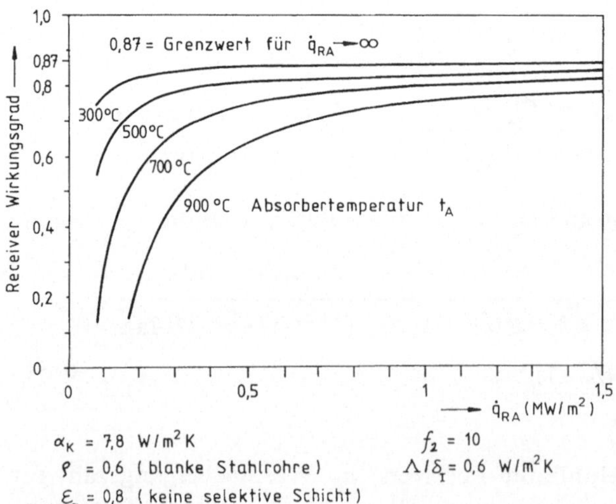

Abb. 6.27. Der Einfluß der Leistungsdichte und der Absorbertemperatur auf den Receiver-Wirkungsgrad

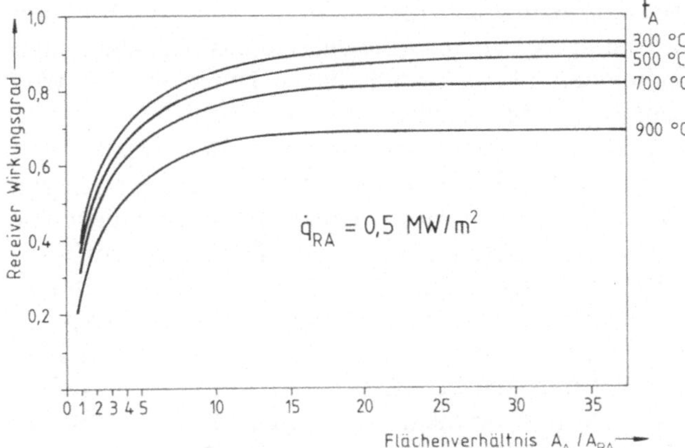

Abb. 6.28. Der Einfluß der Apertur und der Absorbertemperatur auf den Wirkungsgrad (mit den gleichen Daten wie Abb. 6.27 gerechnet)

mit C Konzentrationsverhältnis (in diesem Fall wird das energetische Konzentrationsverhältnis zugrunde gelegt: $C = \eta_{SF} A_{KF}/A_{RA}$), $\dot{G}_{D,g}$ direkte Sonneneinstrahlung normal auf eine zur Sonne geneigten Spiegelfläche (W/m^2) und $\dot{q}_{RA}$ mittlere Leistungsdichte in der Apertur (W/m^2).

Abbildung 6.28 zeigt den Einfluß der *Apertur* auf den Wirkungsgrad. Bei dem Flächenverhältnis $A_A/A_{RA} = 1$ liegt ein offener Receiver vor. Der Wirkungsgrad hat hier seinen niedrigsten Wert. Das ist der Grund, weshalb man zum *Hohlraumabsorber* übergeht. Je kleiner die Einstrahlöffnung wird (A_A/A_{RA} wird größer), umso besser wird der Wirkungsgrad. Allerdings ist bei den hohen Temperaturen für $A_A/A_{RA} > 15$ kaum noch ein zusätzlicher Wirkungsgradgewinn zu erwarten, d. h. es lohnt sich nicht, die Apertur sehr klein zu machen.

Tabelle 6.3 zeigt die gemessenen Wirkungsgrade von Receivern verschiedener Demonstrationsanlagen. Die Werte schwanken je nach Einstrahlung und Lastzustand.

Tabelle 6.3. Gemessene Receiver-Wirkungsgrade (Winter, 1991)

Receivertyp	Wärmeübertragungsfluid	Wirkungsgradbereich %
Offen	Natrium	81...91 [a]
Hohlraum	Natrium	63...76 [a]
Offen	Wasserdampf	65...81 [b]
Hohlraum	Wasserdampf	75...91 [a]
Hohlraum	Salzschmelze	78...92 [c]

Standorte:
[a] Almeria, Spanien.
[b] Barstow, Kalifornien.
[c] Targasonne, Frankreich.

Wichtig für die Receiverauslegung sind die Fähigkeit, Solarstrahlung mit möglichst hohen Wärmestromdichten zu absorbieren, und das Verhalten unter transienten Betriebsbedingungen, z. B. beim plötzlichen Durchzug von Wolken. Letzteres kann zu sehr hohen Materialbelastungen führen.

Die Abbildungen 6.29 und 6.30 zeigen das Beispiel eines Receivers für eine 500-kW-Anlage mit Natriumkreislauf. Die Kaverne ist ein halber Kreiszylinder, der mit bogenförmigen Rohrschlangen belegt ist. Hinter den Rohren liegt eine keramische Speichermasse, und dahinter eine Isolation. Die Receiveröffnung kann durch ein Tor verschlossen werden, um die Auskühlung bei Wolkendurchzug oder in der Nacht zu verhindern. Der Wärmestrom $\dot{q}_A$ (Heizflächenbelastung) hat eine glockenförmige Verteilung, da eine Vielzahl von Heliostaten, die alle mit einer gewissen Ungenauigkeit behaftet sind, in den Receiver reflektierten. Das Maximum der Wärmestromdichte beträgt ca. 620 kW/m^2 in der Mitte des Receivers. Die Wärmestromdichte kann bei diesem Receiver so hoch sein, weil Natrium als Kühlmittel verwendet wird, das sehr gute Wärmetransporteigenschaften hat.

Die Natriumtemperatur steigt stetig von 270° auf 530 °C. Dabei liegt die Rohrwandtemperatur etwas über der Natriumtemperatur. Am oberen und

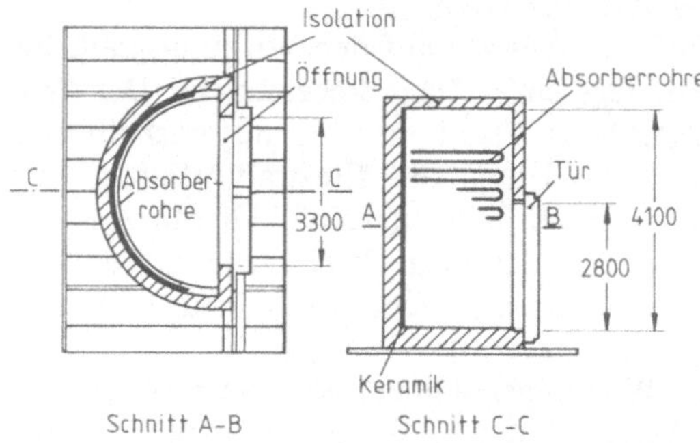

Abb. 6.29. Receiver für eine 500-kW$_{el}$-Solartoweranlage (nach Kostrzewa, 1979; Boese, 1981; Winter, 1991)

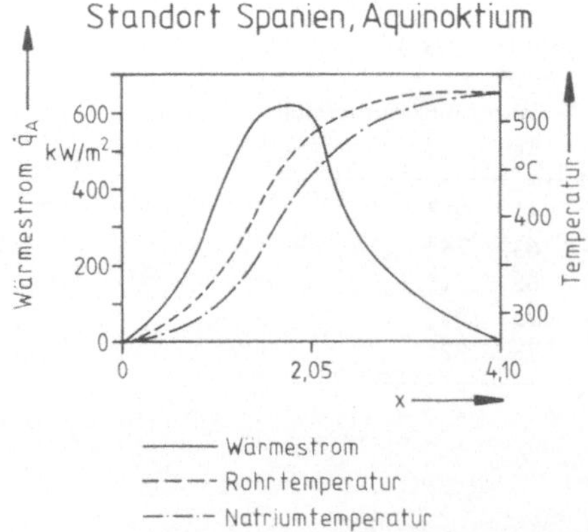

Abb. 6.30. Wärmestrom- und Temperaturverteilung über die Höhe des Receivers einer 500-kW$_{el}$-Solartoweranlage mit Natriumkreislauf (nach Kostrzewa, 1979; Boese, 1981; Winter, 1991)

unteren Ende, wo keine Wärme mehr übertragen wird, fallen Rohrtemperatur und Natriumtemperatur zusammen.

6.5.5 Kreislaufkonzepte

Wasserdampf

In Abb. 6.31 ist das Kreislaufschema der 1-MW_{el}-Eurelios-Anlage (Abb. 6.4) dargestellt. Der *Dampferzeuger* besteht aus zwei spiralförmig gewickelten Rohren, die in drei Zonen (Vorwärmer, Verdampfer und Überhitzer) aufgeteilt sind. Die Regelung erfolgt auf eine konstante Temperatur von 510 °C. Dabei werden sowohl der Massenstrom als auch der Druck geregelt. Die Pumpe kann im Druckbereich von 12 bis 64 bar geregelt werden.

Das Ventil V_1 regelt den Hauptmassenstrom. Geht z. B. die Einstrahlung zurück, dann wird V_1 weiter zugedreht. Das Ventil V_2 übernimmt die Feinregelung im Verdampfer. Durch V_2 können bis zu 8% des gesamten Massenstroms eingespeist werden. Das Ventil V_3 dient als Feinregelung am Überhitzer, hier werden bis zu 2% des Massenstroms eingespritzt.

Die *Regelung* des Dampferzeugers in einem Towerkraftwerk muß immer sich der oft sehr schnell wechselnden Sonneneinstrahlung gut anpassen können. Der Kreislauf der Eurelios-Anlage besitzt für Testzwecke einen Bypass, der es ermöglicht, den Dampferzeuger ohne die Turbine zu betreiben. Der Speicher dient zur Überbrückung kurzzeitiger Unterbrechungen der Sonneneinstrahlung bis zu 30 Minuten.

Der *Kreislaufwirkungsgrad* der Anlage (inkl. Generator) beträgt 25%, der Gesamtwirkungsgrad nach Abzug des Eigenverbrauchs 16,2%. Diese Angaben gelten für den Standort in Sizilien zur Tag- und Nachtgleiche (Äquinoktium)

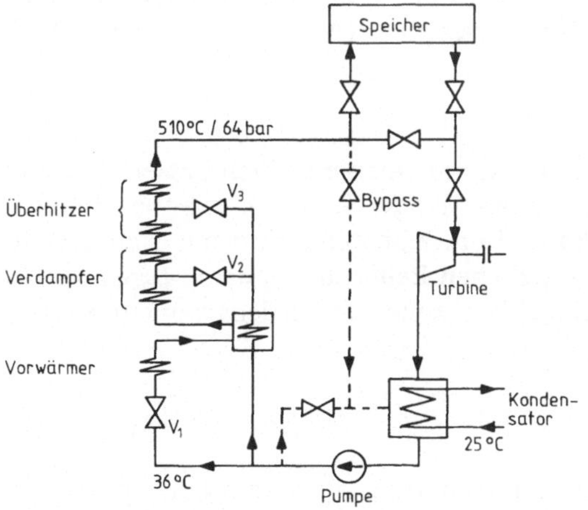

Abb. 6.31. Schema der Dampferzeugung der Eurelios-Anlage (nach Hofmann, Hartung, Graetz, Ispra Courses, 1979)

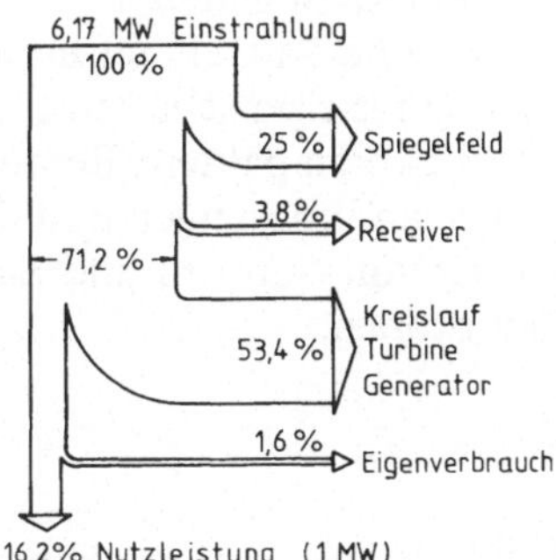

Abb. 6.32. Energieflußbild der Eurelios-Anlage (nach Hofmann/Hartung, 1979)

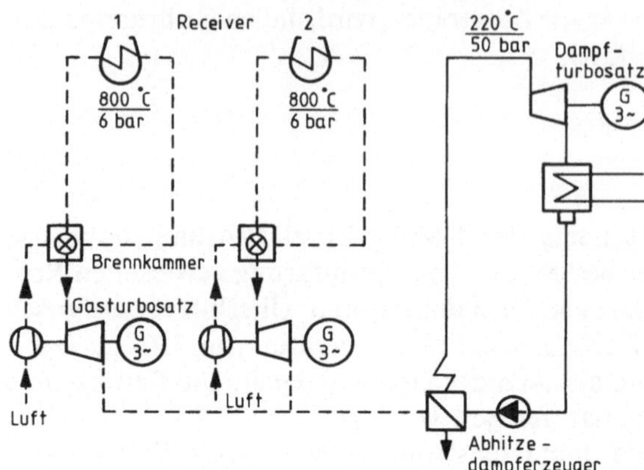

Abb. 6.33. Schematischer Schaltplan des Dampf- und Gasturbinenprozesses der 20-MW$_{el}$-Solartoweranlage GAST (nach Arge GAST, 1980)

um 12 Uhr mittags. Abbildung 6.32 zeigt das zugehörige *Energieflußbild* der Anlage. Auffallend ist der hohe Wirkungsgrad des Receivers.

Luft und Wasserdampf
Abbildung 6.33 zeigt den kombinierten Gas-Dampfturbinenprozeß der 20-MW$_{el}$-GAST-Anlage (Abb. 6.5). Der Receiver hat zwei Öffnungen, für je einen Gasturbinensatz. Es handelt sich hier um offene Gasturbinenprozesse mit einem nachgeschalteten Dampfturbinenprozeß zur Verbesserung des Wirkungsgrads.

Die Anlage ist mit zwei Brennkammern in den Gasturbinenkreisläufen versehen, damit sie fossil befeuert werden kann, wenn die Sonne nicht scheint.

Dieser Kreislauf hat einen Wirkungsgrad von ca. 38% und ist damit erheblich höher, als der Wirkungsgrad eines reinen Wasserdampfprozesses wie z. B. bei der Eurelios-Anlage. Der Wirkungsgrad der gesamten Anlage wird für einen sonnenreichen Standort mit 18% angegeben (Arge GAST, 1980; GAST, 1989).

Natrium, Salzschmelzen
Natrium und Salzschmelzen haben als Kühlmedien erheblich bessere Wärmeübertragungseigenschaften als Wasserdampf oder Luft. Sie erlauben deshalb wesentlich kompaktere Receiver-Bauweisen. Nachteilig sind die erhöhten Sicherheitsanforderungen und die zusätzlichen Beheizungssysteme gegen die Erstarrung von Natrium und Salzschmelzen, wenn die Betriebstemperaturen zu fallen drohen.

6.5.6 Nutzungsgrad

Abbildung 6.32 zeigt die einzelnen Verlustkomponenten eines Solarturmkraftwerks. Die Zahlenwerte können je nach Anlagenkonzept, Standort und Betriebsweise schwanken. Viel informativer als der Wirkungsgrad zu einem bestimmten Zeitpunkt ist der mittlere Tages- oder Jahreswirkungsgrad. Er wird

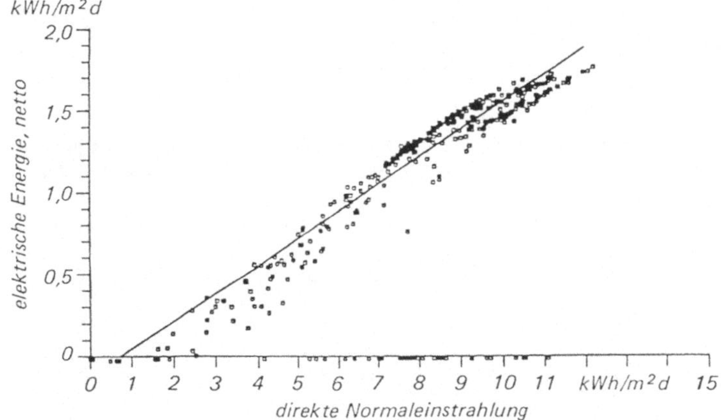

Abb. 6.34. Tagesnutzenergie des 30-MW-Turmkraftwerks PHOEBUS-1 (Meinecke, 1991)

allerdings besser *Tages- oder Jahresnutzungsgrad* genannt. Für die Darstellung
der Nutzenergie haben sich sogenannte Input-Output-Diagramme eingebür-
gert. Auf der Abszisse ist die direkte Einstrahlung $\dot{Q}_{D,g}$ (Input) dargestellt und
auf der Ordinate die abgegebene elektrische Energie (Output). Abbildung 6.34
zeigt die Tageswerte für die Solarturmanlage PHOEBUS-1. Der Mittelwert des
Tagesnutzungsgrades, charakterisiert durch die Ausgleichsgerade, liegt bei etwa
15%.

6.6 Systemvergleich und Kosten

6.6.1 Systemvarianten

Tabelle 6.4 vergleicht die wichtigsten technischen Systemparameter für *Farm-*
und *Toweranlagen.*

Mit steigendem Konzentrationsverhältnis steigen Arbeitstemperatur und
Wirkungsgrad der Systeme, während der *Flächenbedarf* für das Kollektorfeld
absinkt. Solarfarmsysteme werden wegen niedriger Temperaturen häufig mit
organischen Fluiden betrieben und haben bei kleineren Leistungseinheiten als
Kraftmaschine oft eine Schraubenexpansionsmaschine. Solartoweranlagen
können mit den aus anderen Kraftwerkstechnologien bekannten Fluiden und
Maschinen arbeiten.

6.6.2 Wirtschaftlichkeit

Für die Wirtschaftlichkeit sind die Stromgestehungskosten maßgebend. Mit
der einfachen *Annuitätenmethode*, die auch in Abschnitt 4.1.5 beschrieben ist,
werden die *Stromgestehungskosten* für verschiedene Anlagentypen ermittelt:

Tabelle 6.4. Systemvergleich typischer Farm- und Toweranlagen für die Stromerzeugung an sonnenreichen Standorten (Richtwerte)

Systemparameter	Farm	Farm	Tower
Kollektorbauart	Parabolrinne	Paraboloid	Heliostat
Konzentrations-verhältnis	40...100	200...1000	400...1000
Absorbertemperatur in °C	150...390	400...1200	450...1200
Jahresnutzungsgrad in %	10...15[a]	15...35	10...20
Kollektorfläche in m^2/kW	15...8[a]	16...5	10...6
Bebaute Fläche in m^2/kW	40...25[a]	40...15	40...20
Kühlfluid	Thermoöl, Wasser	Thermoöl[b]	–
Arbeitsfluid	Wasser	Wasser, Gas	Wasser, Luft, Natrium, Salz
Kraftmaschine	Schraube, Dampfturbine	Schraube, Dampfturbine, Stirlingmotor	Dampfturbine, Gasturbine

[a] Bestwerte für SEGS-Anlagen in Kalifornien, [b] nur bei Zweikreisanlagen

Tabelle 6.5. Berechnung der Stromgestehungskosten für drei solarthermische Kraftwerke mit verschiedenen finanzmathematischen Parametern (Preisbasis 1991)

Anlagentyp und Blockgröße[a]	Spez. Anlagen-kosten[a] k (DM/k_{We})	Betriebs-kostensatz z_B (%/a)	Zinssatz p_z (%/a)	Abschreibungs-dauer n^* (a)	Vollast-stunden[a] n_v (h/a)	Gestehungs-kosten k_S (DM/kWh)
1. Solar-Farm (Parabolrinne 30 MW)	8358	4,5	7,0	20	2827	0,41
	8358	4,5	8,0	12,5	2827	0,52
2. Solar-Turm (30 MW)	9400	4,5	7,0	20	2613	0,50
	9400	4,5	8,0	12,5	2613	0,63
3. Solar-Farm (Paraboloid Stirlingmotor 1 MW)	12686	6,5	7,0	20	2120	0,95
	12686	6,5	8,0	12,5	2120	1,16

[a] Daten nach DLR 1991

$$k_a = \left[\frac{q^{n^*}(q-1)}{q^{n^*}-1} + \frac{z_B}{100} \right] k \quad (DM/kWa) \tag{6.52}$$

mit k_a spezifische Jahreskosten (DM/kWa), $q = 1 + p_z/100$, p_z Zinssatz (%/a), z_B Betriebskostensatz (%/a), k spezifische Anlagenkosten (DM/kW) und n^* Abschreibungsdauer (fiskalische Nutzungsdauer) (a).

Für die Stromgestehungskosten gilt dann

$$k_S = \frac{k_a}{n_v} \; (\text{DM/kWh}) \tag{6.53}$$

mit k_S Stromgestehungskosten (DM/kWh) und n_v Vollaststunden pro Jahr
(h/a).

Tabelle 6.5 zeigt, daß heute die Solarfarmanlagen mit Parabolrinnen die
niedrigsten Stromgestehungskosten erreichen. Das hängt damit zusammen,
daß dieser Anlagentyp in Form der SEGS-Kraftwerke in Kalifornien die größte
Verbreitung gefunden hat. Nach DLR (1991) wird damit gerechnet, daß sich
in Zukunft durch die weitere Kommerzialisierung und die technische Fortent-
wicklung die Gestehungskosten für Solarfarmanlagen mit Parabolrinnen mindestens halbieren. Für Turmanlagen wird ein Drittel der heutigen Kosten erwartet und für Paraboloid-Anlagen ein Viertel.

7 Photovoltaische Stromerzeugung

7.1 Einleitung

Ebenso wie die Niedertemperatur- und Hochtemperaturkollektoren zählen auch *Solarzellen* zu den Energiewandlern, die eine direkte Nutzung der solaren Strahlungsenergie ermöglichen. Da sie Sekundärenergie in Form von elektrischem Strom bereitstellen und zudem als Solarzellengeneratoren keinerlei bewegliche Teile beinhalten, kann man sie – wie Bonnet und Rickus dies tun, zu Recht als „eleganteste Form der Energiewandler" bezeichnen.

Obwohl der *photovoltaische Effekt* bereits seit seiner Entdeckung durch *Becquerel* im Jahre 1839 bekannt ist, begann sich seine Nutzung zur Energieerzeugung erst mit dem Satellitenzeitalter auszubreiten. 1954 wurden die ersten *Silicium-Solarzellen* (einkristallin) für Weltraumzwecke hergestellt. Ihr Wirkungsgrad betrug 5%. Ein wesentliches Ziel des außerordentlich energie- und materialintensiven Produktionsprozesses war die Resistenz gegen die hochenergetische Strahlung im Weltraum. Trotz einer schnellen Steigerung der Wirkungsgrade und einer erheblichen Weiterentwicklung der Solarzellentechnologie wurde an die terrestrische (erdgebundene) Anwendung dieser Energiewandler wegen der hohen Produktionskosten erst im Gefolge der sog. „Erdölkrise" von 1973 gedacht.

Das derzeitige Kostenziel der Solarzellenproduktion liegt in der Größenordnung von $1000\,DM/kW_{el}$ bei einer Bestrahlungsstärke von $1\,kW/m^2$. Dies bedeutet bei einem angenommenen Wirkungsgrad von 10% Produktionskosten der reinen Solarzellen von $100\,DM/m^2$. Von einem solchen Kostenziel sind wir heute noch um den Faktor 10 bis 15 entfernt.

Diese Art der Wirtschaftlichkeitsüberlegung zielt jedoch vorrangig auf den Einsatz der Solarzellen als Konkurrent zur konventionellen Stromerzeugung mit Kohle, Öl oder Kernenergie. Für Sonderfälle, insbesondere die Stromversorgung entlegener Verbraucher in sonnenreichen Gebieten z. B. einer Vielzahl von Entwicklungsländern gelten ganz andere Wirtschaftlichkeitsbedingungen. Hier gibt es bereits eine Fülle von Einsatzmöglichkeiten, die schon heute als wirtschaftlich bezeichnet werden müssen.

Auch bei uns gibt es verschiedene Einsatzmöglichkeiten wie z. B. die Stromversorgung an Weidezäunen, Segelbooten, Signal- und Funkanlagen sowie kleine elektronische Gebrauchsgeräte, die bereits wirtschaftlich sein können. Immer handelt es sich jedoch um einen kleinen Leistungsbedarf oder um Anwendungsfälle, für die sonst keine Energieversorgungs-Infrastruktur in der Nähe ist.

7.2 Grundlagen

Bauelemente, die durch Absorption (geeigneter) elektromagnetischer Strahlung elektrischen Strom erzeugen können, heißen Solarzellen. Die meisten der heute käuflichen Solarzellen sind Halbleiterbauelemente, und davon ist der überwiegende Teil aus kristallinem Silicium. Im folgenden werden zunächst an diesem Material Aufbau und Wirkungsweise beispielhaft erläutert. Abbildung 7.1 zeigt den prinzipiellen Aufbau einer solchen Solarzelle aus Silicium. Die Wirkungsweise einer Solarzelle läßt sich folgendermaßen knapp beschreiben:

- die Solarzelle absorbiert Licht (elektromagnetische Energie);
- in der Solarzelle entstehen (zusätzliche) bewegliche positive und negative Ladungsträger (*innerer Photoeffekt*);
- ein elektrisches Feld in der Solarzelle trennt diese Ladungsträger;
- an den Anschlußklemmen entsteht eine elektrische Spannung.

Diese photovoltaische Spannung führt bei einem angeschlossenen elektrischen Verbraucher (Last) zu einem elektrischen Strom und damit zu einer Zufuhr elektrischer Energie, die letztlich vom absorbierten Licht herrührt.

Eine der Grundvoraussetzungen für das Zustandekommen des photovoltaischen Effektes in einer Solarzelle ist also das Vorhandensein eines inneren elektrischen Feldes. Es kommt durch den Kontakt zweier unterschiedlicher Halbleiterschichten zustande und kann anhand des Bändermodells der Elektronen in Festkörpern einfach beschrieben werden. Wir wollen daher im folgenden Abschnitt zunächst einige Ergebnisse dieses Modells zusammenstellen und dabei ggf. zur Veranschaulichung Silicium heranziehen. Die dabei eingeführten Begriffe und energetischen Verhältnisse gelten aber ganz analog auch für andere Halbleiter.

7.2.1 Bändermodell der Elektronen im Festkörper

Silicium gehört zu der Kategorie von Festkörpern, die man Halbleiter nennt. Sehr reines Silicium, sogenanntes *intrinsisches Silicium*, ist ein sehr schlechter elektrischer Leiter. Durch gezieltes Hinzufügen (*Dotieren*) geeigneter Fremdstoffe kann die elektrische Leitfähigkeit in weitem Rahmen vergrößert werden und bewegt sich dann bei Raumtemperatur etwa innerhalb von 10^{-3} bis 10^3 Ωcm.

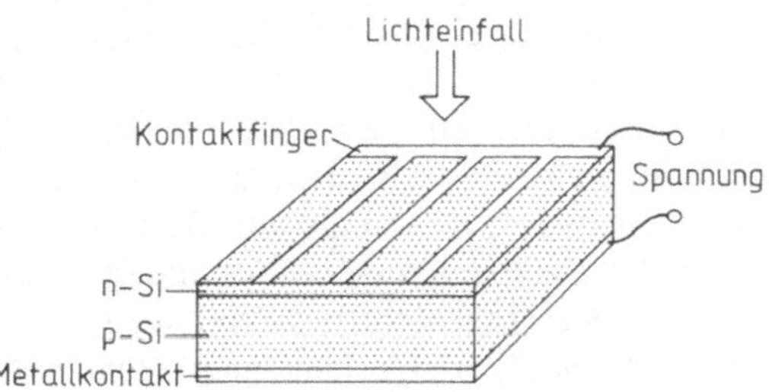

Abb. 7.1. Prinzipieller Aufbau einer Si-Solarzelle (n-Si und p-Si sind unterschiedliche Si-Schichten, s. Abschn. 7.2.1)

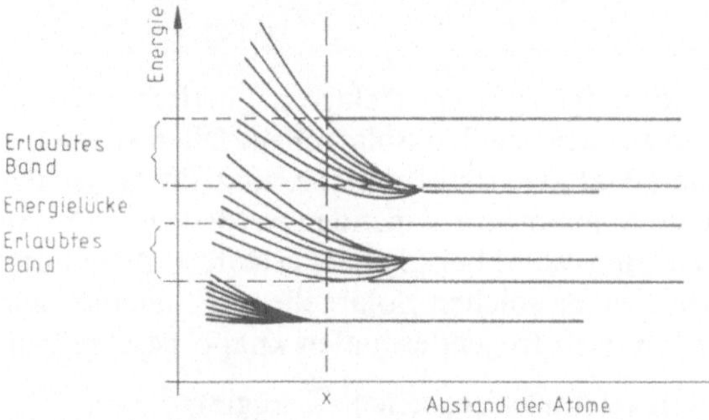

Abb. 7.2. Rücken Atome so dicht aneinander wie im Kristallgitter, so werden ihre Energieniveaus aufgespalten und bilden Bänder erlaubter Energiezustände. Die Bandbreiten der erlaubten Bänder beziehen sich auf den Abstand x (nach Götzberger, 1986)

In einem einzelnen Atom können die Elektronen nur diskrete Zustände mit jeweils zugehörigen, festen Energien einnehmen. Diese speziellen Energieniveaus werden auch als erlaubte Energieniveaus bezeichnet. Die Verhältnisse beim Atom drückt man kurz auch so aus: Die Elektronen in einem Atom können nur diskrete Energieniveaus besetzen. Aufgrund des *Pauli-Prinzips*, dem Elektronen unterliegen, kann ein möglicher Elektronenzustand immer nur höchstens von einem Elektron eingenommen werden, so daß die Anzahl der Elektronen, die ein bestimmtes Niveau besetzen, ebenfalls beschränkt ist.

Kondensieren Atome zu Festkörpern (Atome wechselwirken dabei miteinander), so verändern sich die erlaubten Energien der Elektronen gegenüber denen des Einzelatoms (wechselwirkungsfreier Fall) in charakteristischer Weise, wie es schematisch in Abb. 7.2 dargestellt ist: Die Atomniveaus spalten mit abnehmendem Abstand der Atome (gleich zunehmende Wechselwirkung der Atome) zu sogenannten erlaubten Energiebändern auf. Diese Bänder bestehen tatsächlich aus einer Vielzahl dichtest beieinander liegender diskreter Energieniveaus; die zugehörige Anzahl erlaubter Zustände ist der Größenordnung nach etwa gleich der Anzahl der Atome im Kristall (also etwa 10^{22} Zustände pro Band für einen Kristall der Größe von 1 cm^3). Die Energieniveaus innerhalb eines Bandes können daher praktisch als kontinuierlich verteilt behandelt werden. Das Energieschema für die Zustände der Elektronen in Festkörpern enthält also Bereiche mit praktisch kontinuierlich verteilten erlaubten Energien (erlaubte Bänder), die getrennt sind durch Bereiche, für die es keine erlaubten Zustände gibt (verbotene Zonen).

Die elektrischen und thermischen Eigenschaften des Materials werden im wesentlichen durch die Elektronen mit den höchsten Energien bestimmt, das sind also diejenigen Elektronen, welche die obersten Niveaus (Bänder) besetzen. Wir können uns daher auf die Betrachtung der obersten Bänder beschränken.

Silicium ist vierwertig. Im Siliciumkristall ist jedes einzelne Silicium-Atom über 4 Elektronenpaarbindungen von 4 nächsten Nachbarn umgeben. Dies ist schematisch in Abb. 7.3 (links) dargestellt. Einen Ausschnitt aus dem Energieschema der Elektronen zeigt Abb. 7.4: Die Elektronen der Elektronenpaarbindungen besetzen das sogenannte *Valenzband*. Ein nicht besetzter Zustand im Valenzband heißt Defektelektron oder *Loch*. Er entspricht einer nicht realisierten Elektronenpaarbindung, so daß lokal eine positive Überschußladung vorliegt. Es ist zweckmäßig und üblich, Löcher als eigenständige Teilchen zu behandeln, die eine positive Elementarladung tragen. In der üblichen Energiedarstellung für Elektronen nimmt die Energie der Löcher im Gegensatz zu der der Elektronen nach unten hin zu. Die stärker gebundenen Rumpfelektronen bei jedem Silicium-Kern besetzen tiefer liegende Energieniveaus; sie sind für uns nicht von Interesse; daher sind die entsprechenden Energieniveaus in Abb. 7.4 weggelassen.

Elektronen, die das sogenannte *Leitungsband* besetzen, sind innerhalb des Kristalls mehr oder weniger frei beweglich und heißen auch *Leitungselektronen*. Legt man an einen Kristall eine elektrische Spannung an, so tragen bei geschlossenem Stromkreis sowohl die Leitungselektronen als auch die Löcher zum Ladungstransport bei. Der verbotene Bereich zwischen Valenzband und Leitungsband wird kurz *Energielücke, Bandlücke* oder (englisch) *band gap* genannt. Seine Breite, die Bandlückenenergie oder *Gapenergie* E_g, beschreibt die Mindestenergie, die aufzubringen ist, um eine Elektronenpaarbindung aufzubrechen (und dadurch ein Paar aus Leitungselektron und Loch zu erzeugen). Für Silicium beträgt E_g bei Raumtemperatur 1,1 eV.

Die Besetzung der erlaubten Zustände, die wesentlich durch das Pauli-Prinzip bestimmt ist, wird im thermodynamischen Gleichgewicht durch die *Fermi-Dirac-Funktion* beschrieben:

$$f(E) = \frac{1}{\exp\ [(E-E_F)/(k\,T)] + 1} \tag{7.1}$$

mit $f(E)$ Wahrscheinlichkeit dafür, daß ein Elektron einen bestimmten (erlaubten) Zustand der Energie E (eV) besetzt, E_F *Fermi-Energie* (eV), k Boltzmann-Konstante (J/K) und T absolute Temperatur (K).

Die hier auftretende Fermi-Energie ist eine wichtige thermodynamische Bezugsgröße. Bei $E = E_F$ ist die Besetzungswahrscheinlichkeit bei allen Temperaturen 1/2. Die Lage der Fermi-Energie vermittelt insbesondere eine qualitative Vorstellung davon, wieviele Leitungselektronen im Vergleich zu den Löchern vorhanden sind.

Beim sehr reinen Silicium z. B. ist das thermodynamische Gleichgewicht durch folgende 2 Konkurrenzprozesse bestimmt: Aufbrechen von Elektronenpaarbindungen und Rekombinationen von Paaren aus Leitungselektron und Loch. Dies ergibt, daß hier die Anzahl der Leitungselektronen immer gleich der Anzahl der Löcher ist und daß E_F etwa in der Mitte der verbotenen Zone liegt (s. Abb. 7.4a). Halbleiter, die sehr rein sind und bei denen die Anzahl der Leitungselektronen gleich der Anzahl der Löcher ist, heißen *intrinsische Halbleiter* oder kurz *i-Halbleiter*. Der elektrische Strom wird hierbei maßgeblich sowohl von Leitungselektronen als auch von Löchern getragen.

Durch Hinzufügen schon geringer Mengen geeigneter Fremdatome läßt sich die elektrische Leitung qualitativ und quantitativ verändern. Der gezielte Einbau von Fremdatomen heißt *Dotierung*, die entstehenden Halbleiter heißen *extrinsische* oder *dotierte Halbleiter*, in denen i. allg. die Anzahl einer La-

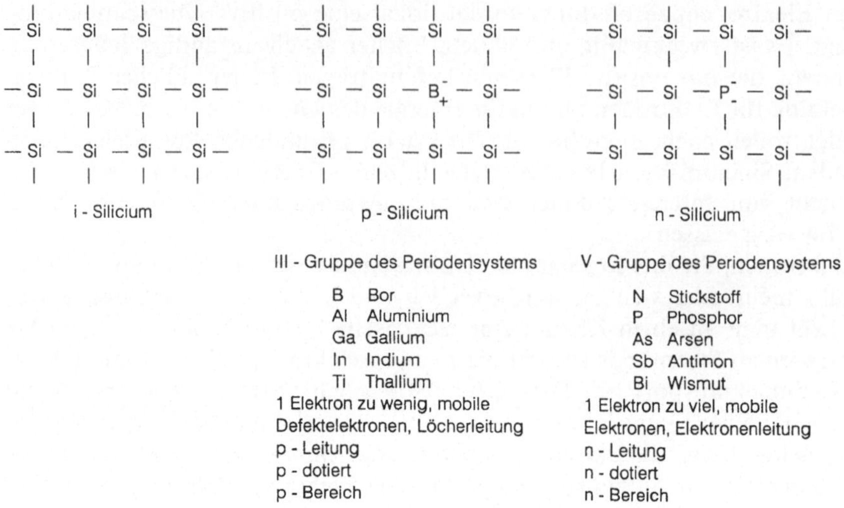

Abb. 7.3. Bei der Dotierung von Silicium können für p-Leitung Elemente der III. Gruppe, für n-Leitung solche der V. Gruppe des Periodensystems verwendet werden (Sizmann, 1979)

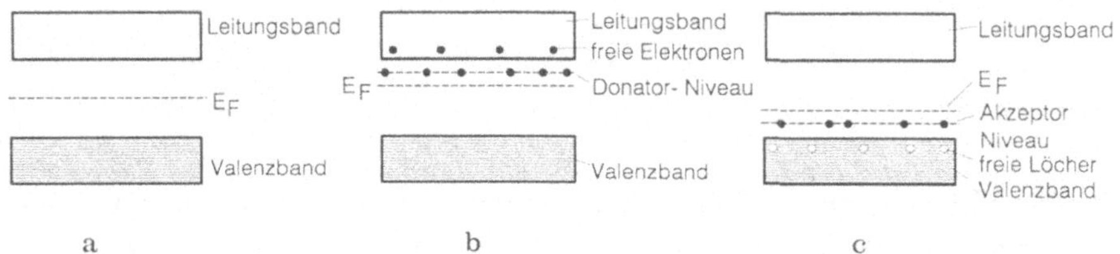

Abb. 7.4a−c. Bei der Dotierung von Silicium mit fünfwertigen Elementen wird das Fermi-Niveau in Richtung Leitungsband, bei der Dotierung mit dreiwertigen Elementen dagegen in Richtung Valenz-Band verschoben (Götzberger, 1986)

dungsträgersorte sehr viel größer ist als die der anderen. Stellen Leitungselektronen die Mehrheit der beweglichen Ladungsträger dar, so spricht man von n-dotierten Halbleitern oder kurz von *n-Halbleitern* bzw. von *n-Leitung* oder *Elektronen-Leitung*, stellen dagegen die Löcher die Mehrheit der beweglichen Ladungsträger dar, so spricht man von p-dotierten Halbleitern oder kurz von *p-Halbleitern* bzw. von *p-Leitung* oder *Löcher-Leitung*.

Die Abbildungen 7.3 und 7.4 zeigen schematisch die Verhältnisse von undotiertem und verschieden dotiertem Silicium.

Das 4wertige Silicium, das normalerweise von 4 Si-Atomen umgeben ist, mit denen je eine Elektronenpaarbindung besteht, ist in Abb. 7.3 (Mitte) an einer Stelle durch ein dreiwertiges Fremdatom (hier: Bor) ersetzt. Dieses Fremdatom hat die Tendenz, mit allen 4 nächsten Nachbarn eine Elektronenpaarbindung einzugehen, indem es ein Elektron mehr an sich bindet, als es mitbringt und dabei ein Defektelektron zurückläßt. Allgemein heißen solche Atome, mit der Tendenz zusätzliche Elektronen zu binden, *Akzeptoren*. Der Einbau von Akzeptoren, die sogenannte p-Dotierung, führt dazu, daß die elektrische Leitung und die Anzahl der Löcher gegenüber dem i-Si zunimmt, die Anzahl der Leitungselektronen aber abnimmt, so daß bei in Solarzellen üblicher Dotierung der Ladungstransport praktisch ausschließlich durch die Löcher vonstatten geht: Löcher- bzw. p-Leiter. Die Verringerung der Anzahl der Leitungselektronen (im Vergleich zum i-Halbleiter) drückt sich auch in einer Verschiebung des Fermi-Niveaus aus: Die Fermi-Energie ist um so mehr zum Valenzband hin verschoben, je stärker die p-Dotierung ist (s. Abb. 7.4 c).

In Abb. 7.3 (rechts) ist ein Si-Atom durch ein 5wertiges Fremdatom (hier: P) ersetzt. Dieses Fremdatom hat ein Elektron mehr, als es zur Ausbildung der Elektronenpaarbindungen mit seinen 4 nächsten Nachbarn benötigt. Dieses „überzählige" Elektron ist nur schwach gebunden und wird daher leicht als Leitungselektron abgegeben. Allgemein heißen Atome mit der Tendenz, Elektronen „ins Leitungsband abzugeben", *Donatoren*. Der Einbau von Donatoren führt dazu, daß die elektrische Leitung und die Anzahl der Leitungselektronen gegenüber dem i-Halbleiter zunimmt, die Anzahl der Löcher aber abnimmt, so daß bei üblicher Dotierung der Ladungstransport praktisch ausschließlich durch die Leitungselektronen vonstatten geht: Elektronen- bzw. n-Leiter. Die Vergrößerung der Anzahl der Leitungselektronen (im Vergleich zum i-Si) drückt sich wieder in einer Verschiebung des Fermi-Niveaus aus: Die Fermi-Energie ist um so mehr zum Leitungsband hin verschoben, je stärker die n-Dotierung ist (s. Abb. 7.4 b).

Die Lage des Fermi-Niveaus ist außer von der Dotierung noch maßgeblich von der Temperatur abhängig. Dies ist qualitativ in Abb. 7.5 gezeigt. Mit zu-

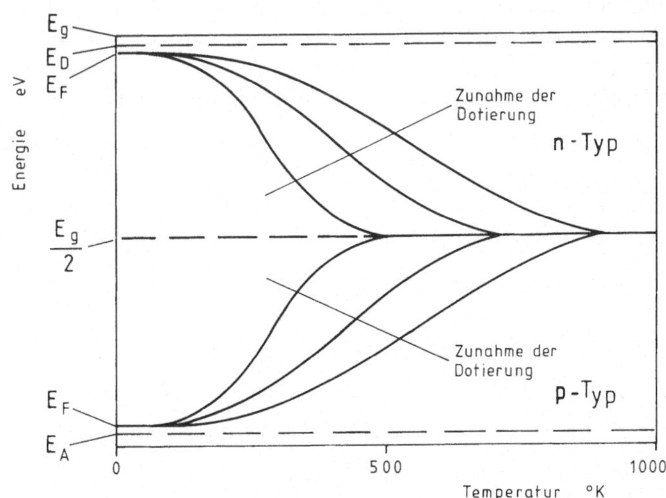

Abb. 7.5. Mit zunehmender Temperatur wird der extrinsische Halbleiter auch bei höherer Dotierung zum intrinsischen: das Fermi-Niveau E_F fällt mit dem halben Bandabstand E_g zusammen; E_D Donator-Niveau, E_A Akzeptor-Niveau (Backus, 1977)

nehmender Temperatur wird immer mehr das intrinsische Verhalten maßgeblich, welches ja durch ein Fermi-Niveau etwa in der Mitte der Bandlücke gekennzeichnet ist.

Im folgenden werden wir, üblichem Sprachgebrauch folgend, häufig die Leitungselektronen kurz nur noch als Elektronen bezeichnen. Ob mit dem Ausdruck Elektronen (eines Halbleiters) also nur die Leitungselektronen gemeint sind oder noch weitere Elektronen des Halbleiters, ergibt sich aus dem Zusammenhang.

7.2.2 Die Solarzelle ohne Bestrahlung

Der p-n-Übergang als wesentlicher Teil einer Si-Solarzelle wird technisch z. B. dadurch erreicht, daß man von einem n- oder p-leitenden Grundmaterial ausgeht und bei Temperaturen um 850 °C das jeweils komplementäre Dotierungsmaterial eindiffundieren läßt. Dadurch wird die jeweilige Grunddotierung in dieser Schicht überkompensiert.

Als Ergebnis der Dotierung befinden sich im n-Gebiet sehr viele Elektronen, im p-Gebiet dagegen sehr viele Löcher. Diesen Konzentrationsunterschied versuchen die Ladungsträger auszugleichen. Es ergeben sich *Diffusionsströme* von Elektronen aus dem n-Gebiet zum p-Gebiet und von Löchern aus dem p-Gebiet zum n-Gebiet (Abb. 7.6).

So entstehen an der Grenzschicht im Donatorbereich positive Ladungen, im Akzeptorbereich dagegen negative Ladungen. Über die Grenzfläche hinweg erstreckt sich also ein elektrisches Feld. Dieses wiederum verursacht nun seinerseits *Feldströme* beider Ladungsträgersorten, die den Diffusionsströmen entgegengerichtet sind. Im Gleichgewicht, ohne Bestrahlung und ohne das Anlegen einer äußeren Spannung an die Solarzelle, kompensieren sich die jeweiligen Diffusions- und Feldströme von Löchern und Elektronen, der Gesamtstrom durch die Grenzfläche wird zu Null. Im Bereich der Grenzfläche entstehen so Gebiete mit ortsfesten elektrisch positiven und negativen Überschuß-

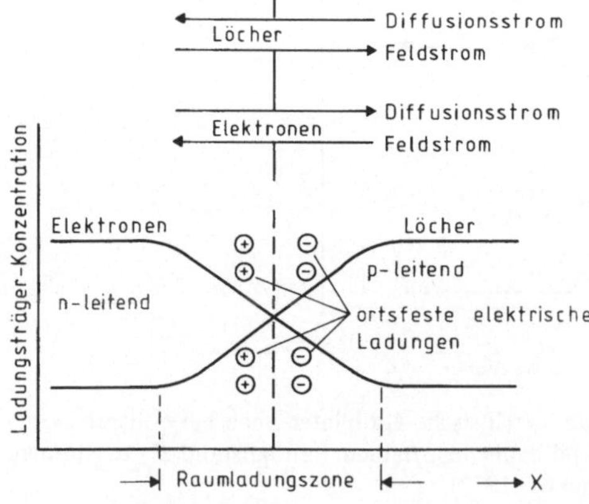

Abb. 7.6. Die Dotierung führt zu Diffusionsströmen, die das innere elektrische Feld der Raumladungszone hervorrufen. Dieses Feld bewirkt seinerseits wiederum Elektronen- und Löcherströme in entgegengesetzten Richtungen (Götzberger, 1986)

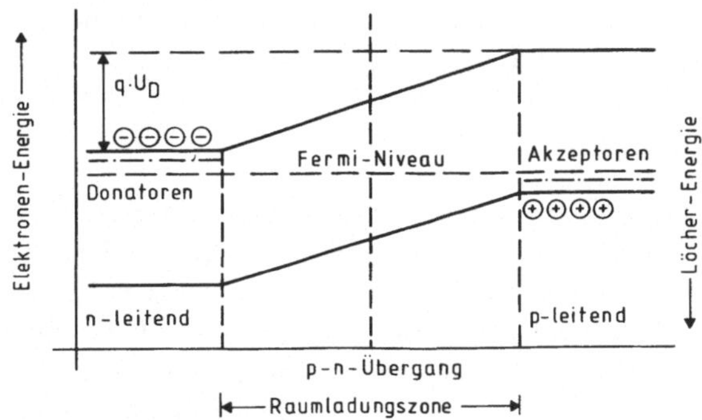

Abb. 7.7. Da das Fermi-Niveau im thermischen Gleichgewicht überall gleich sein muß, kommt es am Übergang vom p-Bereich zum n-Bereich zu einer Bandverbiegung (Götzberger, 1986)

ladungen und einem Mangel an beweglichen Ladungsträgern. Diese *Feld- oder Raumladungszone* ist also sehr hochohmig.

Abbildung 7.7 veranschaulicht die Verhältnisse anhand des Bändermodells. Da das Fermi-Niveau im thermischen Gleichgewicht überall gleich sein muß, kommt es am Übergang vom p- zum n-Material zu einer Bandverbiegung. Mit dem elektrischen Feld in der Raumladungszone ist eine Potentialdifferenz U_D zwischen p- und n-Seite verknüpft, die auch *Diffusionsspannung* genannt wird. Sie liegt bei der p-n-Silicium-Solarzelle in der Größenordnung von 0,9 V. Aus Abb. 7.7 wird ersichtlich, daß die Elektronen im Leitungsband des n-Gebiets also qU_D, weniger Energie als diejenigen im Leitungsband des p-Gebiets besitzen. Das gleiche gilt analog für die Löcher im Valenzband des p-Gebiets verglichen mit denen im Valenzband des n-Gebiets. Elektronen und Löcher nehmen jeweils beim Überqueren der Feldzonen die Energie qU_D auf oder geben sie ab.

Legt man nun von außen eine Spannung an die Zelle, so kann man dadurch die Feldströme beeinflussen. Üblicherweise wird die angelegte Spannung positiv gerechnet, wenn der Plus-Pol der Spannungsquelle mit der p-Seite der Solarzelle verbunden wird. Das Anlegen einer positiven Spannung zwischen p- und n-Gebiet (*Durchlaßspannung*) vergrößert den Diffusionsstrom, nicht jedoch den Feldstrom: es fließt ein Netto-Diffusionsstrom von Elektronen und Löchern durch den p-n-Übergang. Erhöht man die angelegte Spannung so weit, daß sie genauso groß ist wie die Diffusionsspannung, so wird der Strom nur noch durch die Bahnwiderstände begrenzt.

Legt man zwischen p- und n-Gebiet dagegen eine negative Spannung an (*Sperrspannung*), so nimmt der Diffusionsstrom ab, und es kommt zum Überwiegen der Feldströme. Es fließt ein elektrischer Nettostrom, dessen Richtung der Durchlaßrichtung umgekehrt ist. Dieser Sperrstrom (*Dunkel- oder Sättigungsstrom*) ist sehr klein.

Die Schilderung zeigt, daß die unbeleuchtete Solarzelle eine Halbleiter-Diode darstellt, deren Verhalten im Idealfall mit der Diodengleichung von Schockley beschrieben wird:

$$I = I_S [\exp\ (qU/(kT)) - 1]\ \text{(A)} \tag{7.2}$$

mit I Diodenstrom (A), I_S Sperrstrom (A), U Spannung (V), q Elementarladung (A_S), k Boltzmann-Konstante (J/K) und T Temperatur (K).

7.2.3 Absorption von Photonen

Die auf eine Zelle fallende Strahlung kann reflektiert, absorbiert oder durchgelassen werden. Silicium ist metallisch-blank und weist einen hohen Reflexionsgrad auf ($\varrho \approx 30\%$). Zellen aus diesem Material werden daher stets mit *Antireflexschichten* versehen (z. B. Titandioxid, TiO_2). Die optimale Dicke einer solchen Schicht liegt bei einem Viertel der Wellenlänge des auffallenden Photons. Solarzellen weisen jedoch einen weiten Bereich der Spektralempfindlichkeit auf, so daß für die Schichtdicke ein Kompromiß gefunden werden muß: für senkrechte Bestrahlung wird der gesamtreflektierte Anteil minimal bei einer Wellenlänge von etwa $\lambda = 0{,}7 \ \mu m$. Der Reflexionsverlust für den Spektralbereich von 0,3 bis 1,1 μm, in dem die Zelle üblicherweise arbeitet, beläuft sich dann auf etwa 10%. Eine weitere Reduktion ist z. B. durch mehrere Antireflexschichten möglich, die übereinander angeordnet werden. Ein 2-Schicht-System aus Magnesiumfluorid und Titanoxid beispielsweise reduziert die Reflexionsverluste auf 3%.

Hat das Photon die Antireflexbeschichtung der Zelle durchdrungen, so kann es im Halbleiter absorbiert werden, wenn seine Energie E_{Ph} größer als die Bandlückenenergie E_g ist. Ein Photon mit geringerer Energie kann einem Elektron im Valenzband nicht genügend Energie übertragen, um es in das Leitungsband zu heben. Für ein solches Photon ist der Halbleiter also transparent, es kann zum Stromerzeugungsprozeß der Zelle nicht beitragen. Ein Photon mit einer Energie so groß wie der Bandabstand dagegen kann vollständig von einem Elektron absorbiert werden, das dann die Bandlücke überspringt und das Leitungsband besetzt.

Alle Photonenenergie, welche die Bandlücke übersteigt ($E_{Ph} - E_g$), ist für den elektrischen Konversionsprozeß verloren: das Elektron springt zunächst auf höhere energetische Niveaus im Leitungsband, gibt aber beim Herabfallen auf den unteren Rand des Leitungsbands dann die Überschußenergie in Form von Wärme an das Kristallgitter ab. Die Absorption von Photonen läßt sich analog zu (2.14) folgendermaßen beschreiben:

$$I(m) = I(0) \exp(-xm) \ (cm^{-2} \, s^{-1}) \tag{7.3}$$

mit $I(m)$ Photonendichte in der Tiefe m ($cm^{-2} s^{-1}$), $I(0)$ auftreffende Photonendichte ($cm^2 \, s^{-1}$), x Absorptionskoeffizient (1/cm) und m Eindringtiefe (cm).

Beträgt x beispielsweise 10^4/cm, so werden 90% der Photonen bereits in den ersten 2 bis 3 μm des Halbleiters absorbiert.

Das elektronische Verhalten von Halbleitern ist natürlich durch die Zustandsgröße Energie noch nicht umfassend zu beschreiben. Bezieht man für eine weitergehende Beschreibung zusätzlich den Impuls der Elektronen mit ein, so läßt sich damit ein wesentlicher Aspekt unterschiedlichen Absorptionsverhaltens von Halbleitern erläutern. Je nach Bandstruktur (in einer Energie-/Im-

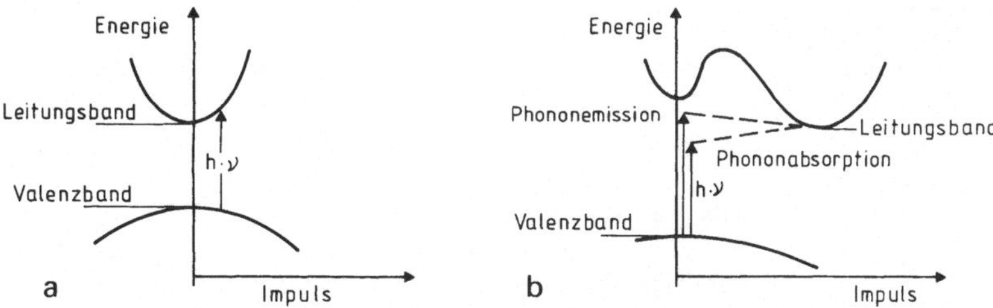

Abb. 7.8 a, b. Je nach Impuls der Kanten von Leitungsband und Valenzband kommt es **a** zur direkten oder **b** indirekten Absorption eines Photons (Götzberger, 1986)

puls-Darstellung, s. Abb. 7.8) kann ein Photon vom Halbleiter direkt oder indirekt absorbiert werden. Von *direkter Absorption* spricht man, wenn ein Elektron an der Oberkante des Valenzbands und an der Unterkante des Leitungsbands den gleichen Impuls hat. Diese Art Elektronenübergang ist sehr wahrscheinlich: der Absorptionskoeffizient ist groß. Bei der Photonenabsorption kann ein Elektron dann direkt − ohne Mitwirkung weiterer Teilchen − vom Valenzband ins Leitungsband gehoben werden: Die Energie und der vergleichsweise sehr kleine Impuls des Photons können bei der Absorption des Photons direkt vom Elektron aufgenommen werden.

Falls ein Elektron an der Oberkante des Valenz- und an der Unterkante des Leitungsbands nicht den gleichen Impuls hat, findet eine *indirekte Absorption* statt (Abb. 7.8 b). Der Transfer eines Elektrons vom Valenz- in das Leitungsband erfolgt dann mit einer Emission oder Absorption eines *Phonons* (Gitterschwingungsquant), das die Impulsdifferenz übernimmt.

Da die indirekte Absorption den zusätzlichen Schritt der Phononenemission oder -absorption verlangt, ist ihre Eintrittswahrscheinlichkeit geringer als diejenige der Direktabsorption. D. h. der Absorptionskoeffizient für den indirekten Absorber ist viel kleiner als für den direkten. Die üblichen Dicken von Halbleitern für eine 90%ige, indirekte Absorption liegen daher bei 70 bis 100 μm. Im Gegensatz dazu erfordert direkte Absorption nur 1 bis 3 μm Dicke.

Typisches Beispiel für einen *direkten Halbleiter* ist Galliumarsenid (GaAs), für einen *indirekten* Silicium (Si).

7.2.4 Ladungsträger-Rekombination

Die Lichtabsorption erzeugt im Halbleiter Elektronen-Loch-Paare. Die Ladungsträgerkonzentration ist daher unter Bestrahlung höher als im Dunkeln. Endet die Bestrahlung, so geht die Ladungsträgerkonzentration auf ihren ursprünglichen Gleichgewichtszustand zurück. Für diesen Rückkehrprozeß ist die *Rekombination* maßgeblich: Elektronen fallen vom Leitungs- ins Valenzband zurück in die Löcher, beide stehen für eine Leitfähigkeit nicht mehr zur Verfügung.

Es ist klar, daß der Prozeß der Rekombination in indirekten Halbleitern viel langsamer abläuft als in direkten: bei den indirekten ist ja das Mitwirken

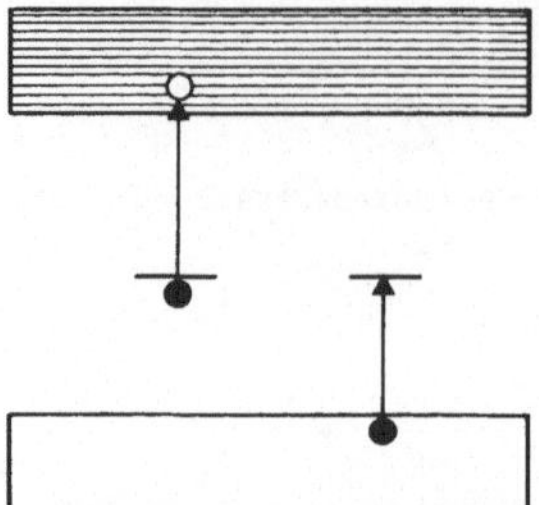

Abb. 7.9. Verunreinigungsatome im Kristallgitter können auch zu erlaubten Energiezuständen in der verbotenen Zone führen. Derartige Defektstellen ermöglichen einen zweistufigen Rekombinationsprozeß (Götzberger, 1986)

von Phononen erforderlich. So liegt beispielsweise die *Trägerlebensdauer* bei Silicium in der Größenordnung zwischen 10 und 100 µs, beim direkten Halbleiter GaAs beträgt sie dagegen nur wenige Nanosekunden. Während ihrer Lebensdauer können sich die Ladungsträger im Halbleiter frei bewegen, bevor sie rekombinieren. Die durchschnittliche Weglänge, die sie dabei zurücklegen, heißt *Diffusionslänge*. Sie ist ein wichtiger Parameter zur Charakterisierung von Solarzellen. Für reale Zellen liegt sie im Bereich von 10 bis 100 µm.

Wie oben angedeutet, führt die Existenz von Verunreinigungsatomen im Kristallgitter zu erlaubten Energiezuständen auch in den verbotenen Zonen. Derartige Defektstellen führen zu einem sehr effektiven zweistufigen Rekombinationsprozeß, bei dem die Elektronen vom Leitungsband zuerst auf dieses Zwischenniveau fallen, von wo sie dann ins Valenzband gelangen (Abb. 7.9). Metallische Verunreinigungen führen zu derartigen Rekombinationszentren mit Energien in der Bandmitte. Selbst bei sehr geringen Konzentrationen (schon bei 10^{-8} Fremdatomen pro Siliciumatom) sinkt dabei der Wirkungsgrad der Zelle drastisch ab. Auch die Zellenoberfläche stellt eine Rekombinationszone der Ladungsträger dar, da hier die Kristallstruktur gestört ist.

7.2.5 Die Solarzelle unter Bestrahlung

Abbildung 7.10 zeigt in einem Ausschnitt schematisch die drei Hauptgebiete einer Siliciumsolarzelle: den höher n-dotierten Emitter, die elektrische Feldzone oder Raumladungszone und die p-dotierte Basis. Ein typischer Prozeß sieht z. B. so aus: Ein Photon mit einer Energie $> E_g$ durchquert die ersten sehr dünnen Schichten und wird schließlich im p-Gebiet absorbiert. Dabei entsteht ein Elektron-Loch-Paar. In dem p-Gebiet sind die freien Elektronen gegenüber den Löchern in der Minderheit: sie sind hier die *Minoritätsträger*. Diese Minoritätsträger diffundieren im p-Gebiet, bis sie ins Grenzgebiet der Feldzone gelangen, wo sie durch die Feldkräfte beschleunigt werden, so daß sie auf die Emitterseite der Zelle gelangen können. Dieses Phänomen führt also zur Ladungsträgertrennung. Vorbedingung ist, daß die Diffusionslänge der Elektronen ausreicht, um die Grenze der Feldzone zu erreichen. Kürzere Diffusionslängen führen zur Rekombination. Die Photonenenergie ist dann für die Stromerzeugung verloren.

Auch im n-Gebiet kann durch Photonenabsorption ein Ladungsträgerpaar entstehen. Hier sind aber die Löcher in der Minorität. Reicht ihre Diffusions-

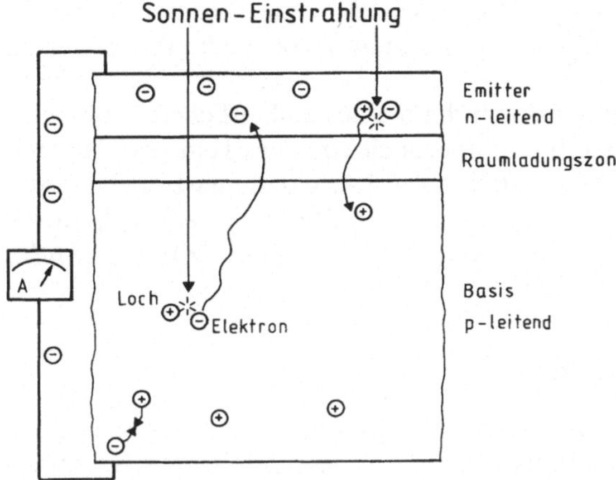

Abb. 7.10. Die Hauptgebiete einer p-n-Solarzelle sind die p-leitende Basis, die n-leitende Frontschicht und die Raumladungs- bzw. Feldzone (Götzberger, 1986)

länge aus, die Grenze der Feldzone zu erreichen, werden sie beschleunigt und gelangen so in das p-Gebiet. Es ist wohl nunmehr offensichtlich, daß durch das Vorhandensein des inneren elektrischen Felds bei einem *p-n-Übergang* die Ladungsträger bei Lichteinfall getrennt werden können.

Als Ergebnis des Elektronenflusses zur n-Region und der Wanderung der Löcher zur p-Region kommt es im Vergleich zur unbestrahlten Solarzelle zu einem Elektronenüberschuß in der n- und einem Elektronenmangel in der p-Region. Verbindet man nun diese beiden Regionen galvanisch über einen Lastwiderstand, so fließen Elektronen aus dem n-Gebiet in den äußeren Kreis und Elektronen aus dem äußeren Kreis in die p-Basis, wo sie mit Löchern rekombinieren (Abb. 7.11).

Aus Abb. 7.10 wird auch ersichtlich, daß die Elektronen auf ihrem Diffusionsweg zur Raumladungszone im p-Gebiet leicht mit der großen Zahl der dort vorhandenen Löcher rekombinieren können. Als Folge einer solchen Re-

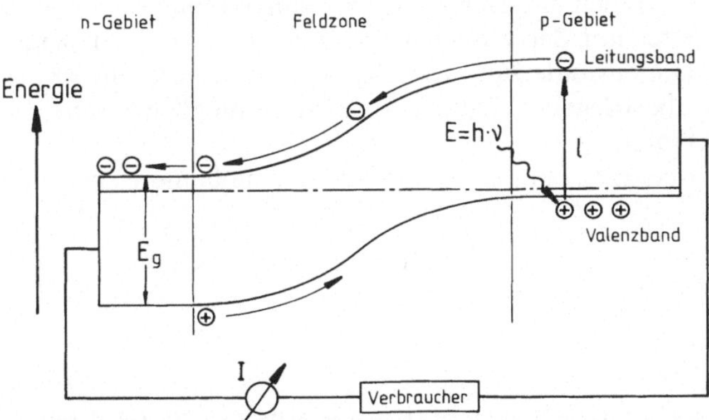

Abb. 7.11. Das innere elektrische Feld einer p-n-Zelle trennt die Ladungsträger nach ihrer Entstehung durch die Absorption eines Photons (Bonnet/Rickus, 1982). *l* = Diffusionsweglänge

kombination geben die Elektronen ihre Überschußenergie, die sie bei der Absorption des Photons gewonnen haben, in Form von Wärme an das Gitter ab (*Diffusionsverluste*).

Außer durch einen p-n-Übergang innerhalb eines einheitlichen Halbleitergrundmaterials (*Homodiode*) kann ein inneres elektrisches Feld (zur Herstellung von Solarzellen geeignet) auch durch einen p-n-Übergang zwischen zwei verschiedenen Halbleitergrundmaterialien (*Hetero-Diode*) oder auch durch den Kontakt eines Halbleiters mit einem geeigneten Metall (*Schottky-Kontakt, Schottky-Diode*) verwirklicht werden.

7.2.6 Schottky-Zellen, MIS-Zellen

Bringt man eine dünne Schicht eines geeigneten Metalls auf die Oberseite eines Halbleiters (z. B. durch Hochvakuumaufdampfen), so entsteht eine Schottky-Diode. Ihr Energieschema der Elektronen (Abb. 7.12) entspricht dem der bereits diskutierten Solarzelle. Der entscheidende Unterschied ist, daß das innere elektrische Feld hier bis an die Oberfläche des Halbleiters reicht. Über das Metall können die dort erzeugten freien Elektronen sehr effektiv abgeleitet werden. Schottky-Dioden weisen eine besonders breite spektrale Empfindlichkeit auf. An den Spitzen der Potentialbarriere treten jedoch Verluste in Form von *Tunnelströmen*[1] auf. Diese Verluste können durch Einfügen einer sehr dünnen Isolatorschicht (2 bis 4 nm) zwischen Halbleiter und Metall verringert werden. Derartige Schottky-Zellen nennt man dann *MIS-Zellen* (*Metal-Insulator-Semiconductor-Zellen*).

Das Metall, das als Oberseite der Zellen verwendet wird, reflektiert in der Regel das einfallende Licht sehr gut. Daher müssen auch auf die Metallschicht *Antireflexschichten* aufgebracht werden (s. Abschn. 7.2.3).

7.2.7 Hetero-Zellen

Im mittleren Teil der Abb. 7.12 ist das Bänderschema einer Heterodiode dargestellt. Bei solchen Kombinationen unterschiedlicher Halbleitermaterialien wird üblicherweise der Halbleiter mit der größeren Energielücke dem Licht zugewandt. Durch geeignete Dimensionierung (vor allem der Schichtdicken) läßt es sich einrichten, daß der überwiegende Teil der Absorption möglichst nahe am und im p-n-Übergang erfolgt.

Auch Heterodioden weisen gegenüber Homodioden eine breitere spektrale Empfindlichkeit auf.

---

[1] Tunnelströme ≙ Durchdringen atomarer Teilchen durch eine schmale Zone (Potentialwall), in der die Potentialschwelle höher ist als die Gesamtenergie des Teilchens. Die Begründung hierfür liefert die Quantenmechanik.

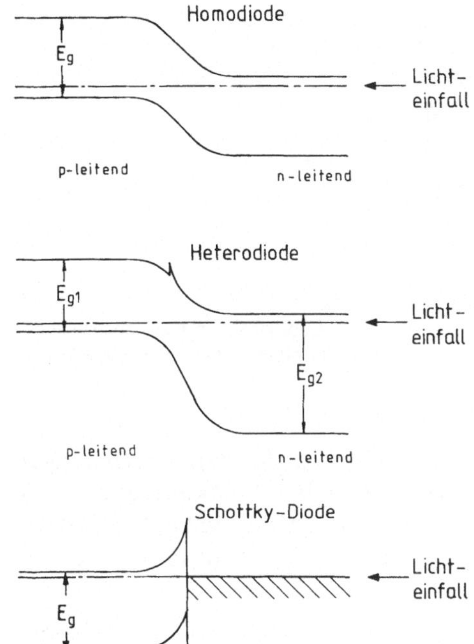

Abb. 7.12. Bänderschemata verschiedener Solarzellen (Bonnet/Rickus, 1982)

7.3 Verhalten einzelner Solarzellen

7.3.1 Strom-Spannungskennlinie

Wie aus den vorherigen Überlegungen hervorgeht, sind *Solarzellen* also groß-flächige *Dioden*. Abbildung 7.13 zeigt die typische Strom-Spannungskennlinie einer solchen Diode im Dunkeln und unter Beleuchtung. Bei Beleuchtung der Solarzelle überlagert der sog. „Photostrom" die Dunkelkurve. Die *Strom-Spannungskennlinie* hat unter Zugrundelegung der idealen Diodenkennlinie nach Abschn. 7.2 den folgenden Verlauf:

$$I = I_S[\exp(qU/(kT)) - 1] - I_L \ (\text{A}) \tag{7.4}$$

mit U Spannung (V), q Elementarladung $(1,6 \cdot 10^{-19}\,\text{As})$, k Boltzmann-Konstante $(1,38 \cdot 10^{-23}\,\text{J/K})$, T absolute Temperatur (K), I_S Sperrstrom (A) und I_L Photostrom (A).

Für Solarzellenanwendungen interessiert i. allg. lediglich der Bereich im 4. Quadranten, in dem die Solarzelle Leistung abgeben kann. Die größte Leistung erreicht die Solarzelle am Betriebspunkt P_{max}. Diese Leistung entspricht dem größten unter der *I-U*-Funktion im 4. Quadranten einschreibbaren Rechteck:

$$P_{max} = U_{max} I_{max} \ .$$

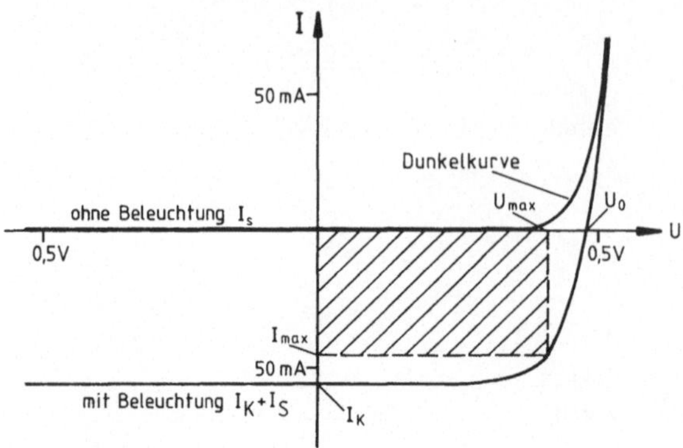

Abb. 7.13. Strom/Spannungskurve einer typischen Solarzelle

Die Kennlinie schneidet die U-Achse im Punkt U_0, der sog. *Leerlaufspannung*. Der betragsmäßig größte Strom fließt (bei Beschränkung auf den 4. Quadranten) im Kurzschluß: I_K *Kurzschlußstrom*. In der Näherung (7.4) ist $I_K = I_L$ mit I_L Photostrom (A). Das Verhältnis von P_{max} zum Produkt aus I_K und U_0 bezeichnet man als *Füllfaktor*:

$$FF = \frac{P_{max}}{U_0 I_K} \ . \tag{7.5}$$

Der Wirkungsgrad einer Solarzelle ist definiert als

$$\eta = \frac{P_{max}}{A \dot{G}_{G,g}} \tag{7.6}$$

mit $\dot{G}_{G,g}$ Gesamtstrahlungsleistung auf die geneigte Zellenfläche (W/m^2) und A Fläche der Solarzelle (m^2).

Durch Einsetzen von (7.5) in (7.6) folgt

$$\eta = \frac{FF \cdot U_0 \cdot I_K}{A \cdot \dot{G}_{G,g}} \ . \tag{7.7}$$

Abbildung 7.14 zeigt, daß Leerlaufspannung und Kurzschlußstrom unterschiedliche Abhängigkeiten von der solaren Einstrahlung aufweisen. Der Kurzschlußstrom I_K nimmt linear mit der Strahlungsintensität zu:

$$I_K = \overline{m} \dot{G}_{G,g} \ \text{(A)} \tag{7.8}$$

mit $\overline{m}$ Proportionalitätskonstante (Am^2/W) und $\dot{G}_{G,g}$ Gesamtstrahlung (W/m^2).

Die Leerlaufspannung U_0 hängt nach der idealen Strom-Spannungskennlinie ((7.4) zusammen mit (7.8)) logarithmisch von der Gesamtstrahlung ab:

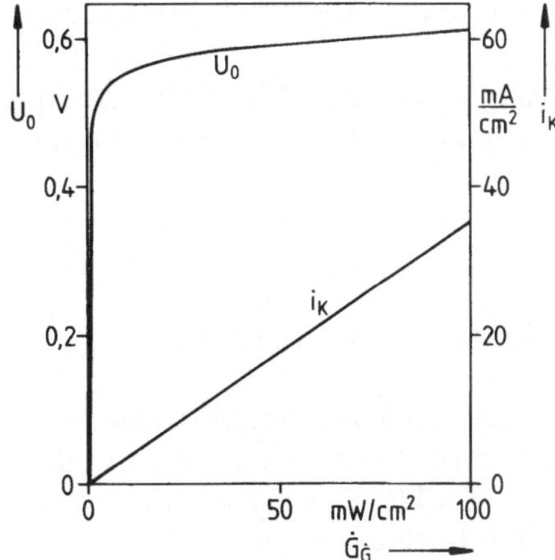

Abb. 7.14. Abhängigkeit von U_0 und spezifischem Kurzschlußstrom i_K von der Strahlungsintensität (Bonnet/Rickus, 1982)

$$U_0 = \frac{k \cdot T}{q} \ln \frac{I_K + I_S}{I_S} \approx \frac{kT}{q} \ln \frac{I_K}{I_S} \quad \text{für } I_K \gg I_S \ .$$

In guter Näherung gilt für den Sperrstrom: $I_S = I_{S0} \cdot e^{-E_g/kT}$, so daß man schließlich erhält:

$$U_0 = \frac{E_g}{q} - \frac{kT}{q} \ln \left(\frac{I_{S0}}{I_K} \right) \ (V) \tag{7.9}$$

mit E_g Bandabstand (J), q Elementarladung ($1{,}6 \cdot 10^{-19}$ As), k Boltzmann-Konstante ($1{,}38 \cdot 10^{-23}$ J/K), T Temperatur der Zelle (K), I_{S0} Materialabhängige Kenngröße (A) und I_K Kurzschlußstrom (A).

Die Leerlaufspannung wird also neben dem Bandabstand E_g und der Temperatur, insbesondere von der Größe I_{S0} beeinflußt. Diese hängt von den Eigenschaften des Halbleitermaterials, d. h. den verschiedenen Dotierungshöhen sowie den Verlustmechanismen in der Zelle ab.

Setzt man (7.8) und (7.9) in die Gleichung (7.6) für den Wirkungsgrad ein, so erhält man

$$\eta = \frac{FF\overline{m}}{A} \left[\frac{E_g}{q} - \frac{kT}{q} \ln \left(\frac{I_{S0}}{I_K} \right) \right] \ . \tag{7.10}$$

Nach (7.10) zeigt also der Wirkungsgrad von Solarzellen ebenfalls eine logarithmische Abhängigkeit vom Kurzschlußstrom und damit von der Bestrahlungsstärke. Der Verlauf ist ähnlich wie der Verlauf von U_0 in Abb. 7.14. Der Wirkungsgrad steigt mit zunehmender Bestrahlungsstärke bis zu einer gewissen Schwelle sehr stark, dann jedoch nur noch schwach. Aus (7.10) kann man darüber hinaus sehen, daß mit zunehmender Temperatur der Wirkungsgrad sinkt (vgl. Abschn. 7.2.1). Solarzellen sollten daher bei möglichst niedriger Temperatur betrieben werden.

Von besonderer Bedeutung ist die *Energielücke* E_g. Ein Halbleiter mit einer Energielücke E_g absorbiert nur Lichtquanten, deren Energie folgende Bedingung erfüllt:

$$h\upsilon > E_g \ (eV) \tag{7.11}$$

mit h Plancksches Wirkungsquantum ($6{,}625 \cdot 10^{-34}$ Js), υ Frequenz des Lichts (1/s) und E_g Energielücke (eV).

Wie in Kap. 2 ausführlich diskutiert, weist die Solarstrahlung eine breite Spektralverteilung auf. Abbildung 7.15 zeigt diese Verteilung nochmals, allerdings hier für *AM0- und AM1-Bedingungen*. Halbleiter mit kleinem Bandabstand können also den überwiegenden Spektralbereich der Solarstrahlung absorbieren und dadurch einen großen Photostrom liefern. Silicium hat z. B. nach Abb. 7.16 eine Energielücke von ca. $E_g = 1{,}1$ eV und kann somit den

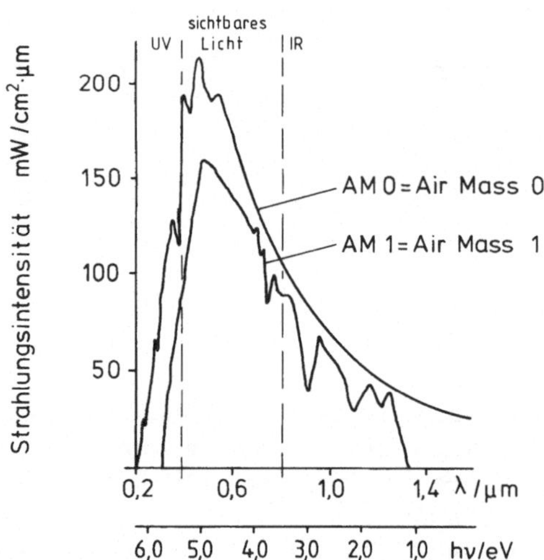

Abb. 7.15. Spektralverteilung der Solarstrahlung

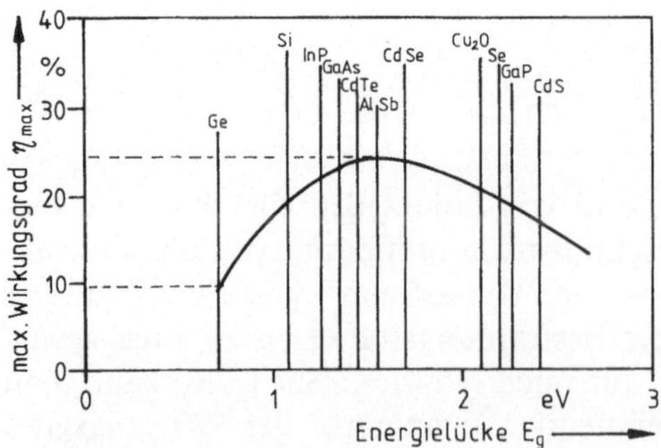

Abb. 7.16. Die theoretischen Wirkungsgrade verschiedener Solarzellen liegen bei ca. 50 °C im Bereich von 10 bis 25 % (Bonnet/ Rickus, 1982)

größten Teil des Spektralbereichs absorbieren, wie man an der unteren $h\upsilon$-Skala in Abb. 7.15 leicht feststellen kann.

Die Energielücke E_g legt andererseits jedoch gleichzeitig die Obergrenze der *Potentialbarriere* $q \cdot U_D$, d. h. die Obergrenze der Stufe im Bänderschema, fest (s. Abb. 7.7 und 7.11). Sie ist gleich E_g. Eine kleine Energielücke führt also zu einer kleinen Leerlaufspannung (7.9). Da sowohl der Strom als auch die Spannung die maximale Leistung der Solarzelle beeinflussen (Abb. 7.13), werden sowohl Halbleiter mit sehr großer als auch solche mit sehr kleiner Energielücke zu kleinen Wirkungsgraden führen. Bei denen mit kleiner Energielücke ist die kleine Leerlaufspannung für den niedrigen Wirkungsgrad verantwortlich und bei großer Energielücke ist der Strom gering, weil das Material entsprechend (7.11) nur einen kleinen Teil des Spektrums absorbiert.

Man kann die theoretischen maximalen *Wirkungsgrade der Solarzellen* aus verschiedenen Halbleitermaterialien berechnen und erhält dann Abb. 7.16.

Valenzelektronen benötigen zum „Sprung" ins Leitungsband mindestens die Energie E_g. Die Energie von Photonen mit kleinerer Energie als dem Bandabstand reicht also für ein Anheben der Valenzelektronen nicht aus, der Halbleiter ist für diese Photonen transparent. Auch der Energieüberschuß von Photonen mit einer Energie größer als der Bandabstand geht für eine elektrische Nutzung verloren. Dieser Überschußanteil wird praktisch sofort in Form von Wärme an das Kristallgitter abgegeben.

Aufgrund der *Diffusionsverluste* kann von der maximal erreichbaren Potentialbarriere (d. h. der *Energielücke*) praktisch nur eine Leerlaufspannung von etwa $2/3\ E_g$ realisiert werden (*Spannungsfaktor*).

Berücksichtigt man, daß auch der *Füllfaktor* unter realen Bedingungen nicht den Wert 1 erreichen kann und daß an der Oberfläche der Solarzelle noch Reflexionsverluste stattfinden, so wird klar, daß die tatsächlich erreichbaren Wirkungsgrade von Solarzellen erheblich kleiner als die in Abb. 7.16 aufgeführten Werte sind.

Die genannten Energieverluste sind in Abb. 7.17 noch einmal prinzipiell dargestellt. Unter dem Begriff „Kollektorwirkungsgrad" sind die Ohmschen Verluste in der Zelle und in den Zuleitungen sowie die Abschattungsverluste durch die streifenförmigen Vorderseitenkontakte enthalten.

7.3.2 Ersatzschaltbild realer Solarzellen

Reale Solarzellen lassen sich durch unterschiedlich aufwendige Ersatzschaltbilder darstellen. Ein einfaches brauchbares Beispiel zeigt Abb. 7.18. Bei einer konstanten Bestrahlung liefert die Solarzelle einen konstanten *Photostrom* I_L. Im Ersatzschaltbild kann man sich diesen Strom beispielsweise durch einen Konstantstromgenerator erzeugt denken. Ohne die Bestrahlung stellt die Solarzelle eine normale Halbleiterdiode dar, deren Wirkung auch bei Lichteinfall erhalten bleibt. Daher muß im Ersatzschaltbild parallel zum Konstantstromgenerator eine Diode geschaltet sein. Der Parallel- oder Shunt-Widerstand R_{Sh} sowie der Serienwiderstand R_R haben erheblichen Einfluß auf den Wirkungsgrad der Zelle. Bei guten Siliciumzellen wird der Serienwiderstand durch geeig-

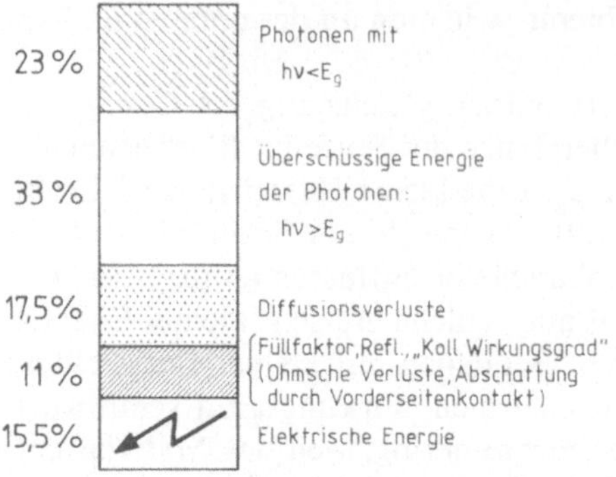

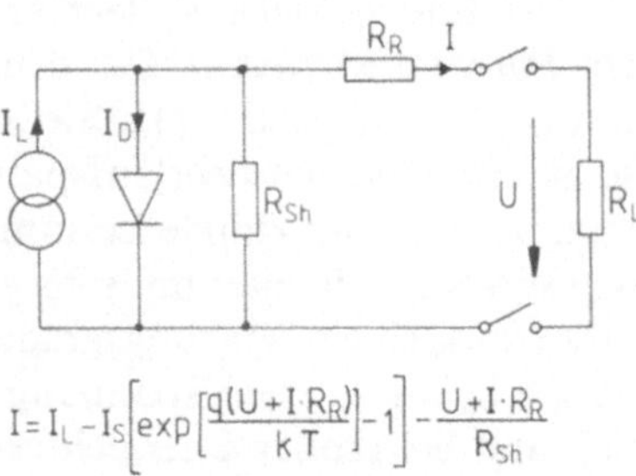

Abb. 7.17. Verlustmechanismen einer Solarzelle (Selders/Bonnet, 1979)

Abb. 7.18. Ersatzschaltbild einer Solarzelle (Selders/ Bonnet, 1979)

$$I = I_L - I_S\left[\exp\left[\frac{q(U+I\cdot R_R)}{kT}\right]-1\right] - \frac{U+I\cdot R_R}{R_{Sh}}$$

net hohe Dotierung des Grundmaterials und eine entsprechende Struktur des Kontaktgitters klein gehalten. Der Parallelwiderstand R_{Sh} bewirkt, daß die Betriebsspannung ausgehend von der Leerlaufspannung bei zunehmender Stromstärke schneller zurückgeht. Dadurch wird der Füllfaktor der Solarkennlinie reduziert. Gute einkristalline Zellen zeigen allerdings praktisch keine Shunts. Bei polykristallinen oder aber Dünnschichtzellen (z. B. aus amorphem Silicium) können sie jedoch eine wesentliche Rolle spielen.

7.4 Heute gebräuchliche Solarzellen

7.4.1 Herstellung von Silicium-Solarzellen

Die heute am weitesten entwickelte Solarzelle ist die „klassische" *Silicium-Solarzelle* aus kristallinem Material. Ihr Wirkungsgrad liegt zwischen 10% und 18%, Laborzellen haben Wirkungsgrade von über 20% erreicht. Die Zellstärke beträgt etwa 0,2 bis 0,5 mm.

Der Herstellungsprozeß (s.Abb. 7.19) beginnt mit der Produktion von Solarsilicium aus Quarzit oder Quarzsand. Das Silicium wird dabei zuerst in Trichlorsilen ($SiHCl_3$) überführt, diese Flüssigkeit wird gereinigt und zurückreduziert. Einkristalle werden üblicherweise mit dem sog. *Czochralski-Verfahren* (C_Z-Verfahren) als Stäbe von einem Durchmesser bis zu etwa 10 cm aus einer Siliciumschmelze gezogen. Sowohl die Erzeugung von $SiHCl_3$ als auch die Reduktion und der Schmelzprozeß sind die energieaufwendigsten und teuersten Teilschritte der Zellenproduktion (*Schmelzpunkt von Silicium:* 1415 °C).

Die monokristallinen Stäbe werden mit diamantbesetzten Gattersägen, mit Innenlochsägen oder — zur weiteren Verringerung der Schnittverluste — mit neuartigen Drahtsägen in Scheibchen mit einer Dicke von etwa 400 μm zersägt (sog. *Wafer*). Die Sägeblätter haben dabei etwa die Dicke der Scheiben und zerstören natürlich deren Oberfläche. Wie schon gesagt, stellen die Oberflä-

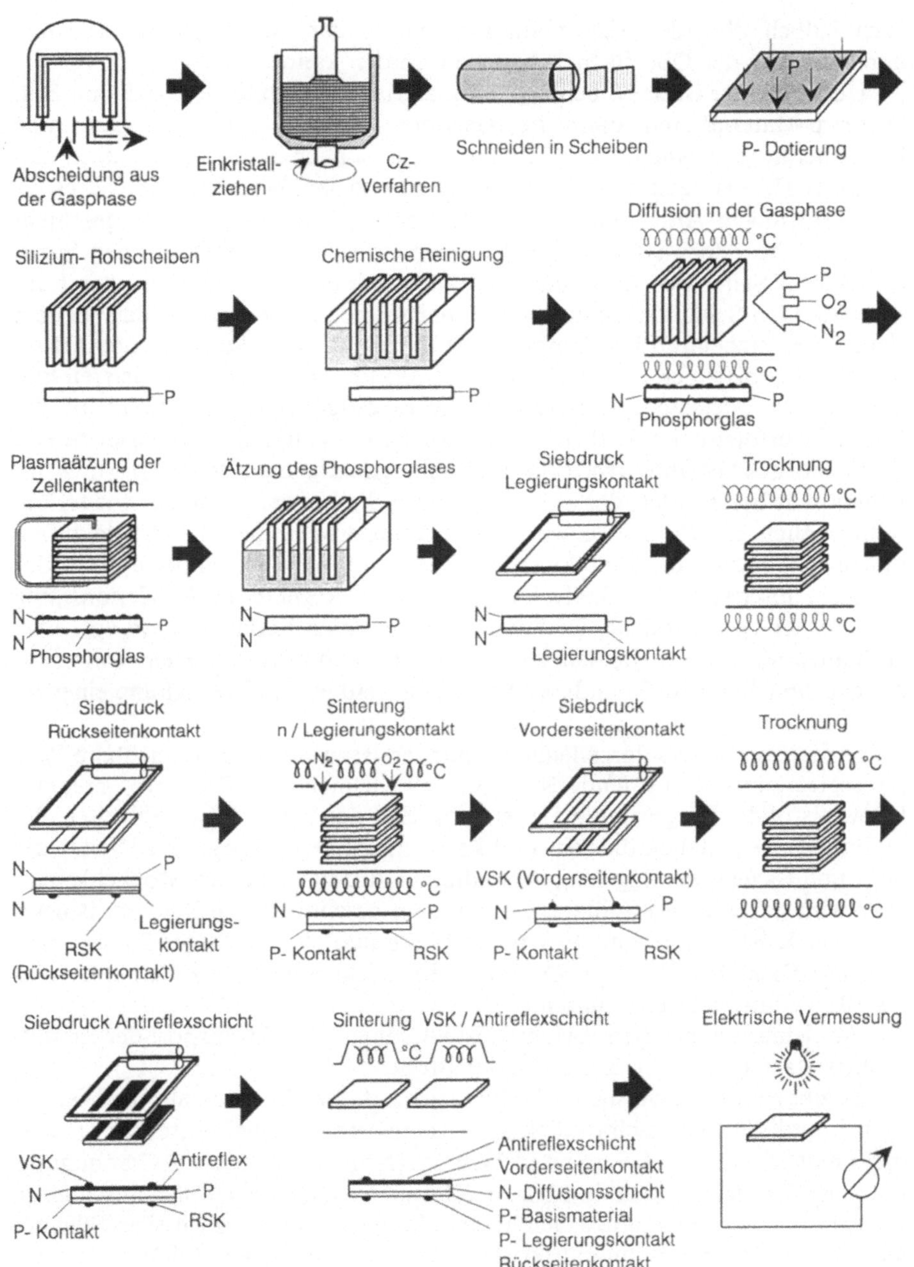

Abb. 7.19. Die einzelnen Herstellungsschritte bei Solarzellen (nach Telefunken und Lemme, 1991)

chen jedoch ohnedies Rekombinationszentren dar, so daß dieser Schaden durch Ätzung der Oberflächen behoben werden kann.

Üblicherweise ist das Siliciumgrundmaterial bereits p-dotiert, z. B. mit Bor. Dieses p-Material stellt dann die Basis der Solarzelle dar. Die p-Dotierung kann allerdings − wie in Abb. 7.19 dargestellt − auch in der Gasphase mit Diboran, B_2H_6, erfolgen. Um das n-Gebiet zu erzielen, wird das Scheibchen einer gasförmigen Atmosphäre von n-Dotiermittel ausgesetzt. Dies geschieht z. B. mit Phosphorwasserstoff, PH_3, einem wie Diboran sehr giftigen Stoff, wobei beide Seiten des Wafer und die Kanten mit dotiert werden. An den Kanten wird die n-Schicht anschließend wieder weggeätzt, ebenso wie das bei dem Vorgang entstehende Phosphorglas. Die entsprechenden Dotieratome diffundieren dabei bis zu einer Tiefe von 0,2 bis 0,5 µm und überkompensieren hier die bereits vorliegende p-Dotierung. Die Beseitigung der n-Schicht auf der Rückseite erfolgt beim Aufbringen des Rückseitenkontaktes: im kostengünstigen Siebdruck-Verfahren wird die Rückseite ganzflächig oder netzförmig mit Aluminium beschichtet, das beim Einsintern die hintere n-Schicht wieder beseitigt. Auch die Frontseite wird heute üblicherweise per Siebdruck aufgebracht. Die Frontseitenkontakte sollen dabei möglichst wenig der aktiven Solarfläche abschatten: ihre Bedeckung liegt in der Regel in der Größenordnung von 5% der Gesamtfläche. Da reines Silicium einen Reflexionsgrad von etwa 30% aufweist, müssen die Scheibchen abschließend noch mit einer Antireflexschicht (üblicherweise Titandioxid) versehen werden. Zur Herstellung einer festen Verbindung dient ein weiterer Sinterschritt.

Für terrestrische Solarzellenanwendungen ist weniger der erreichbare Wirkungsgrad das entscheidende Kriterium als vielmehr der Preis pro erzeugter Kilowattstunde des gesamten Generators. Ziel der derzeitigen weltweiten Bemühungen ist es daher, die zeit- und kostenintensiven Prozesse des Kristallziehens und Sägens zu umgehen. Abbildung 7.20 zeigt eine der Möglichkeiten. Hier wird durch eine Kapillare, die von dem geschmolzenen Silicium benetzt wird, ein Kristallband von etwa 10 cm Breite und einigen Meter Länge gezogen. Die Dicke beträgt etwa 0,1 mm, wobei Ziehgeschwindigkeiten von mehr als 10 cm/min realisiert wurden.

Problematisch bei dem Verfahren ist allerdings der Abtransport der Kristallisationswärme über die Kristallisationsfront.

Es gibt zahlreiche Versuche, die Bandziehverfahren in bezug auf die Wärmeabfuhr und die Ziehgeschwindigkeit zu verbessern. Beispielsweise das bei Siemens entwickelte „Grid Supported Web"-Verfahren, bei dem ein Graphitgitter mit einer Geschwindigkeit von bis zu 200 cm/min durch eine Siliciumschmelze gezogen wird. Dabei sammelt sich in den Maschen des Gitters flüssiges Silicium an, das mit der Abkühlung auskristallisiert (Bloss, Pfisterer, 1984).

Weitere Beispiele sind die von Wacker entwickelten Bänderziehverfahren ICC (Interface Controlled Crystallization) und RAFT (Ramp Assisted Foil Casting Technique), bei denen Siliciumbänder aus der Schmelze entlang an einer vertikalen Rampe gezogen werden, die das flüssige Silicium nicht benetzt (ICC), bzw. entlang einer bewegten Rampe, von der das Band erst nach der Abkühlung abgelöst wird (Bloss, Pfisterer, 1984).

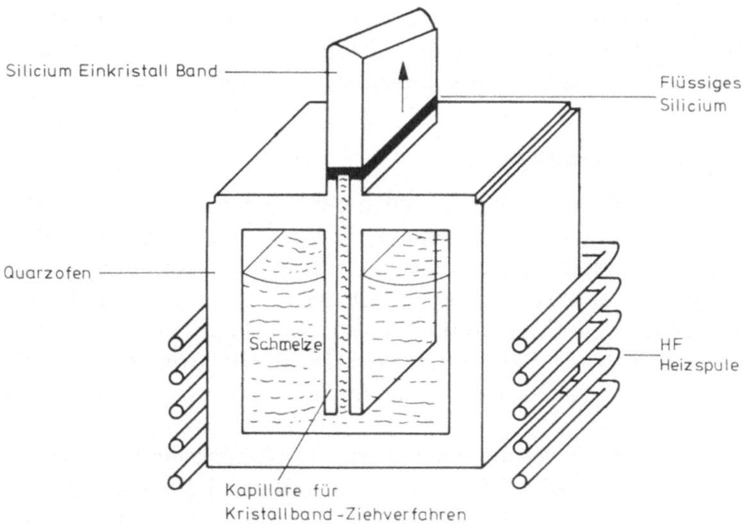

Abb. 7.20. Kristallband-Ziehverfahren (Hewig, 1979)

Ihnen allen ist gemeinsam, daß die Solarzellenscheibchen unmittelbar aus der Schmelze gezogen werden, so daß der energie- und kostenaufwendige Schritt des Sägens entfällt.

Eine Alternative zum Einkristall-Ziehverfahren stellt das Gießen von flüssigem Silicium mit einer Temperatur von 1500 °C in einen geheizten Graphittiegel dar (Abb. 7.21). Der Boden des Tiegels wird mit Hilfe einer wassergekühlten Kupferplatte auf nur 800 °C gehalten. Aufgrund des starken Temperaturgradienten erstarrt das Silicium zu einer *polykristallinen* Schicht. Dies bedeutet, daß die Korngrenzen der entstehenden Kristalliten im wesentlichen in einer Richtung verlaufen. Bei entsprechendem Sägeprozeß verlaufen die Korngrenzen also senkrecht zur Oberfläche. Da heute Kristallite von bis zu 1 cm Größe

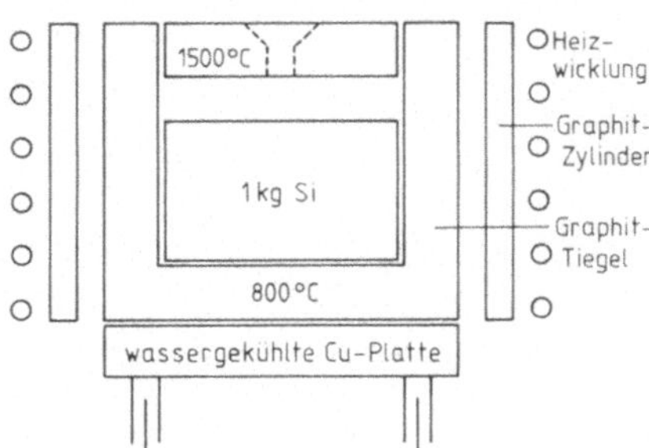

Temperatur des Si vor dem Gießen: 1500°C
Dotierung des Si: 2×10^{15} cm^{-3} Bor
Abkühlzeit auf Zimmertemperatur: einige Stunden
η (Solarzelle): 10–11%

Abb. 7.21. Gießprozeß für polykristallines Silicium (Hewig, 1979)

erreicht werden, können aus dem polykristallinen Material sehr effektive Solarzellen hergestellt werden. Polykristalline Silicium-Solarzellen mit Wirkungsgraden von bis zu 15% werden bereits gehandelt.

7.4.2 Dünnschicht-Solarzellen

Die oben beschriebenen kristallinen Solarzellen benötigen aufgrund ihres relativ kleinen Lichtabsorptionskoeffizienten eine Dicke von etwa 100 μm. Üblicherweise werden aus herstellungstechnischen Gründen Siliciumscheiben aber mit einer Dicke von etwa 300 μm gefertigt. Demgegenüber kommen Dünnschicht-Solarzellen aufgrund ihrer höheren Absorptionskoeffizienten mit wesentlich geringeren Dicken aus. Sie liegen im Bereich von Mikrometern. Damit ist also eine enorme Materialeinsparung an hochreinen Ausgangssubstraten verbunden.

Das derzeit am weitesten verbreitete Material für Dünnschichtsolarzellen (Abb. 7.22) ist amorphes Silicium. Während in einem Kristall die Atombausteine regelmäßig zueinander angeordnet sind (Abb. 7.23 a), fehlt in einem amorphen Material diese Ordnung (Abb. 7.23 a, b).

Die amorphe Struktur hat jedoch wesentliche Änderungen der elektronischen Eigenschaften zur Folge. Gegenüber einkristallinem Silicium weist es einen Bandabstand von 1,6 eV auf, liegt also dichter an dem optimalen Wert von etwa 1,5 eV. Da es Absorptionskoeffizienten aufweist, die um 1 bis 2 Größenordnungen höher als diejenigen des einkristallinen Siliciums sind, können erheblich geringere Schichtdicken (ca. 1 μm) verwendet werden. Amorphes Silici-

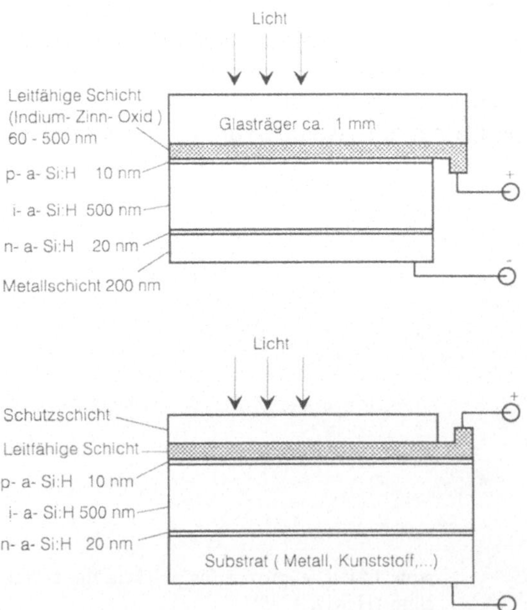

Abb. 7.22. Prinzipieller Aufbau von amorphen, durch Wasserstoff (H) gesättigten Silicium-Solarzellen mit unterschiedlicher Trägeranordnung (Lemme, 1991)

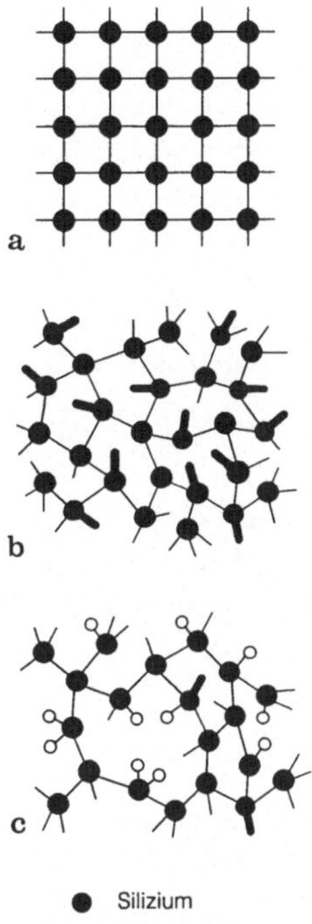

Abb. 7.23a–c. Struktur von Silicium für Solarzellen: **a** monokristallin, alle Valenzen sind abgesättigt; **b** amorphes Reinsilicium mit vielen freien Valenzen; **c** freie Valenzen mit Wasserstoff abgesättigt. Einige bleiben dennoch übrig (Lemme, 1991)

um (a-Si) wird beispielsweise aus einer *Glimmentladung* in Silan (SiH_4) abgeschieden (Abb. 7.24). Gegenüber polykristallinem Silicium weist amorphes Silicium keine Kristallstruktur auf. Früher nahm man daher an, daß solche Schichten für Solarzellen völlig ungeeignet sind. Erst als man erkannte, daß die größte Anzahl der unabgesättigten Elektronenpaarbindungen durch Eindringen von Wasserstoffatomen „geheilt" werden kann und a-Si dadurch auch dotierbar wird, rückte dieses Material wegen des einfachen Herstellungsprozesses zunehmend in den Mittelpunkt wissenschaftlichen und kommerziellen Interesses. Die heute maximal erreichten Laborwirkungsgrade liegen bei etwa 12%. Kommerziell vertriebene Zellen erreichen Wirkungsgrade um 8%. Unter Belichtung nimmt der Wirkungsgrad allerdings – im Gegensatz zu allen anderen Silicium-Strukturen – um bis zu 30% ab. Die Ursachen der Lichtdegradation (sog. *Stäbler-Wronski-Effekt*) sind noch unbekannt.

Wie die amorphe Silicium-Solarzelle ist auch die Cu_2S/CdS-Solarzelle eine *Dünnschichtzelle*, jedoch mit Schichtstärken von etwa 25 bis 100 μm. Ihre Herstellung erfolgt durch Aufdampfen oder Aufsprühen der entsprechenden Zellschichten. Abbildung 7.25 zeigt den Aufbau einer CdS/Cu_2S-Dünnschicht-Solarzelle. Auf das etwa 1,5 mm dicke Substratglas werden im Hochvakuum der Metallkontakt aus Silber und eine etwa 25 μm dicke n-leitende CdS-Schicht aufgedampft. Durch Eintauchen dieser Schicht in eine Kupferionen-

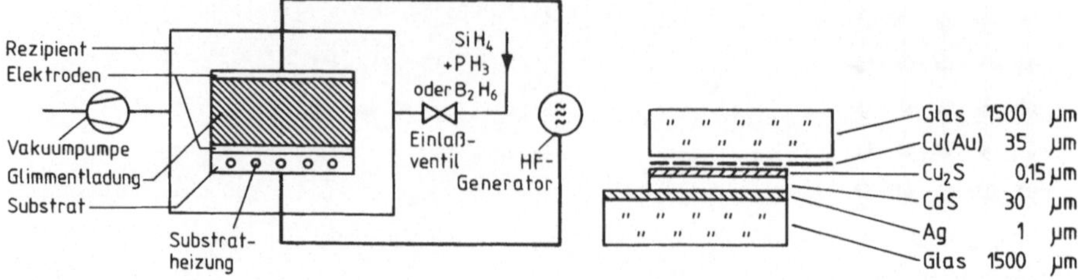

Abb. 7.24. Schematische Darstellung des Glimm-
entladungsverfahrens (Hewig, 1979)

Abb. 7.25. Cu$_2$S/CdS-Solarzelle (Hewig,
1979)

lösung entsteht eine dünne Oberflächen-p-Schicht aus Kupfersulfid. Der transparente Frontkontakt besteht aus vergoldetem Kupfer, er wird in Siebdruck-
und Ätztechnik gefertigt. Maximal erreichte Wirkungsgrade liegen bei 8% für
Einzelzellen und 3% bis 6% für serienmäßig gefertigte Module.

7.4.3 Sonstige Solarzellen

Hauptziel der weltweiten Photovoltaik-Entwicklung ist die Reduktion der
Stromerzeugungskosten. Dabei stehen die Erhöhung des Zellenwirkungsgrads
sowie Vereinfachungen der Herstellverfahren im Vordergrund. Eine der Mög-
lichkeiten ist hier die Erstellung großflächiger Dünnschichtsolarzellen aus
amorphem Silicium. Die 1-MW-Pilotfertigung von Phototronics Solartechnik
(PST) hat hierfür 1991 den Betrieb aufgenommen. Nur wenig später lief die
Pilotproduktion bei NUKEM in Alzenau/Unterfranken an. Gefertigt werden
hier die von Hezel an der Universität Erlangen entwickelten MIS-I-Zellen mit
Wirkungsgraden zwischen 12% und 15% und erheblicher Materialreduktion.
Die Metall-Isolator-Silicium-Inversionsschicht-Zelle läßt sich in nur sechs Ar-
beitsschritten herstellen, während konventionelle mono- oder multikristalline
Solarzellen auf bis zu 17 Einzelschritte angewiesen sind (s. Abb. 7.19). Dadurch
erhofft man sich Kostenreduktionen um mindestens 30%.

Weitere Alternativen sind die in Australien von Green entwickelten Zellen
mit pyramidenförmig strukturierter Oberfläche und Wirkungsgraden von 15%
bis 18%. BP-Solar und Telefunken-Systemtechnik haben diese Entwicklungen
bereits in Lizenz genommen.

Die jüngste Entwicklung im Bereich des Siliciums sind Solarzellen aus Sili-
ciumkügelchen, die beim schnellen Abkühlen der Schmelze entstehen. 17 000
davon finden auf einer Fläche von ca. 5 cm mal 5 cm Aluminiumfolie Platz.
Die von Texas Instruments zusammen mit dem amerikanischen Stromversor-
gungsunternehmen Southern California Edison im Herbst 1991 der Öffent-
lichkeit vorgestellten Spherial Solar Panels sollen einen Wirkungsgrad von
10% haben und unter den amerikanischen Verhältnissen Strom zu relativ günstigen Preisen herstellen können.

Dem gleichen generellen Ziel der Kostenreduktion dienen Forschungs- und
Entwicklungsprojekte im Bereich anderer Halbleiter, die sich als Ersatz für

Silicium eignen. An erster Stelle des weltweiten Interesses steht z. Zt. CIS (Kupfer-Indium-Diselenid, $CuInSe_2$). Für eine Dünnschichtzelle hat das CIS-Material erstaunlich hohe Wirkungsgrade von über 14% und eine hervorragende Langzeitstabilität. Siemens Solar beabsichtigt, CIS-Zellen zu einem späteren Zeitpunkt auch in Wackersdorf (Bayern) zu fertigen. Derzeit (1992) ist die Realisierung einer großtechnischen Produktion allerdings noch fraglich. Der gravierendste Nachteil des CIS ist, daß es keine industrielle Infrastruktur zur Unterstützung dieses Materials gibt.

Andere Optionen sind Cadmiumtellurid (CdTe), Galliumarsenid (GaAs) oder die in der Schweiz entwickelte Titandioxidzelle von Grätzel. Versuche mit diesen Materialien sind jedoch bislang nicht nennenswert über den Labormaßstab hinausgekommen. Tabelle 7.1 zeigt die höchsten bisher erreichten Wirkungsgrade einiger ausgewählter Zellentypen.

7.5 Konzentrierende Solarzellen

Angesichts der hohen Produktionskosten von Solarzellen wurde bereits frühzeitig versucht, Zellen mit höherer Lichtintensität zu betreiben. Dies ist wie bei den Kollektoren durch Verwendung von Spiegel- oder Linsensystemen möglich. Solche *Konzentratorzellen* müssen daher zur höheren Effizienz der Sonne nachgeführt werden. Ein besonderes Problem stellt der Serienwiderstand der Zellen dar. Während ein Widerstand von 0,1 Ω bei normaler Sonnenstrahlung, wie er für typische Silicium-Solarzellen gemessen wird, einen Verlust von 4% der Leistung nach sich zieht, wird bei 100facher Konzentration ein Verlust von 90% eintreten, weil die Verlustleistung quadratisch mit dem Strom ansteigt. Konzentratorzellen müssen daher besonders hoch dotiert werden und mit besonders verlustarmen Kontakten zur Verminderung des Oberflächenwiderstands versehen werden.

Probleme bringt bei der Konzentration insbesondere der starke Wirkungsgradabfall der meisten Halbleitermaterialien mit der Temperatur (Abb. 7.26). Neben dem Einsatz von Halbleitermaterialien, deren Wirkungsgradabfall erst weit oberhalb 100 °C beginnt (z. B. Galliumarsenid), ergibt sich hier die Möglichkeit, sog. *Hybridzellen* zu bauen. Hierbei wird die Solarzelle mit Hilfe einer Flüssigkeit ähnlich wie ein Kollektor gekühlt. Das Kühlmedium kann dann beispielsweise zur Warmwasserbereitung oder zu anderen Niedertemperaturzwecken genutzt werden.

Eine weitere Möglichkeit zur Konzentration stellen die sog. *Fluoreszenzkollektoren* dar. Ihre Funktionsweise ist in Abb. 7.27 erläutert. Die solare Strahlung wird in mit geeigneten Farbstoffen versetzten Kunststoffplatten absorbiert und in langwelligere Strahlung transformiert. Die Fluoreszenzstrahlung tritt dann im wesentlichen nur an den Kanten der Platten aus. Verschiedene Solarzellenmaterialien sind für jeweils ganz bestimmte Spektralgebiete besonders geeignet. Durch entsprechende Auswahl der Farbstoffe können also unterschiedliche Spektralbereiche ausgewählt werden. Damit wird ein praktisch vollständiges Erfassen des gesamten Solarspektrums gewährleistet. Zur Zeit rich-

Tabelle 7.1. Erreichte Wirkungsgrade von Solarzellen (Kolb, 1991)

Material	Wirkungsgrad im Labor	Wirkungsgrad in der Produktion	Entwicklungs- stand
Silicium			
– Einkristallin	22,6	16,0	GP
• Telefunken/Green	20	18,0	PP
• Green	23,2	–	Labor
• Siemens	–	14,0	GP, 1 MW/a
• Inversionsschicht (MIS)	17,9	15,0	PP
– Konzentratorzelle	28,4	17,2	GP
• Stanford	22 – 29	–	Labor
– Multikristallin	17,8	13,5	GP
• Telefunken	–	11,8	GP, 3 MW/a
• Telefunken/Green	–	15,0	PP
• Inversionsschicht (MIS)	–	13,0	PP
• EFG-Band	14,7	13 – 14	KP
• Dendritic Web	17,0	8,0	PP
– Polykristallin dünn	15,7	–	Labor
– Amorphes Si	11 – 12	8,5	GP
• Tandem Poly Si	16,4	–	Labor
• Tandem 2-Schicht	10,0	–	Labor
• Tandem 3-Schicht	13,7	–	Labor
Galliumarsenid (III – V)			
– Einkristallin auf GaAs	29	19,0	KP
– Konzentratorzelle	29,3	–	PP
– Poly Dünnfilm	8,8	–	Labor
– GaAs/GaSb konz.	37	–	Labor
II – VI-Verbindungen			
– CdTe/CdS	12,3	7,3	PP
– CdZnS/CuInSe$_2$	14,1	–	PP
– CIS/(Zn,Cd)S	12,0	–	Labor
– CIS/Zelle (Arco-S)	14,1	11,7	PP
– Tandem (a-Si/CIS)	15,6	–	PP
– Tandem (GaAs/CIS)	21,3	–	Labor

GP = Großtechnische Produktion
KP = Kleintechnische Produktion
PP = Pilotproduktion

ten sich die Forschungsaktivitäten auf das Ziel, die Farbstoffe und Einbettmaterialien so zu wählen, daß möglichst hohe Lebensdauern sichergestellt sind. Der Fluoreszenzkollektor stellt eine Sonderform der sog. *Mehrfach-Solarzellensysteme* dar: er teilt das Solarspektrum mit Hilfe von optischen Elementen auf und führt die Strahlung räumlich getrennten, dem jeweiligen Spektralbereich optimal angepaßten Solarzellen zu.

Untersucht werden in jüngerer Zeit verstärkt auch sog. *Tandem- und Stapelzellen*, bei denen mehrere transparente Zellen in einer Schichtfolge übereinander angeordnet werden (s. Tabelle 7.1 unten und Abb. 7.28).

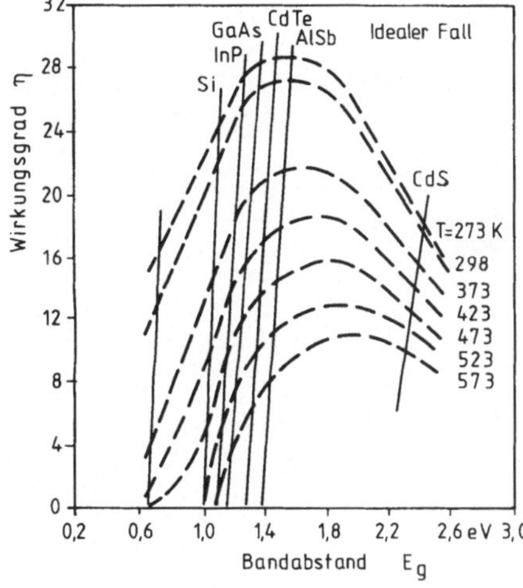

Abb. 7.26. Abfall des maximalen theoretischen Wirkungsgrads von Solarzellen mit der Temperatur (AGF/ASA, 1976)

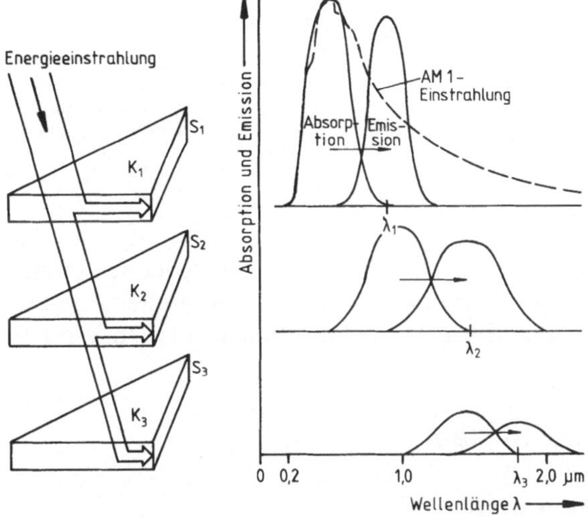

Abb. 7.27. Der Fluoreszenzkollektor teilt das Solarspektrum in Einzelbereiche auf und führt die Strahlung dafür optimierten Solarzellen zu (Winstel, 1980)

Abbildung 7.28 zeigt die maximale Energieausbeute, die bei solchen Mehrfach-Solarzellensystemen erreichbar ist. Abbildung 7.28 a und b zeigen das Sonnenspektrum und die für die Umwandlung dieses Spektrums optimalen Bandabstände der Zellen. Abbildung 7.28 c gibt den maximal erreichbaren Wirkungsgrad derartiger Anordnungen in Abhängigkeit von der Zahl optimaler Zellen an. So ergibt beispielsweise die Kombination zweier Zellen mit den Bandabständen 1,2 und 2,0 eV einen maximalen Wirkungsgrad von über 32%, der mit Hilfe von fünf Zellen auf 42% gesteigert werden könnte. Die Entwick-

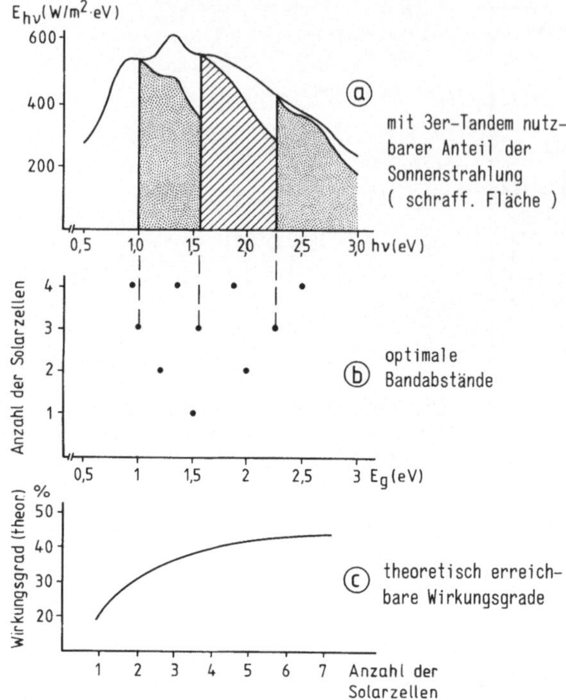

Abb. 7.28. Stapelzellen bestehen aus einer Schichtfolge von transparenten Solarzellen, wobei die Zellen mit dem größeren Bandabstand dem Licht zugewandt sind (Pfisterer et al., 1982)

lung solcher Systeme befindet sich noch in vollem Gange, läßt jedoch erwarten, daß hierdurch deutlich höhere Wirkungsgrade photovoltaischer Energiewandler als mit den konventionellen Einfachsystemen erreicht werden können.

7.6 Solarzellensysteme und Kosten

7.6.1 Aufbau von Solargeneratoren

Um den durch die Solarzelle bereitgestellten Strom einer Nutzung zuzuführen, muß die Zelle in ein Generatorsystem eingebaut werden. Abbildung 7.29 zeigt das Schema eines derartigen *Solarzellensystems*.

Üblicherweise werden aus produktionstechnischen Gründen mehrere Solarzellen zu einem sog. *Solarzellenmodul* oder *-panel* zusammengefügt und als eine Einheit mit entsprechenden Abdeckungen und einem Rahmen versehen. Die Reihen- und/oder Parallelschaltung von einzelnen Modulen ergibt den *Solargenerator*. Um den Betrieb zu sog. Dunkelzeiten, in denen kein Sonnenschein herrscht, auszugleichen, werden Solarzellensysteme üblicherweise mit Energiespeichern gekoppelt. Der Solargenerator wird dabei mit der Batterie parallel geschaltet. Um eine Rückspeisung von der Batterie zum Generator zu verhindern, muß eine entsprechende Rückstromsperrdiode vorgesehen werden. Um

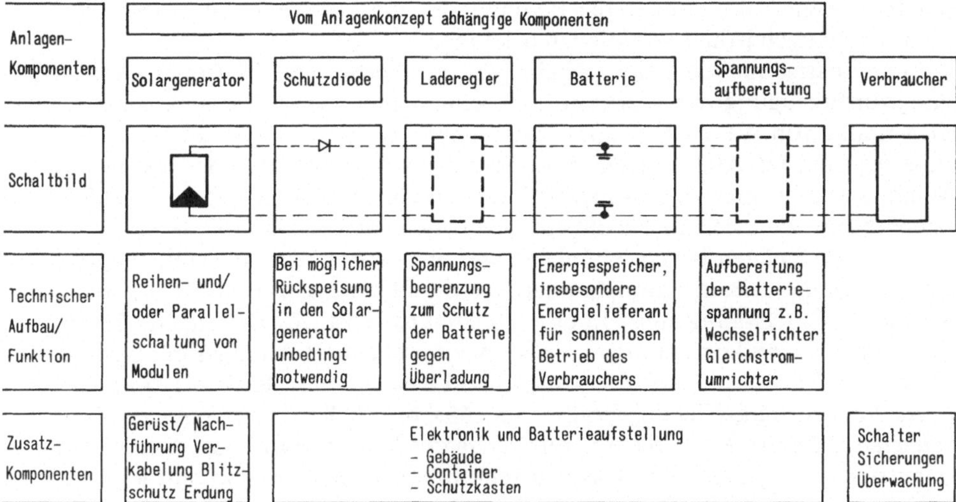

Abb. 7.29. Ein photovoltaisches Stromerzeugungssystem erfordert neben der eigentlichen Solarzelle noch zusätzliche Anlagenkomponenten. Je nach Anwendungszweck liegen die Kosten für diesen „konventionellen" Teil oft in der gleichen Größenordnung wie die Zellen selbst (Schmidt, 1981)

die Batterie vor einer Überladung zu schützen, ist darüber hinaus ein Laderegler mit einer Spannungsbegrenzung erforderlich. Je nach den unterschiedlichen Anforderungen des Verbrauchers in bezug auf Leistung, Spannung, Strom und Impedanz muß eine Aufbereitung der Batteriespannung erfolgen.

7.6.2 Einsatzmöglichkeiten von Solargeneratoren

Photovoltaische Energiewandler können aus vielerlei Gründen als nahezu ideal bezeichnet werden: Sie sind in der Lage, sowohl diffuse als auch direkte solare Strahlung unmittelbar in Elektrizität (also reine Exergie) umzuwandeln; für diese Umwandlung benötigen sie keinerlei bewegliche, dem Verschleiß unterliegende Komponenten; außerdem bestehen leistungsmäßig außerordentlich breit gefächerte Einsatzmöglichkeiten. Sie reichen von Milliwatt-Generatoren bei der Konsumelektronik und Heimgerätetechnik über den Einsatz in der Kfz-Elektrotechnik und zur Hauselektrifizierung bis hin zu netzfernen dezentralen Versorgungen, kleinen Inselbetriebsnetzen und schließlich zum Megawattbereich netzgekoppelter zentraler Kraftwerke. Allerdings erscheint eine Weiterverbreitung der Photovoltaik zur Stromerzeugung für das Netz der öffentlichen Versorgung derzeit in größerem Umfang noch nicht möglich.

Mehr als die Hälfte der Weltbevölkerung lebt in den Entwicklungsländern in ländlichen Gebieten auch heute noch ohne Strom. Hier gibt es eine Fülle photovoltaischer Kleinsysteme (für Beleuchtung, Kommunikation, Hausversorgung, Pumpen und Aufbereiten von Wasser oder für das Kühlen), die nicht nur die Lebensbedingungen dieser Bevölkerung erheblich verbessern könnten, sondern bereits zu den heutigen Bedingungen mit konventionellen Techniken zum Teil wirtschaftlich konkurrieren können.

Langfristig aussichtsreich scheint die großtechnische Photovoltaik-Nutzung zur Erzeugung von Wasserstoff zu sein (Winter, 1989). Die elektrolytische Gewinnung von Wasserstoff mit Strom aus Photozellen ist zwar teurer als andere regenerative Alternativen, etwa Strom aus Wasserkraft oder Strom aus Wind, sie stellt aber einen universell verwendbaren und CO_2-freien Energieträger bereit. Für viele der heute erdölexportierenden Länder, die in sehr sonnenreichen Gebieten liegen, könnte solarer Wasserstoff ein Anschluß-Exportgut werden. So z. B. in Saudi-Arabien, wo die Materialsituation für die solare *Wasserstoff-Erzeugung* über Photovoltaik günstig ist: Wasser, Sand, Beton, Eisen und Plastik können in großen Mengen problemlos bereitgestellt werden. Unter der Annahme eines Elektrolysewirkungsgrads von 85% bis 90% und eines Photovoltaik-Wirkungsgrads von 16% bis 18% könnte Saudi-Arabien mehr als 25% des Primärenergieverbauchs der Welt in Form von Wasserstoff bereitstellen (Reglob, 1992). Das deutsch-arabische Gemeinschaftsprojekt Hysolar ist für eine solche Zukunftsvision vielleicht ein erster Baustein. Das Gemeinschaftsprojekt der Universität Stuttgart und der DLR, Stuttgart, mit den saudi-arabischen Universitäten Riad, Jeddah und Dharan sowie der nationalen Forschungsbehörde Sancst beinhaltet die Errichtung einer 100-kW-Photovoltaik-Anlage mit nachgeschalteter Elektrolyse.

In Deutschland findet das Vorhaben seinen Nachfolger in der Anlage in Neuenburg vorm Wald in der Oberpfalz. Hier stellen $3000\,\mathrm{m}^2$ Photovoltaikzellen eine maximale elektrische Leistung von 0,3 MW bereit, die eine 300-kW-Elektrolyse-Anlage treiben. Jährlich sollen 60 bis $65\,000\,\mathrm{Nm}^3$ Wasserstoff erzeugt werden. Ein Druckgasspeicher für $5000\,\mathrm{Nm}^3$ dient als Ausgleich für die Tag-Nacht-Lastschwankungen. Genutzt werden soll der Wasserstoff in Brennstoffzellen, katalytischen Brennern und einer Gasmotor-Generator-Einheit von etwa 100 kW Leistung (BINE, 1990). Im Jahre 1992 haben sich beim Betrieb der Anlage erhebliche Schwierigkeiten ergeben, die zeigten, daß bei den Komponenten noch ein großer Forschungs- und Entwicklungsbedarf besteht.

7.6.3 Wirtschaftlichkeit

Die Modulkosten schwanken derzeit (1992) je nach Leistungsbereich zwischen 10 und $15\,\mathrm{DM/W_p}$. Die Kosten werden auf die Spitzenleistung bezogen, die bei Umgebungstemperatur, einem Standardspektrum von AM-1,5 und einer Einstrahlung von $1000\,\mathrm{W/m}^2$ erreicht wird. Die Kosten der Solarmodule machen jedoch nur rund 60% der Gesamtkosten eines Photovoltaik-Kraftwerkes aus (Tabelle 7.2). Die übrigen Aufwendungen entfallen auf die Fundamente, die Energieaufbereitung, Planung, Montage und Inbetriebnahme. Daraus lassen sich je nach Länge der Abschreibungszeit sehr unterschiedliche Stromerzeugungskosten berechnen. Tabelle 7.3 gibt für das in Tabelle 7.2 dargestellte kleine Photovoltaik-Kraftwerk diese *Stromerzeugungskosten* für einen Standort in Mitteleuropa an. Je nach dem, ob man Lebensdauern von 10 oder 30 Jahren zugrundelegt, liegen die Kosten je kWh zwischen 2,80 DM und 1,75 DM

Tabelle 7.2. Ungefähre Kostenaufteilung einer Photovoltaik-Anlage zur Netzeinspeisung mit 100 kW Spitzenleistung bei Errichtung einer Einzelanlage im Jahre 1992 (Hau, Pigorsch 1990)

Komponenten	DM	%
Planung	100 000	6
Solarmodule	1 100 000	61
Aufständerung und Fundamente	250 000	14
Energieaufbereitung	150 000	8
Geländeaufbereitung	50 000	3
Montage und Inbetriebnahme	150 000	8
Systemkosten	1 800 000	100

Tabelle 7.3. Stromerzeugungskosten für ein 100-kW-Photovoltaik-Kraftwerk an einem Standort in Mitteleuropa (Hau, Pigorsch 1990)

Spitzenleistung	100 kW	
Investitionskosten	Solarmodule	1 100 000 DM
	Systempreis	1 800 000 DM
Jahreskosten	Wartung und Instandsetzung (0,5% d. Inv./a)	9 000 DM
	Versicherung (0,25% d. Inv./a)	4 500 DM
	Kapitalkosten mit 8% Zinsfuß bei Amortisation in:	
	– 10 Jahren: 14,9% der Inv.	268 200 DM
	– 20 Jahren: 10,2% der Inv.	183 600 DM
	– 30 Jahren: 8,9% der Inv.	160 200 DM
Jahresenergielieferung		100 000 kWh/a
Voraussetzungen	– Mittlere Strahlungsdichte 130 W/m^2	
	– Modul-Wirkungsgrad 10%	
	– Energieaufbereitungswirkungsgrad 90%	
	– Technische Verfügbarkeit 95%	
Stromerzeugungskosten bei Amortisation in	– 10 Jahren	2,81 DM/kWh
	– 20 Jahren	1,97 DM/kWh
	– 30 Jahren	1,74 DM/kWh

(ohne Zuschüsse gerechnet). Ob Photovoltaik-Kraftwerke 30 Jahre lang mit den geringen Wartungs- und Instandsetzungskosten wie in Tabelle 7.3 dargestellt, arbeiten, ist derzeit noch unbekannt. Beobachtungen nach einem 10jährigen Dauerbetrieb in Italien zeigen, daß der Wirkungsgrad im Bereich der Meßgenauigkeiten konstant geblieben ist. Vom physikalischen Standpunkt her gesehen bestehen bei praktisch allen Halbleitermaterialien, die heute im Einsatz sind, ohnedies keine Beschränkungen der Lebensdauer. Eine Ausnahme bildet lediglich das amorphe Silicium, dessen Wirkungsgrade unter Belichtung abnehmen. Es scheint daher eher für Konsumartikel und weniger für Kraftwerke geeignet.

8 Darbietung der Biomasse

8.1 Entstehung der Biomasse

Unter *Biomasse* versteht man Stoffe organischer Herkunft, also die in der Natur lebende und wachsende Materie und die Abfallstoffe von lebenden und toten Lebewesen. Die Abgrenzung gegenüber fossilen Energieträgern beginnt beim *Torf*, dem fossilen Sekundärprodukt der Verrottung. Zur Biomasse zählen also alle Pflanzen und Tiere, ihre Abfall- und Reststoffe sowie im weiteren Sinne auch durch Umwandlung entstehende Stoffe, wie Papier- und Zellstoff, organische Rückstände der Lebensmittelindustrie, organischer Haus- und Industriemüll.

Biomasse entsteht durch *Photosynthese* aus anorganischer Materie. Dabei wird durch solare Strahlung im Sichtbaren (0,4 bis 0,8 µm) mittels Farbstoffmolekülen (überwiegend *Chlorophyll*) in organischen Zellen Wasser gespalten (*Photolyse*). Der entstehende Wasserstoff bildet mit dem Kohlendioxid der Luft Biomasse, der molekulare Sauerstoff wird dabei freigesetzt. Die Biomasse-Entstehung bildet damit die wesentliche Komponente des Kohlenstoffkreislaufs und die Grundlage für die Existenz menschlichen Lebens.

Die Detailvorgänge sind außerordentlich komplex und Ziel erheblicher Forschungs- und Entwicklungsarbeiten. Dabei könnte beispielsweise die technische Photolyse mit Hilfe von natürlichen oder künstlichen Membranen solare Strahlung direkt in chemische Energie umsetzen. Dieser Prozeß befindet sich jedoch noch im Stadium der Grundlagenforschung, so daß im Rahmen des vorliegenden Buches auf ihn nicht näher eingegangen wird.

Die Entstehung von Biomasse kann qualitativ durch (8.1) beschrieben werden:

$$
\begin{array}{l}
H_2O \qquad\qquad +\,b\cdot NO_3 + CO_2 \quad +\ (8\ldots10)\,h\nu\ \rightarrow \\
\qquad\qquad\qquad +\,c\cdot SO_4 \\
\qquad\qquad\qquad +\,d\cdot PO_4 \\
\text{aus dem Boden} \qquad\qquad \text{aus der} \quad \text{von der} \\
\text{oder dem Wasser} \qquad\qquad \text{Luft} \qquad \text{Sonne} \\
\\
\rightarrow\ C_kH_mO_n\ +\,H_2O \qquad\qquad +\,O_2 \qquad +\,\text{Stoff-} \\
\qquad\qquad\qquad\qquad\qquad\qquad\qquad\qquad \text{wechsel-} \\
\qquad\qquad\qquad\qquad\qquad\qquad\qquad\qquad \text{produkte} \\
\text{Biomasse}\quad \text{Wasserdampf}\quad \text{Sauerstoff}
\end{array}
\tag{8.1}
$$

mit b, c, d verschiedene kleinste Mengenanteile (ppm), h Plancksches Wirkungsquantum ($6{,}625 \cdot 10^{-34}$ Js), ν Frequenz $= c/\lambda$ (1/s), mit λ Wellenlänge (m) und c Lichtgeschwindigkeit ($2{,}99 \cdot 10^{8}$ m/s).

Die linke Seite von (8.1) zeigt, daß neben dem Kohlendioxid aus der Luft auch eine Reihe von Elementen, z. B. Stickstoff, Phosphor, Schwefel etc., aus dem Boden aufgenommen werden. Mengenmäßig fallen sie kaum ins Gewicht. Sie sind in verschiedenen Stoffwechselprodukten enthalten und bilden einen wichtigen Düngemittel-Bestandteil. Wird Biomasse komplett mit diesen Stoffwechselprodukten vom Ort der Entstehung entfernt, so werden diese Spurenelemente dem lokalen Biozyklus entzogen, es entsteht automatisch ein Düngemittelmangel. Die linke Seite von (8.1) soll darüber hinaus zeigen, daß für die molekulare *Assimilation* die Photonenenergie $h\nu$ von etwa 8 bis 10 Photonen erforderlich ist. Als Annäherung kann (8.1) folgendermaßen geschrieben werden:

$$12\,H_2O + 6\,CO_2 + 2{,}8\,MJ \rightarrow C_6H_{12}O_6 + 6\,O_2 + 6\,H_2O \ . \tag{8.2}$$

Nach dieser Molekulargleichung entsteht Biomasse, z. B. als *Traubenzucker* $C_6H_{12}O_6$ (Glukose).

Betrachtet man nur den Verbrennungsvorgang der Biomasse, dann wird dabei nicht mehr Kohlendioxid freigesetzt, als zuvor von der Pflanze durch den Assimilationsprozeß gebunden wurde. Sorgt man dafür, daß die verbrannte Biomasse wieder nachwachsen kann, dann ist der Kohlendioxidkreislauf geschlossen. Bei dieser Betrachtungsweise erscheint die Biomassenutzung *CO_2-neutral*. Dies wird in der energie- und umweltpolitischen Diskussion immer wieder als ein Vorteil der Biomasse gegenüber fossilen Energieträgern herausgestellt.

8.2 Erscheinungsformen der Biomasse

Biomasse tritt in einer großen Zahl von Erscheinungsformen auf, die in Organismen in der Regel gleichzeitig entstehen (Tabelle 8.1).

Zellulose ist dabei die weitaus häufigste organische Substanz. Zellulose ist ein Polysaccharid, bestehend aus reinen Glukoseketten ($C_6H_{10}O_5$), die durch Wasserstoffbindung in Kristallbündeln zusammengehalten werden. In Wasser und organischen Lösungsmitteln ist Zellulose nicht lösbar. Sie quillt jedoch in Alkalien und Säuren zur *Hydratzellulose* auf, die dann durch konzentrierte Säuren und hohe Temperatur bis zur Glukose abgebaut werden kann. Zellulose ist ein wichtiger Rohstoff der chemischen Industrie (Zellstoffherstellung).

Holzartige Pflanzen bestehen zu etwa 20% bis 40% aus *Hemizellulose*. Dies ist ebenfalls ein Polysaccharid, besteht jedoch nicht nur aus reinen Glukoseketten, sondern auch aus anderen Zuckern (C_5- und C_6-Zucker).

Der *Holzstoff Lignin* stellt etwa 30% der holzartigen Pflanzen. Lignin bewirkt durch Einlagerung in die Zellulosematrix die Verholzung pflanzlicher Zellen. Es ist in Natronlauge und Calciumbisulfit löslich, nicht aber in Wasser.

Tabelle 8.1. Erscheinungsformen der Biomasse und ihr weltweiter jährlicher Zuwachs (Kolb 1981)

Erscheinungsform	Weltweiter jährlicher Zuwachs	
	%	Mrd. t/a
Zellulose	65	100
Hemizellulose	17	27
Lignin	17	27
Stärke		1,05
Zucker	1	0,1
Fette		
Proteine		0,13
Farbstoffe		
Summe	100	155,28

Für den chemischen oder enzymatischen Aufschluß von Zellulose stellt Lignin ein wesentliches Hindernis dar.

Verglichen mit Zellulose, Hemizellulose und Lignin stellen die übrigen Biomasse-Erscheinungsformen nur geringe Beiträge der Biomasse. Stärke (1050 Mio. t/a), Zucker (100 Mio. t/a) sowie Fette, Proteine und Farbstoffe (130 Mio. t/a) machen nur etwa 1% der Weltbiomasseproduktion aus.

Auch *Stärke* ist ein Polysaccharid, jedoch mit viel schwächerer Bindung als Zellulose und Hemizellulose. Unter *Zucker* versteht man dagegen monomere Zucker, die in reiner Form z. B. im Zuckerrohr oder anderen zuckerhaltigen Pflanzen vorkommen. Wegen der fehlenden bzw. geringen Bindung eignen sich Stärke und Zucker besonders gut für einen chemischen oder enzymatischen Aufschluß.

8.3 Das Potential der Biomasse

8.3.1 Weltweites Potential

Der Bestand an Biomasse auf der Erde beträgt schätzungsweise $2 \cdot 10^{12}$ t $\triangleq 30 \cdot 10^{21}$ J $\triangleq 1000$ Mrd. t SKE (nur Landfläche). Hierin sind etwa $8 \cdot 10^{11}$ t/a Kohlenstoff fixiert. Der Holzanteil an diesem Bestand wird auf 50% bis 90% geschätzt. Für eine kontinuierliche Nutzung des Walds bzw. der Biomassevorräte sind die jährlichen Zuwachsraten entscheidend. Der gesamte Biomassenzuwachs wird auf $1,55 \cdot 10^{11}$ t/a $\triangleq 3 \cdot 10^{21}$ J/a $\triangleq 100$ Mrd. t SKE/a geschätzt (s. Tabelle 8.2). Dies entspricht rund 8% des Biomassebestands der Landfläche. Würde die Summe aus entnommener und abgestorbener Biomasse diesen Betrag nicht überschreiten, dann würde der Bestand nicht verringert. Tabelle 8.2 ist zu entnehmen, daß von der gesamten Landfläche von 149 Mrd. ha 83 Mrd. ha als Wald bezeichnet werden können (erste drei Zeilen). Der jähr-

Tabelle 8.2. Verteilung der Produktivität (Zuwachs) auf die Biome der Erdoberfläche (Lith, 1975)

Biom	Fläche 10^6 km^2	Netto-Primär-produktivität g/m^2 a	Netto-Primär-produktivität im Biom[d] 10^9 t/a	Heizwert atro[c] MJ/kg	jährl. Energie-äquivalent kWh/m^2	10^9 MWh	Ausbeute[b] an der Sonnen-einstrahlung %
Wälder	50	1290	64	18,0	6,5	322	0,55
Waldland	7	600	4	16,7	3,3	23	0,30
Gestrüpp	26	90	2,4	18,8	0,5	12	0,04
Grasland	24	600	15	17,6	2,9	70	0,30
Wüste	24	1	≈ 0	16,7	≈ 0	≈ 0	≈ 0
Kulturland	14	650	9	17,2	3,1	44	0,30
Süßwasser	4	1250	5	18,0	6,3	25	0,50
Land, ges.	149	669[a]	100	18,0[a]	3,4[a]	496	0,30[a]
Ozeane	361	155	55	18,8	0,8	303	0,07
Erde	510	305[a]	155	18,4[a]	1,6[a]	799	0,14[a]

[a] gewichtetes Mittel
[b] bei einer mittleren jährlichen Strahlungsdichte von 133 W/m^2
[c] atro = absolut trocken
[d] Biom = Lebensgemeinschaft von Tieren und Pflanzen in einem größeren geographischen Raum

liche Zuwachs beträgt hier etwa 70 Mrd. t/a $\hat{=}$ 44 Mrd. t SKE/a. Die Heizwerte beziehen sich auf *absolut trockene* (*atro*) Biomasse.

Die Netto-Primärproduktivität des Walds umfaßt also 70% der Produktivität der gesamten Weltlandfläche. Aufgrund der unterschiedlichen Landverteilung entfallen etwa 60% der Biomassenproduktion auf die Nordhalbkugel und nur 40% auf die Südhalbkugel.

Die 50 Mio. km^2 (oder 5000 Mio. ha) Wälder bestehen etwa zur Hälfte aus sog. geschlossenem Hochwald, der weltweit statistisch einigermaßen genau erfaßt ist. Der übrige Teil sind offener Wald und Buschwald. Darüber gibt es nur sehr ungenaue Flächen- und Produktivitätsabschätzungen. Viele Veröffentlichungen geben daher auch von Tabelle 8.2 erheblich abweichende Flächen und damit Energieinhalte des Walds an (z. B. Berney, 1980; Danzer, 1981; Frühwald/Liese, 1980 etc.).

Setzt man den Heizwert der Biomasse ins Verhältnis zur für ihre Bildung erforderlichen solaren Strahlungsenergie, so erhält man den *Wirkungsgrad der Biomasseproduktion*. Durchschnittswerte sind in der rechten Spalte der Tabelle 8.2 aufgeführt. Wälder und Süßwasser zeigen eine hohe Ausbeute an Sonnenstrahlung von 0,5%, tropische Wälder erreichen bis zu 0,8%. Lediglich Intensivkulturen erreichen Werte im Prozentbereich:

Zuckerrohr 4,8%,
Mais   3,2%,
Zuckerrüben 5,4%.

Für eine Nutzung der Biomasse ist zu beachten, daß auf dem Land meist nur ein Teil geerntet werden kann; etwa 50% (Wurzeln, Blätter) sind nicht in Energie umwandelbar. Weltweit ist das Energiepotential des Biomassezuwachses, rein rechnerisch gesehen, immer noch 6- bis 7mal größer als der gesamte Welt-Primärenergieverbrauch.

Von der weltweiten Biomasseproduktion dienen heute etwa 2% als Nahrungs- und Futtermittel, etwa 1% wird verbrannt, 1% wird zu Holzprodukten, Papier- und Faserstoffen verarbeitet. Besonders kritisch ist dabei der Verbrennungsanteil, der mit mehr als 1 Mrd. t SKE einen 10%-Anteil am Welt-Primärenergieverbrauch ausmacht. Dieser Anteil kann nur geschätzt werden, da er die sog. *nicht-kommerziellen Energieträger* darstellt, überwiegend Brennholz, die in den Energiestatistiken nur unzureichend erfaßt werden. Ebenso wird die erhebliche Vernichtung von Biomasse durch Brandrodung in den Entwicklungsländern nicht statistisch erfaßt.

8.3.2 Potential in der BRD

Bei der Abschätzung des *Biomassepotentials* der Bundesrepublik Deutschland ist zu unterscheiden zwischen Rückstands- und Abfallbiomasse einerseits und Energieplantagen andererseits. Angesichts der Ernährungssituation der Welt darf bei einer solchen Abschätzung der Hinweis nicht fehlen, daß die anthropogene (durch den Menschen verursachte) Produktion von Biomasse dem Ziel der Bereitstellung von Nahrungsmitteln und Futterstoffen dient. Lediglich Biomasserückstände oder aber Biomasseabfälle können potentiell einer energetischen Nutzung zugeführt werden. Nur in Sonderfällen kann darüber hinaus an die Anlage von sog. *Energieplantagen*, d. h. Produktionsflächen von Biomasse zur rein energetischen Nutzung, gedacht werden. Auf beide Möglichkeiten wird im folgenden kurz eingegangen.

Biomasserückstände, die für energetische Zwecke genutzt werden können, fallen in der Landwirtschaft in Form von tierischen Abfällen, Getreidestroh, Grünpflanzenrückständen und holzartigen Abfällen an. Ähnlich große Mengen ergeben sich in der Forst- und Holzwirtschaft in Form von Holzreststoffen. Als dritte größere Quelle stehen darüber hinaus die organischen Reststoffe des Haus- und Industriemülls zur Verfügung.

Anhand der derzeitigen land- und forstwirtschaftlichen Produktionszahlen und der entsprechenden derzeitigen Nutzungsstrukturen sowie des jährlichen Anfalls an Müll und Klärschlamm kann man mit Hilfe von Annahmen über die mittlere Feuchte und den mittleren Heizwert den Energieinhalt der Rückstands- und Abfallbiomasse und damit das Potential bestimmen. Üblicherweise werden Mengen- und Energieangaben dabei auf die *absolut trockene* Biomasse bezogen (*atro*). Die Dimensionen weisen dann den Index OTM (*organische Trockenmasse*) oder OTS (*organische Trockensubstanz*) auf.

Tabelle 8.3 listet für die einzelnen Biomassearten die in den alten Bundesländern überhaupt verfügbaren Mengen mit ihrem jeweiligen Energieinhalt auf. Insgesamt fallen jährlich 72,2 Mio. t organischer Trockensubstanz mit einem Energieinhalt von 45,8 Mio. t SKE an. Dieses theoretische Gesamtpotential kann technisch gesehen natürlich nur zu einem bestimmten Teil genutzt werden. Obwohl prinzipiell eine Vielzahl von Einzeltechniken zur Umwand-

Tabelle 8.3. Theoretisches Gesamtpotential der alten Bundesländer aus Rückstands- und Abfallbiomasse (Primärenergie) (Meliß, 1985)

	Mio. t_{OTM}/a	Mio. GJ/a	Mio. t SKE/a
Tierische Abfälle	19,2	401	13,7
Getreidestroh	28,7	489	16,7
Grünpflanzen	2,6	45	1,5
Holzartige Abfälle	0,4	5	0,2
Holz	10,5	189	6,5
Müll und Klärschlamm	10,8	210	7,2
Rückstands- und Abfallbiomasse	72,2	1339	45,8

lung von Biomasse in nutzbare Sekundärenergieträger bekannt sind, bieten sich in der Bundesrepublik für die Umsetzung der hier anfallenden Abfälle insbesondere die Technologie der Verfeuerung und der Biogaserzeugung, eventuell auch der Holzvergasung an. Berücksichtigt man entsprechende Gesamtwirkungsgrade der Umwandlungstechniken, so reduziert sich das theoretische Energiepotential auf ein technisches Maximalpotential in Höhe von 26,1 Mio. t SKE/a (Tabelle 8.4).

Inwieweit ein derartiges Energiepotential tatsächlich ausgenutzt wird, hängt im Falle der Biomasse neben der Wirtschaftlichkeit von technischen Problemen wie beispielsweise Ernteverlusten, Energieaufwand für Transport, Zwischenlagerung, Aufbereitung etc. ab. In Anlehnung an Strehler (1985) wurden in der hier vorgelegten Abschätzung all diese Faktoren, welche die Höhe des technisch nutzbaren Maximalproduktpotentials reduzieren, in einem sog. „sinnvollen Nutzungsgrad" zusammengefaßt.

Dabei ergibt sich, daß in den alten Bundesländern derzeit ein sinnvoll nutzbares Potential an Rückstands- und Abfallbiomasse in Höhe von 6,37 Mio. t SKE/a bereitsteht.

Die sinnvoll nutzbaren Energiepotentiale der Tabelle 8.4 stellen Sekundärenergiebeiträge von ganz unterschiedlicher Energiewertigkeit dar, die mit unterschiedlichen Techniken erzeugt werden. Die Holzreststoffe können beispielsweise entweder zur Wärmeerzeugung verbrannt oder zur Erzeugung von Generatorgas vergast werden (Details s. Kap. 9).

Eine Aufsummierung der Potentiale erfolgt üblicherweise mit Hilfe des Substitutionsprinzips auf der Primärenergieseite. Dazu wird angenommen, daß beispielsweise das Bio- und Generatorgas, würde es nicht aus Rückstands- und Abfallbiomasse erzeugt, durch konventionelle Gaslieferungen bereitgestellt würde. Nimmt man dabei Gesamtverluste in Höhe von 10% an, so würden die aus Biomasse erzeugten Gasmengen von 0,88 bis 3,15 Mio. t SKE/a eine Primärenergiebereitstellung von Gas in Höhe von 0,98 bis 3,5 Mio. t SKE/a entsprechen.

Die aus Biomasse gewonnene Wärme müßte analog beispielsweise durch Ölheizungen mit einem mittleren Wirkungsgrad von 70% erzeugt werden. Berücksichtigt man wiederum Raffinerie- und Transportverluste in Höhe von

Tabelle 8.4. Sinnvoll nutzbares Potential an Rückstands- und Abfallbiomasse in den alten Bundesländern (Meliß, 1985)

	Energieinhalt OTM Mio. t SKE/a	Gesamtwirkungsgrad zu	%	Verfügbare Energie Mio. t SKE/a	Sinnvoller Nutzungsgrad %	Sinnvoll nutzbare Energie 1000 t SKE/a
Tierische Abfälle	13,7	Biogas	36	4,9	5	250
Getreidestroh	16,7	Wärme	70	11,7	20	2340
Grünpflanzen	1,5	Biogas	50	0,8	5	40
Holzartige Abfälle	0,2	Wärme	50	0,1	20	20
Holzreststoffe	6,5	Wärme oder	70	4,5	50	2270
		Generatorgas	70	(4,5)	50	(2270)
Müll, organ. Anteil	4,0	Biogas	50	2,0	20	400
Papier und Pappe	2,5	Wärme	70	1,7	50	860
Klärschlämme	0,7	Biogas	50	0,4	50	190
Summe	45,8			26,1		6370

10%, so entspricht die aus Biomasse bereitgestellte Wärmemenge von 3,22 bis 5,49 Mio. t SKE/a einer Primärenergiesubstitution an Öl in Höhe von 5,1 bis 8,7 Mio. t SKE/a. Je nach Art der Verwendung der Holzreststoffe zur Wärmeerzeugung oder zur Generatorgaserzeugung führt dies insgesamt zu Primärenergiesubstitutionen aus Biomasse in Höhe von 8,6 bis 9,6 Mio. t SKE/a. Gemessen am Primärenergieverbrauch der Bundesrepublik des Jahres 1986 in Höhe von 385 Mio. t SKE/a entspricht dies einem Anteil von etwa 2,5%.

Ob und wann dieses sinnvoll nutzbare Potential an Rückstands- und Abfallbiomasse in der Bundesrepublik Deutschland tatsächlich genutzt werden wird, hängt neben ökologischen und energiepolitischen Randbedingungen insbesondere von der Frage der Wirtschaftlichkeit der jeweiligen Umwandlungstechnologien ab. Auf diese Frage wird in Kap. 9. noch näher eingegangen.

Angesichts des weltweit sehr hohen Bedarfs an ertragreichen Agrarflächen zur Produktion von Lebensmitteln, Futtermitteln und Rohstoffen einerseits und der geringen Energiedichte der Biomassen andererseits sollten Überlegungen zum Potential von Energieplantagen in unserem Lande nur mit Einschränkungen angestellt werden. Lediglich wenn Agrar- und Forstwirtschaftsflächen keiner anderen sinnvollen Nutzung zugeführt werden können, wie dies nach Schäfer/Heidrich (1985) derzeit auf den sog. Überschußflächen der Fall ist, könnten diese zur Produktion von Energieträgern Verwendung finden. Als Anbaupflanzen kommen dabei stärke- oder zuckerhaltige Pflanzen, schnell wachsende Hölzer und Ölpflanzen in Betracht. In der Bundesrepublik werden darüber hinaus in jüngster Zeit zunehmend die sog. C_4-*Pflanzen* diskutiert: Vor allem das *Riesenschilf Miscanthus* und das *Pfahlrohr Arundo donax* (Thoma, 1989). Über diese Pflanzen liegen in unserem Lande allerdings noch keine ausreichenden Erfahrungen vor. Anpflanzungstests, die von der Energieversorgung Schwaben durchgeführt wurden, scheinen darauf hinzudeuten, daß für einen wirtschaftlichen Einsatz die jährlichen Hektar-Erträge von heute 30 t auf gut 70 t angehoben und darüber hinaus die Preise für konkurrierende Energieträger (Importkohle) verdoppelt werden müßten. Die Pflanzen sind aber prinzipiell anspruchslos und können auch auf kontaminiertem Boden gedeihen. Bislang ist allerdings noch unklar, wieviel der im Boden befindlichen Schwermetalle in die Pflanze übergehen und dann später bei der Verbrennung in die Umwelt gelangen. Bei großen Monokulturen sind jedoch ökologische Auswirkungen wie z. B. Bodenauslaugung u. a. zu beachten. Tabelle 8.5 zeigt für drei Alternativen die maximal nutzbaren Energiemengen, die beim Anbau derartiger Pflanzen auf einer 1,6 Mio. ha großen Überschußfläche der alten Bundesländer erzielt werden könnten.

Auch hier kann der Einfluß einer solchen Biomassenutzung auf die Primärenergiebilanz der Bundesrepublik mit Hilfe des Substitutionsprinzips abgeschätzt werden. Im Falle des Anbaus beispielsweise von Zuckerrüben würde das Äthanol mit einem Energieinhalt von 2,0 Mio. t SKE/a rund 1,7 Mio. t SKE an Benzinäquivalenten ersetzen, da der Verbrauch von Äthanol in Verbrennungsmotoren etwa 20% höher ist als der Verbrauch bei reinem Benzinbetrieb. Unter Berücksichtigung wiederum von 10% Raffinerie- und Transportverlusten würde dies zu einer Primärenergiesubstitution in Höhe von 1,85 Mio. t

Tabelle 8.5. Potential von drei alternativen Energieplantagentypen auf den Überschußflächen von den alten Bundesländern (1,6 Mio. ha, 1983) (Meliß, 1985)

	Energieinhalt OTM Mio. t SKE/a	Umwandlung zu	Gesamtwirkungsgrad %	Verfügbare Energie Mio. t SKE/a	Maximaler Nutzungsgrad %	Maximal nutzbare Energie Mio. t SKE/a
1. Stärke- oder zuckerhaltige Pflanzen, z.B.						
Zuckerrüben	7,2	Äthanol	30	2,2	90	2,0
Reststoffe	4,3	Biogas	50	2,1	90	1,9
2. Schnellwachsende Hölzer, z.B. Pappeln	14,4	Wärme	60	8,6	90	7,8
3. Ölhaltige Pflanzen, z.B. Raps						
Ölanteil	3,2	Öl	90	2,9	90	2,6
Reststoffe	1,2	Wärme	50	0,6	90	0,5

Tabelle 8.6.   Primärenergie-Substitutionspotential inklusive Energieplantagen auf den Überschußflächen der alten Bundesländer

Form der Biomasse	Primärenergie Mio. t SKE/a
Abfälle, Rückstände	8,6... 9,6
Energieplantagen	3,6...12,4
Gesamt	12,2...22,0

SKE/a führen. Bei gleichen Verlusten könnte die Umsetzung der Reststoffe der Pflanzen in Biogas eine Primärenergiesubstitution in Höhe von 2,11 Mio. t SKE bewirken, so daß insgesamt rund 4 Mio. t SKE an Primärenergieeinsparung ermöglicht werden können.

Der Anbau von schnellwachsenden Hölzern wie beispielsweise den Pappeln ausschließlich zur Wärmeerzeugung würde Sekundärenergie in Höhe von 7,8 Mio. t SKE/a bereitstellen können. Müßte diese Wärmemenge mit konventionellen Ölheizkesseln (Wirkungsgrad 70%) und Raffinerie- und Transportverlusten in Höhe von 10% erzeugt werden, wäre dazu ein Primärenergieaufwand in Höhe von 12,38 Mio. t SKE/a erforderlich. Alternativ könnte eine Vergasung der Holzmenge den Primärenergieträger Gas substituieren. Bei Ansatz von 10% Raffinerie- und Transportverlusten würden dies 8,7 Mio. t SKE/a repräsentieren.

Die dritte Alternative des Anbaus von Energiepflanzen schließlich in Form von beispielsweise Raps würde einerseits Öl in Höhe von 2,89 Mio. t SKE/a an Primärenergie ersetzen (10% Raffinerie- und Transportverluste), gleichzeitig darüber hinaus noch Wärme in Höhe von 0,79 Mio. t SKE/a. Insgesamt betrüge die Primärenergiesubstitution also 3,68 Mio. t SKE/a.

Der Anbau von Energiepflanzen auf den Überschußflächen der Bundesrepublik Deutschland in Höhe von 1,6 Mio. ha könnte also eine Primärenergiemenge von 3,68 bis 12,38 Mio. t SKE/a einsparen. Gemessen am Primärenergieverbrauch des Jahres 1991 entspricht dies einem Anteil von etwa 1% bis 2%, liegt also in der gleichen Größenordnung wie das sinnvoll nutzbare Potential an Rückstands- und Abfallbiomasse in unserem Lande.

Tabelle 8.6 zeigt zusammenfassend das maximal mögliche Primärenergie-Substitutionspotential für die Bundesrepublik Deutschland nach Meliß, 1985 mit 12,3 bis 22,0 Mio. t SKE/a. Die neuen Schätzungen sind vorsichtiger. Vom Forum für Zukunftsenergien, 1991 werden nach verschiedenen Autoren für das Jahr 2005 wirtschaftliche Primärenergie-Einsparpotentiale der Biomasse in den alten Bundesländern von 4,6 – 15,2 Mio. t SKE angegeben.

9 Techniken zur energetischen Nutzung der Biomasse

9.1 Einleitung

Als *Biokonversion* bezeichnet man im energetischen Sinne die Umwandlung von Biomasse in Wärme oder feste, flüssige und gasförmige Energieträger. Tabelle 9.1 zeigt die Elemente von Biokonversionssystemen, wobei je nach Verbindung der Einzelelemente zu einer Prozeßkette eine große Zahl unterschiedlicher Verfahren der Biokonversion definiert werden kann.

Ausgangsstoff ist stets *Biomasse*, die entweder unmittelbar als terrestrische oder aquatische Biomasse, so wie sie in der Natur vorkommt, oder aber in Form von Rückstands- und Abfallbiomasse genutzt werden kann. Als *Abfälle* bezeichnet man alle nicht genutzten Biomassenteile einer nicht-energetischen Verwendung, z. B. der Ernährung, der Nutzholzproduktion oder Viehzucht. Beispiele sind Reisschalen, Sägemehl, tierische Exkremente usw.

Im Gegensatz dazu bezeichnet man als *Rückstände* Teile der Biomassen, die bei nicht-energetischer Verwendung bis zu einem gewissen Maß am Ort der Entstehung verbleiben: z. B. Stroh, Äste und Laub von Bäumen etc. Diese Rückstände erfüllen i. allg. im Biozyklus eine wichtige Funktion als Düngemittel. Abfälle verbleiben dagegen üblicherweise nicht am Ort ihrer Entstehung, sondern müssen entsorgt werden. Sie gelangen jedoch stets über den Kohlenstoffkreislauf wieder in den Biozyklus zurück.

Tabelle 9.1. Die Elemente von Biokonversionssystemen können zu einer großen Zahl unterschiedlicher Prozeßketten zusammengefaßt werden (nach: Nairobi Conf., 1981)

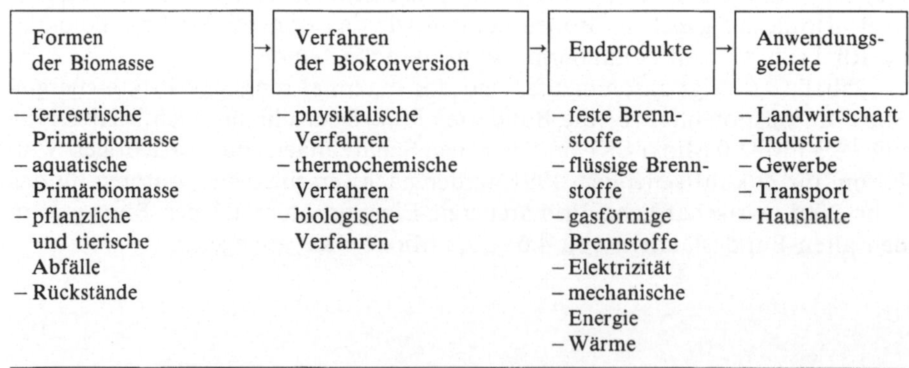

Formen der Biomasse	Verfahren der Biokonversion	Endprodukte	Anwendungsgebiete
– terrestrische Primärbiomasse	– physikalische Verfahren	– feste Brennstoffe	– Landwirtschaft
– aquatische Primärbiomasse	– thermochemische Verfahren	– flüssige Brennstoffe	– Industrie
– pflanzliche und tierische Abfälle	– biologische Verfahren	– gasförmige Brennstoffe	– Gewerbe
– Rückstände		– Elektrizität	– Transport
		– mechanische Energie	– Haushalte
		– Wärme	

Aus Tabelle 9.1 wird ersichtlich, daß die vier Formen der Biomasse durch drei grundsätzlich verschiedene Umwandlungstechnologien in nutzbare Energie überführt werden können. Das einfachste Verfahren ist die mechanische Veränderung der Biomasse, z. B. das *Pelletieren* oder *Brikettieren* von Holzabfällen, Stroh etc. Zu den *physikalischen Verfahren* der Biokonversion gehört jedoch auch die *Extraktion*, d. h. die Entnahme pflanzlicher Öle und Kohlenwasserstoffe als Energieträger. Auf diese physikalischen Verfahren wird in Abschnitt 9.2 näher eingegangen.

Die *thermochemischen Verfahren* wandeln Biomasse durch Zufuhr von Wärme und chemische Reaktionen in Energie bzw. Energieträger um. Die wichtigsten Prozesse werden in Abschnitt 9.3 behandelt.

Tabelle 9.2. Biokonversionprozesse weisen ein breites Spektrum von Gesamtwirkungsgraden auf (nach Nairobi Conf., 1981)

Prozeß	Ausgangsstoff	Endprodukt	Mittlerer Gesamt-wirkungsgrad
Physikalische Prozesse			
Mechanische Verdichtung	Holzabfälle, Stroh	Pellets, Briketts	90
Extraktion	Euphorbia lathyris	Harzöl	20
Thermochemische Prozesse			
Verbrennung	Holz	Dampf, Wärme	70
Verbrennung	Holz	Dampf, Strom	20
Vergasung	Holz	heißes, schmutziges LG	80
Vergasung	Holz	kaltes, sauberes LG	70
Vergasung	Holz	MG	70
Verflüssigung			
– durch chemische Reduktion	Holz	schmutziges Öl	60
– durch Pyrolyse	Holz	Öl und Holzkohle	30
– durch Synthese	Holz	Methanol	60
– durch Synthese	Holz	Benzin, LPG	40
Biologische Prozesse			
Fermentation (Alkoholgärung)	Getreide	Äthanol	60
Fermentation (Alkoholgärung)	Zucker-pflanzen	Äthanol	30
Fermentation (Biogaserzeugung)	Seetang, Gülle	Biogas	50
Verrottung	landwirtsch. Abfälle	Wärme	50

LG = Low Joule Value Gas = niedrigkaloriges Gas
MG = Medium Joule Value Gas = mittelkaloriges Gas
LPG = Liquid Petrol Gas = Flüssiggas

Die *biologischen Verfahren* nehmen dagegen die Umwandlung der Biomasse durch Einwirkung von Mikroorganismen (Bakterien, Hefe, Pilze) vor. Die wichtigsten Verfahren werden in Abschnitt 9.4 dargestellt.

Tabelle 9.1 macht ersichtlich, daß durch die genannten Verfahren Biomasse in feste, flüssige oder gasförmige Brennstoffe und Wärme überführt werden kann. In einem weiteren Schritt ist über entsprechende Kreisprozesse die Bereitstellung von mechanischer und elektrischer Energie möglich. Biokonversion vermag also alle Formen heute weltweit benötigter Sekundärenergieträger bereitzustellen. Ihr Anwendungsgebiet ist daher neben der Landwirtschaft auch der Industriebereich sowie der Haushalts- und Verkehrssektor.

Tabelle 9.2 zeigt eine Auswahl von Biokonversionsprozessen. Es wird ersichtlich, daß die jeweiligen Umwandlungen ein sehr breites Spektrum von Gesamtwirkungsgraden aufweisen: 20% bis 90%. Ein Teil der Verfahren wird heute zwar als kommerziell angesehen, ein großer Teil befindet sich weltweit jedoch noch im Stadium der Forschung, Entwicklung oder Demonstration.

9.2 Physikalische Biokonversionsverfahren

9.2.1 Verdichtung zu Biobrennstoffen

Die erste hier betrachtete Möglichkeit physikalischer Konversion von Biomasse besteht in der *Verdichtung zu Biobrennstoffen*. Derartige Verfahren werden heute überwiegend bei Stroh, Torf und Holzabfällen angewendet, die im Naturzustand nur geringe *Schüttdichten* (Tabelle 9.3) und daher ein hohes Transport- und Verarbeitungsvolumen aufweisen.

Die Verdichtung zu Biobrennstoffen beinhaltet meist gleichzeitig eine mechanische Trocknung. Die *Feuchte* von Biomasse, das ist das Verhältnis Wassergewicht zu Gewicht der gesamten Biomasse, erreicht Werte über 90%. Frisch geschlagenes Holz weist noch eine Feuchte von 40% bis 60% auf. Als *luft-*

Tabelle 9.3. Schüttdichte einiger fester Brennstoffe (Bossel, 1983)

Brennstoffe	Schüttdichte in kg/m^3
Stroh	60...160
Holzstaub	80...120
Hobelspäne, Sägewerk	90
Hobelspäne, Produktion	120
Reisig, Weichholz	120
Reisig, Hartholz	160
Torfmull	180...200
Holzmehl	190
Hausmüll	180...250
Maschinentorf, lufttrocken	325...425
Weichholz in Scheiten	420
Hartholz in Scheiten	560
Briketts und Pellets	600...800

Tabelle 9.4. Kennwerte von verdichtetem Halmgut (Wieneke, 1983)

Bezeich-nung	Aufbereitung	Preß-aggregat	Durchmesser oder Kanten-länge in mm	Preßlings-dichte kg/m³	Schütt-dichte kg/m³	Spezifischer Energie-bedarf kWh/t
Pellets	gehäckselt u. gemahlen	Matrizen-presse	6...12	1100...1400	450...750	30...90
Cobs	gehäckselt o. gefräst o. gemahlen	Matrizen-presse	15...35	900...1200	400...600	30...80
Briketts	mit Hammermühle	Matrizen- u. Kolben-presse	40...80	450...850	300...450	25...70

trockenes Holz bezeichnet man Holz der Feuchte von 10% bis 20%. Der Heizwert von Biomasse bezieht sich dagegen meist auf das *Darrgewicht*, d. h. den absolut trockenen Zustand (*atro*), bei dem sie völlig wasserfrei vorliegt.

Die Verdichtung von feuchter Biomasse führt zu Endfeuchten von 15% bis 18%. Je nach Form und Dichte bezeichnet man die Endprodukte der Verdichtung als *Pellets, Cobs oder Briketts*, eine einheitliche Normierung existiert allerdings nicht.

Am Beispiel von Halmgut zeigt Tabelle 9.4 die entsprechenden Kennwerte verdichteter Biomasse. Verglichen mit dem Heizwert von Stroh im losen Zustand von 4,4 MWh/t zeigt die Tabelle 9.4, daß der spezifische Energiebedarf für die Verdichtung selbst nur in der Größenordnung von 1% bis 2% liegt. Die gesamte mechanische Konversion von Biomasse umfaßt jedoch auch Ernte, Aufbereitung und Trocknung (i. allg. an der Luft), so daß insgesamt Bedarfszahlen von 10% bis 15% auftreten. Der gesamte *Wirkungsgrad der Biomasseverdichtung* liegt daher in der Größenordnung von 85% bis 90%.

9.2.2 Extraktion von Pflanzenölen

Eine weitere Art der physikalischen Biokonversion ist die *Extraktion*, also der Entzug von Energieträgern direkt aus Biomasse z. B. durch kaltes oder heißes Pressen, Dampfaufschluß, Säureaufschluß oder anderen Verfahren. Einige Pflanzen sind nämlich in der Lage, neben den nur teiloxidierten C-H-Verbindungen wie Zellulose und Lignin auch völlig sauerstofffreie Kohlenwasserstoffe zu bilden, die als *Pflanzenöle* unmittelbar als Energieträger eingesetzt werden können. Heute werden Pflanzenöle allerdings überwiegend zur Nahrungsmittelproduktion sowie zur Herstellung von Lacken, Farben, Seifen und Kosmetikartikeln verwendet. Tabelle 9.5 zeigt die wichtigsten Ölfrüchte mit ihren weltweiten Produktionszahlen.

Von den vielen möglicherweise geeigneten fett- und ölhaltigen Pflanzen wird in Deutschland zur Zeit Raps an erster Stelle als Kraftstoff für Dieselmotoren diskutiert (Scharmer, 1991). Rapsöl kann entweder als chemisch unverän-

Tabelle 9.5. Welterzeugung von wichtigen Ölsaaten und Ölfrüchten im Jahre 1985 (nach Buchholz et al., 1986 und Menrad et al., 1989)

Produkt	Welterzeugung 1985 (Mio. t)	Jahresertrag (l/ha)	Heizwert (MJ/l)
Sojabohnen	91	200	34,0
Baumwollsaat	33	600	33,7
Sonnenblumenkerne	17	650	34,0
Erdnüsse (ungeschält)	20	1000	33,7
Raps	16	1180	33,9
Palmkerne	2	3500	35,1

dertes, gereinigtes Pflanzenöl oder nach entsprechender Raffinierung als Rapsöl-Methylester eingesetzt werden. Im ersten Falle müssen speziell angepaßte Dieselmotoren eingesetzt werden, wie sie beispielsweise von der Firma Elsbett entwickelt wurden. *Rapsöl-Methylester* (*RME*) kann in konventionellen Dieselmotoren eingesetzt werden. In beiden Fällen ist der Treibstoff aus Biomasse ohne Steuer derzeit rund 1 1/2mal so teuer wie Dieselkraftstoff incl. Steuer. Die Angaben differieren allerdings erheblich; so werden in der Literatur (Energie und Klima, 1990) Produktionskosten in der EG von 2 DM/kg Rapsöl genannt. Eine Wettbewerbsfähigkeit könnte erreicht werden, wenn man − wie dies derzeit noch der Fall ist − auf die biologisch gewonnenen Treibstoffe keine Steuer erheben würde und wenn man die herkömmlichen Kraftstoffe noch stärker als bisher mit Steuern belasten würde. Ein Anreiz dafür ist in der Umweltfreundlichkeit des Treibstoffes Rapsöl gegeben, so die nicht unumstrittene Meinung der Befürworter.

9.3 Thermochemische Biokonversionsverfahren

Bei den thermochemischen Verfahren wird Biomasse durch Oxidation oder durch chemische Prozesse mit Wärmezufuhr in Sekundärenergieträger überführt. Man kann grob drei Klassen unterscheiden:

1. Verbrennung,
2. Vergasung,
3. Verflüssigung.

Häufig laufen diese Prozesse in technischen Anlagen jedoch neben- oder hintereinander ab. Eine eindeutige Zuordnung ist somit nicht immer möglich.

9.3.1 Verbrennung

Das älteste thermochemische Verfahren der Biokonversion ist die *Verbrennung*. Haupteinsatzstoff ist dabei Holz.

Fast die Hälfte des derzeitigen Weltholzeinschlags wird als Brennholz verheizt. Besonders in Entwicklungsländern wird daneben Biomasse in Form von

Dung oder landwirtschaftlichen Abfällen, wie z. B. Stroh, der Verbrennung zugeführt.

Bei der Verbrennung von Biomasse ($C_kH_mO_n$), hier insbesondere also von Holz, entstehen die Produkte Kohlendioxid, Wasserdampf und Asche. Eventuell vorhandener Schwefel wird zu SO_2 verbrannt. Die festen Verbrennungsprodukte (Asche) machen dabei gewichtsmäßig nur etwa 1% aus.

Die bei der Verbrennung eines Stoffs pro Masseneinheit freiwerdende Netto-Energie wird spezifischer oder unterer *Heizwert* H_U genannt. Für die Biomasse hängt er vom spezifischen Heizwert der jeweiligen Trockensubstanz (TS, OTS[1], OTM[2]), ihrem Anteil $(1-x)$ an der Gesamtmasse und der spezifischen Verdampfungswärme von Wasser ab. Nimmt man diese bei einer Ausgangstemperatur von 25 °C mit 2,441 MJ/kg an, so läßt sich der untere Heizwert von Biomasse folgendermaßen berechnen:

$$H_U = (1-x)H_{UTS} - x\,2{,}441 \quad \text{(MJ/kg)} \tag{9.1}$$

mit H_{UTS} unterer Heizwert der Trockensubstanz und x als Feuchte nach (9.2).

Die *Feuchtigkeit* oder *Feuchte* frisch gefällter Bäume beträgt etwa 40% bis 60%. Sie ist zum größten Teil in den Zellhohlräumen gespeichert und wird dort als freie Feuchtigkeit bezeichnet. Der restliche Wasseranteil durchdringt den Zellenaufbau. Daher bezeichnet man ihn oft auch als hygroskopische oder gebundene Feuchtigkeit.

Die Feuchte x von Biomasse bezeichnet also den Anteil des Wassers an der gesamten Biomasse:

$$x = \frac{m_{H_2O}}{m_{Biomasse}} = \frac{m_{H_2O}}{m_{H_2O} + m_{OTM}} \ . \tag{9.2}$$

Die Größe x wird auch *Wassergehalt* genannt. Hin und wieder wird auch ein Holzfeuchtigkeitsgehalt u als Massenverhältnis definiert als

$$u = \frac{m_{H_2O}}{m_{OTM}} = \frac{x}{1-x} \ , \tag{9.3}$$

eine Größe, die also bei Feuchten über 50% größer als 100% wird.

Tabelle 9.6 listet die mittleren spezifischen Heizwerte der organischen Trockensubstanz einiger Biomassen auf. Nur Fette liegen etwa in der gleichen Größe wie das zum Vergleich mit aufgeführte Heizöl, die übrigen Biomasseheizwerte betragen alle weniger als die Hälfte. Wie Tabelle 9.7 zeigt, liegen die unteren Heizwerte der feuchten Biomasse noch erheblich niedriger, weil hier ein Teil der Verbrennungswärme zum Verdampfen des Wassers verbraucht wird.

---

[1] OTS = organische Trockensubstanz
[2] OTM = organische Trockenmasse

Tabelle 9.6. Trockensubstanzheizwerte verschiedener Stoffe (Danzer et al., 1981; Kolbusch/Schäfer, 1979)

Stoff	Unterer Heizwert H_{UTS} (MJ/kg)
Esche	18,6
Buche	18,8
Eiche	18,3
Nadelhölzer	19
Hausmüll in BRD	11...16
Papierabfälle	17
Gummi-, Textil- u. Lederabfälle	21
Stroh	16
Zuckerrohr	15
Algen	15
Frischschlamm aus Kläranlage	13
Faulschlamm aus Kläranlage	6...7
Laub	18
Fette	39
Heizöl	43

Tabelle 9.7. Heizwert einiger feuchter Stoffe (Kolbusch/Schäfer, 1979 und Thomé-Kozmiensky, 1985)

Brennstoff	Unterer Heizwert H_U MJ/kg	Feuchte x %
Frisches Holz	6...8	40...60
Luftgetrocknetes Holz	14...16	10...20
Stroh (gepreßt)	11...16	15...18
Hausmüll in BRD	5...8	25...38
Faulschlamm (stichfest)	0	>90

Ohne Energiezufuhr von außen kann Biomasse erst ab einem Heizwert von etwa 3,8 MJ/kg verbrennen. Der in Tabelle 9.7 aufgeführte Faulschlamm müßte für eine Verbrennung also erst vorgetrocknet werden. Bei Biomassen mit so hohem Wasseranteil zieht man zur Energieerzeugung, sofern möglich, andere Verfahren, wie beispielsweise die Biogaserzeugung (s. Abschn. 9.4.2), vor.

Die Tabelle 9.6 zeigt, daß der Heizwert von Laub- und Nadelhölzern nicht sehr stark voneinander abweicht. Gravierender als von den Artunterschieden hängt der Heizwert jedoch vom Feuchtigkeitsgehalt des Holzes ab. Eine entsprechende Abhängigkeit nach Gl. (9.1) zeigt Abb. 9.1.

Für absolut trockenes Holz beträgt die Verbrennungstemperatur rund 1200 °C. Sie nimmt mit zunehmendem Feuchtigkeitsgehalt ab, gleichzeitig steigt der Holzverbrauch an, um eine konstante Menge an Wärmeenergie bereitzustellen (Abb. 9.2).

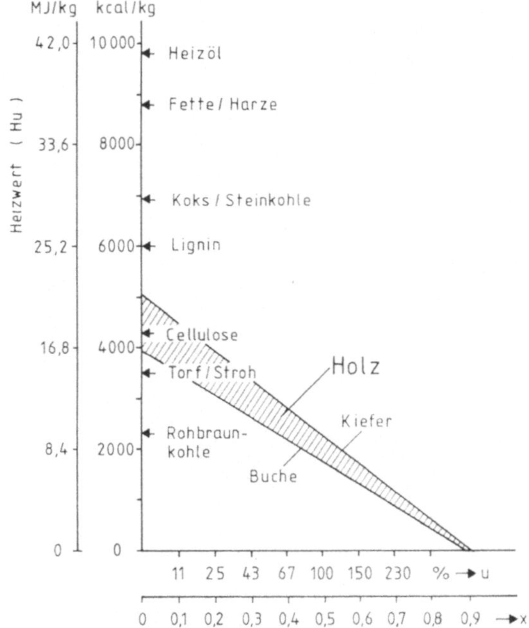

Abb. 9.1. Abhängigkeit des unteren Heizwerts H_U von der Feuchtigkeit verschiedener Brennstoffe (nach: ECO, 1980)

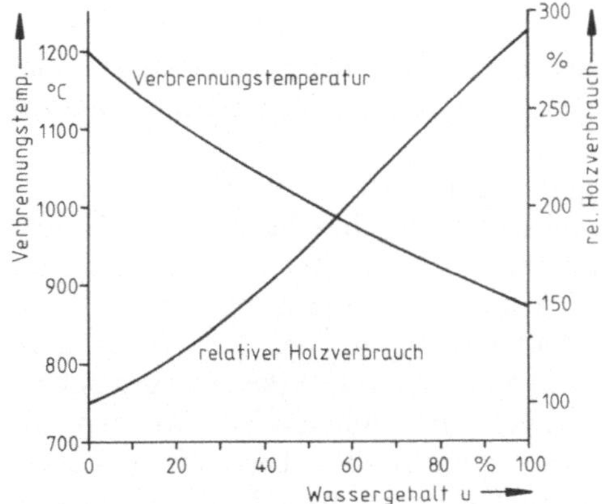

Abb. 9.2. Verbrennungstemperatur und relativer Holzverbrauch als Funktion des Feuchtigkeitsgehalts (ECO, 1980)

Zur Verbrennung von Holz werden je nach Nutzung und Umwandlungsmöglichkeiten sehr verschiedene Techniken angewendet, die sich erheblich im Wirkungsgrad unterscheiden (Tabelle 9.8).

Die Verbrennung der bereits erwähnten rund 1 Mrd. t SKE an Biomasse weltweit und jährlich erfolgt überwiegend in offenen Drei-Steine-Feuerstellen, wobei also 90% bis 95% der verfügbaren Energie verloren gehen. Der in Abb. 9.3 gezeigte Ofen ist einer von Hunderten versuchsweise eingesetzter Varianten. Der weitverbreitete Einsatz solcher einfacher Öfen und Herde könnte die sog. Feuerholzkrise vieler Entwicklungsländer zwar nicht beseitigen, aber

Tabelle 9.8. Wirkungsgrad verschiedener Feuerungstechniken

Technik	Wirkungsgrad (%)
Offenes Feuer	5...10
Einfacher Ofen	20...30
Offener Kamin	10...30
Zimmerofen, Kochherd	40...50
Durchbrandofen (20 bis 400 kW)	60...70
Unterbrandofen (20 bis 1200 kW)	60...80

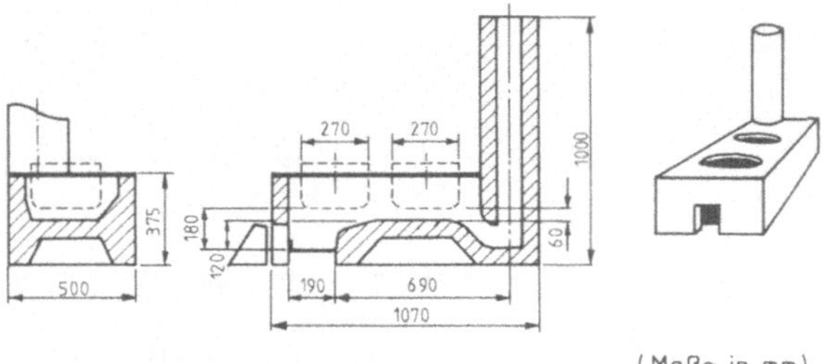

Abb. 9.3. Einfache Öfen statt offener Feuerstellen könnten die Feuerholzkrise vieler Entwicklungsländer mindern (Lepelaire, 1981)

doch deutlich entlasten: nur noch jeder zweite oder dritte Baum müßte der Verbrennung zum Opfer fallen, da der Wirkungsgrad mehr als 3mal höher ist als beim offenen Feuer.

Für eine optimale Nutzung der biogenen Brennstoffe müssen die pyrotechnischen Vorgänge bei der Holzverbrennung sorgfältig beachtet werden. Gegenüber Kohle ist Holz vor allem durch den hohen Anteil flüchtiger Bestandteile gekennzeichnet. Diese gasförmigen Stoffe müssen ebenfalls mit dem Luftsauerstoff reagieren können, um zu CO_2 und H_2O verbrennen zu können. Deshalb müssen Holzfeuerungen deutlich von Kohle- und Kokskesseln abweichen.

Abbildung 9.4 zeigt als typisches Beispiel einer Biomassefeuerung den sog. *Durchbrandkessel.* Er besteht aus einem zylindrischen Brennraum, dessen Kühlung durch umgebendes Wasser erfolgt (Doppelmantel). In der Hauptbrennkammer wird die eingebrachte Biomasse auf einem Rost erwärmt und vorgetrocknet. Mit zunehmender Temperatur durch die Verbrennung erfolgt die Vergasung der Brennstoffe mit Hilfe der *Primärluft.* Die flüchtigen Verbrennungsprodukte werden in einer Nachbrennkammer mit vorgewärmter *Sekundärluft* verbraucht. Eine ordnungsgemäße Biomasseverbrennung erfolgt in vier Zonen:

1. Erwärmungs- und Trocknungszone,
2. Vergasungs- und thermische Zersetzungszone,
3. Verbrennung des festen Brennstoffs,
4. Nachbrennzone der flüchtigen Bestandteile.

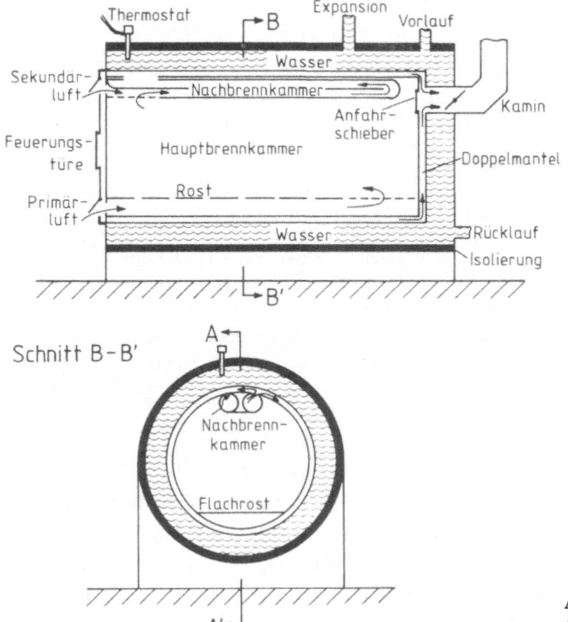

Abb. 9.4. Durchbrandkessel (Baader, 1980)

Wegen des hohen O_2-Gehalts von Holz kann es mit geringem Luftüberschuß verbrannt werden. Etwa 80% der benötigten Frischluft werden als Primärluft der Feuerung durch den Rost zugeführt. Die restlichen 20% sollten möglichst hoch vorgewärmt als Sekundärluft den brennbaren Gasen zugeführt und mit diesen gut vermischt werden, um einen vollständigen Ausbrand zu erreichen. Dadurch sollen Ruß- und Teerbildung möglichst verhindert werden. Wesentliche Faktoren für eine vollständige Verbrennung sind daher:

— genügend Luft, geteilt in Primär- und Sekundärluft,
— gute Durchmischung mit den brennbaren Gasen,
— großer Brennraum mit ausreichenden Reaktionsweglängen,
— ausreichende Entzündungstemperaturen, heiße Wände (nicht unter 50 °C).

Sind diese Voraussetzungen nicht erfüllt, dann kann die Holzverbrennung mit erheblichen Schadstoffemissionen verbunden sein. Nach der Immissionsschutzverordnung müssen Holzheizungen mit einer Nennwärmeleistung von über 15 kW mit voller Heizleistung betrieben werden. Nur dann sind die in die Luft abgegebenen Staub- und Kohlendioxidmengen einigermaßen erträglich. Grundsätzlich wird aber die Umwelt durch das Heizen mit Holz im Vergleich zu Öl und Gas deutlich stärker mit Schadstoffen belastet (Test, 1991).

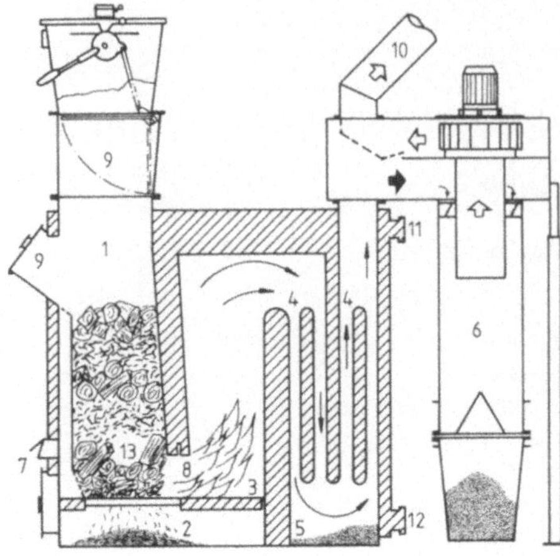

Abb. 9.5. Unterbrandkessel (Nolting). 1 Füllschacht, 2 Feuerrost, 3 Feuerraum, 4 Heizfläche, 5 Beruhigungskammer, 6 Rauchgas-Staubabscheider, 7 Primärluftklappe, 8 Sekundärluftdüse, 9 Beschickung (wahlweise), 10 Schornsteinanschluß, 11 Heizungsvorlauf, 12 Heizungsrücklauf, 13 Entgasungszone

Während beim Durchbrandofen der Feuerraum völlig entflammt ist (die Füllung „brennt durch"), erfolgt beim *Unterbrandkessel* ein Brennstoffvorschub durch Schwerkraft. Die oben erwähnten vier Zonen sind also deutlich räumlich getrennt (Abb. 9.5). Dies bringt allerdings beim Öffnen des Füllschachts die Gefahr einer Verpuffung von Schwelgasen mit sich. Unterbrandöfen erreichen einen Wirkungsgrad, der um bis zu 10% über dem von Durchbrandöfen liegen kann.

Beide Ofentypen werden heute auch zur Strohverbrennung eingesetzt, wobei in größeren Anlagen Ballenauflöser und automatische Beschickungseinrichtungen vorgeschaltet und Rauchgasfilter nachgeschaltet werden. Strohfeuerungen sind daher etwas teurer als Holz- bzw. Hackschnitzelfeuerungen. Für Anlagen von $30\,kW_{th}$ bis $40\,MW_{th}$ liegen die spezifischen Preise zwischen 830,– und 300,– DM/kW_{th} (Preisbasis 1987, mit Installation). Bei den derzeit niedrigen Heizölpreisen lohnt sich die Verfeuerung von Holz und Stroh allerdings nur, wenn besondere betriebliche Voraussetzungen, wie z. B. eine notwendige Holz- oder Strohentsorgung, vorliegen (Strehler, 1989).

Generell ist festzustellen, daß Biomasse nur mit hohem technischen Aufwand in Großanlagen umweltfreundlich verbrannt werden kann (Schliephake, 1991). Ein geeigneter Einsatz wäre also insbesondere in Gestalt kleinerer Nahwärmesysteme zu suchen.

9.3.2 Vergasung

Vergasung ist die Umsetzung von Biomasse zu gasförmigem Brennstoff unter Verwendung von Vergasungsmitteln, wie z. B. Luftsauerstoff oder Wasserdampf. Dazu sind hohe Temperaturen erforderlich, die durch Verbrennung eines Teils der eingebrachten Biomasse entstehen. Im Gegensatz zur Verbrennung erfolgt bei der Vergasung jedoch eine unterstöchiometrische Sauerstoffzufuhr, wobei im wesentlichen Kohlenmonoxid und Wasserstoff entstehen. Der Rückstand ist nicht brennbare Asche. Das Gasgemisch ist sowohl vom Aus-

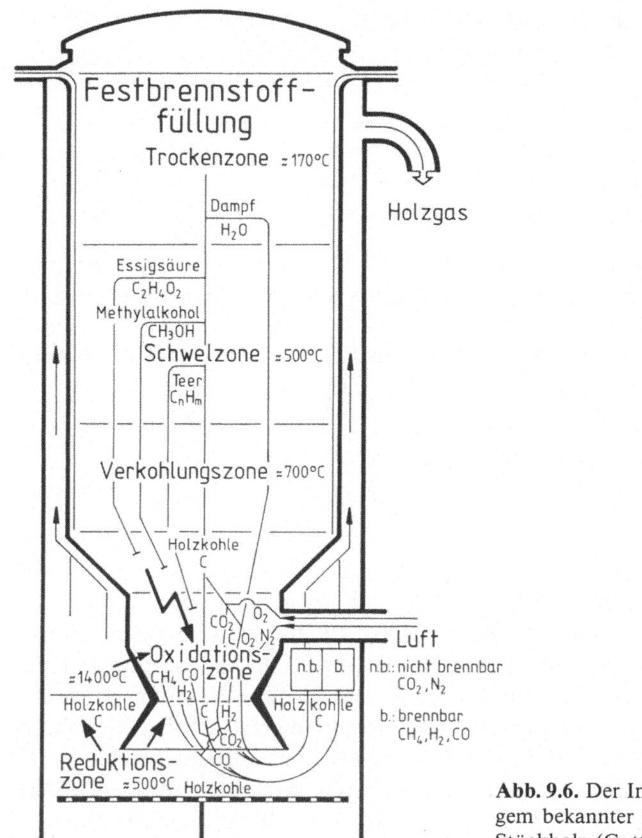

Abb. 9.6. Der Imbert-Vergaser ist ein seit langem bekannter Gleichstromvergaser für Stückholz (Guttmann, 1983)

gangssubstrat (C: H: O-Verhältnis, Wassergehalt) als auch vom Vergasungsmittel (Art, Menge, Druck) abhängig. Im Vergasungsreaktor unterscheidet man verschiedene Zonen (s. Abb. 9.6):

1. Trocknungszone   (bis 200 °C),
2. Schwel- oder Pyrolyse-Zone   (bis 500 °C),
3. Verkohlungszone   (bis 700 °C),
4. Oxidationszone   (bis 1400 °C),
5. Reduktionszone   (bis 500 °C).

In der Reduktionszone wird aufgrund der Abkühlung durch die Anwesenheit von Wasserdampf und Kohlenstoff CO_2 teilweise zu CO reduziert. Für die Vergasung kommt möglichst trockene Biomasse, also z. B. lufttrockenes Holz, Stroh und Nußschalen zum Einsatz. Bei Vergasung mit Luft entsteht wegen des hohen Stickstoffanteils im Produktgas ein sog. Schwach- oder *Generatorgas* mit einem Heizwert von ca. $5{,}0\,MJ/m^3$ (20% Feuchte). Biogas hat $21{,}5\,MJ/m^3$ und Erdgas bis zu $40\,MJ/m^3$.

Als Richtschnur für die Gaszusammensetzung können folgende Bandbreiten angesehen werden (Volumenprozente):

H_2 Wasserstoff   10% bis 25%,
CO Kohlenmonoxid 20% bis 30%,
CO_2 Kohlendioxid   2% bis 15%,
CH_4 Methan   0% bis 4%,
N_2 Stickstoff   45% bis 60%.

Bei Vergasung unter Druck mit Sauerstoff und Dampf entsteht aus Holz das sog. *Synthesegas*, ein Gemisch aus überwiegend Kohlenmonoxid und Wasserstoff (s. Abschn. 9.3.3.3).

Je nach Führung des Vergasungsmittels im Reaktionsraum relativ zur Bewegung des Substrats unterscheidet man drei Vergasungsarten:

1. aufsteigende oder Gegenstromvergasung,
2. absteigende oder Gleichstromvergasung,
3. Wirbelschichtvergasung mit auf- und absteigenden Zonen (z. B. Winkler-Verfahren).

Bei der Vergasung soll einerseits ein möglichst hoher Anteil der Energie des Vergasungsguts in gasförmige Energieträger übertragen, gleichzeitig jedoch das Gas von schädlichen Anteilen aus der Biomasse und dem Vergasungsmittel möglichst frei gehalten werden. Beide Forderungen führen zu unterschiedlichen Vergasungsarten und Wirkungsgraden. Der Kaltgas-Wirkungsgrad (d. i. das Verhältnis aus Energieinhalt des kalten Gases zum Energieinhalt des eingesetzten Holzes) liegt je nach Prozeßführung zwischen 55% und 85%.

Die *Gegenstromvergasung* liefert den höchsten Wirkungsgrad (bis 85%), weil die fühlbare Wärme des Produktgases direkt auf den frischen Brennstoff übertragen wird. Das Gas kann jedoch noch kondensierbare Anteile (Teere) enthalten, die den motorischen Einsatz behindern bzw. der Forderung nach möglichst hoher Umweltverträglichkeit entgegenstehen.

Bei der *Gleichstromvergasung* dagegen werden zwar geringere energetische Wirkungsgrade erreicht (50% bis 80%), die entstehenden Teere und phenolhaltigen Kondensate werden aber im Reaktor in der heißen unteren Oxidationszone weiter gespalten (gecrackt), so daß ein praktisch teerfreies Gas entsteht, das ohne weitere aufwendige Reinigung verbrannt oder in Verbrennungsmotoren umweltfreundlich umgesetzt werden kann.

Bei der *Wirbelschichtvergasung* wird die trockene Biomasse so kleinstückig in den Reaktor eingebracht, daß sie vom im Gegenstrom eingeblasenen Vergasungsmittel im Schwebezustand gehalten wird. Der Wirkungsgrad entspricht dem der Gegenstromvergasung. Das Verfahren stößt jedoch für Biomasse, die ja hohe flüchtige Bestandteile und Asche mit niedrigen Schmelzpunkten aufweist, im Gegensatz zur Kohle noch auf eine Reihe technischer Schwierigkeiten.

Die Zusammensetzung des Gases hängt von mehreren Einflußfaktoren ab:

– geometrische Form der Biomasse,
– Verhältnis Volumen zu Gewicht,

- Stoffzusammensetzung,
- Feuchtigkeitsgehalt,
- thermisches Reaktionsverhalten,
- Aschegehalt und -schmelzpunkt.

Zur Erzielung von energiereichen Gasen muß möglichst trockene Biomasse eingesetzt werden. Dies geschieht üblicherweise durch eine separate Vortrocknung des Materials, wobei jedoch vorteilhafterweise Abwärme aus der weiteren Gasnutzung eingesetzt wird.

Die Gleichstromvergasung bei Atmosphärendruck hatte schon einmal in den Holzgasgeneratoren und Holzgasmotoren bis in die Zeit nach dem 2. Weltkrieg große Verbreitung gefunden. Abbildung 9.6 zeigt als Beispiel eines Gleichstromvergasers den *Imbert-Vergaser*. Das Einsatzmaterial ist stückiges Holz mit einer Maximalfeuchte von 20%. Der Gasstrom wird durch den Saugzug eines Gebläses oder des Gasmotors aufrecht erhalten. Die jeweils erforderliche Vergasungsluft wird also lastabhängig durch die Anlage gesaugt. Eine solche Anlage wird daher auch als *Sauggasanlage* bezeichnet. An der stückigen Holzkohle am Generatorboden werden höhere Kohlenwasserstoffe gecrackt, so daß das Generatorgas nur aschestaubbeladen ist (0,5 bis 5 g/m^3). Zur Ausnutzung der fühlbaren Wärme wird das Gas in einem Außenmantel am Reaktor vorbeigeführt. Vor dem motorischen Einsatz muß das Gas gereinigt und gekühlt werden.

Mit Generatorgas können durch Einbau entsprechender Zündanlagen und Gemischregulierungen Benzin- und Dieselmotoren betrieben werden. Wegen des N_2-Ballasts tritt bei reinem Gasbetrieb ein Leistungsabfall auf. Bei Dieselmotoren wird daher i. allg. im Zweistoffbetrieb gefahren (8% bis 10% Diesel). Spezielle Schwachgasmotoren haben einen Wirkungsgrad von ca. 30%.

Holzgaskraftanlagen werden ab 30 kW_m gebaut und können bis 800 kW_m mit mittelschnell oder schnellaufenden Serienmotoren aus dem Fahrzeugbereich gekoppelt werden. Die Leistungsangaben beziehen sich auf die mechanische Energie. Stationäre Anlagen gibt es als Einzelanlagen bis 1,5 MW_m, auch mit kontinuierlicher Brennstoffzufuhr und Ascheentzug. Eine Kopplung von Einzelanlagen ist bis 10 MW_m möglich. Für noch größere Leistungen erscheinen Holzvergaser wegen der zu großen notwendigen Anbauflächen und der langen Transportwege nicht sinnvoll.

Die Kosten von Holzvergaseranlagen liegen zwischen 1000,– DM/kW_m und 2000,– DM/kW_m. Kosten für die Holzaufbereitung sowie ggf. Stromerzeugung sind nicht mit enthalten, eine Konkurrenzfähigkeit beispielsweise mit Dieselgeneratoren ist also nicht gegeben.

Zusammenfassend muß festgestellt werden, daß die chemischen, physikalischen und kinetischen Vorgänge bei den Vergasungsprozessen von Biomasse noch z. T. unerforscht sind. Aufgrund der Heterogenität der Biomasse kann nicht erwartet werden, daß ein allgemein einsetzbares Vergasungsverfahren entwickelt werden kann. Biomassevergaser müssen wohl auch zukünftig speziell den jeweiligen Vergasungsstoffen angepaßt werden.

9.3.3 Verflüssigung

Verflüssigung von Biomasse wird durch drei Verfahren vorgenommen:

1. Verflüssigung durch chemische Reduktion mit Einsatz eines Vergasungsmittels,
2. Verflüssigung durch Pyrolyse,
3. Verflüssigung durch Methanol-Synthese und vorgeschaltete Vergasung.

Vorwiegend eingesetzter Ausgangsstoff ist auch hier wie bei den anderen thermochemischen Verfahren Holz.

9.3.3.1 Verflüssigung durch chemische Reduktion

Durch die Zufuhr von Kohlenmonoxid bei hohen Temperaturen (250° bis 400 °C) und hohen Drücken (140 bis 280 bar) kann mittels geeigneter Alkalikatalysatoren Biomasse direkt verflüssigt werden. Katalysator ist dabei z. B. $NaHCO_3$. Als Substrat kommt vor allem Cellulose in Frage, wobei die Cellulose um ein Sauerstoffatom reduziert und CO zu CO_2 oxidiert wird. Die Cellulose muß gelöst sein (85% Wasser), weshalb ein hoher Wasser- oder Lösungsmittelzusatz notwendig ist.

Das Kohlenmonoxid wird der Biomasse in Form von *Synthesegas*, d.h. einem CO/H_2-Gemisch aus einer parallel laufenden Vergasung zugeführt. Der Wasserstoff des Synthesegases trägt ebenfalls zur Verflüssigung bei (Hydrierung). In den USA wurden zwei Versionen entwickelt, das PERC- (= Pittsburgh Energy Research Center)-Verfahren und das LBL- (= Lawrence Berkeley Laboratories)-Verfahren. Die resultierenden Öle waren bei Prozeßtemperaturen unter 300 °C durch hohe Viskosität geprägt, die einen Einsatz in Motoren unmöglich machten. Der Heizwert lag bei 30 bis 40 MJ/kg, erreichte also wegen des Sauerstoffgehalts des Ausgangsmaterials höchstens 90% des Erdölheizwerts. Die Öle hatten allerdings so schlechte Eigenschaften (vergleichbar mit Pyrolyseölen, s. unten), daß eine Kommerzialisierung dieser Entwicklungen nicht zu erwarten ist.

9.3.3.2 Pyrolyse

Unter *Pyrolyse, destruktiver Destillation* oder *Entgasung* versteht man die thermische Spaltung von Biomasse unter Luftabschluß. Im Gegensatz zur Vergasung wird hierbei die Wärme exogen zugeführt. In Schacht-, Wirbelbett- oder Drehtrommelreaktoren wird die Biomasse bei Normaldruck und Temperaturen zwischen 300° und mehr als 1000 °C in gasförmige, flüssige und feste Brennstoffe überführt. Die entstehenden Pyrolyseprodukte haben folgende Heizwerte (Mittelwerte):

- Pyrolysegas 10 bis 15 MJ/m^3,
- Pyrolyseöl   23 bis 30 MJ/kg,
- Koks   20 bis 30 MJ/kg.

Die mengenmäßige Zusammensetzung ebenso wie der Wirkungsgrad hängen von folgenden Größen ab:

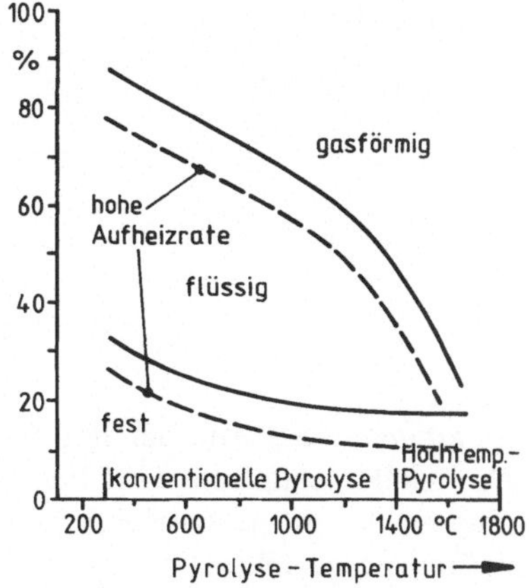

Abb. 9.7. Zusammensetzung der Pyrolyseprodukte als Funktion von Pyrolysetemperatur und Aufheizrate (Bridgewater, 1980)

1. Zusammensetzung und Stückgröße der Biomasse,
2. Pyrolysetemperatur,
3. Aufheizraten,
4. Verweilzeit im Reaktor.

Abbildung 9.7 zeigt die Zusammensetzung der Pyrolyseprodukte (fest, flüssig, gasförmig) in Abhängigkeit von der Temperatur. Es wird ersichtlich, daß bei Temperaturen über 1600 °C die anfänglich überwiegenden flüssigen Produkte zu Gasen gecrackt werden. Man spricht dann von *pyrolytischer Vergasung*.

Hauptausgangsstoff der Pyrolyse ist derzeit Holz. Das bei der Entgasung entstehende nicht-wäßrige Kondensatgemisch wird Pyrolyseöl oder Bio-Öl genannt, was den Vergleich mit Öl, d. h. Dieselöl oder Heizöl, nahelegt. Seinem tatsächlichen Charakter nach sollte man jedoch besser von *Holzteer* oder *Pyrolyseteer* sprechen.

Die Pyrolyse von Holz wie allgemein von Biomasse stellt einen sehr unübersichtlichen, in vielen Schritten noch unbekannten Prozeß dar. Grob kann man folgende Perioden unterteilen:

1. Bis ca. 150 °C: Entfernung des freien und gebundenen Wassers, geringfügige Bildung von Essigsäure, Ameisensäure, Kohlenmonoxid und Kohlendioxid.
2. Bis 270 °C: Zunehmende Mengen an Reaktionswasser, Methylalkohol, Essigsäure, CO und CO_2.
3. Bei 280 °C: Eintreten einer spontanen exothermen Reaktion (ca. 8% bis 10% vom Wärmeinhalt des Holzes). Freisetzung großer Gas- und Destillatmengen: Essigsäure, Methanol, Teer, Wasserstoff, Methan, Ethylen.
4. Bis 380 °C: Temperaturanstieg ohne weitere äußere Wärmezufuhr. Abnahme der Gas- und Destillatmengen.
5. Weiteres externes Nachheizen auf die Solltemperatur je nach gewünschter Produktzusammensetzung (vgl. Abb. 9.7).

Je nach Temperatur, Holzart und Verfahren fallen bei der Pyrolyse die in Tabelle 9.9 gezeigten Produkte an: Die Zusammenstellung gilt entsprechend Abb. 9.7 für eine Pyrolyse-Temperatur von ca. 400° bis 600 °C.

Tabelle 9.9. Zusammensetzung der Pyrolyseprodukte aus Holz (in Gew.-%)

1. Fest:	Holzkohle		≤ 35
2. Gasförmig:	Gase		15...20
3. Flüssig:	Wasser	ca.	20
	Essigsäure		7
	Holzgeist		2...3
	Holzteer		13...15

Das älteste Pyrolyseverfahren ist die *Holzkohleherstellung*, die bei Temperaturen um 500°C abläuft. Das früher häufigste Meilerverfahren wird heute überwiegend noch in Entwicklungsländern eingesetzt. In Industrieländern wird Holzkohle dagegen in Retorten oder Rohröfen hergestellt.

Beim *Meilerverfahren* wird ein Haufen aus Meter- und Scheitholz mit Erde zugedeckt, die einige verschließbare Luftlöcher aufweist. Früher wurden die flüssigen Produkte in Mulden unter dem Meiler aufgefangen und als Holzteer zum Imprägnieren von Booten und Fischernetzen benutzt. Heute werden weder Rauchgase noch Kondensate genutzt. Die Prozeßwärme wird durch Verbrennen eines Teils des Holzes erzeugt. Die Kohlenausbeute beträgt 10% bis 20% des eingesetzten Holztrockengewichts, der Wirkungsgrad erreicht maximal 30%.

Der Übergang zu Pyrolyseretorten machte die zunehmende Nutzung der Destillationsprodukte möglich. Um 1800 gelang die Darstellung schmackhafter Essigsäure, später folgte die Gewinnung von Methanol, Methylacetat und Aceton. Das Interesse an diesen chemischen Rohstoffen schwand jedoch wieder, als man sie synthetisch günstiger herstellen konnte. So sind Holzkohle und Holzteer heute wieder die allein gewünschten Pyrolyseprodukte von Holz.

Weltweit wurden in den 80er Jahren ca. 8 bis 10 Mio. t/a Holzkohle industriell erzeugt. Ein weitaus größerer Teil taucht jedoch wie das Feuerholz nicht in Statistiken auf: rund 10% des gesamten Brennholzeinschlags der Welt wird verwendet, um in einfachen Meilern Holzkohle zu erzeugen.

In der Bundesrepublik wurden in den 80er Jahren etwa 40000 bis 45000 t/a Holzkohle hergestellt und etwa die gleiche Menge importiert. Die Produktion erfolgt hier überwiegend durch das diskontinuierliche Degussa-Retortenverfahren, wobei die Holzfeuchte in separaten Vertrocknern von 40% bis 45% auf 15% bis 20% gesenkt wird. Dafür ist eine Verweilzeit im Trockner von ca. 16 bis 18 Stunden erforderlich. Abbildung 9.8 zeigt das Degussa-Verfahren schematisch.

Die Retorte ist ein oben und unten konischer Zylinder von $100\,m^3$ Inhalt, der über ein Förderband chargenweise beschickt wird. Etwa 6 bis 7 solcher Retorten bilden eine Verkohlungseinheit, wobei immer 5 bis 6 davon in Betrieb sind. Beheizt wird die Retorte durch ca. 480° bis 550°C heiße Umwälzgase, die oben in die Retorte eingeführt werden. Sie bringen den nach unten fortlaufenden Verkohlungsprozeß in Gang und nehmen gleichzeitig die flüchtigen Destillationsprodukte auf. Man bezeichnet sie daher auch als Spülgase. Diese Gase

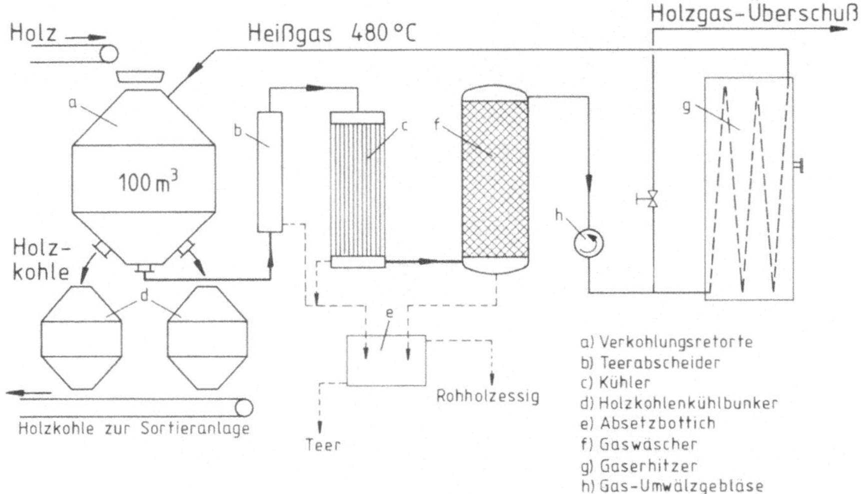

Abb. 9.8. Schema des Degussa-Gasumwälzverfahrens zur Holzverkohlung (Brocksiepe, 1981)

passieren die Kühler, wobei Rohholzessig in einem Absetzbottich gesammelt wird. Die Umwälzgase werden dann in Gaswäschern gereinigt und mit dem Gebläse in den Gaserhitzer gefördert. Hier wird das Umwälzgas erneut aufgeheizt, der Kreislauf beginnt von vorn.

Die Verweildauer des relativ grobstückigen Holzes beträgt etwa 10 bis 15 Stunden. Das Verfahren ist nur in Sonderfällen energieautark. Einschließlich der Vortrocknung werden pro 1000 kg Holzkohle ($H_U = 28$ MJ/kg, feucht) 2,5 GJ Wärme und 0,27 GJ Strom an externer Energie benötigt.

Der Heizwert von Holzkohle ist ebenso wie beim Holz erheblich abhängig von der Feuchtigkeit, für lufttrockene Holzkohle beträgt er rund 30 MJ/kg, ist damit also auf die Masse bezogen rund zweimal so groß wie derjenige von Holz. Beim Einsatz von Buchenholz, aus dem heute bevorzugt Holzkohle gewonnen wird, erhält man mit dem Degussa-Spülgasverfahren die in Abb. 9.9 dargestellten Produkte (Brocksiepe, 1981).

Die Pyrolyse von Biomasse, Hausmüll und nichtbiogenen Abfällen wie z. B. Autoreifen hat unter den zwei Gesichtspunkten

- Herstellung von Pyrolyse-Öl als flüssigem Brennstoff und
- Rohstoffrückführung

vor einigen Jahren wieder größeres Interesse gewonnen. Eine Anzahl von Projekten wurde mit Förderung aus öffentlichen Mitteln in Angriff genommen, nachdem diese Entwicklung in den USA und in Japan schon einige Jahre früher eingeleitet worden war. Für die Pyrolyse von Hausmüll wurden extern beheizte Drehrohrverfahren konzipiert, die aber alle dazu führten, daß die entsprechenden gasförmigen und flüssigen Produkte sofort verbrannt werden, weil die Reinigungs- und Aufbereitungsverfahren für speicherbare Produkte (Gase, Öle) aufwendig und auch langfristig unwirtschaftlich sind.

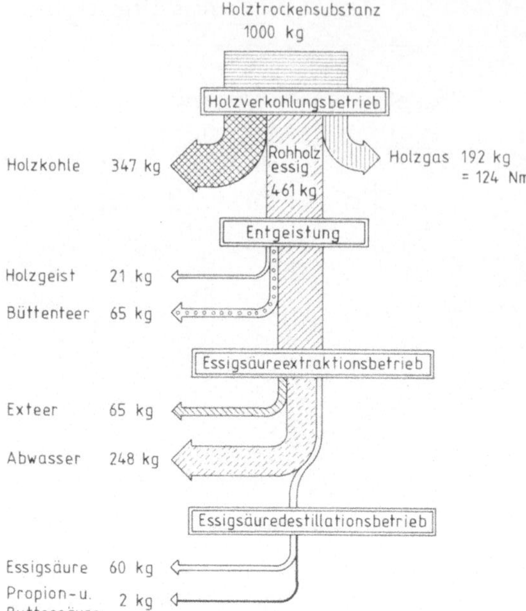

Abb. 9.9. Materialfließbild der beim Degussa-Verkohlungsprozeß anfallenden Produkte (Brocksiepe, 1981)

Für heizwertreiche Abfälle (Kunststoffe, Altreifen) sind Wirbelschichtverfahren im Teststadium, aber der Markt ist mit zusammen ca. 2 Mio. t/a sehr klein und Altreifen mit ca. 300000 t/a sind als Brennstoffersatz durch die Zementindustrie vollständig vom Markt genommen worden.

Die Pyrolyseverfahren konnten sich bislang nicht durchsetzen. Hauptgrund dafür ist die schlechte Qualität von *Pyrolyseöl:*

- hoher Wassergehalt,
- sauerstoffhaltige Verbindung,
- hochviskose Flüssigkeit,
- korródierend wegen des Gehalts an Salzsäure und organischen Säuren,
- thermisch instabil, daher nicht weiter raffinierbar,
- teilweise wasserlöslich.

9.3.3.3 Verflüssigung durch Methanolsynthese

Methanol, CH_3OH, der niedrigste Alkohol, ist als Kraftfahrzeugtreibstoff geeignet. Es wird aus *Synthesegas* (CO/H_2-Gemisch) mit passendem Molzahlenverhältnis katalytisch hergestellt:

$$CO + 2H_2 \xrightarrow{\text{Katalyse}} CH_3OH + 91 \text{ MJ/Mol (exotherm)} . \qquad (9.4)$$

Es gibt Nieder- (50 bis 60 bar), Mittel- (100 bis 150 bar) und Hochdruck- (275 bis 360 bar) Prozesse, die beiden ersten im Temperaturbereich 230°–260 °C, der letztere bei 300° bis 400 °C. Als Katalysatoren werden Cu, Zn, Cr oder deren Oxide eingesetzt. Nach der Methanolsynthese erfolgt eine Destillation zu 99,5% Reinheit, wenn Methanol z. B. mit Benzin (bis max. 15 Vol.-%) gemischt werden soll.

Methanol hat jedoch gegenüber Benzin einige Nachteile, u. a.:

- niedrigerer Heizwert: 19,7 MJ/kg gegenüber 45,5 MJ/kg bei Benzin,
- kein Kaltstart möglich unter 10 °C,
- giftig und korrosiv.

Zur Erzeugung des für die Methanolsynthese erforderlichen Gases hat die Firma Uhde eine Vergasung von Holz durch das Hochtemperatur-Winkler-(HTW)-Verfahren vorgeschlagen: Holz mit einer Maximalfeuchte von 10% bis 15% wird klein zerhackt und mit O_2 und Dampf bei 10 bar und 950 °C in einer Wirbelschicht vergast. Das entstehende Synthesegas muß katalytisch ins richtige CO/H_2-Verhältnis konvertiert werden:

$$CO + H_2O \rightarrow CO_2 + H_2 \ . \tag{9.5}$$

CO ist zunächst im Überschuß vorhanden. Rund 50% des durch das Holz eingebrachten C müssen zu CO_2 konvertiert und ausgewaschen, d. h. gleich wieder an die Atmosphäre abgegeben werden.

Bei einem autarken Konzept (nur Holzeinsatz auch für alle Hilfsenergie) kann aus 3,3 t Holz mit einer Feuchte von 30% 1 t Reinmethanol hergestellt werden. Der Anlagenwirkungsgrad beträgt damit 48%.

Im motorischen Einsatz entspricht 1 t Methanol etwa 650 l Benzin. Bei einem spezifischen Gewicht des Methanols von 0,79 kg/l entspricht beim entsprechend optimierten Fahrzeugmotor 1 l Methanol also 0,82 l Benzin.

Eine Alternative zur Methanoldestillation bildet die Weiterverarbeitung des Rohmethanols zu Benzin und Flüssiggas (LPG). Diese katalytische Benzinherstellung erfolgt z. B. im sog. Mobil-Prozeß (Erfindung der Mobil-Oil-Corporation). Undestilliertes Rohmethanol wird durch einen synthetischen Zeolithkatalysator (kristallines Aluminiumsilikat) im Fließbett mit einem energetischen Wirkungsgrad von 92,4% zu Benzin dehydriert:

$$n\,CH_3OH \rightarrow C_nH_{2n} + n\,H_2O \ . \tag{9.6}$$

Eine Destillierung erübrigt sich, weil sich Benzin und Wasser entmischen. Der gewonnene Treibstoff (88 Gew.-% Benzin, 12% Flüssiggas) hat die Eigenschaften von Superbenzin (Oktanzahl 97) und kann ohne Weiterbearbeitung eingesetzt werden.

9.4 Biologische Konversionsverfahren

9.4.1 Einführung

Die thermochemischen Verfahren, wie Verbrennung, Pyrolyse und Vergasung setzen die Biomasse mit Hilfe thermischer Energie um. Im Gegensatz dazu erfolgt bei den biologischen oder biochemischen Verfahren die Umwandlung bei niedriger Temperatur durch einzellige Mikroorganismen. Man spricht daher auch von einem mikrobiellen Verfahren oder von Gärung oder von *Fermentation*. Unter technischen und energetischen Gesichtspunkten sind zwei *Gärverfahren* von Bedeutung:

- die Biogasgewinnung und
- die Äthanolgewinnung.

Beim mikrobiellen Abbau und Umbau von kohlenwasserstoffhaltiger Biomasse zur Biogas- und zur Äthanolerzeugung arbeitet man unter Luftabschluß (*anaerob*) und im wäßrigen Milieu. Die Prozesse sind immer mehrstufig, und es fallen verschiedene Stoffwechselprodukte an. Eine hohe Wasserkonzentration hat dabei die Funktion eines chemischen Puffers, da die Stoffwechselprodukte für die Mikroorganismen giftig sein können.

Reaktionen mit Luftzutritt heißen im Gegensatz zu den vorgenannten *aerob*. Dazu gehört z. B. die *Verrottung* im Kompost- oder Misthaufen. Dabei treten Temperaturen bis zu 90 °C auf. Gelegentlich wird versucht, diese Energie mit Hilfe von Rohrwärmetauschern zu nutzen.

Bei der Biogasgewinnung kann die zu verarbeitende Biomasse (das Substrat) ohne Vorbehandlung in den Fermenter gegeben werden. Als *Fermenter* (Reaktor) wird der Behälter bezeichnet, in dem die Fermentation (Reaktion) abläuft. Das Produkt ist ein Gas, welches zu etwa 2/3 aus Methan (CH_4) und zu rund 1/3 aus Kohlendioxid (CO_2) besteht. Dieses Gas trägt die Bezeichnung *Biogas*. Es hat einen Heizwert von ca. $21,5\,MJ/Nm^3$ (Erdgas 35 bis $40\,MJ/Nm^3$). Die abgebauten Mineralstoffe des Substrats und insbesondere auch der Stickstoff werden im Wasser gelöst, bleiben vollständig erhalten und stehen als wertvoller Flüssigdünger zur Verfügung.

Der in der Natur im Schlamm von Sümpfen und im Pansen der Kuh vorkommende Prozeß der anaeroben Fermentation zu Methan wurde schon im 17. Jahrhundert entdeckt und vor und nach dem 2. Weltkrieg bis Ende der 50er Jahre zur Energieerzeugung untersucht. Die günstigen Preise und die leichte Handhabung anderer Brennstoffe, insbesondere des Erdöls, führten zu einer Verringerung der Aktivitäten auf diesem Gebiet. Die anaerobe Fermentation wurde hauptsächlich unter dem Gesichtspunkt der Abwasserbeseitigung bzw. der Stabilisation von Abwasserschlämmen gesehen (Kläranlagen). Erst in den letzten Jahren wurde diese Technologie wieder aufgegriffen. In der Bundesrepublik Deutschland werden derzeit auf verschiedenen Bauernhöfen eine Reihe von Biogasanlagen betrieben. Allerdings ist die Zahl seit 1986 (Ölpreisverfall) wieder rückläufig. In Entwicklungsländern existieren inzwischen Hunderttausende von kleinen Biogasanlagen.

Bei der *Äthanolgewinnung* wird zuckerhaltige oder zu Zucker umgewandelte, stärke- oder cellulosehaltige Biomasse durch Gärpozesse in Äthanol (C_2H_5OH) und CO_2 umgesetzt. Das Produkt Äthanol wird anschließend durch Destillation gewonnen.

Die Herstellungstechnologie ist die Technologie der Trinkalkoholherstellung, die schon seit langem bekannt ist. Äthanol kann als alternativer Treibstoff dazu dienen, Benzin zu ersetzen. In verschiedenen Ländern wurden Alkoholprogramme durchgeführt, wobei dem Benzin zum Teil bis zu 20% Äthanol zugesetzt wurde. Das einzige Programm, dessen Realisierung im großen Maßstab in Angriff genommen wurde, ist das brasilianische Proalcool-Projekt. Das Ziel war, durch große Zuckerrohr- und Maniokplantagen langfristig von Erdölimporten für Autotreibstoffe unabhängiger zu werden. Das Programm ist nicht unumstritten, da die Verwendung von Agrarprodukten zur Äthanolerzeugung in direkter Konkurrenz zur Bereitstellung von Nahrungsmitteln steht.

In Europa wurde wiederholt vorgeschlagen, die Überschußproduktion an Getreide und Feldfrüchten für eine Äthanolerzeugung zu verwenden (z. B.: BMFT, 1986).

9.4.2 Biogaserzeugung

9.4.2.1 Verfahrenstechnische Grundlagen

Bei der anaeroben Methangärung wird organisches Material unter Sauerstoffabschluß durch eine Vielzahl verschiedener Bakteriengruppen und -arten, die alle in einem Wechselspiel miteinander stehen, in Biogas, ein Gemisch aus vornehmlich Methan und Kohlendioxid, umgesetzt. Das Stoffwechselprodukt Methan ist energetisch viel höherwertiger als die Niedertemperaturwärme der aeroben Verrottung.

Die Bildung von Methan aus organischem Material (Exkremente, Abfälle) erfolgt in drei Stufen. Die beiden ersten Stufen sind Vorbereitungsschritte, die eigentliche Methanbildung erfolgt in der dritten Stufe. In jeder Stufe des Umsetzungsprozesses sind andere Bakterien wirksam, die sich während der Umsetzung vermehren. Die drei Stufen sind:

1. Säurebildung oder Hydrolyse,
2. Säureabbau und
3. Methanbildung.

Die Reaktionen sind sehr komplex und können hier nur schematisch wiedergegeben werden.

Säurebildung oder Hydrolyse (Stufe 1)
Bei der Hydrolyse werden die Biomassebauteile, die als Protein, Fett oder Kohlehydrat vorliegen, durch die Einwirkung von Wasser gespalten. Die Polymere (Großmoleküle) werden durch den Eintritt von Wassermolekülen in Monomere (Grundmoleküle) zerlegt. Die Reaktion wird durch Enzyme beschleunigt, die von den Bakterien ausgeschieden werden. Dabei entstehen folgende Produkte:

Fett   →Fettsäuren,
Protein   →Aminosäuren,
Kohlehydrat→Zucker.

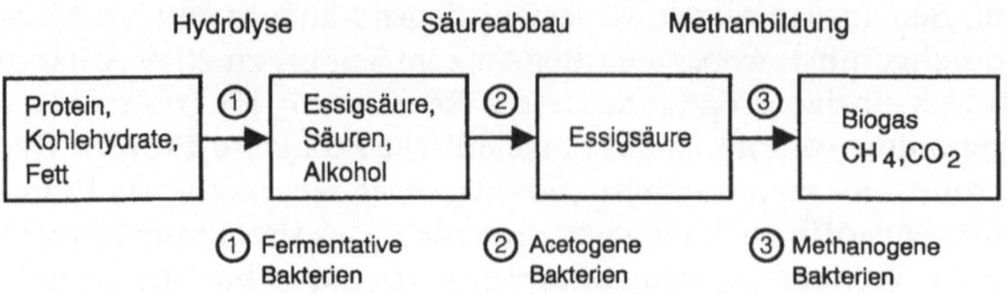

Abb. 9.10. Schematischer Ablauf der Fermentation

Diese Grundmoleküle werden durch *fermentative Bakterien* zu verschiedenen Zwischenprodukten vergoren. Dabei entstehen dann im wesentlichen:

- H_2, H_2O, CO_2, NH_4,
- Essigsäure (CH_3COOH),
- Alkohol und niedere organische Säuren.

Maurer, 1983, gliedert abweichend hiervon die Methanbildung in vier Schritte, wobei die Hydrolyse und die Vergärung der Stufe 1 als zwei Schritte aufgefaßt werden.

Säureabbau (Stufe 2)
In der zweiten Stufe werden die Alkohole und die niederen organischen Säuren durch *acetogene Bakterien* in folgende Produkte vergoren:

- H_2O, CO_2, H_2,
- Essigsäure (CH_3COOH).

Das Gärendprodukt ist die Essigsäure.

Methanbildung (Stufe 3)
In der dritten Stufe schließlich werden die Essigsäuren der ersten und zweiten Stufe durch methanbildende (*methanogene*) *Bakterien* in Biogas umgewandelt.

Die drei Stufen des anaeroben Abbaus existieren nebeneinander, und die Abbauprodukte der vorausgehenden Stufe dienen den Bakterien der nachfolgenden z. T. als Nährstoffe. Die Bakterien jeder Stufe bestehen aus einer Vielfalt spezifischer Bakterienstämme, welche jeweils für den Abbau eines bestimmten Zwischenprodukts verantwortlich sind. Dadurch ist in gewissen Grenzen eine Stabilität gegenüber Substratkonzentrationsschwankungen und artfremden Einflüssen gewährleistet.

Abbildung 9.10 zeigt schematisch den Ablauf der Fermentation.

Im Biogas sind in geringer Konzentration noch Wasserstoff (H_2), Ammoniak (NH_3) und Schwefelwasserstoff (H_2S) enthalten.

9.4.2.2 Einflußparameter

Die erzielbare Gasausbeute sowie der CH_4-Gehalt hängen im wesentlichen von folgenden Einflußparametern ab, welche die Umweltbedingungen (das Milieu) für die Bakterien bestimmen:

- Substratart,
- Trockensubstanzgehalt,
- Temperatur,
- Faulzeit (Verweilzeit im Fermenter),
- pH-Wert,
- Substratzufuhr.

Das Substrat

Ausgangsstoffe für die Methangewinnung sind Stallmist, Pflanzenabfälle, Rückstände der Nahrungsmittelproduktion und Klärschlamm. Alle enthalten abbaubare Stoffe wie Proteine, Fette oder Kohlehydrate (Stärke oder Cellulose). Aus diesen drei Stoffgruppen lassen sich theoretisch die in Tabelle 9.10 zusammengefaßten Gasausbeuten erzielen.

Flüssigmist z. B. aus Massentierhaltungen ist ein ausgezeichnetes Substrat für die Biogaserzeugung. Festmist (mit Stroh gemischt) führt dagegen zu erheblichen technischen Schwierigkeiten. Für landwirtschaftliche Betriebe mit Ackerbau ist von besonderem Interesse, daß das ausgegorene Substrat noch den vollen Düngewert hat. Tabelle 9.11 zeigt für verschiedene Arten von Stallmist die Biogasergiebigkeit.

Tabelle 9.10. Theoretische Gasausbeute der Methangärung (Konstandt, 1976)

Substrat	Liter Gas pro kg Trockensubstanz	CH_4 %	CO_2 %
Proteine	700	70	30
Fette	1200	67	33
Kohlehydrate	800	50	50

Tabelle 9.11. Ergiebigkeit tierischer Exkremente pro Tag (Anhaltswerte)

Zeile	Menge	Rind je Stück	Rind je GVE	Schwein je Stück	Schwein je GVE = 5 Stück	Geflügel je Stück	Geflügel je GVE = 250 Stück
1	Gülle (kg/d)	50	50	4	20	0,1	25
2	Trockensubstanz (kg OTM/d)	5	5	0,4	2	0,03	7,5
3	Ergiebigkeit (l Gas/kg OTM)	300	300	400	400	400	400
4	Ergiebigkeit (l Gas/d)	1500	1500	160	800	12	3000
5	Methananteil in %	60	60	70	70	70	70
6	Heizwert (MJ/Nm³ Gas)	20	20	23	23	23	23

GVE = Großvieheinheit = 500 kg Lebendgewicht
OTM = Organische Trockenmasse

Tabelle 9.12. Zusammensetzung von Tierkot, bezogen auf Trockenmasse (mittlere Anhaltswerte nach Wenzlaff, 1981)

	Schweinekot in %	Rinderkot in %	Hühnerkot in %
Kohlehydrate	38	20	25
Fett	4	4	4
Eiweiß	19	15	29
Rohfaser[a]	20	40	15
Asche	19	21	27

[a] Pflanzliche Gerüstsubstanzen

Tabelle 9.13. Ergiebigkeit und Gärdauer für das Vergären landwirtschaftlicher Produkte (nach Braun 1982)

Material	Biogas m^3/kg OTM	Gärdauer Tage
Weizenstroh	0,367	78
Zuckerrübenblätter	0,501	14
Kartoffelkraut	0,606	53
Maiskraut	0,514	52
Klee	0,445	28
Gras	0,557	25

Vergleicht man die Ergiebigkeiten der Zeile 3 der Tabelle 9.11 mit den theoretischen Werten aus Tabelle 9.10, so fällt auf, daß die Werte erheblich niedriger liegen. Die *Gülle* enthält einen Teil nicht umsetzbarer Substanzen, und in der Regel werden die Substrate auch nicht vollständig abgebaut. Tabelle 9.12 zeigt die mittlere Zusammensetzung verschiedener tierischer Exkremente, die je nach Fütterung stark variieren kann.

Tabelle 9.13 zeigt, daß mit Gras und krautigen Abfällen aus der Landwirtschaft z. T. höhere Gasmengen je kg OTM produziert werden können. Bei den Pflanzenabfällen kommen Holz gar nicht und Stroh nur in begrenzten Mengen in Frage, weil sie nur schwer abbaubar sind. Weizenstroh liefert bei der längsten Gärdauer (78 Tage) die niedrigsten spezifischen Gasausbeuten ($0,367\,m^3$/kg OTM). Ein von der spezifischen Gasausbeute her gesehen günstiges Substrat besteht aus 70% Gülle und 30% Pflanzen.

Die Rückstände der Nahrungsmittelindustrie eignen sich z. T. sehr gut für eine Biogaserzeugung. Dazu gehören Schlachthofabfälle, Rückstände der Obst- und Gemüseverwertungsindustrie und Rückstände der Getränkeherstellung.

Bei Klärschlamm wird die anaerobe Zersetzung im technischen Maßstab in Kläranlagen durchgeführt. Hier ist die Zielsetzung jedoch nicht die Energiegewinnung, sondern die biologische Stabilisierung des Klärschlamms. In vielen Anlagen wird das dabei entstehende Biogas zum Heizen der Faultürme verwendet.

Es gibt eine Reihe von Stoffen mit antibakterieller Wirkung, die eine optimale Gärung hemmen oder gar zum Erliegen bringen können. Dazu gehören:

- Schwermetalle z. B. im Klärschlamm,
- Mittel zur Desinfektion von Ställen,
- Antibiotika zur Behandlung des Viehs.

Von diesen Giften muß die Biogasanlage freigehalten werden.

Der Trockensubstanzgehalt

Der optimale Trockensubstanzgehalt der Gesamtfaulgutmenge (Substrat) liegt im Bereich von 3% bis 10%. Dieser Wert wird durch Zugabe von Wasser eingestellt. Ist die Konzentration an OTM (organischer Trockenmasse) zu gering, dann wird der Reaktorbehälter zu groß und die spezifischen Anlagekosten werden zu hoch. Bei höherer Konzentration ist die gesamte Gasausbeute größer, aber es besteht die Gefahr, daß infolge einer Überlastung mit vergärbaren Stoffen eine Vergiftung durch eine zu große Menge bestimmter Zwischenprodukte erfolgt.

Die Temperatur

Man unterscheidet im wesentlichen zwei methanbildende Bakteriengruppen, die für ihr Wachstum eine optimale Temperatur benötigen:

- mesophile Bakterien, Temperatur zwischen 20° und 40 °C,
- thermophile Bakterien, Temperatur zwischen 45° und 60 °C.

Jede Gruppe enthält die zur Methanisierung notwendigen drei Bakterienarten (fermentative, acetogene und methanogene).

In einem Biogasreaktor sollte eine konstante Temperatur eingehalten werden, weil die Bakterien empfindlich auf Schwankungen reagieren. Befüllen mit kaltem Substrat, Temperaturschichtungen und schlechte Wärmeisolation können sich nachteilig auf die Bakterien und damit auf die Gasproduktion auswirken. Besonders empfindlich sind die thermophilen Bakterien.

Bei höheren Temperaturen sind größere Gasausbeuten möglich. Abbildung 9.11 zeigt schematisch den Temperatureinfluß.

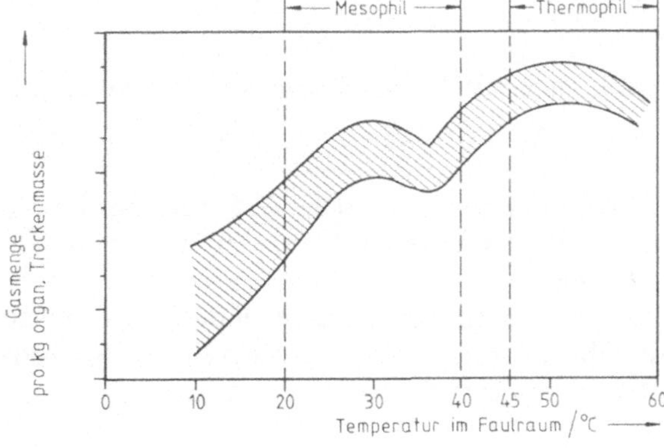

Abb. 9.11. Einfluß der Temperatur auf die Gasproduktion von kommunalem Klärschlamm (nach Wenzlaff, 1981)

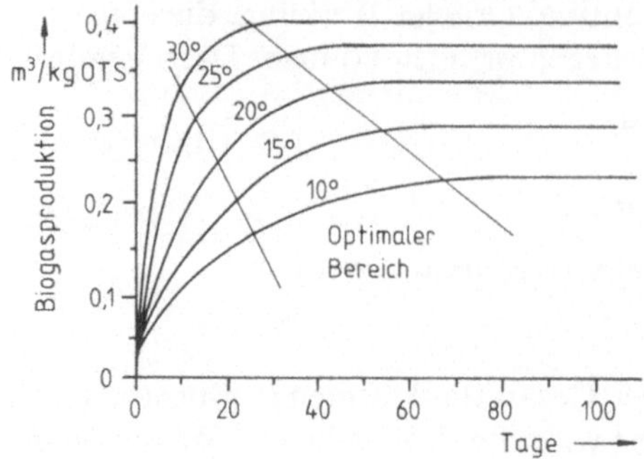

Abb. 9.12. Summenkurve der Biogasproduktion für Tierkot bei verschiedenen Temperaturen (Borda, 1979)

Der mesophile Bereich hat bei ca. 30 °C ein Optimum und der thermophile bei ca. 50 °C. Dem Vorteil der höheren Gasausbeute bei thermophilem Betrieb steht als Nachteil gegenüber, daß der Faulraum mit einem größeren Teil des gewonnenen Biogases geheizt werden muß. Durch eine gute thermische Isolation kann der Heizwärmebedarf verringert werden.

Die Faulzeit

Die günstigste Faulzeit hängt stark von der Temperatur ab. Abbildung 9.12 zeigt diesen Zusammenhang für mesophile Bakterien. Auf der Ordinate ist die Summenproduktion (Summe der Tageswerte) an Biogas abzulesen.

Die gewinnbare Gasmenge steigt anfangs sehr stark mit der Faulzeit an und nähert sich dann asymptotisch einem Maximalwert. Oberhalb einer bestimmten Fauldauer ist kein wesentlicher Zugewinn an Gas mehr zu erwarten. Für *mesophile Bakterien* (30 °C) ist die optimale Faulzeit 20 bis 25 Tage. *Thermophile Bakterien*, die in Abb. 9.12 nicht berücksichtigt sind, benötigen für eine gute Gasausbeute nur eine Faulzeit von 3 bis 10 Tagen. Sie produzieren mehr Gas in kürzerer Zeit.

Das Substrat ist nach einer genügend langen Ausgärung weitgehend frei von Krankheitserregern und geruchsfrei und besitzt eine ausgezeichnete Düngerwirkung.

Der pH-Wert

Eine optimale Gasausbeute wird in einem pH-Bereich von 6,5 bis 7,2 erreicht.

Die Substratzufuhr

Biogasanlagen arbeiten i. allg. kontinuierlich. Täglich wird eine bestimmte Menge Biomasse zugesetzt und eine entsprechende Menge an ausgegorenem Substrat abgezogen (*Durchflußanlagen*).

Eine wichtige Kenngröße für eine kontinuierlich arbeitende Biogasanlage ist die *Raumbelastung* R_b. Sie gibt an, mit wieviel kg organischer Trockenmasse pro Tag die in einem Kubikmeter Fermentervolumen enthaltenen Bakterien belastet werden:

$$R_b = \frac{\dot{m}_{Su} C_{OTM}}{V_R} \left(\frac{kg/d}{m^3}\right) \tag{9.7}$$

mit $\dot{m}_{Su}$ tägliche Substratzufuhr (kg/d), V_R Reaktorvolumen (m^3) und C_{OTM} Konzentration der organischen Trockenmasse (kg/kg).

Ist der Reaktor gefüllt, so gilt näherungsweise

$$V_R \approx V_{Su} \ (m^3) \tag{9.8}$$

mit V_{Su} Substratvolumen im Reaktor (m^3).

Für C_{OTM} gilt

$$C_{OTM} = \frac{m_{OTM}}{m_{Su}} = \frac{V_{OTM} \varrho_{OTM}}{V_{Su} \varrho_{Su}} \tag{9.9}$$

mit ϱ Dichte (kg/m^3), m Masse (kg), V Volumen (m^3), Index OTM für organische Trockenmasse und Index Su für Substrat.

Die *Verweilzeit des Substrats* t_{Vw} in Tagen kann nun folgendermaßen geschrieben werden:

$$t_{Vw} = \frac{V_{Su}}{\dot{V}_{Su}} = \frac{m_{Su}}{\dot{m}_{Su}} \ (d) \tag{9.10}$$

mit $\dot{V}_{Su}$ Volumen der täglichen Substratzufuhr (m^3/d).

Mit den obigen Gleichungen folgt

$$t_{Vw} \approx \varrho_{Su} \frac{C_{OTM}}{R_b} \ (d) \ . \tag{9.11}$$

Mit kleiner werdender Raumbelastung wird die Verweilzeit größer. Die optimale Verweilzeit ist nach Abb. 9.12 für mesophile Bakterien ca. 20 Tage. Bei einer angenommenen Substratdichte von 1000 kg/m^3 und einer Konzentration C_{OTM} von 0,08 ergibt sich eine tägliche Trockenmassezufuhr R_b von 4 kg OTM je m^3 Fermentervolumen. Das sind 50 kg Substrat je m^3 Fermentervolumen.

Die kumulative Gasproduktion von Tierexkrementen beträgt bei 30 °C nach Abb. 9.12 0,380 m^3 Biogas pro kg OTM. Das entspricht einer täglichen Gasausbeute pro m^3 Fermentervolumen von 1,52 m^3. Die Abb. 9.13 zeigt schematisch den Zusammenhang zwischen den charakteristischen Größen.

Mit steigender Verweilzeit (sinkender Raumbelastung) nimmt die kumulative Gasproduktion pro kg OTM zu. Die Gasausbeute pro m^3 Reaktorvolumen wird kleiner. Der Fermenter wird damit bei einer bestimmten geforderten Gesamtleistung größer und teurer. Unter diesem Aspekt wird natürlich eine möglichst hohe *Raumbelastung* anzustreben sein. Dem stehen aber zwei Gründe entgegen:

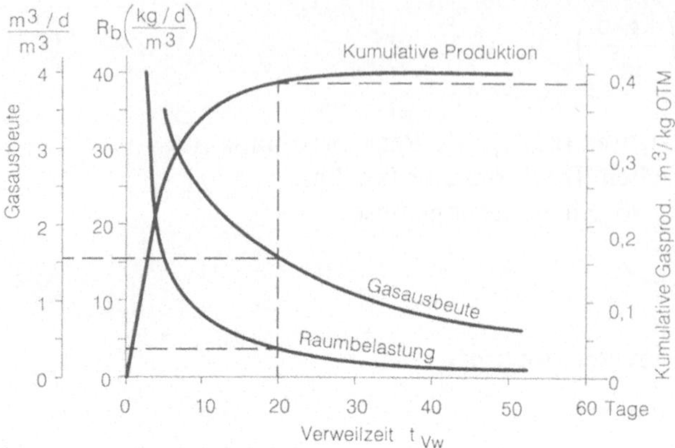

Abb. 9.13. Schematischer Zusammenhang zwischen den Kenngrößen der Biogaserzeugung bei kontinuierlicher Beschickung

1. Bei zu hoher Raumbelastung (geringe Verweilzeit) ist das Substrat nicht ausgegoren.
2. Bei zu hoher Raumbelastung ist der Gärprozeß nicht mehr stabil. Die erzielbare Gasproduktion je kg OTM nimmt dann sehr stark ab, so daß die Gasausbeute je Fermentervolumeneinheit auch absinkt. Dies ist in Abb. 9.13 nicht dargestellt.

Diese Verhältnisse werden sehr stark von der Art und der Zusammensetzung des Substrats beeinflußt.

9.4.2.3 Ausführung von Biogasanlagen

Abbildung 9.14 zeigt den schematischen Aufbau einer *Biogasanlage.*

In der Praxis sind viele voneinander abweichende Ausführungen für die einzelnen Anlagenkomponenten bekannt.

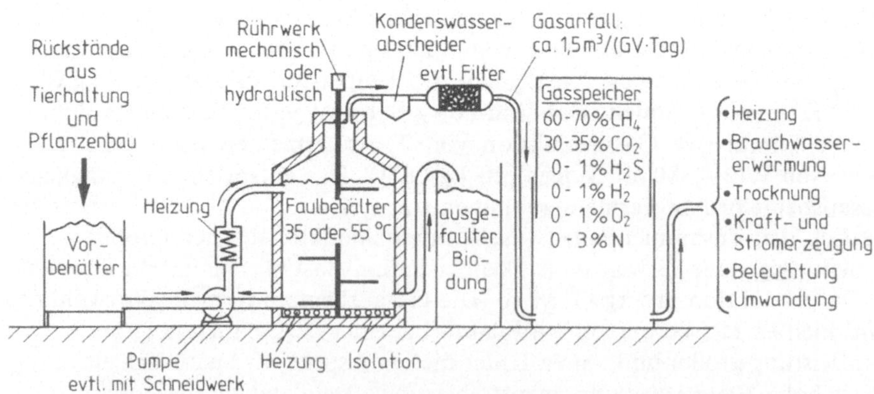

Abb. 9.14. Schema einer kontinuierlich arbeitenden Biogasanlage (Schulz, 1981)

Faulbehälter (Fermenter)

Man unterscheidet im Hinblick auf die Beschickungsweise zwei Behälter-systeme:

- Durchflußbehälter,
- Wechselbehälter.

Beim *Durchflußsystem* wird dem Fermenter einmal oder mehrmals täglich frisches Substrat zugeführt und gleichzeitig wird am Ende der Anlage ausgefaulter Schlamm entnommen. Bei gleichmäßiger Versorgung können optimale Prozeßbedingungen erreicht werden. Die meisten Anlagen arbeiten daher heute nach dem Durchflußsystem. Die Anlage in Abb. 9.14 funktioniert auch nach diesem Prinzip. Das Substrat wird dort von einem Vorbehälter mit einer Pumpe in den Faulraum gefördert. Der Gärbehälter ist luftdicht abgeschlossen. Im oberen freien Raum sammelt sich das Biogas, das von dort abgezogen wird.

Bei der Vergärung von faserigen und groben Stoffen kann es im Durchflußsystem zu Verstopfungen kommen. In diesen Fällen kann das *Wechselbehälter-*

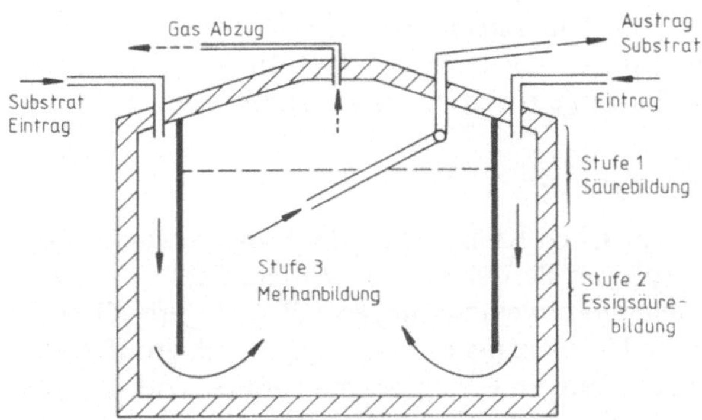

Abb. 9.15. Prinzip der Phasentrennung (nach Brand, 1981)

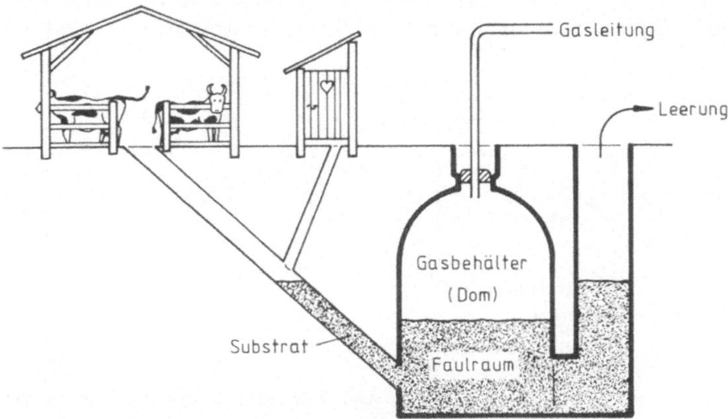

Abb. 9.16. Schema einer Dom-Biogasanlage (nach Borda, 1979)

prinzip angewandt werden. Dabei wird der Fermenter gefüllt und verschlossen. Das Substrat verbleibt so lange im Behälter, bis es ausgefault ist. Die Gasproduktion pro Tag steigt am Anfang und sinkt am Ende des Faulvorgangs wieder ab. Zur Vergleichmäßigung der Gasproduktion können mehrere Behälter parallel, aber zeitlich versetzt, betrieben werden.

Der Fermenter als wichtigste Anlagenkomponente ist je nach Hersteller aus Stahlbeton, Stahl oder Kunststoff gefertigt.

Es wird auch vorgeschlagen, die Umwandlungsstufen 1 und 2 (Hydrolyse und Säureabbau) von der 3. Stufe (Methanbildung) räumlich zu trennen. Dieses Verfahren wird *Phasentrennung* genannt. Im Fermenter kann dies durch entsprechende Einbauten (Leitbleche) erreicht werden. Abbildung 9.15 zeigt ein Beispiel für einen solchen Fermenter.

In Entwicklungsländern wie Indien und China sind einfach gebaute Biogasanlagen in großer Zahl in Betrieb. Voraussetzung dafür ist allerdings, daß Tierdung und Wasser in ausreichenden Mengen zur Verfügung stehen. Abbildung 9.16 zeigt schematisch eine *Dom-Biogasanlage* wie sie bevorzugt in China eingesetzt wird.

Eine Biogasanlage dieser Art stellt Energie bereit, verbessert die hygienischen Verhältnisse und liefert Dünger. Letzteres ist z. B. in Indien sehr wichtig, wo traditionell Kuhdung zu Fladen getrocknet und verbrannt wird, der damit als Dünger verloren ist.

Heizung
Unter den Bedingungen des deutschen Klimas muß die Biogasanlage sowohl bei meso- als auch bei thermophilem Betrieb geheizt werden. Dies ist notwendig, weil die Bakterien auf Temperaturveränderungen mit geringerer Gasproduktion reagieren (s. Abb. 9.12). Die Heizung erfolgt i. allg. durch großflächige Wärmetauscherrohre, die spiralförmig im Fermenter angeordnet sind. Um den Heizungsaufwand gering zu halten und um an den Rändern keinen unerwünschten Temperaturabfall zu erhalten, muß eine gute Wärmeisolation vorgesehen werden.

Beim Durchflußsystem ist eine Vorheizung des zulaufenden Substrats notwendig, damit der Gärprozeß nicht durch zu niedrige Temperaturen lokal ge-

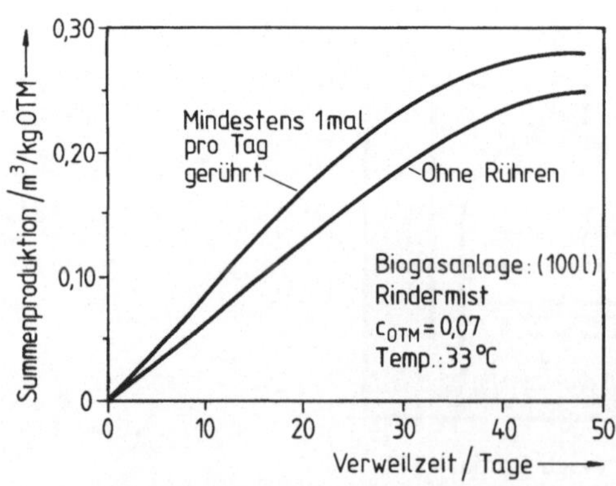

Abb. 9.17. Einfluß des Rührens auf die Summenproduktion von Biogas (nach Baader, 1979)

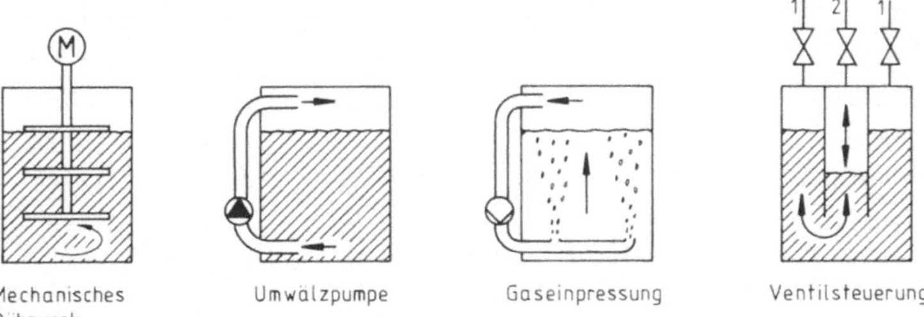

Abb. 9.18. Prinzipielle Möglichkeiten zum Durchmischen des Faulraums (Wenzlaff, 1981)

stört wird. Durch die Heizung werden in unseren Breiten 15% bis 30% des erzeugten Biogases verbraucht.

Rührwerk
Der Faulraum muß aus folgenden Gründen durchmischt werden:
− Vermeidung von Sinkschichten am Boden des Fermenters,
− Unterbindung von Schwimmschichten auf der Oberfläche des Substrats,
− Erzielung einer gleichmäßigen Temperatur,
− gleichmäßige Versorgung der Bakterien mit Nährstoffen.

Das Rühren führt bei gleicher Verweilzeit zu einer höheren Gasausbeute. Abbildung 9.17 zeigt den Vergleich der Summenproduktion für einen ungerührten Versuchsreaktor und einen, der mindestens einmal pro Tag umgerührt wurde.

Zur Durchmischung des Substrats werden häufig mechanische Rührwerke eingesetzt. Daneben sind Umwälzpumpen, Gaseinpressung oder selbsttätige Einrichtungen, die den Druck des entstehenden Biogases ausnutzen, denkbar. Abbildung 9.18 zeigt die prinzipiellen Möglichkeiten. Bei der vierten Möglichkeit, die den Druck des Biogases ausnutzt, wird die Durchmischung durch Umschalten der Entnahmeventile erreicht.

9.4.2.4 Wirtschaftlichkeit von Biogas

Bei der Untersuchung der Wirtschaftlichkeit läßt sich nur die energetische Seite des Biogases exakt bewerten. Die Nebeneffekte, wie Geruchsverminderung der Gülle und Düngerwerterhöhung des Substrats lassen sich kostenmäßig nur schwer erfassen und werden hier nicht berücksichtigt.

Die spezifischen Kosten von Biogasanlagen sind stark von der Kapazität abhängig, die meist in Großvieheinheiten (GVE) angegeben wird. Eine Kapazität von 100 GVE bedeutet, daß der Reaktor so groß ist, daß er kontinuierlich den Kotanfall von 100 GVE (= 100 Rinder, 500 Schweine oder 25 000 Hühner) verarbeiten kann. Tabelle 9.14 zeigt den Bereich der größenabhängigen Kostendegression für Biogas-Pilotanlagen. Es handelt sich um komplette Anlagen, allerdings ohne Gasverwertungsanlagenteil, d. h. Heizkessel, Gasmotoren etc. sind nicht enthalten.

Wie bei allen Technologien zur Nutzung regenerativer Energiequellen, wird auch für Biogasanlagen noch eine erhebliche Kostenreduktion erwartet, wenn sie in Serie gefertigt werden.

Tabelle 9.14. Kostendegression bei industriell gefertigten Biogasanlagen (umgerechnet nach Energie und Klima, 1990)[a]

Großvieheinheiten (GVE)	50	100	200
Anlagekosten (10^3 DM)	153	206	277
Spezifische Anlagekosten k (DM/GVE)	3052	2056	1385
Gasgestehungskosten k_G für $v = 1$ (DM/Nm^3)	1,13	0,76	0,51
Gasgestehungskosten k_G für $v = 0,6$ (DM/Nm^3)	1,89	1,27	0,86

[a] Die Zahlenwerte gelten für $z_B = 3\%/a$, $p_z = 8\%/a$, $n^* = 12$ Jahre, $S_p = 547,5$ Nm^3/GVEa und $\eta_e = 0,8$.

Die größte Anlage mit 200 GVE und $v = 1$ ist erst bei einem Heizölpreis von mehr als 0,90 DM/l wirtschaftlich konkurrenzfähig

Für die Wirtschaftlichkeit maßgebend sind schließlich die Gestehungskosten. Entsprechend Abschn. 6.6.2 gilt für die Gasgestehungskosten

$$
k_G = \frac{\left[\dfrac{q^{n^*}(q-1)}{q^{n^*}-1} + \dfrac{z_B}{100}\right] k}{S_p \eta_e v} \quad \text{(DM/Nm}^3\text{)} \tag{9.12}
$$

mit k_G Gasgestehungskosten (DM/m^3), $q = 1 + p_z/100$, p_z Zinssatz (%/a), z_B Betriebskostensatz (%/a), k spezifische Anlagenkosten (DM/GVE), S_p jährliche Gasproduktion einer Großvieheinheit (Nm^3/GVEa), $1 - \eta_e$ Anteil des Eigenverbrauchs für die Heizung der Anlage, v Gasnutzungsgrad und n^* Lebensdauer (a).

Ein wesentlicher Faktor bei der Berechnung der Gestehungskosten ist der Gasnutzungsgrad. Er gibt an, wieviel Biogas von der Nettoerzeugung tatsächlich für die Energiebereitstellung genutzt wird. Wenn Biogas z. B. in einem landwirtschaftlichen Betrieb u. a. auch zur Raumwärmeerzeugung genutzt wird, dann kann im Sommer ein großer Teil des Biogases nicht genutzt werden. Die Anlage ist dann nicht voll ausgelastet. Wirtschaftlich am günstigsten ist Biogas für Betriebe, die eine konstante Energienachfrage haben.

9.4.3 Äthanolerzeugung

9.4.3.1 Ausgangsstoffe und Verfahren

Das Prinzip der Äthanolgärung besteht darin, zuckerhaltige Lösungen mit Hilfe von Mikroorganismen in Form von Hefe anaerob zu Alkohol (Äthanol, C_2H_5OH) umzusetzen. Es eignen sich drei Arten von Biomasse zur *Äthanolherstellung:*

- zuckerhaltige Biomasse,
- stärkehaltige Biomasse,
- cellulosehaltige Biomasse.

Tabelle 9.15. Ausgangsstoffe für die Äthanolherstellung

Zuckerhaltig	Stärkehaltig	Cellulosehaltig
Zuckerrohr	Mais	Holz
Zuckerrübe	Getreide	Stroh
Zuckerhirse	Maniok	
Futterrüben	Kartoffeln	

Tabelle 9.16. Äthanolausbeute für verschiedene Pflanzenarten

Biomasse	Jährlicher Ernteertrag t/ha	Zucker- bzw. Stärkegehalt in Gew.-%	Äthanol- ausbeute in Gew.-%	Flächenspezifische Äthanolausbeute	
				t/ha	l/ha
Zuckerrübe	34 ...51	15	8	2,7 ...4,1	3375...5125
Weizen	3,6...6,3	60	32	1,2 ...2,1	1520...2625
Kartoffel	20 ...33	14	7	1,4 ...2,3	1750...2890
Zuckerrohr	56 ...70	12,5	6	3,1 ...4,9	3875...6125
Holz	5 ...6	–	15	0,75...0,9	940...1125

Tabelle 9.15 zeigt die Pflanzen, die als Ausgangsstoffe für eine Äthanolherstellung geeignet sind. Die Ergiebigkeiten einiger ausgesuchter Pflanzen sind in Tabelle 9.16 dargestellt.

Die Äthanolgewinnung aus stärke- und cellulosehaltigen Biomassen unterscheidet sich von derjenigen, die zuckerhaltige Biomasse verwendet, im wesentlichen durch die Vor- und Aufbereitungsschritte. *Stärke* und *Cellulose* müssen in einer Vorstufe vor der Gärung zuerst „verzuckert" werden. Cellulose ist als Kohlehydrat in den Zellwänden pflanzlicher Biomasse eingelagert.

Die Umsetzung des Zuckers erfolgt nach der Bruttogleichung:

$$\begin{array}{ll} & \text{Hefe} \\ \text{Zucker} & \rightarrow \text{Äthanol} + \text{Kohlendioxid} \\ C_6H_{12}O_6 & \rightarrow 2\,C_2H_5OH + 2\,CO_2 \\ 100\,\text{kg} & \rightarrow 51\,\text{kg} + 49\,\text{kg} \ . \end{array} \qquad (9.13)$$

Man unterscheidet folgende Zuckerarten:

Glukose   = Traubenzucker ($C_6H_{12}O_6$),
Fruktose   = Fruchtzucker ($C_6H_{12}O_6$) und
Saccharose = Rübenzucker, Rohrzucker ($C_{12}H_{22}O_{11}$).

Stärke mit der Formel $C_6H_{10}O_5$ wird durch Hydrolyse zuerst in Traubenzucker überführt, der dann zu Äthanol fermentiert wird. Die folgende Bruttogleichung gilt für die Hydrolyse und die Verzuckerung der Stärke:

$$\text{Stärke} + \text{Wasser} \rightarrow \text{Traubenzucker}$$
$$C_6H_{10}O_5 + H_2O \rightarrow C_6H_{12}O_6 \ . \tag{9.14}$$

Das Verfahrensschema der Abb. 9.19 zeigt die wichtigsten Produktionsschritte für zucker-, stärke- und cellulosehaltige Ausgangsstoffe.

Aus den zuckerhaltigen Pflanzen wird der Zuckersaft extrahiert und zu Zucker verarbeitet. Diese Verfahren werden in großtechnischem Maßstab in Zuckerfabriken seit langem beherrscht.

Bei den stärkehaltigen Pflanzen wird die Stärke den Pflanzen entzogen. Da Stärke in kaltem Wasser unlöslich ist, wird warmes Wasser eingesetzt. Dabei werden die Stärkekörnchen durch Quellung gesprengt. Es entsteht eine kleister-artige Substanz. Dieser Vorgang wird daher *Verkleisterung* genannt. Anschließend erfolgt die Umsetzung zu Traubenzucker. Dieser Zucker wird dann im Fermenter unter Hefezusatz vergoren. Anschließend wird Äthanol als Endprodukt durch Destillation gewonnen.

Die cellulosehaltigen Substrate können nur mit großem Aufwand zu Äthanol verwertet werden. Aufgeschlossen werden diese Substrate in der Hydrolyse unter Zusatz von Säure. Etwa 40% der eingesetzten Trockensubstanz können dabei verzuckert und der Gärung zugeführt werden. Die übrigen 60% können als Nebenprodukte der Äthanolherstellung in Chemiegrundstoffe überführt werden.

Die Äthanolherstellung ist in Abb. 9.19 in drei Schritten dargestellt. Im Gärungsprozeß wird die zuckerhaltige Lösung mit Hilfe von Mikroorganismen (Hefe) in Äthanol umgewandelt. Im darauffolgenden Separationsschritt wird die Hefe abgetrennt, wenn das Gemisch den *Fermenter* (Reaktor) verlassen hat. Diese Hefe wird bei kontinuierlich arbeitenden Verfahren wieder in den Fermenter zurückgeführt. Im letzten Verfahrensschritt wird schließlich das Äthanol durch Destillation abgeschieden. Übrig bleiben dann die Reststoffe (Schlempe).

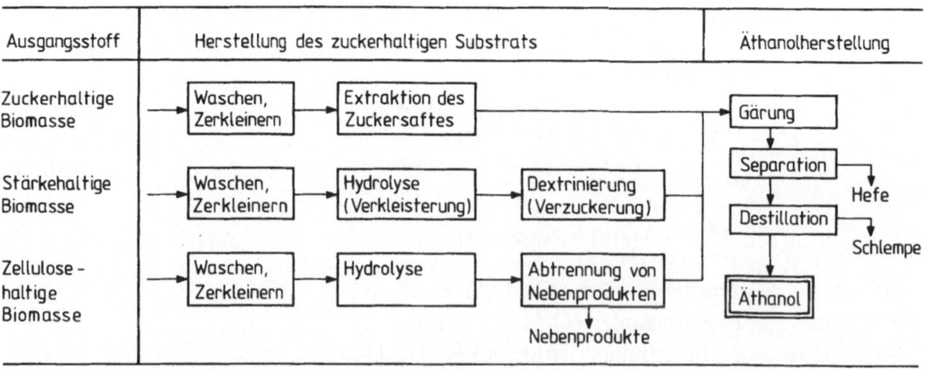

Abb. 9.19. Vereinfachtes Schema der Äthanolgewinnung aus verschiedenen Biomassen

9.4.3.2 Der Fermentationsprozeß

Beim *Fermentationsprozeß* (Vergärung) sind folgende Parameter für die Rate der Alkoholbildung von Bedeutung:

- Zuckergehalt,
- Gärtemperatur,
- pH-Wert,
- Hefekonzentration,
- Gärzeit.

Es kommt darauf an, diese Parameter so zu wählen, daß für die Mikroorganismen optimale Umweltbedingungen geschaffen werden.

Der Zuckergehalt im Zulauf
Der Zuckergehalt wird in der Regel auf Werte zwischen 10 und 18 Gew.-% eingestellt. Höhere Werte würden den Gärvorgang hemmen.

Die Gärtemperatur
Die günstigsten Gärtemperaturen liegen zwischen 30° und 40 °C. Zur Abführung der Reaktionswärme müssen die Gärgefäße in der Regel gekühlt werden. Bei zu hohen Temperaturen besteht die Gefahr der Schaumbildung und eines Verlusts an Alkohol.

Der pH-Wert
Die Hefen sind in einem weiten pH-Bereich von etwa 3,0 bis 6,0 lebensfähig. Der am häufigsten angewandte pH-Wert liegt bei 4,0 oder geringfügig darüber.

Die Hefekonzentration
Im stationären Zustand befinden sich bei kontinuierlich arbeitenden Anlagen 40 bis 60 g Hefe je l im Substrat. Die Hefe vermehrt sich im Fermenter. Der Wachstumsprozeß der Hefe ist aerob. Damit die benötigte Hefemenge immer vorliegt, muß Luft dosiert zugeführt werden.

Die Gärzeit
Neuentwicklungen in der Prozeßtechnologie für die *Gärung von Äthanol* zielen darauf ab, effizienter zu arbeiten und zu kürzeren Gärzeiten zu kommen. Einfache Verfahren brauchen noch 36 bis 48 Stunden, während bei neueren optimierten Verfahren 1 bis 5 Stunden Gärzeit üblich sind.
Abbildung 9.20 zeigt den Gärverlauf in Abhängigkeit von der Verweilzeit.
Der Äthanolgehalt nimmt anfangs sehr stark, bei sehr langen Gärzeiten schließlich kaum noch zu. Der Zuckergehalt nimmt entsprechend ab. In der ersten Hälfte der Gärzeit kommt es zu einer vermehrten Hefeneubildung, die sich später verlangsamt und nach Erreichen eines Maximums wieder abfällt. Durch zu lange Gärzeiten wird die Neubildung der Bakterien gehemmt.

Schaltbild eines Gärprozesses
Abbildung 9.21 zeigt ein Fließschema für ein kontinuierliches Gärverfahren.

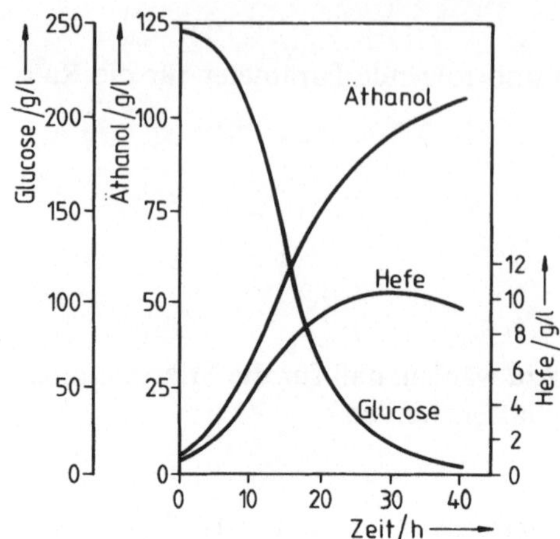

Abb. 9.20. Beispiel für den Verlauf der Gärung eines konventionellen, diskontinuierlichen Prozesses der Äthanolerzeugung (Menrad et al., 1982)

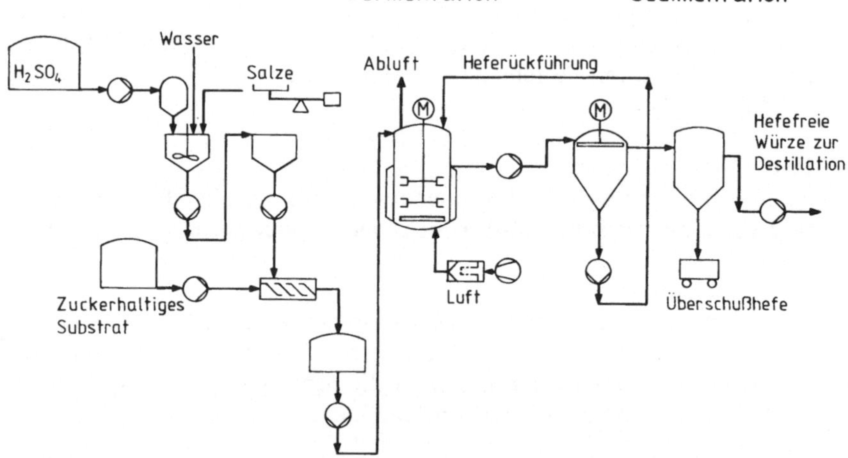

Abb. 9.21. Fließschema für kontinuierliche Gärung zur Äthanolerzeugung aus Biomasse (Sittig, 1979)

In der Abbildung, die aus dem gesamten Äthanolerzeugungsprozeß nur den Teilbereich des Gärprozesses zeigt, erkennt man, daß der apparative Aufwand sehr viel höher ist als bei der Biogasproduktion.

Das zuckerhaltige Substrat kann mit Schwefelsäure (H_2SO_4) zur Einstellung des pH-Werts gemischt werden. Nährsalze für die Mikroorganismen sollen optimale Kulturbedingungen ermöglichen. In den Fermenter muß zur Steuerung des Hefewachstums eine begrenzte Menge Luft eingelassen werden. In den letzten Verfahrensschritten wird die Hefe separiert und soweit wie möglich wieder in den Fermenter zurückgeführt.

9.4.3.3 Energiebilanz des Gesamtprozesses

Abbildung 9.22 zeigt als Blockschema ein Beispiel für den Produktionsablauf zur Herstellung von Äthanol aus Zuckerrohr.

Der Hauptprozeß der Herstellung beginnt bei der Zerkleinerung des Zuckerrohrs in der Hammermühle. Danach wird der Zuckersaft ausgewaschen und vergoren. Vor dem Vergären wird Prozeßwärme zurückgewonnen, die an anderer Stelle wieder in den Prozeß eingekoppelt wird. In der Separation wird die Hefe abgeschieden und in den Fermenter zurückgeführt. Anschließend erfolgen die *Destillation* und die Absolutierung, das ist die Reindarstellung mit 99,5 Gew.-% Alkohol. Für die Beimischung von Äthanol zu Benzin ist eine Reinheit von 99,5% notwendig. Wird Äthanol als alleiniger Kraftstoff verwendet, dann genügen 95% Reinheit. Diese 95%ige Reinheit läßt sich bereits durch Destillation ohne Absolutierung erreichen.

Am Ende der Destillation bleibt als Reststoff die sog. *Schlempe* übrig. Sie besteht aus Wasser, organischen Reststoffen und Mineralien. Die Schlempe kann als Futter- oder Düngemittel verwendet werden. Sie kann auch in Biogasanlagen ausgefault werden. Im Verfahrensverlauf auf Abb. 9.22 wird sie ver-

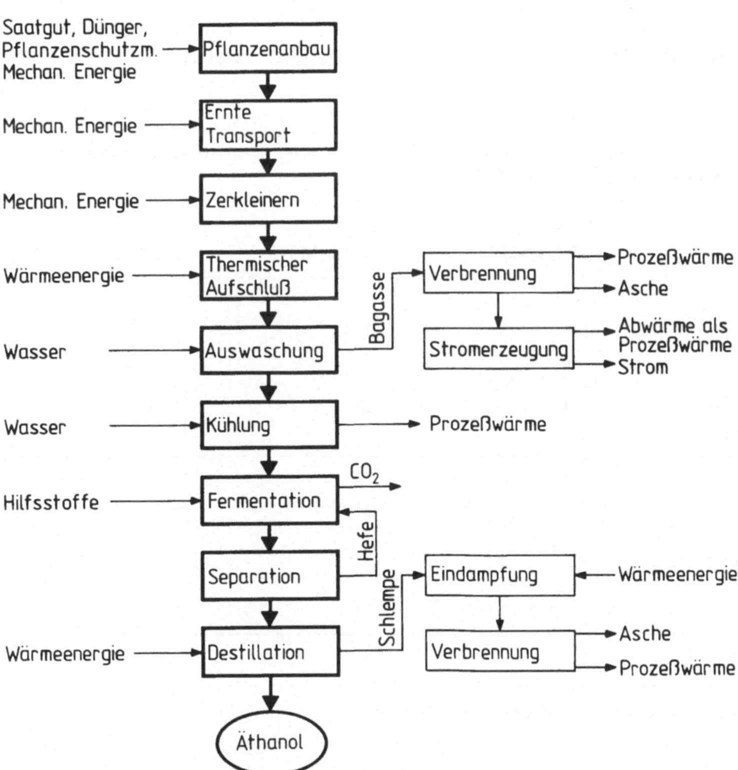

Abb. 9.22. Blockschema eines Produktionsprozesses für Äthanol aus Zuckerrohr

brannt. Die dabei entstehende Prozeßwärme wird dem Herstellungsprozeß zugeführt.

Die nicht-zuckerhaltigen Rückstände des Zuckerrohrs (*Bagasse*) werden entwässert, gelagert und dann in einem Dampferzeuger verbrannt. Ein anschließender Generator stellt die elektrische Energie für die Gesamtanlage bereit, und der Wärmeüberschuß der Bagasse-Verbrennung wird in den Prozeß eingekoppelt. Auf diese Weise wird die Gesamtenergiebilanz des Verfahrens verbessert.

Tabelle 9.17 gibt im oberen Teil den zur Produktion von 1 l Äthanol notwendigen Prozeßenergiebedarf für konventionelle Prozesse an. Im unteren Teil werden die aus den zugehörigen Abfällen gewinnbaren Prozeßwärmemengen aufgeführt. Der Prozeßenergiebedarf hängt vom Produktionskonzept ab. Der Energieinhalt von Äthanol ist 21,2 MJ/l.

Würde man die Schlempe nicht weiter verarbeiten sondern deponieren, so könnte man einen erheblichen Teil des Energieaufwands einsparen. Allerdings würde dies zu schwerwiegenden Umweltbelastungen führen.

Bei der Äthanolproduktion aus Zuckerrüben kann der Energiebedarf nicht durch Biogas aus Schlempe gedeckt werden. Hier ist ein erheblicher Betrag an Fremdenergie notwendig. Die Produktion von Äthanol aus Zuckerrüben würde mehr Energie verbrauchen, als sie bereitstellt. Energetisch autark sind die Verarbeitung von Zuckerrohr und Getreide. Hier kann der Gesamtbedarf rechnerisch aus den Abfallstoffen Bagasse und Stroh gedeckt werden.

Tabelle 9.17. Endenergiebedarf der Äthanolherstellung und Energieinhalt der Abfallstoffe in MJ/l Äthanol (nach Gieseler/Schnell, 1980; Batel, 1981)

	Zuckerrüben (BRD) MJ/l	Weizen (BRD) MJ/l	Zuckerrohr (Brasilien) MJ/l
Energiebedarf			
Pflanzenbau, Ernte und Transport	8,7	12,6	4,6
Äthanolherstellung	12,2	18,9	13,6
Schlempeeindampfung	6,5	13,9	5,7
Schnitzeltrocknung	8,2	–	–
Gesamtbedarf	35,6	45,4	23,9
Energieangebot			
Biogas aus Schlempe	9,0[a]	–	–
Bagasse	–	–	35,8
Stroh	–	72,0	–
Äthanol (C_2H_5OH)	21,2	21,2	21,2

[a] Verwertung der Rübenblätter hier nicht berücksichtigt

9.4.3.4 Äthanol als Motorkraftstoff

Äthanol kann als Motorkraftstoff Benzin teilweise (Mischkraftstoff) oder ganz ersetzen. Tabelle 9.18 zeigt einige wichtige *Kenndaten von Äthanol* im Vergleich zu Benzin.

Der untere Heizwert von Äthanol ist erheblich geringer als der von Benzin. Da aber Äthanol einen geringeren stöchiometrischen Luftbedarf hat, ist der Gemischheizwert praktisch gleich. Ein Ottomotor gibt also die gleiche Leistung ab, unabhängig davon ob er Äthanol oder Benzin verbrennt.

Äthanol hat eine deutlich höhere Oktanzahl als Benzin. Der Einsatz von Äthanol erhöht die Oktanzahl eines Mischkraftstoffs, und Motoren mit Äthanol als alleinigem Kraftstoff können mit einer höheren Verdichtung ausgestattet werden, was einen besseren Wirkungsgrad ergibt. Deshalb ist bei sorgfältig optimierten *Alkoholmotoren* der volumetrische Verbrauch (gemessen in l pro 100 km) nur ca. 15% bis 25% höher als bei Benzinmotoren.

Der Siedebereich von Benzin liegt mit seinem unteren Wert erheblich tiefer als die Siedetemperatur von Äthanol. Diese geringere Flüchtigkeit von Äthanol verursacht ein schlechtes Motorverhalten beim Kaltstart.

Äthanol kann bis zu 20% dem Benzin zugemischt werden, ohne daß wesentliche Änderungen am Motor notwendig sind. Es muß allerdings darauf geachtet werden, daß alle Dichtungen, Leitungen usw. alkoholfest sind.

Bedingt durch den Herstellungsprozeß (*Destillation*) kann Äthanol bis zu 5% Wasser enthalten. Hier kann es dann im Tank zu einer Entmischung kommen, die wasserreiche Äthanolphase sinkt im Tank ab und läßt den Motor aussetzen. Es kann daher nur wasserfreies Äthanol als Zusatz verwendet werden.

Der Alkoholmotor stößt Aldehyde (HCHO) aus, die eine Geruchsbelästigung verursachen können.

Wollte man den gesamten Energieverbrauch des Verkehrssektors in der Bundesrepublik Deutschland durch Äthanol ersetzen, dann wäre bei Wechselfruchtanbau theoretisch eine Fläche von ca. der Hälfte der Gesamtfläche der BRD notwendig.

Tabelle 9.18. Eigenschaften von Äthanol und Benzin (Menrad/König, 1982)

	Äthanol C_2H_5OH	Benzin (Normal) C_nH_{2n}
Heizwert in MJ/l	21,2	34,6
in MJ/kg	26,8	45,5
Dichte in kg/l	0,79	0,76
stöchiometrischer Luftbedarf in kg/kg	9,0	14,8
Gemischheizwert in MJ/kg	2,98	2,99
Siedetemperatur bei 1,013 bar in °C	78,5	25...215
Motoroktanzahl (MOZ)	94	82

9.4.3.5 Wirtschaftlichkeit von Äthanol

Die hohen Kosten der Äthanolherstellung im Vergleich zu den Benzinkosten verhindern eine breitere Markteinführung dieses alternativen Kraftstoffs. Optimistische Kostenschätzungen für die Äthanolherstellung in der Bundesrepublik bewegen sich im Bereich von 1,10 bis 1,50 DM/l Äthanol (Preisbasis 1990) je nach Pflanzenart, Prozeßführung und Anlagengröße. Geht man davon aus, daß ein optimierter Äthanolmotor im Mittel einen um 20% höheren volumetrischen Verbrauch hat als ein Benzinmotor, dann sind 1,2 l Äthanol äquivalent mit 1,0 l Benzin. Bezogen auf 1 l Benzinäquivalent sind dann die *Äthanolkosten* noch 20% höher anzusetzen, d. h. 1,32 bis 1,80 DM/l.

Etwa die Hälfte der Herstellungskosten entfällt auf die Bereitstellung der Rohstoffe (Abb. 9.23).

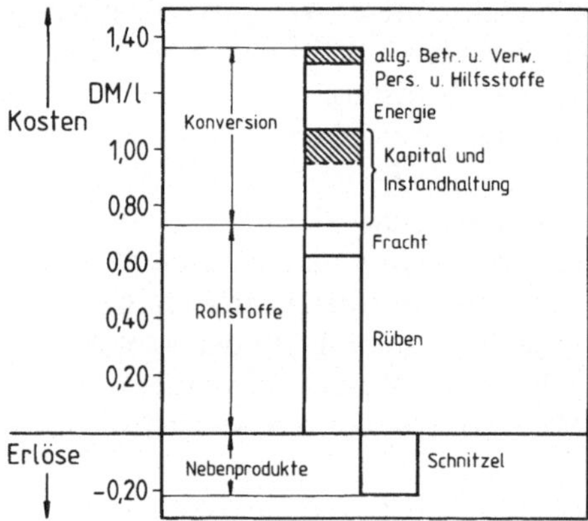

Abb. 9.23 Beispiel für eine Kostenanalyse zur Herstellung von Äthanol (Austmeyer, 1986)

10 Darbietung der Windenergie

10.1 Entstehung des Winds und des globalen Zirkulationssystems

Durch großflächige Unterschiede in der Strahlungsbilanz der Erdoberfläche entstehen Zonen mit unterschiedlichen Lufttemperaturen und unterschiedlichen Luftdrücken. Diese großräumigen Druckunterschiede wirken auf die Luftpartikel beschleunigend und lösen damit die Luftbewegung aus, die man als Wind bezeichnet.

Der primären Wirkung des Luftdruckgradienten F_p überlagert sich noch die ablenkende Kraft der Erdrotation, die als *Corioliskraft* F_c in Erscheinung tritt. Auf der nördlichen Halbkugel bewirkt die Corioliskraft, daß sich bewegende Luftmassen nach rechts ausgelenkt werden, wenn man in Bewegungsrichtung schaut. Auf der südlichen Halbkugel erfolgt die Auslenkung nach links. Im Falle einer reibungsfreien, geradlinigen und stationären Windbewegung halten sich die Druckkraft und die Corioliskraft das Gleichgewicht. In einem solchen Fall spricht man von *„geostrophischem Wind"*. Abbildung 10.1 zeigt die beiden Kräfte an einem Luftpartikel und den Einfluß auf die Windrichtung.

Die Luft wird durch die Druckdifferenz zuerst in Richtung des niedrigen Drucks in Bewegung gesetzt. Dann erfolgt eine Ablenkung nach rechts, und zwar so lange, bis die immer nach rechts wirkende Corioliskraft mit der Druckkraft im Gleichgewicht ist. Das ist dann der Fall, wenn die Richtung der Windgeschwindigkeit parallel zu den Isobaren ist. Die Isobaren verlaufen beim geostrophischen Wind geradlinig.

Für das Kräftegleichgewicht an einem bewegten Luftteilchen gilt

$$F_c = F_p \ \text{(N)} \tag{10.1}$$

mit F_c Corioliskraft (N) und F_p Druckkraft (N).

Die Corioliskraft ist gleich der Coriolisbeschleunigung, die an einem bestimmten Breitengrad der Erde herrscht, multipliziert mit der Masse des Luftteilchens:

$$F_c = 2\omega \sin b\, v_g \Delta x\, \Delta y\, \Delta z \varrho_L \ \text{(N)} \tag{10.2}$$

mit ω Winkelgeschwindigkeit der Erde an den Polen (1/s), $\omega \sin b$ Winkelgeschwindigkeit der Erde am Breitengrad b (1/s), b Breitengrad (Grad), $\Delta x\, \Delta y\, \Delta z$

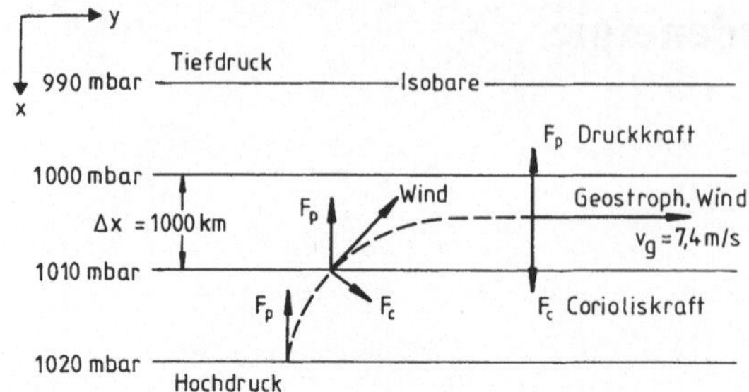

Abb. 10.1. Zahlenbeispiel für den geostrophischen Wind auf der nördlichen Erdhalbkugel (nach WMO, 1981)

Volumen des betrachteten Teilchens (m^3), ϱ_L Dichte der Luft (kg/m^3) und v_g geostrophische Windgeschwindigkeit (m/s).

Für die Druckkraft auf das Teilchen gilt

$$F_p = \Delta p\, \Delta y\, \Delta z \ \ (N) \tag{10.3}$$

mit Δp Druckdifferenz, die auf das Teilchen wirkt (N/m^2) und $\Delta y\, \Delta z$ Fläche, auf die Δp wirkt (m^2).

Aus den vorstehenden Gleichungen folgt

$$2\,\omega \sin b\, v_g \Delta x \varrho_L = \Delta p \ \ (N) \ . \tag{10.4}$$

Damit läßt sich die geostrophische Windgeschwindigkeit ausrechnen:

$$v_g = \frac{\Delta p}{\Delta x} \frac{1}{2\,\omega\, \varrho_L \sin b} \ \ (m/s) \ . \tag{10.5}$$

Der Gradient des Drucks ist ein direktes Maß für die Geschwindigkeit des geostrophischen Winds.

Beispiel:
$\Delta p = 10\,mb = 1000\,N/m^2$ (aus Abb. 10.1),
$\Delta x = 1000\,km = 10^6\,m$ (aus Abb. 10.1),
$b \ = 50°$ (Breite z. B. in Deutschland),
$\omega \ = 7{,}3 \cdot 10^{-5}\,s^{-1}$ (Winkelgeschwindigkeit der Erde),
$\varrho_L = 1{,}2\,kg/m^3$ (Dichte der Luft).

Mit diesen Zahlenwerten ergibt sich für die geostrophische Windgeschwindigkeit in Abb. 10.1: $v_g = 7{,}4$ m/s.

Ist die Bahn des Winds gekrümmt, so wirkt neben Druck- und Corioliskraft noch die Zentrifugalkraft auf die Luftteilchen. In diesem Fall spricht man vom *„Gradientenwind"*. In den bodennahen Luftschichten wird zusätzlich noch die Reibungskraft wirksam. Sie entsteht durch die Reibung der Luftströmung an der Erdoberfläche. Dabei bildet sich in 300 bis 600 m eine Strömungsgrenzschicht aus, in der die Windgeschwindigkeit kleiner ist als in der freien Luftströmung in größeren Höhen. Eine weitere Folge der Strömungsverzöge-

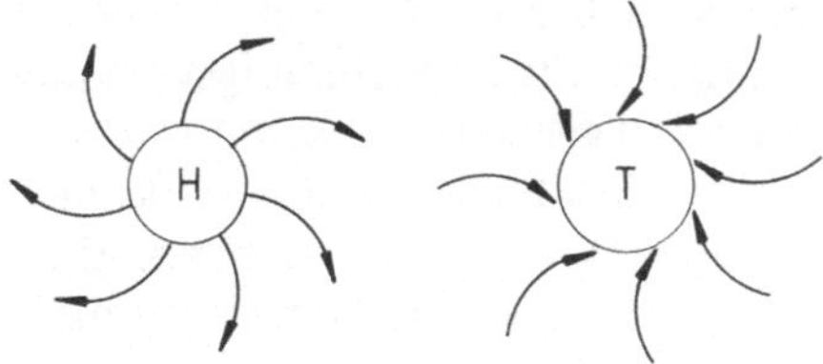

Abb. 10.2. Bodennahe Windströmung bei Hoch- und Tiefdruck auf der nördlichen Erdhalbkugel (Ablenkung nach rechts)

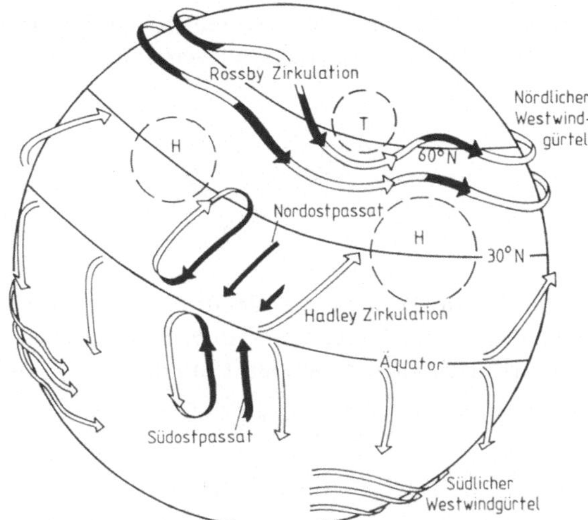

Abb. 10.3. Vereinfachtes Zirkulationssystem der Erde (nach WMO, 1981)

rung durch Bodenreibung ist, daß die Strömung in Bodennähe nicht mehr isobarenparallel ist. Die Ablenkung von der isobarenparallelen Strömung verstärkt sich mit abnehmender Höhe über dem Boden. An der Obergrenze der Reibungsschicht geht dann die Strömung in den „geostrophischen Wind" über, wenn die Bahn geradlinig ist, oder in den *„Gradientenwind"*, wenn die Bahn gekrümmt ist.

In Abb. 10.2 sind die bodennahen Strömungsverhältnisse für ein Hochdruckgebiet und ein Tiefdruckgebiet auf der Nordhalbkugel prinzipiell dargestellt.

Abbildung 10.3 zeigt das Zirkulationssystem der Erde. Es besteht aus der *Hadleyzirkulation* im Äquatorbereich und der *Rossbyzirkulation* auf dem oberen und unteren Bereich der Erde. Die treibende Kraft der Hadleyzirkulation ist die starke solare Einstrahlung am Äquator. Die Luft erwärmt sich, steigt hoch und bewegt sich dann in großer Höhe nord- und südwärts. Dabei wird sie von der Corioliskraft nach Osten abgelenkt. Die Luft kühlt sich ab, sinkt in den Breitengradbereichen ±30° (+Nord, −Süd) wieder nach unten ab und strömt dann zum Äquator zurück, dabei wird sie von der Corioliskraft nach Westen abgelenkt. Das sind die Passate, die oft von lokalen Strömungen überlagert sind und nicht immer so modellmäßig strömen wie in Abb. 10.3 gezeigt.

In den nördlichen und südlichen Breitengradbereichen um $b \approx \pm 60°$ herrschen die Westwinde der Rossbyzirkulation. Sie variieren oft im Strömungsverhalten sehr stark weil sich lokale Zirkulationssysteme überlagern. Bekannt sind z. B. die „jet streams", die auf Nordatlantikflügen die Flugzeit von Europa nach USA verlängern und in umgekehrter Richtung verkürzen. Die treibende Kraft an den Westwindgürteln sind die großräumigen Druck- und Temperaturdifferenzen z. B. zwischen dem 30. und dem 70. Breitengrad.

Generell läßt sich aufgrund des Zirkulationssystems der Erde sagen, daß in den Bereichen der Westwindgürtel ein höheres Potential zur Windenergienutzung herrscht als im Bereich des Äquators. Die sonnenreichen Länder haben ein geringeres Windenergiepotential als diejenigen in gemäßigten oder kühlen Breiten.

10.2 Windströmung

10.2.1 Windstärke

Die Windgeschwindigkeit wird häufig noch nach der Beaufort-Skala in 12 Klassen eingeteilt. Tabelle 10.1 zeigt die Zuordnung zur Windgeschwindigkeit in m/s und zur heute in der Seefahrt noch anzutreffenden Einteilung in Knoten.

10.2.2 Windrichtung

In der Meteorologie wird als *Windrichtung* die Richtung angegeben, aus der ein Wind weht. In der Bundesrepublik Deutschland sind infolge des Westwindgürtels im Jahresmittel Winde aus Westen bis Südwesten am häufigsten.

Tabelle 10.1. Windstärke und Windgeschwindigkeit

Windstärke nach Beaufort	Windgeschwindigkeit		Wirkung des Winds
	m/s	Knoten	
0 still	0 ... 0,2	0... 1	Rauch steht senkrecht
1 sehr leicht	0,3... 1,5	1... 3	Rauch steht schräg
2 leicht	1,6... 3,3	4... 7	Luftzug eben fühlbar
3 schwach	3,4... 5,4	8...11	Blattbewegung an Bäumen
4 mäßig	5,5... 7,9	12...15	Zweigbewegung an Bäumen
5 frisch	8,0...10,7	16...21	Astbewegung an Bäumen
6 stark	10,8...13,8	22...27	Heulen des Winds
7 steif	13,9...17,1	28...33	Baumbewegung, überstürzende Wellen
8 stürmisch	17,2...20,7	34...40	Stämme biegen sich, Gehen schwer
9 Sturm	20,8...24,4	41...47	Dachziegel fallen
10 schwerer Sturm	24,5...28,4	48...55	Bäume fallen um
11 orkanartiger Sturm	28,5...32,6	56...63	zerstörende Wirkung schwerer Art
12 Orkan	32,7...36,9	64...71	Mauern stürzen um, allg. Verwüstung

Tabelle 10.2. Mittlere jährliche Häufigkeitsverteilung der Windrichtung in % für einige ausgesuchte Standorte der Bundesrepublik Deutschland (Deutscher Wetterdienst, 1978)

Standort	Windrichtung								Wind-stille	Summe
	N	NO	O	SO	S	SW	W	NW	C	
Cuxhaven	7,7	9,4	13,0	11,4	12,5	17,5	16,2	12,1	0,2	100
Braunschweig	4,4	7,4	12,0	11,3	10,9	22,3	21,3	9,6	0,8	100
Karlsruhe	8,6	11,4	14,8	4,2	8,0	32,7	10,7	3,3	6,3	100
Bad Tölz	4,3	6,6	15,1	19,4	16,8	7,1	17,7	12,4	0,6	100

Tabelle 10.2 zeigt die mittlere jährliche Windrichtungsverteilung in Form einer 8-Sektoren-Darstellung für einige ausgewählte Standorte in der Bundesrepublik Deutschland. Der zugrundegelegte Beobachtungszeitraum reicht von 1969 bis 1974. Die Messungen wurden in einer Höhe von 10 bis 30 m durchgeführt.

Im norddeutschen Raum liegen die Vorzugsrichtungen des Winds zwischen West und Südwest, wie die Verteilungen für Cuxhaven und Braunschweig zeigen. Im mittel- und süddeutschen Raum können sich wegen der Gebirge lokal andere Vorzugsrichtungen einstellen. Die Größe C kennzeichnet die Häufigkeit der *Windstille*, der natürlich keine Richtung zugeordnet werden kann. Üblich ist auch die Darstellung der Windrichtung in Polardiagrammen (*Windrose*).

10.2.3 Jahresmittel der Windgeschwindigkeit

Für den Jahresmittelwert der Windgeschwindigkeit an einem bestimmten Standort gilt

$$\bar{v}_i = \frac{\int_{t_1}^{t_2} v\,dt}{t_2 - t_1} \quad (\text{m/s}) \tag{10.6}$$

mit $\bar{v}_i$ Mittelwert der Windgeschwindigkeit in einem bestimmten Jahr i (m/s), v Windgeschwindigkeit (m/s), t Zeit (s) und $t_2 - t_1$ Zeitraum des Jahres (s).

Solche Jahresmittelwerte werden für mehrere Jahre gebildet und dann nochmals über die Zahl der Jahre gemittelt:

$$\bar{v} = \frac{1}{n} \sum_{i=1}^{n} \bar{v}_i \quad (\text{m/s}) \tag{10.7}$$

mit $\bar{v}$ Jahresmittelwert der Windgeschwindigkeit über mehrere Jahre (m/s), n Anzahl der Jahre.

Die über dem glatten Meer herrschende Windgeschwindigkeit nimmt über dem Land durch Bodenreibung schnell ab. Daher ist die Windgeschwindigkeit an den Küsten immer größer als im Landesinnern. Die Karte in Abb. 10.4 zeigt

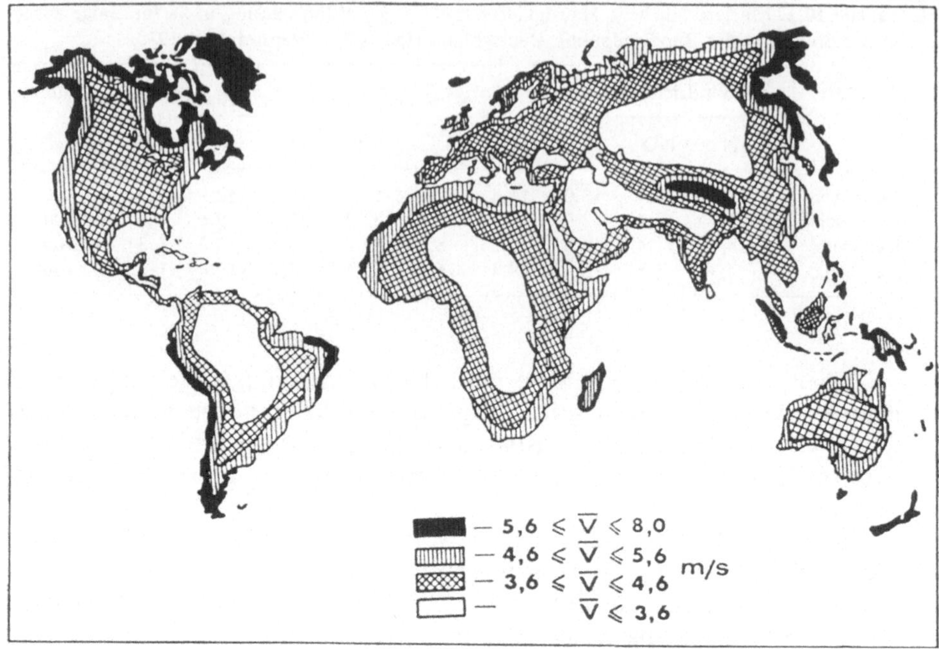

Abb. 10.4. Jahresmittel der Windgeschwindigkeit auf der Erde (AGF/ASA, 1976)

dies deutlich. Besonders hohe Windgeschwindigkeiten treten verstärkt im Bereich der Westwindgürtel auf.

Die Windverhältnisse in der Bundesrepublik Deutschland verdeutlicht Abb. 10.5. Die günstigsten Windverhältnisse herrschen in Norddeutschland im Bereich der Küste. Im Landesinnern ist nur vereinzelt an exponierten Lagen der Mittel- und Hochgebirge mit günstigen Windverhältnissen zu rechnen. Daher waren in der Vergangenheit die Windmühlen hauptsächlich auf Norddeutschland konzentriert.

Windkarten dieser Art können jedoch nur einen groben Überblick geben. Ausreichend genau sind nur standortspezifische Werte, die mit geeigneten Geräten gemessen wurden. Tabelle 10.4 gibt in der vorletzten Spalte einige Beispiele an, die über mehrere Jahre gemessen wurden.

Eine Nutzung der Windenergie mit Hilfe von Windenergiekonvertern an einem bestimmten Standort ist nur sinnvoll, wenn das Jahresmittel der Windgeschwindigkeit mindestens 4 bis 5 m/s beträgt, bei kleineren Werten ist die Ausbeute zu gering. Die Angaben hierzu sind aber in der Literatur nicht einheitlich, da dies von der Bauart des Windrades abhängt (s. a. Abschn. 10.2.7, Flauten).

10.2.4 Jahresgang der mittleren Windgeschwindigkeit

Der *Jahresgang der Windgeschwindigkeit* setzt sich aus den mittleren Windgeschwindigkeiten der zwölf Einzelmonate zusammen. Dies gibt ein detaillierte-

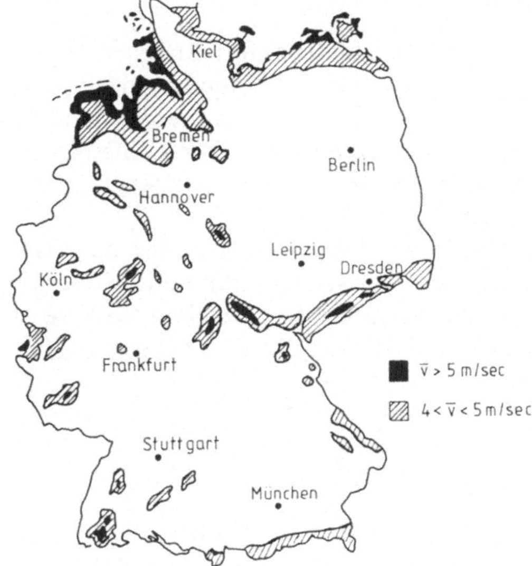

Abb. 10.5. Jahresmittel der Windgeschwindigkeit in der Bundesrepublik Deutschland (VDI, 1991)

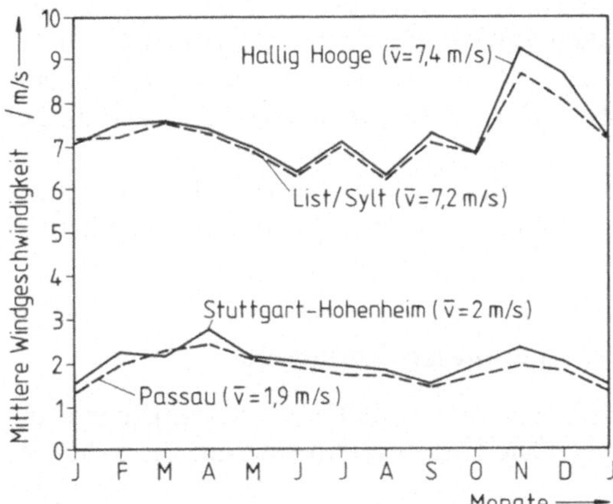

Abb. 10.6. Jahresgang der Monatsmittelwerte der Windgeschwindigkeit (nach Deutscher Wetterdienst, 1978)

res Bild von den Windverhältnissen als der Jahresmittelwert. Abbildung 10.6 zeigt den Jahresgang für zwei Standorte an der Nordseeküste mit hohem Windenergiepotential. Die Windgeschwindigkeit wird i. allg. in einer Bezugshöhe von 10 m gemessen. Die Werte in Abb. 10.6 sind über den Beobachtungszeitraum 1969 bis 1974 gemittelt.

Die höchsten *Monatsmittel der Windgeschwindigkeit* treten im November auf. Ein sekundäres Maximum zeigt sich dann noch im Spätwinter bis zum Vorfrühling. Die Minima liegen im Bereich der Sommermonate von Juni bis September.

10.2.5 Höhenabhängigkeit der Windgeschwindigkeit

Durch die vielen Rauhigkeiten der Erdoberfläche bildet sich in Bodennähe eine Grenzschicht aus. In dieser Grenzschicht ist infolge der Reibungswirkung die Windgeschwindigkeit kleiner als in der freien Windströmung außerhalb. Je nach Bodeneinfluß beträgt die Dicke solcher *Grenzschichten* 300 bis 600 m. Für die technische Windenergienutzung sind bei sehr großen Windenergiekonvertern Höhen bis ca. 200 m von Interesse.

Die bodennahe Grenzschicht verläuft in der doppelt-logarithmischen Darstellung praktisch linear, d. h. der Geschwindigkeitsverlauf kann durch ein einfaches Potenzgesetz angenähert werden. Man rechnet die üblicherweise in 10 m Höhe gemessene mittlere Windgeschwindigkeit mit folgender Formel um:

$$\bar{v}_\mathrm{H} = \bar{v}_{10} \left[\frac{H}{10} \right]^{g^*} \quad \text{(m/s)} \tag{10.8}$$

mit $\bar{v}_\mathrm{H}$ Jahresmittelwert der Geschwindigkeit in der Höhe H (m/s), $\bar{v}_{10}$ Jahresmittelwert in 10 m Höhe (m/s), H Höhe (m) und g^* Exponent. Weicht die Bezugshöhe von 10 m ab, dann sind die entsprechende Höhe h und die Geschwindigkeit $\bar{v}_\mathrm{h}$ einzusetzen.

Die Genauigkeit von Gl. (10.8) reicht für Höhen bis ca. 200 m aus. Für den Exponenten g^* gelten in Abhängigkeit von der Bodenbeschaffenheit die in Tabelle 10.3 aufgeführten Anhaltswerte. Sie hängen auch von der vertikalen Temperaturschichtung der Atmosphäre ab. Dies ist aber in Tabelle 10.3 nicht ausgewiesen.

Der starke Einfluß der Bodenreibung läßt sich aus der Abb. 10.7 erkennen. Bei einem Exponenten von 0,4 ist die Geschwindigkeit in 100 m Höhe 2,5mal größer als in 10 m Höhe.

10.2.6 Häufigkeitsverteilung der Windgeschwindigkeit

Die Häufigkeitsverteilung der Windgeschwindigkeit liefert ausführlichere Informationen als die Jahresmittelwerte. Die Häufigkeiten sind auf die 8760 Ge-

Tabelle 10.3. Grenzschichtexponenten für verschiedene Bodenrauhigkeiten (Molly, 1978)

Beschreibung des Geländes	Exponent g^*
Offenes Gelände mit wenigen und niedrigen Hindernissen, z.B. flaches Gras- und Ackerland mit nur wenigen Bäumen, Prärien, Küsten, flache Inseln inländischer Seen, Wüsten	0,16
Gelände mit gleichförmig gestreuten Hindernissen von 10 bis 15 m Höhe, z.B. Wohnsiedlungen, kleine Städte, Wälder, Gebüsch, kleine Felder mit Büschen, Bäumen und Hecken	0,28
Gelände mit großen und ungleichmäßig gestreuten Hindernissen, z.B. die Zentren der großen Städte, stark unebenes Gelände mit vielen hohen Hindernissen, wie Bäume etc.	0,40

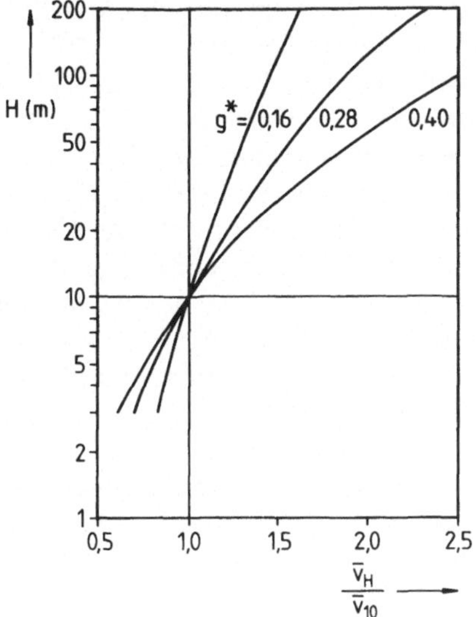

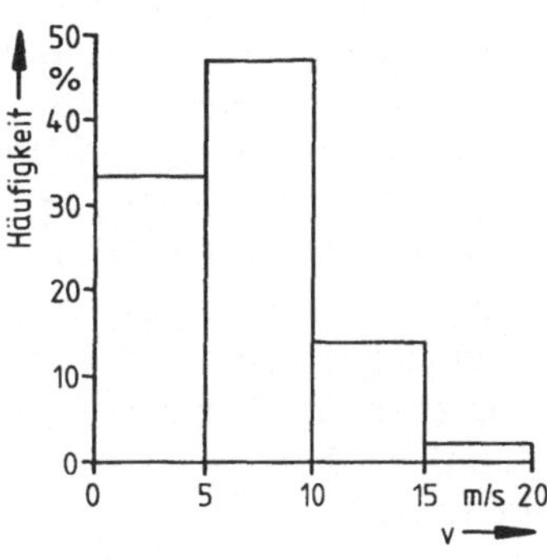

Abb. 10.7. Einfluß der Bodenreibung auf die bodennahe Windgeschwindigkeit

Abb. 10.8. Häufigkeitsverteilung für Westermarkelsdorf in 17 m Höhe (s. a. Tabelle 10.4)

samtstunden eines Jahres bezogen. Tabelle 10.4 zeigt die *Häufigkeitsverteilung* für ausgesuchte Standorte. Die Beobachtungszeit ist in Tabelle 10.5 angegeben.

Die Häufigkeit ist für vier verschiedene Geschwindigkeitsintervalle angegeben. Das zweite Intervall von 5 bis 10 m/s hat für die windgünstigen Standorte die größte Häufigkeit. Bei den ungünstigeren Standorten hat das erste Intervall

Tabelle 10.4. Häufigkeitsverteilung der Windgeschwindigkeit ausgesuchter Standorte (Jarass, 1981)

Station	Windgeschwindigkeit in m/s Häufigkeit				Langjährige Durch-schnittswindge-schwindigkeit m/s	Meß-höhe m
	$0\ldots5$	$5\ldots10$	$10\ldots15$	$15\ldots20$		
List/Sylt	0,27	0,53	0,17	0,02	7,13	12
Westermarkelsdorf	0,37	0,47	0,14	0,02	6,41	17
Büsum	0,34	0,47	0,17	0,03	6,87	11
Cuxhaven	0,46	0,49	0,05	0,00	5,46	26
Norderney	0,25	0,55	0,17	0,03	7,36	28
Meppen	0,21	0,62	0,16	0,01	7,33	80
Hannover	0,69	0,30	0,02	0,00	4,09	10
Kahler Asten	0,44	0,52	0,05	0,00	5,53	26
Gießen	0,94	0,07	0,00	0,00	2,33	21
Wasserkuppe	0,50	0,42	0,07	0,01	5,49	16
Karlsruhe	0,89	0,11	0,00	0,00	2,51	17
Stötten	0,65	0,32	0,04	0,00	4,53	10
Passau	0,96	0,04	0,00	0,00	1,86	8

die größte Häufigkeit. Solche Tabellen lassen sich leicht graphisch darstellen. Abbildung 10.8 zeigt dies für den Standort Westermarkelsdorf.

Meist werden die Geschwindigkeitsintervalle Δv nicht 5 m/s, sondern 1 m/s gewählt. Für $\Delta v \to 0$ geht die Treppenfunktion der Häufigkeitsverteilung über in eine stetige Funktion, die auch *Weibull-Verteilung* genannt wird.

Neben der Darstellungsform in Abb. 10.8 ist noch die *Summenhäufigkeitskurve* gebräuchlich. Hier werden die Summen der Häufigkeit über der Windgeschwindigkeit dargestellt. Abbildung 10.9 gibt die Summenhäufigkeit für einen Geschwindigkeitsbereich von 0 m/s bis zu dem betrachteten Wert an. Der Jahresmittelwert für Westermarkelsdorf beträgt $\bar{v} = 6{,}41$ m/s. Für das Geschwindigkeitsintervall von $0 \leq \bar{v} \leq 6{,}41$ m/s beträgt die Summenhäufigkeit ca. 54%. Während 54% der Zeit eines Jahres ist die Windgeschwindigkeit in Westermarkelsdorf kleiner oder gleich dem Jahresmittelwert.

Die Summenhäufigkeit der Windgeschwindigkeit ist höhenabhängig. Zur Umrechnung eines in 10 m Höhe gemessenen Werts in eine größere Höhe H kann eine ähnliche Formel wie bei der Umrechnung des Jahresmittelwerts benutzt werden:

$$v_{(Sh, H)} = v_{(Sh, 10)} \left[\frac{H}{10} \right]^{0{,}289 - 0{,}0008 Sh} \tag{10.9}$$

mit $v_{(Sh, H)}$ Geschwindigkeit der Summenhäufigkeit Sh und der Höhe H (m/s) und $v_{(Sh, 10)}$ Geschwindigkeit der Summenhäufigkeit Sh und in 10 m Höhe (m/s).

Abbildung 10.10 zeigt die für Westermarkelsdorf von 10 m auf verschiedene Höhen umgerechneten Summenhäufigkeiten. Die Kurven verschieben sich mit wachsender Höhe zu größeren Windgeschwindigkeiten hin.

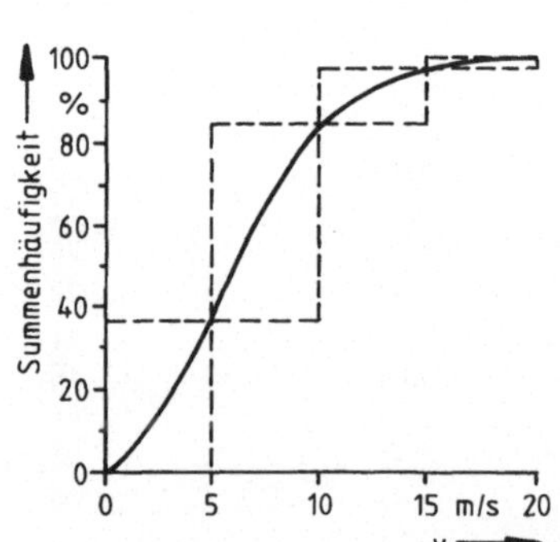

Abb. 10.9. Summenhäufigkeit für Westermarkelsdorf in 17 m Höhe

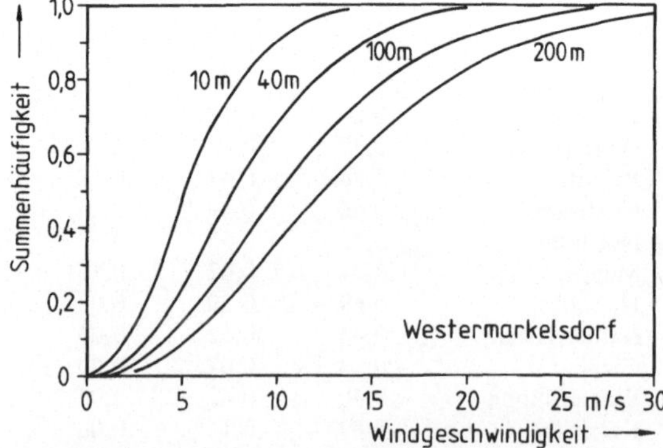

Abb. 10.10. Summenhäufigkeit für unterschiedliche Höhen

10.2.7 Extremwerte der Windgeschwindigkeit

Infolge von Turbulenzen in der Luftströmung sind die Windgeschwindigkeit und die Windrichtung starken kurzzeitigen Schwankungen unterworfen (s. a. Abb. 10.17). Dazu kommen noch witterungsbedingte Änderungen wie z. B. Gewitterböen.

Die Extremwerte der Windgeschwindigkeit wie *Böen* und *Flauten* sind für die Auslegung eines Windenergiekonverters von außerordentlichem Interesse. Die Maximalwerte der Windgeschwindigkeit und ihre Schwankungen sind wichtig für die dynamische Festigkeitsberechnung der Rotorflügel, und die Flauten bestimmen die Verfügbarkeit des Windenergiekonverters.

Unter Flautendauer wird im folgenden der Zeitraum verstanden, in dem die Windgeschwindigkeit unter dem Grenzwert von 5 m/s liegt. Der Grenzwert, der Flauten kennzeichnet, wird in der Literatur ganz unterschiedlich angegeben. In der Meteorologie sind Flauten durch Windgeschwindigkeiten kleiner als 3 m/s gekennzeichnet. Jarras setzt die Grenze bis auf 8 m/s herauf. Natürlich ist dies immer im Zusammenhang mit der Bauweise des Windenergiekonverters zu sehen. Moderne Schnelläufer (s. Kap. 11) geben z. B. bei 5 m/s kaum oder nur in ganz geringem Umfang eine Nutzleistung ab, während Langsamläufer dann schon eine höhere Leistungsabgabe aufweisen. Langsamläufer laufen bei geringeren Windgeschwindigkeiten an als Schnelläufer (s. a. Abschn. 11.3.6). Tabelle 10.5 gibt eine Übersicht der Extremwerte für verschiedene Standorte in der Bundesrepublik Deutschland.

Tabelle 10.5. Extremwerte der Windgeschwindigkeit in den alten Bundesländern (nach Jarras, 1981)

Station[b]	Beobachtungszeit Jahre	Jahresmittel m/s	Maximales Stundenmittel m/s	Maximales zehnminütiges Mittel m/s	Flautendauer[a] h/a	Dauer der längsten Flaute[a] h	Durchschnittliche Flautendauer[a] h
List/Sylt	8	7,13	29,0	45,0	2365	130	8
Westermarkelsdorf	8	6,41	26,6	34,6	3241	163	10
Büsum	8	6,87	26,8	39,0	2978	129	9
Cuxhaven	8	5,46	26,8	41,0	4030	172	10
Norderney	8	7,36	32,0	45,0	2190	83	7
Meppen	5	7,33	22,3	47,8	1840	168	7
Hannover	2	4,09	23,0	39,6	6044	273	18
Kahler Asten	2	5,53	20,5	42,0	3854	139	9
Gießen	2	2,33	16,6	33,0	8234	663	45
Wasserkuppe	2	5,49	24,8	33,0	4380	161	11
Karlsruhe	2	2,51	16,7	29,6	7796	535	40
Stötten	2	4,53	20,9	33,3	5694	203	15
Passau	2	1,86	13,9	33,0	8410	998	76

[a] Als Flaute wurde hier eine Windgeschwindigkeit ≤ 5 m/s zugrunde gelegt
[b] Meßhöhe s. Tabelle 10.4

Bei den Flauten fällt auf, daß selbst an den windgünstigen Standorten die maximale Flautendauer ca. eine Woche beträgt und daß eine Anlage dort insgesamt 25% bis 35% der Zeit praktisch kaum Leistung abgeben kann oder sogar still steht. Allerdings ist die Flautendauer im Sommer insgesamt größer als im Winter. Deshalb wird häufig vorgeschlagen, das im Winter umfangreichere Windenergieangebot für Raumheizungszwecke zu verwenden.

Eine Böe ist ein zufälliger, kurzzeitiger Spitzenwert der Windgeschwindigkeit. Er wird in der Meteorologie durch den *Böenfaktor* charakterisiert, der das Verhältnis von maximaler zu mittlerer Geschwindigkeit während eines kurzen Zeitraums (meistens 10 min) angibt. Böenfaktoren liegen häufig im Bereich von 1,1 bis 1,9.

Der zehnminütige Maximalwert von Spitzenböen ist an den windgünstigen Standorten ca. 6- bis 7mal größer als das Jahresmittel der Windgeschwindigkeit. Für diese hohen dynamischen Belastungen muß das Rotorblatt entsprechend ausgelegt werden. Bei den Böen ist noch zu beachten, daß sie höhenabhängig sind. Zur Berechnung dieser Höhenabhängigkeit existieren verschiedene Exponentialansätze (Molly, 1978). Eine Spitzenböe in 10 m Höhe gemessen, kann in 150 m Höhe eine um 25% bis 50% größere Geschwindigkeit haben.

Schnelle Änderungen der Windgeschwindigkeit nach Richtung und Betrag treten beim Durchzug von Gewitterfronten auf. Ein Windenergiekonverter kann dann sehr plötzlich mit extremen Böen beaufschlagt werden, wobei in Bodennähe der Wind in die entgegengesetzte Richtung umspringen kann und die Geschwindigkeit auf den doppelten bis dreifachen Betrag anwachsen kann (Molly, 1990).

In Abb. 10.11 sind das Entstehen einer Gewitterböe und das Windgeschwindigkeitsdiagramm gezeigt. Durch einen warmen Aufwind wird in der Wolke durch Verdunsten bzw. Schmelzen von Eispartikeln Luft abgekühlt, die dann nach unten fällt und sich ausbreitet. Die Grenze zwischen Warm- und Kaltluft ist die Gewitterfront. Hinter dieser Gewitterfront treten dann plötzlich sehr hohe Windgeschwindigkeiten auf. In größeren Zeitabständen von 50 bis 100 Jahren können extreme Spitzenböen von 60 m/s an der deutschen Nordseeküste auftreten. Das sind sog. *Jahrhundertböen.* Der Konstrukteur von

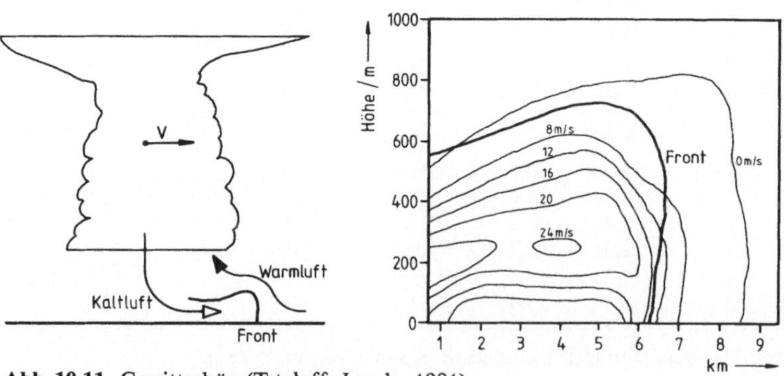

Abb. 10.11. Gewitterböe (Tetzlaff, Lande, 1981)

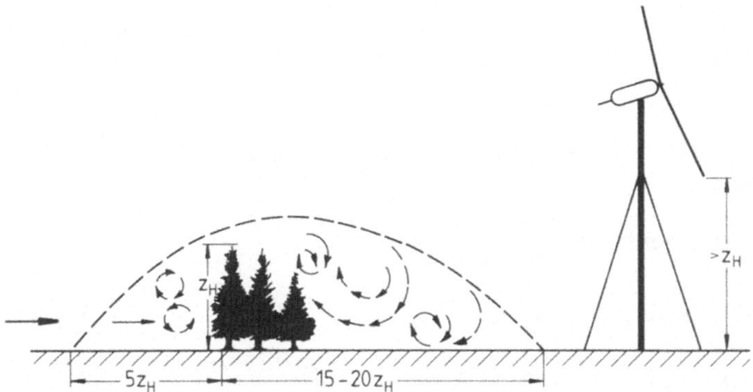

Abb. 10.12. Einflußbereich von Hindernissen

Windenergiekonvertern muß sich überlegen, mit welchen Maßnahmen er solchen Belastungen begegnen soll.

10.2.8 Windströmung über Hindernisse und Anlagenabstand

Bei der Aufstellung eines Windenergiekonverters ist darauf zu achten, daß keine Hindernisse in unmittelbarer Nähe stehen, die eine „Abschattung" der Anlage bewirken können. Abbildung 10.12 zeigt den Einflußbereich von Hindernissen. Der Abstand eines Windenergiekonverters von einem Hindernis sollte so groß sein, daß der Rotor weit genug außerhalb der turbulenten Zone liegt.

Bei der Anlage von Windparks mit einer Vielzahl von Windenergiekonvertern ist die Größe des Abstands so zu wählen, daß sich die Maschinen möglichst wenig gegenseitig beeinflussen. Dies ist dann der Fall, wenn sich das Geschwindigkeitsprofil des Winds hinter dem Rotor wieder ausgebildet hat. Die Auffassung über einen Mindestabstand geht in der Literatur auseinander. Es wird häufig ein Bereich von 8 bis 10 Rotordurchmessern in Hauptwindrichtung angegeben und quer dazu 3 bis 5 Rotordurchmesser (Hau, 1988).

10.3 Leistungsdichte des Winds

Die Leistungsdichte des Winds wird auf eine Fläche bezogen, die normal zur Strömungsrichtung angenommen wird (Abb. 10.13).

Die kinetische Energie des Massenelements dm ist

$$dE = \frac{1}{2} dm v^2 \quad \text{(J)} \tag{10.10}$$

mit v Windgeschwindigkeit (m/s).

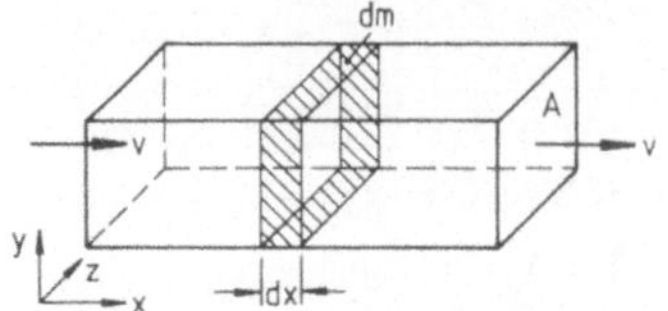

Abb. 10.13. Ableitung der Leistungsdichte

Für das Massenelement gilt

$$\mathrm{d}m = \varrho_L \mathrm{d}V \quad (\mathrm{kg}) \tag{10.11}$$

mit ϱ_L Dichte der Luft (kg/m^3) und V Volumen (m^3).
Das Volumenelement ist

$$\mathrm{d}V = A\,\mathrm{d}x \quad (\mathrm{m}^3) \; . \tag{10.12}$$

Mit der Geschwindigkeit

$$v = \frac{\mathrm{d}x}{\mathrm{d}t} \quad (\mathrm{m/s}) \tag{10.13}$$

ergibt sich für das Massenelement

$$\mathrm{d}m = A\varrho_L v\,\mathrm{d}t \quad (\mathrm{kg}) \tag{10.14}$$

mit A betrachtete Fläche (m^2), $\mathrm{d}x$ Wegelement in Strömungsrichtung (m) und
$\mathrm{d}t$ Zeitelement (s).
Mit (10.14) ergibt sich aus (10.10)

$$\mathrm{d}E = \frac{1}{2}\varrho_L A v^3 \mathrm{d}t \quad (\mathrm{J}) \; . \tag{10.15}$$

Die Leistung P ist allgemein

$$P = \mathrm{d}E/\mathrm{d}t \quad (\mathrm{W}) \; . \tag{10.16}$$

Die flächenbezogene Leistungsdichte p des Winds ist somit

$$p = \frac{P}{A} = \frac{\mathrm{d}E}{\mathrm{d}t}\frac{1}{A} \quad (\mathrm{W/m}^2) \; . \tag{10.17}$$

Aus (10.15) bis (10.17) folgt

$$p = \frac{1}{2}\varrho_L v^3 \quad (\mathrm{W/m}^2) \; . \tag{10.18}$$

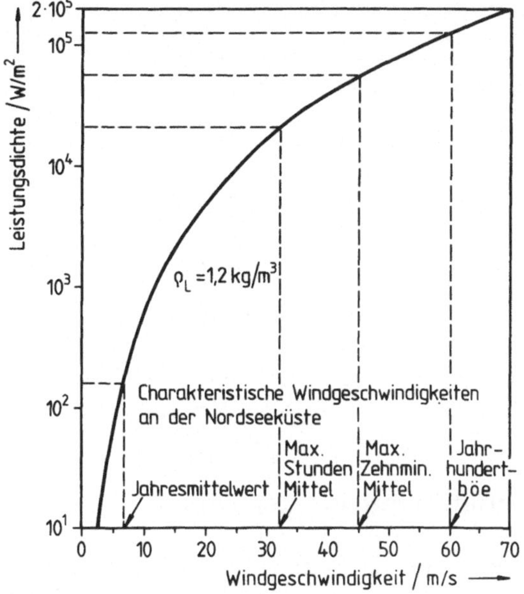

Abb. 10.14. Leistungsdichte des Winds

Die Leistungsdichte des Winds hängt also von der dritten Potenz der Windgeschwindigkeit ab. Abbildung 10.14 zeigt für verschiedene charakteristische Windgeschwindigkeiten die Leistungsdichte bei einer konstanten Luftdichte von $1{,}2\,\mathrm{kg/m^3}$.

Die Bandbreite der Leistungsdichte ist beim Wind sehr groß. Der Wert des zehnminütigen Maximums ist 265mal größer als der Wert beim Jahresmittel der Windgeschwindigkeit, und die Leistungsdichte der Jahrhundertböe ist 629mal größer. Diese breite Streuung der Leistungsdichte verursacht dem Konstrukteur von Windenergieanlagen erhebliche Festigkeitsprobleme.

Die Menge der Windenergie bezogen auf die Fläche senkrecht zur Windrichtung ergibt sich durch Integration von (10.15). So gilt z. B. für die Jahresenergie

$$e_\mathrm{a} = \frac{\varrho_\mathrm{L}}{2} \int_{t_1}^{t_2} v^3 \mathrm{d}t \quad (\mathrm{J/m^2}) \tag{10.19}$$

mit e_a spezifisches Jahresenergieangebot des Winds $(\mathrm{J/m^2 a})$, ϱ_L Luftdichte $(\mathrm{kg/m^3})$, v Momentanwert der Windgeschwindigkeit $(\mathrm{m/s})$ und $t_2 - t_1$ Zeitraum eines Jahres $(\mathrm{s/a})$.

Würde man die Jahresenergie mit dem Jahresmittelwert $\bar{v}$ der Geschwindigkeit berechnen und nicht durch Integration wie in (10.19), so ergäbe sich ein zu kleiner Wert. Tabelle 10.6 zeigt die spez. *Jahresenergie* für einige ausgesuchte Standorte.

Tabelle 10.6. Spezifische Jahresenergie für einige ausgesuchte sehr gute, mittelmäßige und ungünstige Standorte (Jarras, 1981)

Standort	Qualität des Standorts	Jahresenergie e_a (10^9 J/m^{2}a)
List/Sylt	sehr gut	12,0
Büsum	sehr gut	11,8
Norderney	sehr gut	13,2
Cuxhaven	mittelmäßig	5,5
Kahler Asten	mittelmäßig	5,2
Wasserkuppe	mittelmäßig	6,6
Gießen	ungünstig	0,7
Karlsruhe	ungünstig	1,0
Passau	ungünstig	0,5

10.4 Vergleich von Sonnen- und Windenergieangebot

Tabelle 10.7 vergleicht die wichtigsten Daten des Sonnen- und Windenergieangebots der Bundesrepublik Deutschland miteinander. Infolge der beim Wind auftretenden Spitzenböen ist die maximale Leistungsdichte größer. Das theoretische Jahresenergieangebot je Quadratmeter ist beim Wind für günstige Standorte dreimal so groß. Der Zeitraum, in dem ein gut nutzbares Energieangebot vorliegt, ist bei der Sonne nur halb so groß. Der Jahresgang von beiden Energiequellen hat einen zeitlich entgegengesetzten Verlauf. In der Nacht hat der Wind oft noch ein ausreichendes Angebot, die Sonne dagegen nicht. Die Höhenabhängigkeit ist nur bei Wind sehr ausgeprägt. Als insgesamt günstigste Region für das Sonnenenergieangebot ist der Süden der Bundesrepublik Deutschland anzusehen, während das Windenergieangebot an den Küstenbereichen in Norddeutschland am höchsten ist.

Tabelle 10.7. Vergleich von Sonnen- und Windenergieangebot für günstige Standorte in der Bundesrepublik

	Dimension	Sonne	Wind
Leistungsdichte, Spitzenwert	W/m^2	1000	54675[a]
Leistungsdichte, Jahresmittelwert	W/m^2	125	375
Jahresenergie	kWh/m^2	1100	3300
	J/m^2	$4 \cdot 10^9$	$11,9 \cdot 10^9$
Sonnenscheinstunden	h/a	2000	–
Zeit für $v \geq 7$ m/s	h/a	–	3600
Jahresgang: Maximum	–	Sommer	Winter
Minimum	–	Winter	Sommer
Höhenabhängigkeit	–	nein	ja
günstigste Region in der BRD	–	Süden	Küste

[a] Für maximales zehnminütiges Mittel (45 m/s).

10.5 Windmessung

10.5.1 Staudruckmeßverfahren

Nach der Gleichung von *Bernoulli* besteht zwischen dem Gesamtdruck, dem statischen Druck und der Geschwindigkeit einer stationären, reibungsfreien und inkompressiblen Strömung folgender Zusammenhang

$$p_\mathrm{g} = p_\mathrm{s} + \frac{1}{2}\varrho_\mathrm{L} v^2 \quad (\mathrm{N/m^2}) \tag{10.20}$$

mit p_g Gesamtdruck ($\mathrm{N/m^2}$), p_s statischer Druck ($\mathrm{N/m^2}$), ϱ_L Dichte ($\mathrm{kg/m^3}$) und v Geschwindigkeit (m/s).

Die Bernoullische Gleichung läßt sich mit hinreichender Genauigkeit für die Bestimmung der Windgeschwindigkeit verwenden, obwohl im Freien strömende Luft streng genommen keine der obengenannten Voraussetzungen erfüllt. Der Wind strömt wegen dauernder Turbulenzen und Böen nicht stationär, Reibungsfreiheit liegt wegen der – wenn auch kleinen – Zähigkeit der Luft nicht vor und Inkompressibilität ist ebenfalls nicht gegeben.

Aus (10.20) folgt für die Geschwindigkeit

$$v = \sqrt{2\frac{p_\mathrm{g}-p_\mathrm{s}}{\varrho_\mathrm{L}}} \quad (\mathrm{m/s}) \ . \tag{10.21}$$

Mißt man den Gesamtdruck p_g und den Staudruck p_s, dann kann man bei bekannter Dichte ϱ_L die Windgeschwindigkeit v daraus berechnen. Das gebräuchlichste Gerät zur Messung der beiden Drücke ist das *Prandtlsche Staurohr*, das in Abb. 10.15 schematisch dargestellt ist.

Das Prandtlsche Staurohr besteht aus zwei ineinander geschobenen Rohren. Das innere, das auch Staurohr genannt wird, ist vorne offen und gegen das äußere Rohr abgedichtet. An der Spitze staut sich dann der Wind bis auf die Geschwindigkeit $v = 0$. Dabei wird die kinetische Energie in Druckenergie umgesetzt, so daß im Staurohr der Gesamtdruck p_g gemessen wird. Das Staurohr ist von einem äußeren Rohr, das einen größeren Durchmesser hat, umgeben. Es endet vorne in einer geschlossenen Halbkugel. Stromabwärts befindet sich eine Öffnung, an welcher der Wind mit unverminderter Geschwindigkeit vor-

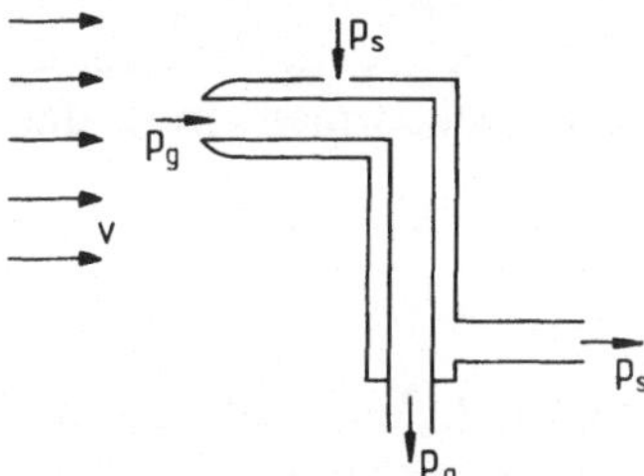

Abb. 10.15. Prandtlsches Staurohr

Tabelle 10.8. Windgeschwindigkeit und Druckdifferenz am Prandtlschen Staurohr

v (m/s)		1	5	7	10	20	47
$p_g - p_s$	(N/m^2)	0,6	15	29,4	60	240	1325
	(mm WS)	0,06	1,5	2,9	6,0	24,0	132,5

beistreicht, so daß dort der statische Druck gemessen wird. Die Differenz der beiden Drücke, die in (10.21) zur Berechnung der Windgeschwindigkeit verwendet wird, kann direkt an den beiden Enden des Prandtlschen Staurohrs abgegriffen werden. Wichtig ist, daß das Rohr genau in die Richtung des Winds gestellt wird, weil sonst Meßfehler auftreten. Bei den üblichen Windgeschwindigkeiten ergeben sich nur sehr geringe Druckdifferenzen, wie Tabelle 10.8 zeigt.

Der Nachteil des Prandtlschen Staurohrs ist, daß man bei kleinen Windgeschwindigkeiten nur sehr kleine Differenzen erhält und daß dann aufwendige Druckmeßgeräte notwendig sind. Das Prandtlsche Staurohr wird daher für meteorologische Zwecke wenig eingesetzt, gut geeignet ist es z. B. zur Messung der Flugzeuggeschwindigkeit.

10.5.2 Hitzdrahtanemometer

Zur Messung der Windgeschwindigkeit wird beim *Hitzdrahtanemometer* die abkühlende Wirkung des Winds auf einen beheizten Platin- oder Wolframdraht genutzt. Heizt man den Draht elektrisch mit einem konstanten Strom auf, so hängt die Differenz zwischen der Drahttemperatur t_D und der Lufttemperatur t_L von der Wärmeübergangszahl und damit von der Windgeschwindigkeit ab. Die Temperaturdifferenz ist umgekehrt proportional der Wurzel aus der Windgeschwindigkeit v

$$t_D - t_L \sim \frac{1}{\sqrt{v}} \ . \tag{10.22}$$

Durch eine sinnreiche Schaltung im Meßgerät wird erreicht, daß die Temperaturdifferenz über Widerstandsänderungen in eine proportionale und leicht meßbare Spannung umgesetzt wird. Hitzdrahtanemometer eignen sich besonders zur Messung kleiner Windgeschwindigkeiten, da dann die Temperaturdifferenz groß wird (10.22). Die Geräte werden als Handmeßgeräte ausgeführt. Der Hitzdrahtfühler befindet sich in einer rohrförmigen Hülse, die alle seitlichen Störeinflüsse fern hält. Um genaue Meßwerte zu bekommen, muß das Gerät exakt in die Windrichtung gehalten werden.

10.5.3 Schalenkreuzanemometer

Das Schalenkreuzanemometer nutzt zur Windgeschwindigkeitsmessung die Tatsache aus, daß der Strömungswiderstand einer konkav gekrümmten Fläche

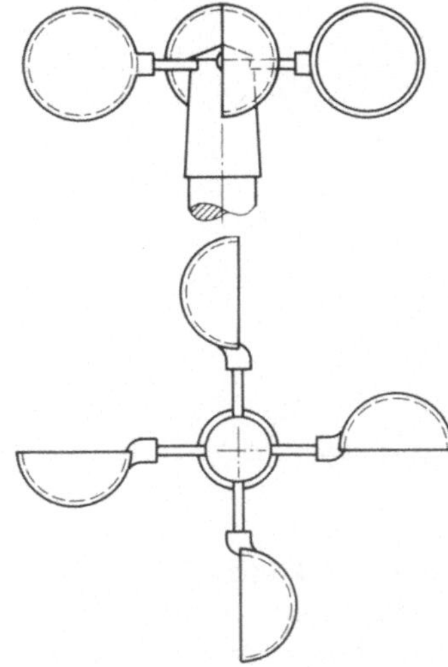

Abb. 10.16. Schalenkreuzanemometer

größer ist als der einer konvexen. *Schalenkreuzanemometer* tragen auf einer senkrechten Achse einen Stern mit drei oder vier halbkugeligen Schalen (Abb. 10.16). Der Vorteil dieses Geräts ist, daß es nicht in die Windrichtung gedreht zu werden braucht wie andere Instrumente.

Beim Schalenkreuzanemometer hängt die primäre Meßgröße, die Umdrehungsfrequenz, in linearer Weise von der Windgeschwindigkeit ab. Für übliche Schalenkreuzanemometer gilt die empirische Beziehung

$$v = a_A + b_A u \quad (\text{m/s}) \tag{10.23}$$

mit u Umfangsgeschwindigkeit des Anemometers (m/s), a_A Reibungskonstante (m/s), b_A Proportionalitätsfaktor und v Windgeschwindigkeit (m/s).

Die gebräuchlichen Anemometer haben folgende Kennzahlen:

$$b_A \approx 2{,}6 \quad \text{und} \quad 0{,}2 \leqq a_A \leqq 1 \quad (\text{m/s}) \ .$$

Durch die Reibung in den Lagern können Windgeschwindigkeiten $v \leqq a_A$ überhaupt nicht und etwas über a_A liegende nur fehlerhaft gemessen werden. Man versucht daher a_A durch leicht laufende Lager, Gewichtsminderung der Schalen und berührungslose Umdrehungszählung so weit wie möglich zu verringern.

Bei rasch wechselnder Windgeschwindigkeit, also bei der natürlichen Böigkeit des Winds, macht sich die Massenträgheit des Anemometers bemerkbar. Sie bewirkt, daß die angezeigte Geschwindigkeit einen leicht geglätteten Verlauf bekommt. Schalenkreuzanemometer passen sich rascher dem zunehmenden als dem abnehmenden Wind an.

Trotzdem werden Schalenkreuzanemometer am häufigsten von allen Geräten verwendet. Dies verdanken sie neben der leichten Registrierungsmöglichkeit vor allem der Unabhängigkeit der Anzeige von der Windrichtung.

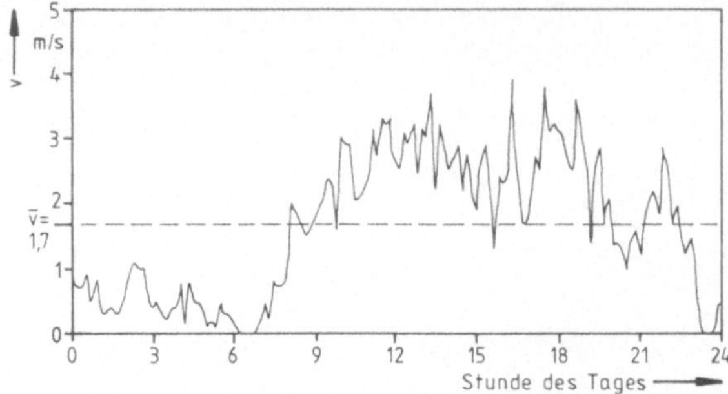

Abb. 10.17. Beispiel für einen Windgeschwindigkeitsschrieb (Repschläger, 1981)

Schalenkreuzanemometer werden i. allg. in einem Windkanal geeicht. Dabei werden die geräteabhängigen Konstanten a_A und b_A bestimmt. Zur Ermittlung der Windgeschwindigkeit muß die Zahl der Umdrehungen n in dem betreffenden Zeitintervall gezählt werden. Daraus ergibt sich dann die Windgeschwindigkeit mit Hilfe von (10.23) zu

$$v = a_A + b_A 2 r_A \pi n_A \quad (m/s) \tag{10.24}$$

mit r_A Radius, gemessen von Drehachse bis Schalenmitte (m) und n_A Umdrehungsfrequenz (1/s).

Für das Zählen der Umdrehung sind verschiedene Verfahren in Gebrauch, mechanische mit Zählrädern, elektrische mit einem Dynamo und berührungslose mit Lichtanzeigern und Photozellen.

Abbildung 10.17 zeigt einen mit einem Schalenkreuzanemometer aufgenommenen Windgeschwindigkeitsverlauf. Der Tagesmittelwert für das obige Beispiel beträgt 1,7 m/s.

10.5.4 Windrichtungsanzeige

In der Meteorologie wird als *Windrichtung* die Richtung angegeben, aus welcher der Wind weht. Für die Registrierung der Windrichtung werden *Windfahnen* verwendet, deren Stellung mechanisch oder elektrisch auf ein Anzeige- oder Registriergerät übertragen wird. Windfahnen müssen so aufgestellt werden, daß sie keine Richtung bevorzugen, weil sie sonst eine falsche Richtung anzeigen, wenn der Wind schwach ist. Bei der Angabe der Richtung unterteilt

Tabelle 10.9. Windrichtungsangaben

36	03	06	09	12	15	18	21	24	27	30	33	36	00
N		NO		O		SO		S		SW		W		NW		N		C

Die Angabe 00 oder *C* gilt für Windstille

man entweder die vier Himmelsrichtungen in acht Sektoren oder man gibt die Richtung in Winkelgraden an, wobei man die Einergrade wegen der Ungenauigkeit der Bestimmung (Böigkeit) wegläßt. Für die beiden Skalen gibt Tabelle 10.9 die Zuordnung.

11 Windenergiekonverter

11.1 Historische Entwicklung

Im östlichen Mittelmeerraum und im persischen Raum lassen sich die Spuren früher Windenergiekonverter bis in die Zeit um ca. 1000 v. Chr. zurückverfolgen. In Europa fanden Windräder im 12. bis 16. Jahrhundert Verbreitung. Sie wurden bevorzugt zum Mahlen von Getreide verwendet. Daraus leitet sich der Name *Windmühle* her. Abbildung 11.1 zeigt eine Blockwindmühle aus dem 14. Jahrhundert.

Im vorigen Jahrhundert führte die weitere Entwicklung zu den vielblättrigen Windmühlen. Das hohe Anlaufmoment macht diesen Typ zum Antrieb von Wasser-Kolbenpumpen besonders geeignet. Sie arbeiten bei niedrigen Drehzahlen und werden deshalb auch Langsamläufer genannt. Mitte des 19. Jahrhunderts waren einige Millionen dieser Anlagen in den USA in Betrieb. Abbildung 11.2 zeigt einen Vielblattrotor über den Dächern eines norddeutschen Bauernhofs.

Gegen Ende des vorigen Jahrhunderts dürften in den windreichen Regionen Europas noch einige hunderttausend Mühlen in Betrieb gewesen sein. In

Abb. 11.1. Alte Bockwindmühle

Abb. 11.2. Vielflügler

Deutschland sollen es noch 22000 gewesen sein (König, 1981). Die oft unberechenbare Windenergie wurde dann in diesem Jahrhundert von fossilen Energieträgern verdrängt. Insbesondere das billige, leicht zu handhabende und immer einsetzbare Erdöl drängte stark in den Energiemarkt. Erst nach dem ersten Ölpreisschock 1973 setzten weltweit wieder verstärkte Bemühungen um die Förderung und Weiterentwicklung der Windenergie ein. Heute wird sie als eine Möglichkeit zur Reduzierung der Freisetzung des klimaschädlichen Kohlendioxids angesehen.

Bei stromerzeugenden Windkraftanlagen muß die Drehzahl hoch sein, damit der Generator und das Getriebe klein und billig gemacht werden können. Dies führte zur Entwicklung eines Windenergiekonverters mit der Bezeichnung *Schnelläufer*. Er besitzt nur wenige aerodynamisch optimierte Rotorblätter, die sich für Regelungszwecke meist um ihre Längsachse verdrehen lassen. Abbildung 11.3 zeigt einen modernen Schnelläufer mit einer Einheitenleistung von 30 kW und 12,5 m Rotordurchmesser.

Schnelläufer werden heute im Leistungsbereich von einigen kW bis hin zu einigen MW gebaut. Der Stand der Technik ist bei den kleinen und mittleren Anlagen am weitesten fortgeschritten. Abbildung 11.4 zeigt einen Windenergiekonverter für 400 kW mit nur einem Flügel, der zum Massenausgleich ein Gegengewicht hat (Rotordurchmesser 48 m). Durch Verwendung von nur einem Flügel statt zwei ist eine geringe Leistungseinbuße hinzunehmen. Auf der anderen Seite wird aber ein Flügel, der eine sehr teure Komponente darstellt, eingespart.

Abbildung 11.5 zeigt einen *Vertikalachsenmotor* nach *Darrieus* von 30 kW und 13 m Rotordurchmesser. Eine nennenswerte Verbreitung hat dieser Typ bisher nicht gefunden.

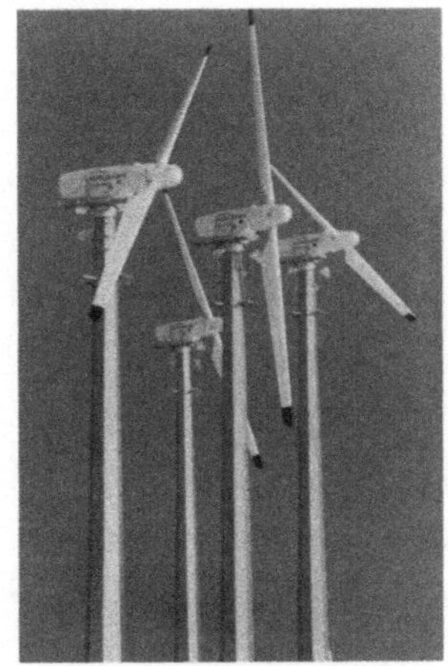

Abb. 11.3. Schnelläufer
(Aeroman, MAN)

Abb. 11.4. Einblattrotor
(Monopteros, MBB)

Abb. 11.5. Darrieus-Rotor
(Dornier)

11.2 Strömungsmechanische Grundlagen

11.2.1 Idealer Leistungsbeiwert

Der maximale ideale *Leistungsbeiwert* bei drall- und reibungsfreier Strömung gibt an, wieviel der im Wind enthaltenen Energie durch einen Windenergiekonverter höchstens genutzt werden kann. Abbildung 11.6 zeigt schematisch den Verlauf der Strömung. Die Luftmenge, die mit der Geschwindigkeit v durch die Fläche A strömt, wird durch den Energieentzug des Rotors auf die Geschwindigkeit v_2 verzögert. Da der Kontinuitätssatz erfüllt sein muß, ist der Massenstrom $\dot{m}$ in den Ebenen A, A_0 und A_2 (Abb. 11.6) gleich.

In der Rotorebene gilt

$$\dot{m} = \varrho_{\mathrm{L}} v_0 A_0 \quad (\text{kg/s}) \tag{11.1}$$

mit $\dot{m}$ Massenstrom (kg/s), ϱ_{L} Luftdichte (kg/m^3), v_0 Windgeschwindigkeit in der Rotorebene (m/s) und A_0 Rotorkreisfläche (m^2).

Die Geschwindigkeit v_0 in der Rotorebene kann als Mittelwert der beiden anderen Geschwindigkeiten aufgefaßt werden

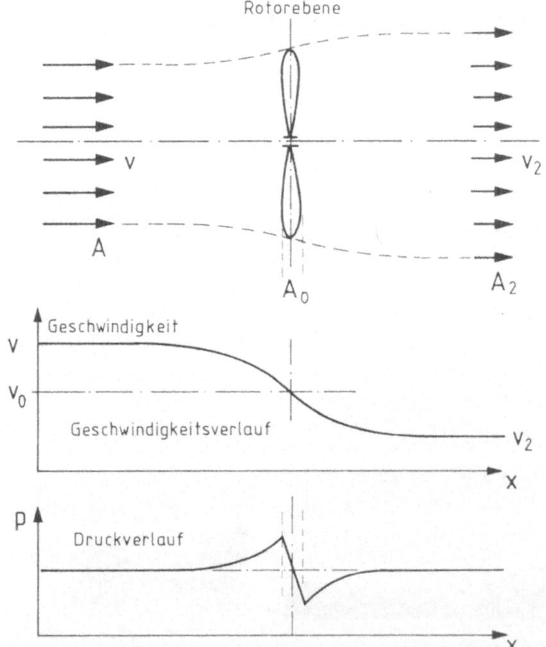

Abb. 11.6. Prinzipieller Strömungsverlauf um eine freifahrende Windturbine

$$v_0 = \frac{v + v_2}{2} \ (\text{m/s}) \tag{11.2}$$

mit v und v_2 Windgeschwindigkeit vor und hinter dem Rotor (m/s). Die Leistung des Rotors ist gleich dem Unterschied der zu- und abströmenden Windleistung

$$P = P_1 - P_2 \ (\text{W}) \ . \tag{11.3}$$

Mit (10.18) gilt

$$P = \frac{1}{2}\varrho_L v^3 A - \frac{1}{2}\varrho_L v_2^3 A_2 \ (\text{W}) \ . \tag{11.4}$$

Statt dessen kann man schreiben:

$$P = \varrho_L v A \frac{v^2}{2} - \varrho_L v_2 A_2 \frac{v_2^2}{2} \ (\text{W}) \ . \tag{11.5}$$

Mit Hilfe des Massenstroms (11.1) ergibt sich

$$P = \frac{\dot{m}}{2}(v^2 - v_2^2) \ (\text{W}) \ . \tag{11.6}$$

Mit (11.1) und (11.2) folgt

$$P = \frac{\varrho_L (v + v_2) A_0}{4}(v^2 - v_2^2) \ (\text{W}) \ . \tag{11.7}$$

Wird die Windgeschwindigkeit v_1 ausgeklammert, dann gilt

$$P = \frac{\varrho_L}{4} A_0 v^3 \left(1 + \frac{v_2}{v}\right)\left[1 - \left(\frac{v_2}{v}\right)^2\right] \ (\text{W}) \ . \tag{11.8}$$

Die maximale Windleistung in der Rotorfläche ergibt sich aus der ungebremsten Windgeschwindigkeit

$$P_{max} = \frac{\varrho_L}{2} v^3 A_0 \ (\text{W}) \ . \tag{11.9}$$

Der *ideale Leistungsbeiwert* c_p ist nun das Verhältnis der Rotorleistung P zur maximalen Windleistung P_{max}

$$c_p = \frac{P}{P_{max}} \ . \tag{11.10}$$

Mit (11.8) und (11.9) folgt

$$c_{\mathrm{p}} = \frac{1}{2}\left(1 + \frac{v_2}{v}\right)\left[1 - \left(\frac{v_2}{v}\right)^2\right] . \qquad (11.11)$$

Abbildung 11.9 zeigt den Verlauf des idealen Leistungsbeiwerts in Abhängigkeit vom Geschwindigkeitsverhältnis v_2/v.

Der maximale Leistungsbeiwert $c_{\mathrm{p,max}}$ ergibt sich, wenn (11.11) nach dem Geschwindigkeitsverhältnis differenziert und Null gesetzt wird

$$c_{\mathrm{p,max}} = 0{,}593 . \qquad (11.12)$$

Die Lage des Maximums ist bei

$$(v_2/v)_{\mathrm{max}} = 1/3 .$$

Die Geschwindigkeit in der Rotorebene ist mit (11.2) und (11.13) $v_0 = 2\,v/3$. Ein idealer Windenergiekonverter kann also bestenfalls 59,3 % des Leistungsangebots in Nutzleistung umsetzen. Dabei muß er so ausgelegt werden, daß die Luftgeschwindigkeit hinter dem Rotor 1/3 der Windgeschwindigkeit vor dem Rotor ist. Bei ausgeführten Windenergiekonvertern ist der tatsächlich erreichte Leistungsbeiwert niedriger als der ideale Wert.

Die Herleitung des idealen und maximalen Leistungsbeiwerts, die auf Betz (1926) zurückgeht, ist unabhängig von der Bauart des Windenergiekonverters. Neuere Untersuchungen von Hölscher (1991) kommen zu dem Wert von $c_{\mathrm{p,max}} = 0{,}5$. Im vorliegenden Buch wird jedoch weiterhin der Wert von Betz verwendet.

Ein spezieller Leistungsbeiwert für einen Widerstandsläufer wird im folgenden Abschnitt hergeleitet.

11.2.2 Leistungsbeiwert eines Widerstandsläufers

Stellt man eine ebene Fläche quer gegen den Wind, so wirkt auf die Fläche eine Kraft, die sog. *Widerstandskraft*. Bewegt sich die Fläche nicht, so gilt für die Widerstandskraft

$$F_{\mathrm{w}} = c_{\mathrm{w}}\,\frac{\varrho_{\mathrm{L}}}{2}\,v^2 A \ \ (\mathrm{N}) \qquad (11.14)$$

mit F_{w} Widerstandskraft (N), ϱ_{L} Dichte der Luft (kg/m^3), v Anströmgeschwindigkeit (m/s), A Fläche des Körpers quer zur Windrichtung (m^2) und c_{w} Widerstandsbeiwert.

Der *Widerstandsbeiwert* c_{w} hängt von der Geometrie des Körpers ab. Abbildung 11.7 zeigt einige Widerstandsbeiwerte scharfkantiger Körperformen. Bei diesen Formen ist die Abrißkante fest und kann nicht wandern wie bei

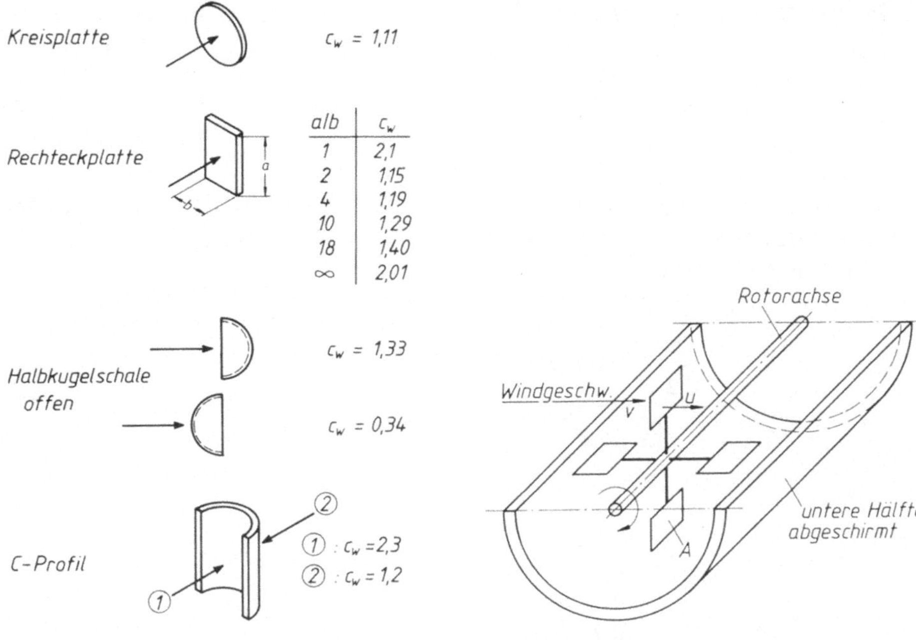

a/b	c_w
1	2,1
2	1,15
4	1,19
10	1,29
18	1,40
∞	2,01

Abb. 11.7. Widerstandsbeiwerte (Eck, 1978, Dörner, 1986)

Abb. 11.8. Prinzip des Widerstandsläufers

abgerundeten Körpern, d. h. der Widerstandsbeiwert ist unabhängig von der Reynoldszahl.

Für die Widerstandskraft am bewegten Rotorblatt gilt für die in Abb. 11.8 gezeichnete Position

$$F_w = c_w \frac{\varrho_L}{2} (v - u)^2 A \quad \text{(N)} \tag{11.15}$$

mit F_w Widerstandskraft (N), c_w Widerstandsbeiwert des Flügels, v Geschwindigkeit des Winds vor dem Rad (m/s) und u Umfangsgeschwindigkeit des Rads (m/s).

Da sich der Flügel mit der Umfangsgeschwindigkeit in die gleiche Richtung wie der Wind bewegt, ist für die Widerstandskraft die Differenz der Geschwindigkeiten maßgebend.

Für die Leistung P am *Widerstandsläufer* gilt

$$P = F_w u \quad \text{(W)} . \tag{11.16}$$

Mit (11.15) folgt für die Leistung des Widerstandsläufers

$$P = \frac{\varrho_L}{2} c_w (v - u)^2 u A \quad \text{(W)} . \tag{11.17}$$

Die maximal mögliche Leistung des Winds in der Ebene der Flügelfläche A ist

$$P_{\max} = \frac{\varrho_{\mathrm{L}}}{2}\, v^3 A \ \ (\mathrm{W}) \ . \tag{11.18}$$

Der Leistungsbeiwert für den Widerstandsläufer $c_{\mathrm{p,w}}$ ist das Verhältnis der Rotorleistung P zur maximalen Windleistung $P_{\max}$. Durch Einsetzen von (11.17) und (11.18) erhält man

$$c_{\mathrm{p,w}} = \frac{c_{\mathrm{w}}\dfrac{\varrho_{\mathrm{L}}}{2}\,(v-u)^2 u A}{\dfrac{\varrho_{\mathrm{L}}}{2}\,v^3 A} \ . \tag{11.19}$$

Daraus folgt

$$c_{\mathrm{p,w}} = c_{\mathrm{w}}\left(1-\frac{u}{v}\right)^2 \frac{u}{v} \ . \tag{11.20}$$

Den maximalen Leistungsbeiwert eines Widerstandsläufers erhält man aus der Ableitung von (11.20) nach u/v. Das Maximum liegt bei $u/v = 1/3$ und hat die Größe

$$c_{\mathrm{p,w,max}} = c_{\mathrm{w}}\frac{4}{27} \ . \tag{11.21}$$

Es kann angenommen werden, daß die Luftgeschwindigkeit v_2 hinter dem Widerstandskörper gleich der Umfangsgeschwindigkeit u ist. Gleichung (11.20) wird dann zu

$$c_{\mathrm{p,w}} = c_{\mathrm{w}}\left(1-\frac{v_2}{v}\right)^2 \frac{v_2}{v} \ . \tag{11.22}$$

In Abb. 11.7 sind die Widerstandsbeiwerte einiger typischer Körperformen im Vergleich gezeigt. Mit dem höchsten Widerstandsbeiwert von $c_{\mathrm{w}} = 2{,}3$ erreicht man bestenfalls eine Ausbeute von 34% der angebotenen Windenergie wie Abb. 11.9 zeigt. Ein Widerstandsläufer ist wegen des kleinen Leistungsbeiwerts eine ungünstige Bauweise. In Abb. 11.10 sind das *Anemometer* und der *Savonius Rotor* als zwei typische Widerstandsläufer dargestellt.

Wesentlich günstigere Leistungsbeiwerte als bei Widerstandsläufern kann man durch aerodynamisch optimierte Profile erhalten.

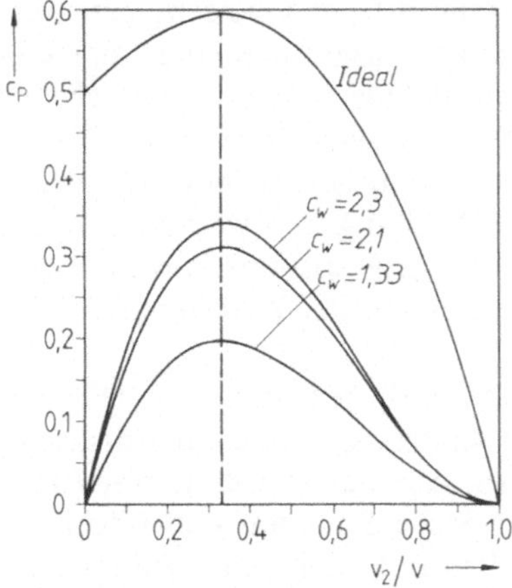

$c_w = 2,3$: C-Profil

$c_w = 2,1$: quadratische Platte

$c_w = 1,33$: Halbkugelschale

Abb. 11.9. Vergleich der Leistungsbeiwerte des idealen Läufers nach Betz mit verschiedenen Widerstandsläufern

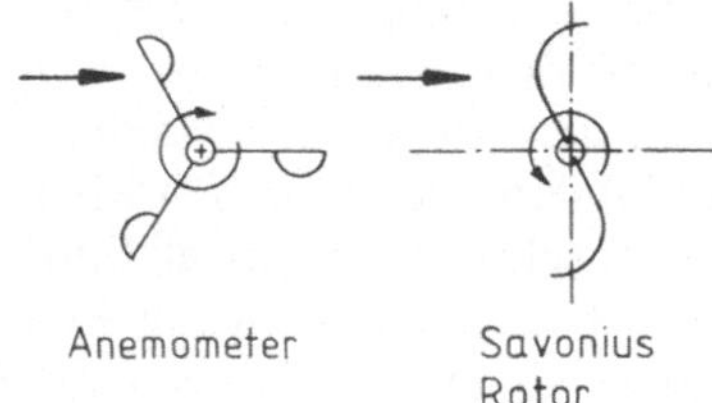

Abb. 11.10. Übliche Widerstandsläufer (Draufsicht)

11.2.3 Strömung um ein Tragflügelprofil

Um einen möglichst hohen Leistungsbeiwert zu erreichen, ist eine optimale aerodynamische Gestaltung des Rotorblatts notwendig. Dabei greift man auf *Profile* zurück, die für Tragflügel von Flugzeugen und für Schaufeln in Turbomaschinen verwendet werden. Abbildung 11.11 zeigt ein solches Profil mit dem Druckverlauf längs der Kontur.

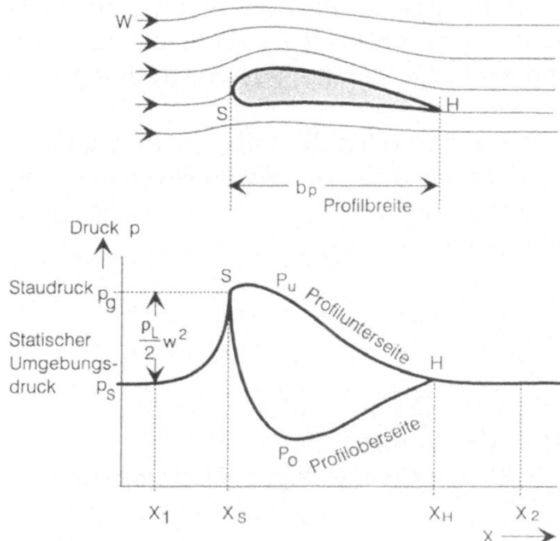

Abb. 11.11. Druckverteilung an einem aerodynamisch günstig geformten Rotorblattprofil

Durch die gewölbte Form des Profils entsteht auf der Oberseite eine Verdrängungswirkung. Die Stromfäden gehen enger zusammen, d. h. die Geschwindigkeit auf der Oberseite des Profils ist größer als die Anströmgeschwindigkeit w. Nach Bernoulli bedeutet ein Geschwindigkeitsanstieg einen Druckabfall, d. h. auf der Oberseite des Profils entsteht ein Unterdruck. Längs der Profilunterseite entsteht wegen der geringeren Wölbung und wegen der leicht schrägen Anströmung von unten ein Überdruck. Das Zusammenwirken von Unterdruck auf der Profiloberseite und Überdruck auf der Profilunterseite erzeugt eine *Auftriebskraft*.

Die Druckverläufe längs des Profils sind auf dem unteren Teil von Abb. 11.11 dargestellt. Der Druck steigt vom statischen Umgebungsdruck p_s bis auf den Staudruck p_g an der Profilnase an. Auf der Profilunterseite fällt dann der Druck vom Maximalwert p_g an der Stelle S bis auf den Druck p_H am Hinterende (Stelle H) wieder ab. Auf der Profiloberseite dagegen fällt der Druck sehr viel stärker ab und steigt dann im Verlaufe des Profilendes wieder bis auf den Druck p_H am Ende an. Der Druck auf der Oberseite ist immer kleiner als auf der Unterseite. Für die Auftriebskraft am Profil gilt

$$F_A = \int_0^{b_P} (p_u - p_o) L \, dx \quad (\text{N}) \tag{11.23}$$

mit F_A Auftriebskraft (N), p_u Druck an der Profilunterseite (N/m^2), p_0 Druck an der Profiloberseite (N/m^2), L Länge des Rotorblatts (m) und b_P Profilbreite (m).

11.3 Aerodynamik der Windturbine

11.3.1 Auftriebsbeiwert und Widerstandsbeiwert

Auf ein zur Anströmrichtung nicht symmetrisches Profil, wie es in Abb. 11.11 gezeigt ist, wirken zwei Luftkräfte, die Auftriebskraft F_A senkrecht zur Strömungsrichtung und die Widerstandskraft F_W parallel zur Anströmung (s. a. Abb. 11.12).

Der Winkel α_A zwischen der Profilsehne (Gerade zwischen Profilanfang und Profilende) und der Strömungsrichtung wird *Anstellwinkel* genannt. Die *Widerstandskraft* F_W, die von der Luftreibung an der Profiloberfläche verursacht wird, kann durch die folgende Formel ausgedrückt werden:

$$F_W = c_w \frac{\varrho_L}{2} w^2 A \quad (\text{N}) \tag{11.24}$$

mit c_w Widerstandsbeiwert, ϱ_L Luftdichte (kg/m^3), w Anströmgeschwindigkeit (m/s) und A Fläche aller Blätter des Rotors (m^2).

Für die Profilfläche A gilt im Falle eines rechteckigen Blattumrisses

$$A = b_P L z_F \quad (\text{m}^2) \tag{11.25}$$

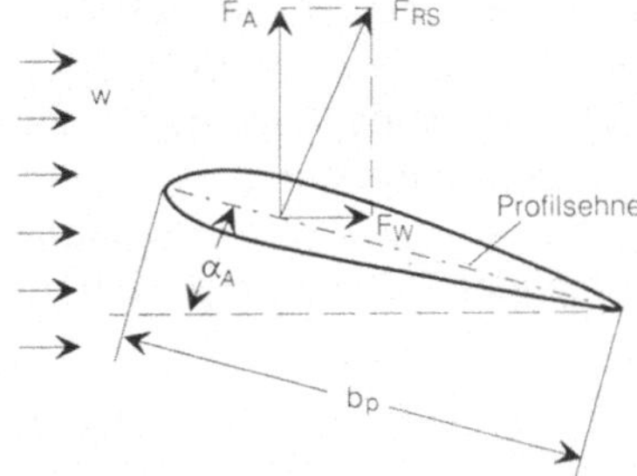

Abb. 11.12. Luftkräfte am Profil. F_A Auftriebskraft, F_{RS} resultierende Kraft, F_w Widerstandskraft, α_A Anstellwinkel, b_P Profilbreite

mit b_P Profilbreite (m), L Profillänge (m) und z_F Anzahl der Flügel des Windrads.

Für die *Auftriebskraft* gilt in analoger Weise

$$F_A = c_a \frac{\varrho_L}{2} w^2 A \quad (N) \tag{11.26}$$

mit F_A Auftriebskraft (N), c_a Auftriebsbeiwert und A Fläche aller Blätter des Rotors (m²). Die Gln. (11.24) und (11.26) gelten unter der Voraussetzung, daß die variablen Größen c_w, c_a und w über die Profillänge L in geeigneter Weise gemittelt sind. Ist das nicht der Fall, dann sind die Gleichungen für das Längenelement dL anzusetzen und zu integrieren.

Die Auftriebskraft F_A und die Widerstandskraft F_W ergeben zusammen die resultierende Kraft F_{RS} (Abb. 11.12).

Der Widerstandsbeiwert c_w und der *Auftriebsbeiwert* c_a werden für ein bestimmtes Profil experimentell ermittelt und in einem *Polardiagramm* mit dem Anstellwinkel als Parameter aufgetragen. Abbildung 11.13 zeigt ein solches Diagramm. Es fällt auf, daß dieses Profil bis zu einem negativen Anstellwinkel von $\alpha_A = -6°$ einen positiven Auftriebsbeiwert besitzt. Der Maximalwert des Auftriebs tritt bei einem Anstellwinkel von $\alpha = 15,5°$ auf. Bei größeren Win-

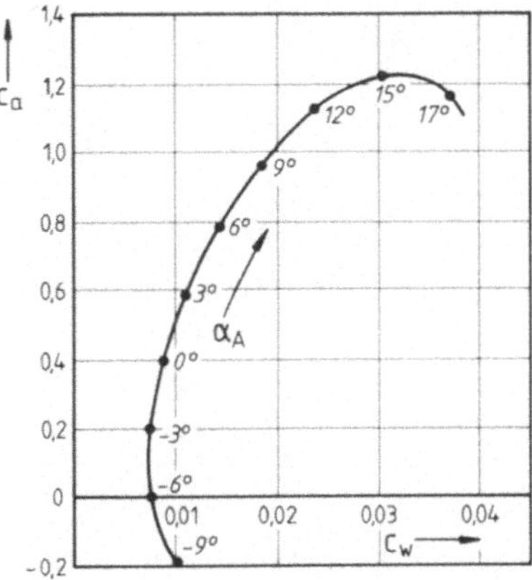

Abb. 11.13. Beispiel eines Polardiagramms für ein einfaches Rotorblattprofil ($Re = 10^5$)

keln geht er zurück, weil dann die Strömung im hinteren Teil der Profiloberseite abreißt. Zur Charakterisierung von Profilen wird auch das Verhältnis c_a/c_w benutzt, das als *Gleitzahl* E_G bezeichnet wird. Der optimale Wert ergibt sich durch die Tangente vom Ursprungspunkt an das Polardiagramm.

Die Diagramme entsprechend Abb. 11.13 gelten nur für eine bestimmte Reynoldszahl. Diese Reynoldszahl wird nach folgender Beziehung gebildet

$$Re = \frac{w\,b_P}{v'} \tag{11.27}$$

mit b_P Profilbreite (m), w Anströmgeschwindigkeit (m/s) und v' kinematische Zähigkeit (m^2/s).

Um ein Rotorblatt mit einem bestimmten Profil berechnen zu können, müssen die Polardiagramme nach Abb. 11.13 für die Reynoldszahlen, die im Auslegungsbereich liegen, bekannt sein. Langsamläufer haben am äußeren Rotorradius eine Reynoldszahl von 10^5, während Schnelläufer im Bereich 10^6 bis 10^7 liegen (s. a. Abb. 11.24).

11.3.2 Geschwindigkeiten und Luftkräfte am Rotor

Abbildung 11.14 zeigt die Geschwindigkeiten und die Luftkräfte am Profil eines rotierenden Blatts.

Das Blatt dreht sich in der Rotorebene mit der Umfangsgeschwindigkeit u um die Rotorachse, und der Wind strömt mit der verzögerten Geschwindigkeit v_0 an. Dadurch ergibt sich für das Blatt eine relative Anströmgeschwindig-

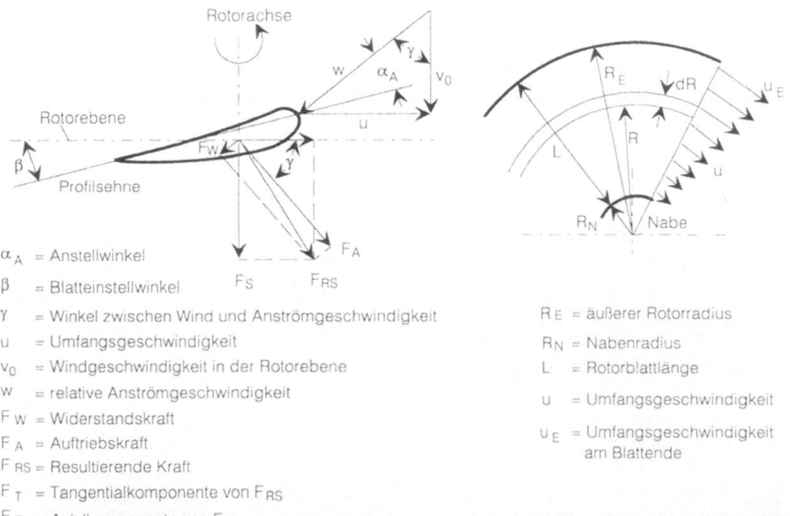

Abb. 11.14. Strömungsgeschwindigkeiten, Luftkräfte und Umfangsgeschwindigkeit am Rotor

keit w. Der Winkel zwischen der Profilsehne und der Anströmgeschwindigkeit ist der Anstellwinkel α_A des Profils. Der Winkel β zwischen Profilsehne und Rotorebene wird *Blatteinstellwinkel* genannt. Die Anströmgeschwindigkeit w bestimmt die Widerstandskraft F_W und die Auftriebskraft F_A. F_W ist parallel zur Anströmrichtung und F_A senkrecht dazu. Beide Kräfte ergeben die resultierende Profilkraft F_{RS}. Diese Kraft wird in die Tangentialkomponente F_T zerlegt, die in die Rotorebene wirkt (Schwenkrichtung), und in die Komponente F_S, die in Richtung der Rotorachse wirkt (Schlagrichtung). Die Kraft F_T verursacht die Drehung des Rotors und ermöglicht eine Leistungsabgabe. Für die Leistung dP an der Länge dR des Rotorblatts gilt

$$dP = u\,dF_T \quad (W) \tag{11.28}$$

mit dF_T resultierende Tangentialkraft (N) und u Umfangsgeschwindigkeit am Radius R (m/s).

Bei optimalen Betriebsverhältnissen ist der Widerstandsbeiwert c_w von aerodynamisch günstig geformten Profilen sehr viel kleiner als der Auftriebsbeiwert c_a. Es gilt deshalb $F_A \approx F_{RS}$, d. h. die Tangentialkomponente von F_W kann vernachlässigt werden.

Damit gilt für die *Tangentialkraft*

$$dF_T = dF_A \cos \gamma \quad (N) \ . \tag{11.29}$$

Für die Leistung kann man dann schreiben

$$dP = u \cos \gamma\, dF_A \quad (W) \ . \tag{11.30}$$

Mit (11.26) ergibt sich

$$dP = u \cos \gamma\, c_a\, \frac{\varrho_L}{2}\, w^2 dA \quad (W) \ . \tag{11.31}$$

Für $\cos \gamma$ gilt nach Abb. 11.14

$$\cos \gamma = \frac{v_0}{w} = \frac{v}{\sqrt{u^2 + v_0^2}} \ , \tag{11.32}$$

und die Fläche ist

$$dA = b_P z_F\, dR \ . \tag{11.33}$$

Setzt man die beiden letzten Gleichungen in (11.31) ein, so erhält man für die Leistung des Rotorblattelements

$$dP = c_a \frac{\varrho_L}{2}\, u\, v_0 \sqrt{u^2 + v_0^2}\, b_P z_F\, dR \quad (W) \ . \tag{11.34}$$

In (11.33) und (11.34) bedeuten c_a Auftriebsbeiwert, dA Fläche aller Blätter des Rotors für die Länge dR (m^2), ϱ_L Luftdichte (kg/m^3), u Umfangsgeschwindigkeit (m/s), v_0 Windgeschwindigkeit in der Rotorebene (m/s), z_F Anzahl der Rotorblätter, b_P Profilbreite (m) und R Radius (m).

Die Umfangsgeschwindigkeit, die Profilbreite und eventuell der Auftriebsbeiwert ändern sich mit dem Radius. Die gesamte Rotorleistung P ergibt sich durch Integration von (11.34) im Intervall von R_N bis R_E.

Die Gleichung (11.34) zeigt, daß man die Leistung für ein bestimmtes Profil, gekennzeichnet durch den Auftriebsbeiwert c_a und für einen bestimmten Betriebszustand, gekennzeichnet durch die Geschwindigkeiten u und v, berechnen kann. Die Gleichung stellt den Zusammenhang zwischen der Profil-Aerodynamik und der Leistungsabgabe des Windrads her.

In analoger Weise kann die *Schubkraft* des Rotorblatts, die in Richtung der Rotorachse wirkt, berechnet werden:

$$dF_S = dF_A \sin \gamma \quad (N) \tag{11.35}$$

$$dF_S = c_a \frac{\varrho_L}{2} u \sqrt{u^2 + v_0^2}\, dA \quad (N) \tag{11.36}$$

$$F_S = \int_{R_N}^{R_E} c_a \frac{\varrho_L}{2} u \sqrt{u^2 + v_0^2}\, b_P z_F\, dR \ . \tag{11.37}$$

Diese Schubkraft muß durch ein entsprechendes Längslager an der Rotorachse aufgenommen werden.

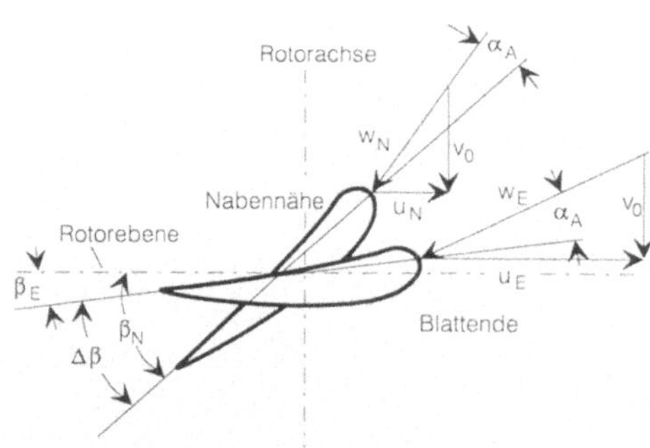

α_A = Anstellwinkel

b   = Blatteinstellwinkel

u   = Umfangsgeschwindigkeit

v_0 = Windgeschwindigkeit in der Rotorebene

w   = relative Anströmgeschwindigkeit

Index N : Nabennähe

Index E : Blattende

Abb. 11.15. Verwindung des Rotorblatts um den Winkel $\Delta\beta$

11.3.3 Verwindung des Rotorblatts

Die mit dem Radius wachsende Umfangsgeschwindigkeit erfordert eine Verwindung des Rotorblatts, wenn an jeder Stelle eine optimale Anströmung erreicht werden soll. Abbildung 11.15 zeigt die Lage der Profile und der zugehörigen Geschwindigkeitsdreiecke in Nabennähe (Index N) und am äußeren Umfang (Index E).

Damit das Profil z. B. auch am äußeren Ende unter dem gleichen optimalen Anstellwinkel α_A angeströmt wird, muß es vom Nabenende bis zum äußeren Umfang gleichmäßig um den Winkel $\Delta\beta$ verwunden werden. Die Verwindung kann nur für einen Betriebspunkt optimal gestaltet werden. Im allgemeinen erfolgt dies für Nenndrehzahl und Nennwindgeschwindigkeit. Bei kleineren oder größeren Windgeschwindigkeiten sind Verluste unvermeidlich. In Abb. 11.15 ist das Blattende gegenüber dem Querschnitt in Nabennähe im Uhrzeigersinn verwunden. Die aus aerodynamischen Gründen notwendige Verwindung des Rotorblatts bedeutet für die Fertigung eine ganz erhebliche Erschwernis.

11.3.4 Aerodynamische Verluste am Rotorblatt

Für den idealen Rotor ist bei drall- und reibungsfreier Strömung der maximale ideale Leistungsbeiwert nach Betz $c_{p,\mathrm{max}} = 0{,}593$ (Gl. (11.12)). In einer realen Strömung treten vier Effekte auf, die zu einer Reduzierung des maximalen idealen Leistungsbeiwerts führen:

— Verluste durch Drallströmung hinter dem Rotor,
— Verluste durch Reibung am Blattprofil,
— Verluste durch Randeinflüsse bei endlicher Blattanzahl,
— Verluste durch nichtoptimale Profilanströmung.

Drall
Durch die Windströmung auf die schräggestellten Flügel wird ein Drehmoment auf den Rotor ausgeübt, so daß er sich dreht. Auf die Strömung wird nun das gleiche Drehmoment in entgegengesetzter Richtung ausgeübt. Hinter dem Rotor entsteht ein *Drall* (Drehbewegung der Strömung) in entgegengesetzter Drehrichtung. Dabei wird ein Teil der Windenergie verwirbelt.

In Abb. 11.16 ist der grundsätzliche Verlauf der Drallverluste in Abhängigkeit von der *Schnellaufzahl* dargestellt. Die Schnellaufzahl ist das Verhältnis von Umfangsgeschwindigkeit u_E am Rotorende zu Windgeschwindigkeit v,

$$\lambda_S = \frac{u_E}{v} \ . \tag{11.38}$$

Bei $\lambda_S = 0$ steht der Rotor still und gibt keine Leistung ab, die gesamte Windenergie wird in der Drallströmung verwirbelt. Mit steigendem λ_S nehmen die Drallverluste sehr stark ab und werden für $\lambda_S \to \infty$ gleich Null. Diese Zusammenhänge werden durch relativ komplexe Gleichungen beschrieben, die nur

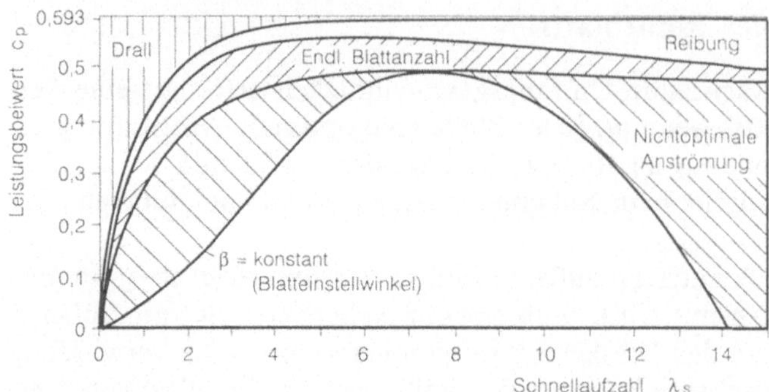

Abb. 11.16. Schematische Darstellung der aerodynamischen Verluste (nach Glauert 1935, Jansen 1982, Hau 1988)

durch numerische Integration zu lösen sind. Dies ist in der Literatur z. B. bei Lysen (1982) beschrieben.

Verluste durch Reibung
Weitere Verluste entstehen durch Reibung, die eine Widerstandskraft erzeugt, welche durch den Widerstandsbeiwert c_w beschrieben wird. Kennzeichnend für ein Profil ist aber nicht der Widerstandsbeiwert alleine, sondern das Verhältnis von Auftriebsbeiwert zu Widerstandsbeiwert. Dieses Verhältnis wird *Gleitzahl* E_G genannt

$$E_G = \frac{c_a}{c_w} \; . \tag{11.39}$$

Die optimale Gleitzahl eines bestimmten Profils ergibt sich, wenn die Tangente durch den Koordinatenursprung an das Polardiagramm (s. Abb. 11.24) gelegt wird. Je höher die Gleitzahl ist, umso geringer sind die Reibungsverluste. Bei der Abhängigkeit von der Schnellaufzahl λ_S ist zu beachten, daß die Reibungsverluste mit dem Quadrat der Geschwindigkeit steigen. Bei hohem λ_S steigen sie sehr stark, d. h. der Leistungsbeiwert c_p fällt stark. Diese Abhängigkeiten sind für verschiedene Gleitzahlen in Abb. 11.17 dargestellt.

Randeinflüsse durch endliche Blattanzahl
Am äußeren Umfang des Rotors entstehen an den Blattenden Verluste, weil sich der Druck zwischen Profilunterseite und Profiloberseite (s. Abb. 11.11) ausgleicht. Es kommt zu einer Umströmung des Blattendes von der Unterseite zur Oberseite hin. Die Druckdifferenz, die den Auftrieb erzeugt, ist also am Blattende gemindert. Dieser Randeinfluß wirkt vom Rotorende bis zu einer gewissen Tiefe nach innen zur Nabe hin. Bei breiten und kurzen Flügeln machen sich diese Verluste relativ stärker bemerkbar als bei schmalen und langen Flügeln. Das Verhältnis von Profilbreite b_P und Flügellänge L sollte daher möglichst klein ausgelegt werden.

Da bei Rotoren der Nabendurchmesser meist sehr klein im Vergleich zum Rotorkreisdurchmesser ist, gilt näherungsweise

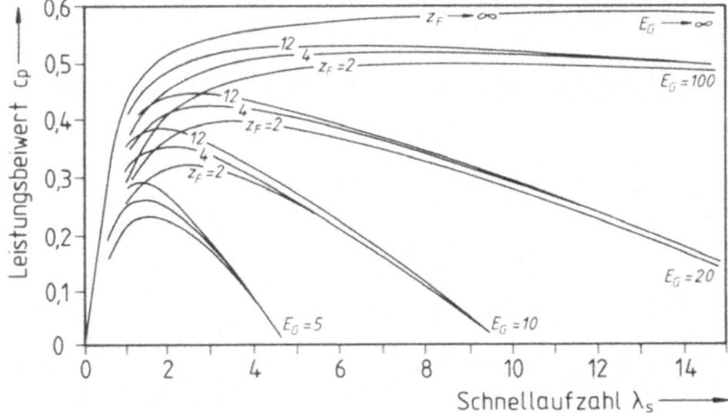

Abb. 11.17. Einfluß der Gleitzahl E_G und der Blattanzahl z_F auf den Leistungsbeiwert bei unterschiedlicher Schnellaufzahl (nach Jansen 1982)

$$L \approx R_E \; (\text{m})$$

mit R_E äußerer Radius (m).

Für konstante Werte von λ_S und c_a gilt nach (11.59) die Proportionalität

$$\frac{b_P}{L} \sim \frac{1}{z_F} \; . \tag{11.40}$$

Das Verhältnis von Profilbreite zu Flügellänge ist umgekehrt proportional der Anzahl der Blätter z_F. Bei unendlicher Flügelanzahl ist $b_P/L = 0$, d. h. die Randverluste sind ebenfalls Null. Je weniger Flügel ein Rotor besitzt, umso größer werden b_P/L und damit die Randverluste, c_p wird dabei kleiner. Allerdings ist es so, daß bei großen Schnellaufzahlen der Einfluß der *Blattanzahl* auf den Leistungsbeiwert geringer ist, wie Abb. 11.17 zeigt. Nach (11.59) wird b_P/L für große λ_S klein, was geringe Randverluste bedeutet. Aus Abb. 11.17 lassen sich die folgenden Auslegungstendenzen ablesen:

- Mit hohen Gleitzahlen und kleinem z_F werden die optimalen Leistungsbeiwerte erst bei hohen Schnellaufzahlen erreicht. Hochwertige Profile mit großen Gleitzahlen eignen sich daher am besten für Schnelläufer.
- Einfache Profile mit kleinem E_G haben ihr Optimum bei kleinen λ_S. Diese Rotoren werden zweckmäßigerweise als Langsamläufer betrieben.
- Bei niedrigen Gleitzahlen, d. h. bei einfachen Profilen hat die Blattanzahl einen großen Einfluß auf den optimalen Leistungsbeiwert. Mit großen Blattanzahlen lassen sich wesentlich höhere Leistungsbeiwerte erzielen. Langsamläufer mit einfachen Blechschaufeln (s. a. Abb. 11.23) sind also besonders dann günstig, wenn sie viele Rotorblätter besitzen.
- Bei großen Gleitzahlen und großen Schnellaufzahlen wird die Abhängigkeit des optimalen c_p-Werts von der Blattanzahl geringer. Bei Schnelläufern hat man keine großen Leistungseinbußen zu erwarten, wenn man nur wenige der sehr teuren profilierten Blätter einbaut.

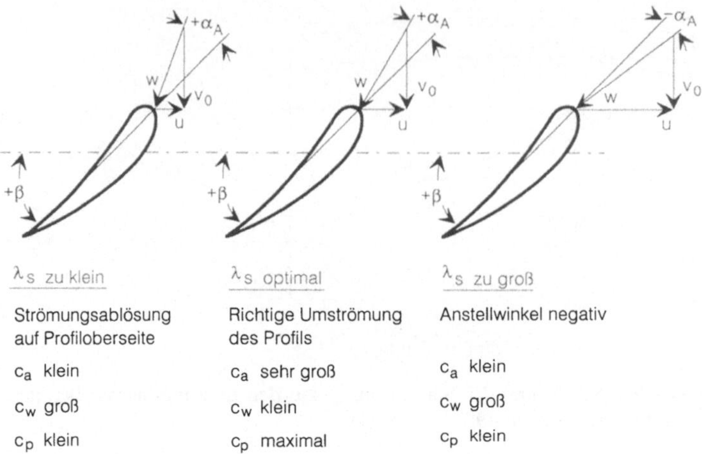

Abb. 11.18. Der Einfluß einer nichtoptimalen Profilanströmung

Nichtoptimale Profilanströmung

Wird ein Rotorblatt, das sich mit konstanter Drehzahl und folglich mit konstanter Umfangsgeschwindigkeit dreht, mit einer steigenden Windgeschwindigkeit beaufschlagt, dann sinkt die Schnellaufzahl, umgekehrt steigt sie bei sinkender Windgeschwindigkeit (11.38). Wie Abb. 11.18 zeigt, verändert sich dadurch der Anstellwinkel und mit ihm die Gleitzahl des Profils (s. Abb. 11.13). Die Gleitzahl und damit c_p sind nur für die Schnellaufzahl im Auslegungsbereich optimal, bei kleineren und größeren Werten treten Verluste auf, die in Abb. 11.16 als Verluste durch nichtoptimale Anströmung schematisch eingetragen sind.

11.3.5 Leistungsbeiwert und Schnellaufzahl

Die Schnellaufzahl (Gl. 11.38) ist eine charakteristische Kennzahl für die Bauart eines Windrads. Abbildung 11.19 vergleicht die Schnellaufzahlen und Leistungsbeiwerte verschiedener Windenergiekonverter-Typen. Anlagen mit kleiner Schnellaufzahl werden *Langsamläufer* genannt. Dazu gehören die Widerstandsläufer wie z. B. der *Savonius Rotor*, die alten Vielflügler und die modernen Vielflügler mit besseren Rotorblättern. Reine Widerstandsläufer haben eine Schnellaufzahl, die kleiner als 1 ist. Die alten Holländer Windmühlen liegen im Übergangsbereich zwischen Langsamläufer und Schnelläufer. *Schnelläufer* sind der Darrieus-Rotor und vor allem die modernen 2- oder 3-Blatt-Maschinen. Es fällt auf, daß man mit Langsamläufern nicht so gute Leistungsbeiwerte erreicht wie mit Schnelläufern.

Als Langsamläufer gelten Rotoren, die ihren optimalen c_p-Wert bei Schnellaufzahlen von $\lambda_S < 3$ haben. Größere λ_S werden den Schnelläufern zugeordnet. Allerdings ist die Grenze fließend und wird oft bei noch niedrigeren λ_S-Werten angegeben.

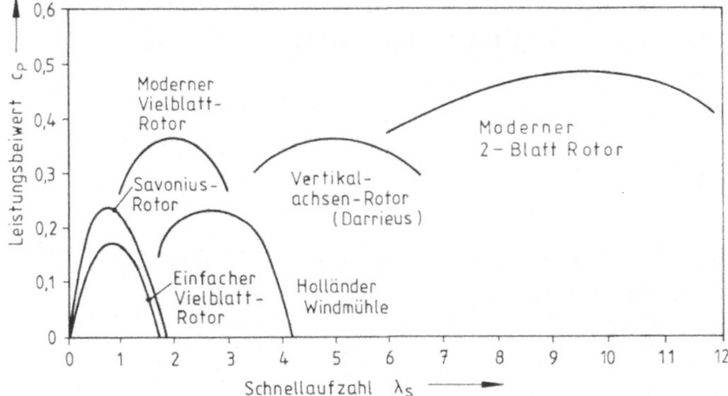

Abb. 11.19. Kennzahlenbereiche verschiedener Rotorbauweisen

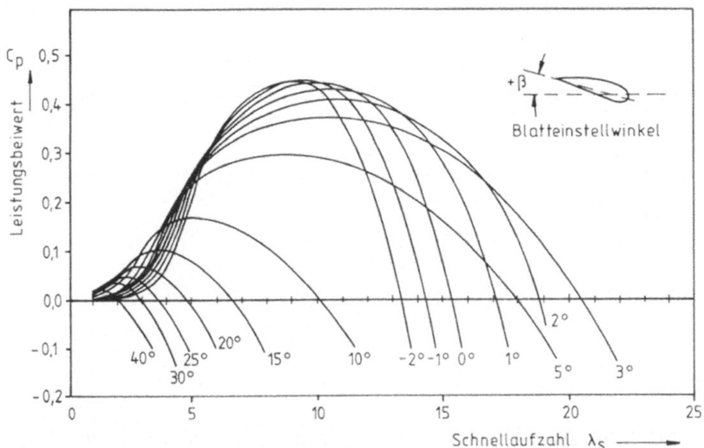

Abb. 11.20. Leistungsbeiwert für einen modernen Schnelläufer in Abhängigkeit von der Schnelllaufzahl und dem Blatteinstellwinkel (nach Pernpeintner, 1985)

Abbildung 11.20 zeigt den *Leistungsbeiwert* c_p für einen modernen Schnelläufer in Abhängigkeit von der Schnellaufzahl λ_S mit dem *Blatteinstellwinkel β* als Parameter. Die Kurven haben ein Maximum, d. h. es gibt für jeden Blatteinstellwinkel eine andere optimale Schnellaufzahl. Der höchste Wert in Abb. 11.20 beträgt $c_p = 0{,}44$.

11.3.6 Momentenbeiwert und Schnellaufzahl

Für das Drehmoment M_d am Rotor gilt

$$M_d = \frac{P}{\omega} \ \text{(Nm)} \tag{11.41}$$

mit P abgegebene Rotorleistung (W) und ω Winkelgeschwindigkeit (1/s).
Der *Momentenbeiwert* c_m ist folgendermaßen definiert

$$c_m = \frac{M_d}{\frac{1}{2}\varrho_L v^2 A_0 R_E} \; . \tag{11.42}$$

mit v Windgeschwindigkeit vor dem Rotor (m/s), $A_0 = \pi R_E^2$ Rotorkreisfläche
(m^2) (s.a. Abb. 11.6) und R_E äußerer Rotorradius.
Mit der Beziehung

$$\omega = \frac{u_E}{R_E} \; (1/s) \tag{11.43}$$

und

$$\lambda_S = \frac{u_E}{v} \; , \tag{11.44}$$

sowie mit den Gleichungen für den Leistungsbeiwert (11.9) und (11.10)

$$c_p = \frac{P}{\frac{1}{2}\varrho_L v^3 A_0} \tag{11.45}$$

folgt für den Momentenbeiwert

$$c_m = \frac{c_p}{\lambda_S} \; . \tag{11.46}$$

In der Abb. 11.21 sind Momentenbeiwert und Leistungsbeiwert für einen Langsamläufer und einen Schnelläufer gegenübergestellt.

Durch die Tangente vom Ursprungspunkt des Koordinatensystems an die
c_p-Kurve wird der maximale Momentenbeiwert bestimmt. Maximales Drehmoment und maximale Leistung treten nicht bei dem gleichen λ_S auf.

Typisch ist der große Unterschied zwischen den beiden Rotorbauarten beim
Anlaufmoment, das bei $\lambda_S = 0$ auftritt. Langsamläufer haben ein sehr hohes
Anlaufmoment, d.h. sie laufen schon bei sehr viel geringeren Windgeschwin-
digkeiten an als Schnelläufer.

11.3.7 Gestaltung der Blattbreite

Als Maß für die *Belegung des Windrads* mit Flügeln dient das Verhältnis von
Flügelanzahl mal Flügelbreite zu Kreisumfang

$$B = \frac{z_F b_P}{2\pi R} \tag{11.47}$$

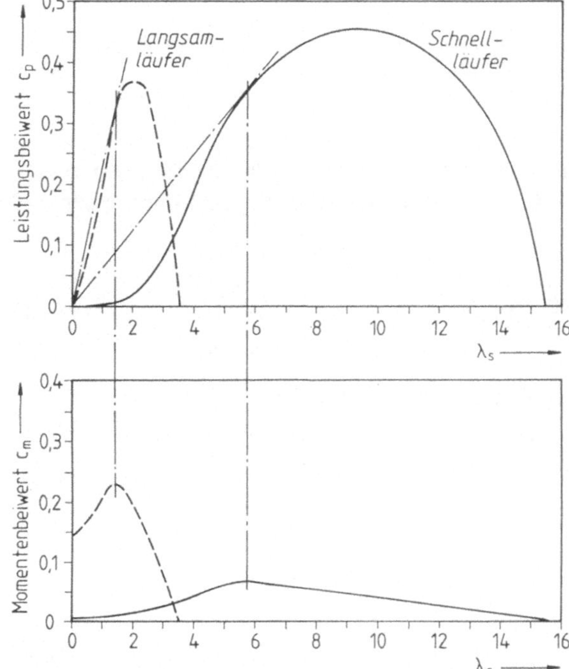

Abb. 11.21. Leistungsbeiwert und Momentenbeiwert für Langsamläufer und Schnelläufer

mit z_F Anzahl der Flügel, b_P Breite der Flügel (Profilbreite) (m) und R Radius (m).

Das Verhältnis B kann aus dem Kräftegleichgewicht in Windrichtung ermittelt werden. Für die *Schubkraft* des Winds auf das Rotorelement dR gilt nach (11.36)

$$dF_S = c_a \frac{\varrho_L}{2} u \sqrt{u^2 + v_0^2}\, dA \quad (N) \tag{11.48}$$

mit v_0 Geschwindigkeit in der Rotorebene (m/s). Die Schubkraft bremst den Massendurchsatz durch den Rotor ab. Nach dem Impulssatz gilt für die gesamte Schubkraft

$$F_S = \dot{m}(v - v_2) \quad (N) \tag{11.49}$$

mit v Geschwindigkeit vor dem Rotor (m/s) und v_2 Geschwindigkeit hinter dem Rotor entsprechend Abb. 11.6 (m/s).

Nimmt man an, daß der Rotor mit dem optimalen Leistungsbeiwert arbeiten soll, so gilt nach (11.13)

$$v_2 = \frac{v}{3} \quad (m/s) \, , \tag{11.50}$$

woraus folgt:

$$F_S = \dot{m}\, v\, \frac{2}{3} \; (\text{N}) \; .$$

Der Massenstrom $\dot{m}$ strömt mit der Geschwindigkeit v_0 durch die Rotorebene. Betrachtet man einen Kreisring der Breite $\mathrm{d}R$ und dem Durchmesser $2R$ (s. Abb. 11.22), so gilt:

$$\mathrm{d}F_S = 2\pi R\, \mathrm{d}R\, \varrho_L\, v_0\, v\, \frac{2}{3} \; (\text{N}) \; . \tag{11.51}$$

Für die Geschwindigkeit in der Rotorebene gilt nach (11.2)

$$v_0 = \frac{v + v_2}{2} \; (\text{m/s}) \; . \tag{11.52}$$

Mit (11.50) folgt

$$v_0 = \frac{2}{3}\, v \; (\text{m/s}) \; . \tag{11.53}$$

Damit ergibt sich für die Bremskraft auf die Luft

$$\mathrm{d}F_S = 2\pi R\, \varrho_L\, \frac{4}{9}\, v^2\, \mathrm{d}R \; (\text{N}) \; . \tag{11.54}$$

Durch Gleichsetzen von (11.48) und (11.54) folgt

$$c_a \frac{\varrho_L}{2}\, u\, \sqrt{u^2 + v_0^2}\, \mathrm{d}A = 2\pi R\, \varrho_L\, \frac{4}{9}\, v^2\, \mathrm{d}R \; (\text{N}) \; .$$

Mit $\mathrm{d}A = b_P z_F\, \mathrm{d}R$ ergibt sich

$$c_a b_P z_F\, u\, \sqrt{u^2 + v_0^2} = \frac{16}{9}\, \pi R\, v^2 \; (\text{N}) \; . \tag{11.55}$$

Für die Belegung des Flügelradumfangs kann nun geschrieben werden

$$\frac{z_F b_P}{2\pi R} = \frac{8}{9 c_a} \, \frac{v^2}{u\, \sqrt{u^2 + v_0^2}} \; , \tag{11.56}$$

bzw. mit (11.53)

$$\frac{z_\mathrm{F}\, b_\mathrm{P}}{2\pi R} = \frac{8}{9 c_\mathrm{a}} \; \frac{1}{\dfrac{u^2}{v^2} \sqrt{1 + \dfrac{4}{9}\dfrac{v^2}{u^2}}} \; . \tag{11.57}$$

Ist R der Radius und R_E der äußere Radius, dann gilt für die Schnellaufzahl, gebildet mit der Windgeschwindigkeit vor dem Rotor

$$\lambda_\mathrm{S} = \frac{u R_\mathrm{E}}{v R} \; , \tag{11.58}$$

so daß folgt

$$\frac{b_\mathrm{P}}{R_\mathrm{E}} = \frac{16\pi}{9 c_\mathrm{a} z_\mathrm{F}} \; \frac{1}{\lambda_\mathrm{S} \sqrt{\lambda_\mathrm{S}^2 \left(\dfrac{R}{R_\mathrm{E}}\right)^2 + \dfrac{4}{9}}} \; . \tag{11.59}$$

Gleichung (11.59) beschreibt die Zusammenhänge zwischen der *Blattform*, der Blattanzahl und den aerodynamischen Parametern. Die Zusammenhänge werden im folgenden diskutiert.

Einfluß der Schnellaufzahl
Werden sonst alle Parameter festgehalten, dann ergibt sich aus (11.59), daß die Profilbreite b_P (auch Profiltiefe genannt) mit steigender Schnellaufzahl abnimmt. Die *Schnellaufzahl* liegt bei Schnelläufern im Bereich von 5,5 bis 15. Die kleinen Werte gelten für Dreiblattrotoren, die mittleren für Zweiblattrotoren und die großen für Einblattrotoren (s. a. Abb. 11.19). Der Einfluß der Schnellaufzahl ist also im Zusammenhang mit der Blattanzahl zu sehen. Je größer die Schnellaufzahl ist, um so schlanker werden die Rotorblätter.

Einfluß der Blattanzahl
Die Profilbreite ist umgekehrt proportional der Blattanzahl. Die alten Langsamläufer wurden mit 16 bis 32 Blättern ausgelegt, während die modernen Schnelläufer mit 1 bis 3 (häufig 2) Blättern gebaut werden. Bei sonst gleichen Parametern ergeben sich durch eine Vergrößerung von z_F schlankere Blätter.

Einfluß des Blattradius
Läßt man in (11.59) alle Parameter außer dem Radius konstant, dann ist die Blattbreite in erster Näherung umgekehrt proportional dem Radius. Dies führt zu Blättern, die in Nabennähe sehr große, nicht mehr realisierbare Breiten haben (Abb. 11.22). Der aerodynamisch optimale Blattumriß wird deshalb durch ein Trapez angenähert. An der Nabe wird das Blatt so zugespitzt, daß ein Übergang zu dem meist runden Befestigungsflansch an der Nabe geschaffen wird.

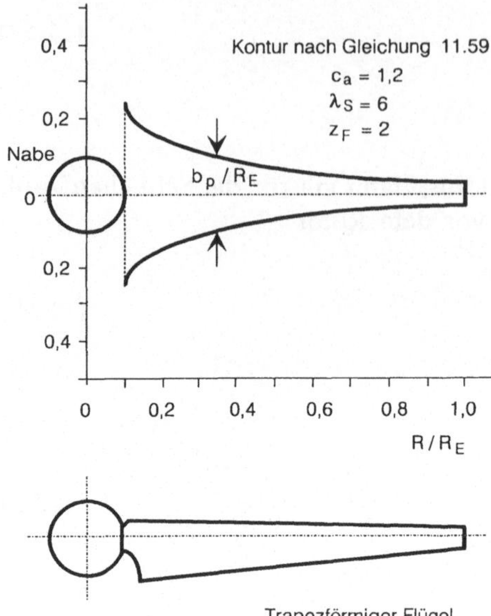

Abb. 11.22. Optimaler und angenäherter trapezförmiger Blattumriß

Bei der Auslegung eines Rotorblatts spielen natürlich neben der Aerodynamik die Festigkeit, Werkstofffragen, die Herstellbarkeit und die Kosten eine wichtige Rolle.

11.3.8 Profilauswahl

Bei der Auslegung eines Windenergiekonverters ist die Auswahl oder die Entwicklung eines geeigneten *Profils* ein wichtiger Arbeitsschritt. Um hier dem Konstrukteur die Arbeit zu erleichtern, wurden systematische Profilreihen entwickelt. Diese Arbeiten wurden zum überwiegenden Teil im Hinblick auf Anwendungen für Flugzeugtragflügel und im Turbomaschinenbau durchgeführt. Sie lassen sich aber auch für Windkraftanlagen anwenden. Schon Betz hat verschiedene Profile untersucht. In den USA wurde beginnend mit dem Jahre 1933 die umfangreichste Profilsystematik entwickelt. Es handelt sich hier um NACA-Profile (National Advisory Committee for Aeronautics). Für die NACA-Serien existieren umfangreiche Tabellen der geometrischen und aerodynamischen Kenngrößen für die verschiedensten Profilformen. Darüber hinaus gibt es noch andere Serien, z.B. wurde von Wortmann (Universität Stuttgart) eine Serie entworfen (s. Abb. 11.24).

Für einen Langsamläufer ist die Profilauswahl leicht. Meistens werden ebene oder kreisförmig gebogene Blechblätter gewählt. Damit lassen sich Gleitzahlen von $E_G \leqq 40$ ($E_G = c_a / c_w$) erreichen (Abb. 11.23).

Bei der Auswahl von optimalen Profilen für einen Schnelläufer ist eine hohe Gleitzahl anzustreben. Mit modernen Profilen werden *Gleitzahlen* von 150 bis 160 erreicht (Abb. 11.24).

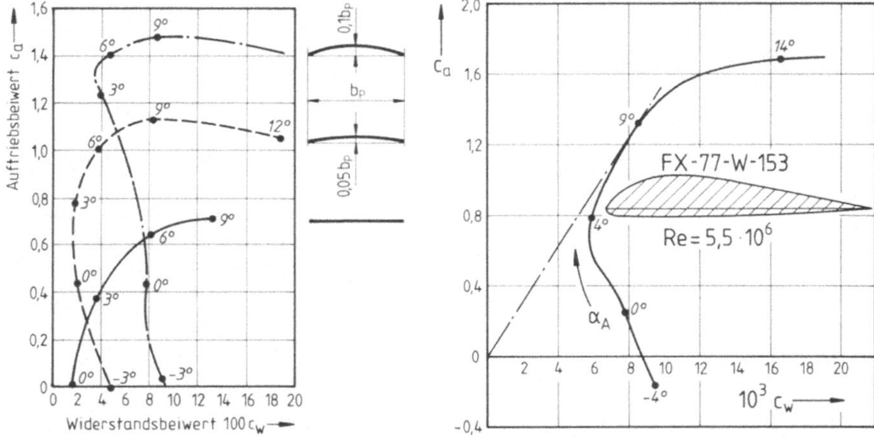

Abb. 11.23. Ebene und gewölbte Blattformen für Langsamläufer (Betz, 1926)

Abb. 11.24. Modernes Profil für einen Schnellläufer (nach Wortmann, MAN 1979)

11.3.9 Optimale Rotordrehzahl

Unter der *optimalen Rotordrehzahl* soll diejenige Drehzahl verstanden werden, bei der die Jahresenergieabgabe ein Maximum erreicht. Für die *Jahresenergie* $E_{\mathrm{a,el}}(n)$ bei einer bestimmten Rotordrehzahl und bei 100% technischer Verfügbarkeit gilt

$$E_{\mathrm{a,el}}(n) = t_{\mathrm{a}} \sum_{v=v_{\mathrm{L}}}^{v=v_{\mathrm{M}}} P(v,n)\,h(v) \quad \text{(J/a)} \tag{11.60}$$

mit v Windgeschwindigkeit (m/s), v_{L} Leerlaufwindgeschwindigkeit (m/s), v_{M} max. Windgeschwindigkeit (Abschaltwindgeschwindigkeit) (m/s), t_{a} Zeit eines Jahres (s/a), $h(v)$ Häufigkeit der Windgeschwindigkeit und $P(v,n)$ elektrische Leistungsabgabe bei der Windgeschwindigkeit v und der Drehzahl n. Die Häufigkeit $h(v)$ für einen Standort ergibt sich aus Messungen, die in Diagrammen wie in Abb. 10.8 dargestellt werden. Die Leistung $P(v,n)$ kann aus dem Kennfeld des Windenergiekonverters, wie z. B. in Abb. 11.26 dargestellt, entnommen werden. Abbildung 11.25 zeigt die Jahresenergie in normierter Darstellung für einen Schnelläufer mit Standort an der deutschen Küste. Eine Drehzahl, die ca. 30% kleiner ist als das Optimum, führt zu einer ca. 15% geringeren Jahresenergie. Liegt die Drehzahl um 30% über dem optimalen Wert, dann ist die erzielte Jahresenergie um 10% niedriger.

Abbildung 11.26 zeigt das Leistungs-Drehzahlfeld eines Schnelläufers für verschiedene Windgeschwindigkeiten. Die Verbindungslinie durch die Maxima der Kurvenschar ergibt die Lage der optimalen Leistungen. Links davon liegt die Kurve optimaler Drehmomente (s. Abb. 11.21).

In Tabelle 11.1 sind die drei Drehzahlkennlinien aus Abb. 11.26 aufgeführt.

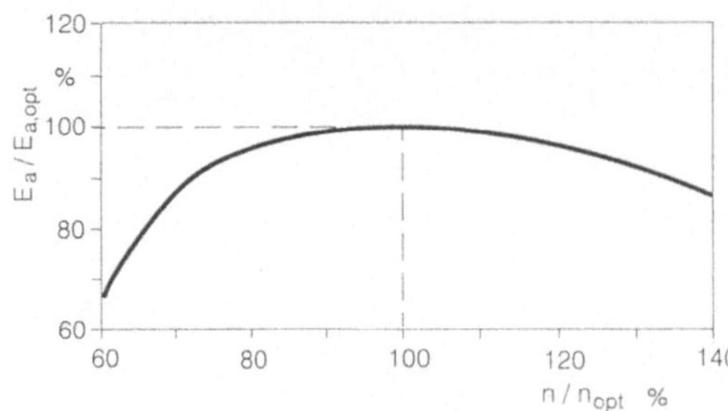

Abb. 11.25. Nutzbare Jahresenergie in Abhängigkeit von der Rotordrehzahl

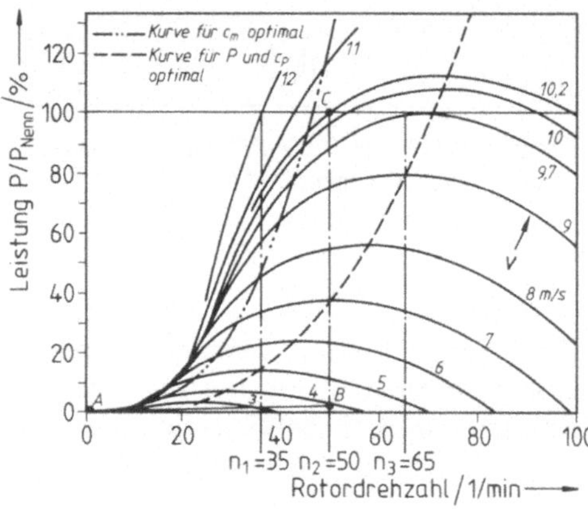

Abb. 11.26. Leistungs-Drehzahlkennfeld eines Schnelläufers

Tabelle 11.1. Vergleich verschiedener Drehzahlen nach Abb. 11.26

Drehzahl $\min^{-1}$	Windgeschwindig-keit bei $P(v, n)_{opt}$ m/s	Windgeschwindig-keit bei Nennleistung m/s	Windgeschwindig-keit bei Leerlauf m/s	Jahres-Nutzenergie
$n_1 = 35$	5	12,0	3,0	geringer als optimal
$n_2 = 50$	7	10,2	4,0	optimal
$n_3 = 65$	9	9,7	5,0	geringer als optimal

Es wird angenommen, daß eine Windgeschwindigkeitsverteilung zugrunde liegt, mit der ein Maximum der Jahresenergie bei n_2 erreicht wird. Wählt man die Drehzal des Rotors zu hoch (n_3), oder zu niedrig (n_1), dann wird das Windenergieangebot im mittleren Geschwindigkeitsbereich, das die höchsten Häufigkeiten hat, nicht optimal genutzt. Die erzielte Jahresenergie fällt dann niedriger aus als der Maximalwert.

Ein anderes Kriterium zur Begrenzung der Drehzahl nach oben ist die Geräuschentwicklung. Nach Molly (1990) soll die Blattspitzengeschwindigkeit 70 bis 80 m/s nicht überschreiten.

11.3.10 Darrieus-Rotor

Der *Darrieus-Rotor* (Abb. 11.5) besitzt eine senkrechte Achse, um die sich die Rotorblätter drehen. Dadurch ändern sich der Blatteinstellwinkel und die Strömungsverhältnisse während einer Umdrehung ständig. Abbildung 11.27 zeigt einen horizontalen Schnitt durch einen Darrieus-Rotor.

Für die Rotorblätter wird ein symmetrisches Profil genommen, denn die Auftriebskraft am Profil ist in bestimmten Bereichen des Rotorumfangs nach außen gerichtet und in anderen nach innen. Die Druckverteilung auf den Profilseiten kehrt sich um, weil sich die Richtung der relativen Anströmgeschwindigkeit von positiven Anstellwinkeln $+\alpha_A$ im Bereich von $0° \leqq \varphi \leqq 180°$ auf negative Anstellwinkel $-\alpha_A$ im Bereich von $180° \leqq \varphi \leqq 360°$ ändert. Die Widerstandskraft F_W hat immer die gleiche Richtung wie die Anströmgeschwindigkeit w und die Auftriebskraft F_A wirkt immer senkrecht dazu. Die Auftriebskraft am symmetrischen Profil entsteht nur, wenn der Anstellwinkel $\alpha_A \neq 0$ ist. In den beiden Rotorstellungen $\varphi = 0°$ und $\varphi = 180°$ tritt keine Auftriebskraft auf. In allen anderen Stellungen ist die Resultierende F_R aus der Widerstandskraft F_w am Profil und der Auftriebskraft F_A so gerichtet, daß mit dem Hebelarm l ein Drehmoment am Rotor wirkt. An jeder Stelle des Rotors entsteht ein Drehmoment in der gleichen Richtung, so daß der Rotor sich drehen und Leistung abgeben kann.

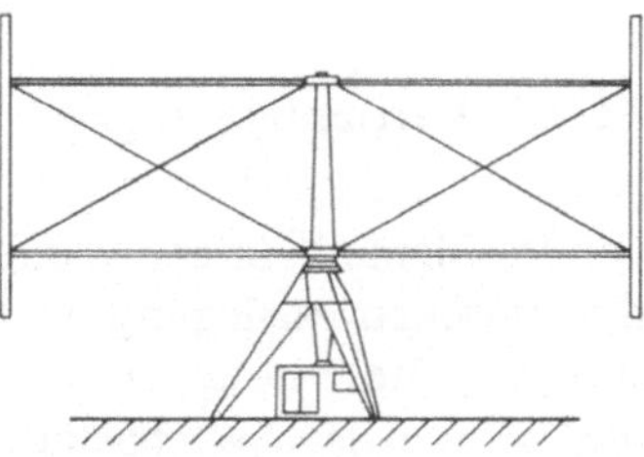
Abb. 11.28. Vertikalachsenrotor mit geraden Blättern

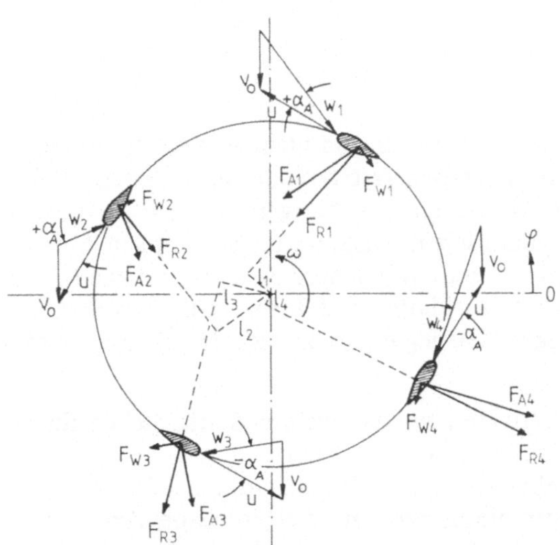
Abb. 11.27. Geschwindigkeitsdreiecke und Luftkräfte am Darrieus-Rotor

Steht der Rotor ($u = 0$), so kann er bei schwachem Wind nicht von alleine anlaufen, wie Windenergiekonverter mit horizontaler Achse. Es wird ein Hilfsantrieb benötigt, der den Rotor auf Betriebsdrehzahl hochfährt, oder er wird mit einem Widerstandsläufer gekoppelt, der dann die Anlaufphase übernimmt. Dies kann z. B. ein Savonius-Rotor (s. Abb. 11.10) sein, der auf der gleichen Achse sitzt.

Neben der Bauweise mit gebogenen Rotorblättern sind auch solche mit geraden üblich. Abbildung 11.28 zeigt einen solchen Rotor.

Die Vorteile von Darrieus-Rotoren sind:

- Richtungsunabhängigkeit und daher einfach im Aufbau,
- durch senkrechte Rotorachse einfache Leistungsabnahme direkt in Bodennähe,
- einfacher Rotorblattaufbau, daher geringe Herstellungskosten.

Die Nachteile sind:

- kein selbständiges Anlaufen bei schwachem Wind,
- kleinerer Leistungsbeiwert als bei Horizontalachsen-Konvertern,
- starke Schwingungsanregung durch die periodische Änderung der Auftriebskraft,
- die Regelung der Leistung ist bisher nicht befriedigend gelöst.

Wegen dieser Nachteile hat sich der Darrieus-Rotor nicht in nennenswertem Maße durchsetzen können.

11.4 Belastungen an einer Windkraftanlage

11.4.1 Vorbemerkungen

Die Probleme heutiger Windenergiekonverter liegen nicht so sehr in der aerodynamischen Auslegung, sondern in der Beherrschung der auftretenden Belastungen. Diese bestehen aus statischen Beanspruchungen, die von periodisch und stochastisch wechselnden dynamischen Zusatzbeanspruchungen überlagert sind. Erschwerend kommt hinzu, daß Windenergiekonverter wegen ihrer schlanken elastischen Bauteile wie Rotorblätter und Turm, sehr schwingungsanfällige Systeme sind. Die Festigkeitsauslegung zielt deshalb auf drei Bereiche:

- Ausreichende Dauerwechselfestigkeit, so daß während der Lebensdauer von 20 bis 30 Jahren kein Ermüdungsbruch auftritt,
- Bruchfestigkeit gegen Extrembelastungen, z. B. Jahrhundertböe und
- schwingungsdynamische Abstimmung der Bauteileigenfrequenzen.

Das kritische Bauteil ist der Rotor, ihm muß bei der festigkeitsmäßigen Auslegung die höchste Aufmerksamkeit gewidmet werden.

11.4.2 Luft- und Massenkräfte am Rotor

Auf ein drehendes Rotorblatt wirken folgende Luft- und Massenkräfte:

- stationäre Luftkräfte,
- Kräfte durch das Eigengewicht des Blattes,
- Fliehkräfte,
- instationäre Luftkräfte und
- Kreiselkräfte.

Stationäre Luftkräfte

Die *stationären Luftkräfte* auf das Rotorblatt bei konstanten Windverhältnissen sind die Tangentialkräfte, die in der Drehebene des Rotors wirken, und die Schubkräfte senkrecht zur Drehebene in Richtung der Drehachse (Abb. 11.29). Tangentialkräfte verursachen die *Schwenkbiegebeanspruchung* (Schwenkrichtung = Drehrichtung und entgegengesetzt), und Schubkräfte bewirken die *Schlagbiegebeanspruchung* (Schlagrichtung = Richtungen senkrecht zur Drehebene).

Weicht die Windgeschwindigkeit von der Nennwindgeschwindigkeit ab, dann ist die Blattanströmung wegen der Verwindung (s. a. Abschn. 11.3.3) nicht mehr optimal. Durch die veränderten aerodynamischen Verhältnisse verändert sich die Verteilung der Luftkräfte längs des Rotorblatts.

Gewichtskräfte

Bei den Umdrehungen des Rotors entstehen durch das Eigengewicht der Blätter abwechselnd Zug- und Druckkräfte in Blattlängsrichtung, die bei senkrechter Blattstellung am ausgeprägtesten sind. Desweiteren werden durch das Eigengewicht Querkräfte hervorgerufen, die Biegemomente verursachen. Sie sind bei waagerechter Blattstellung am ausgeprägtesten. Die Belastungszyklen durch das Eigengewicht haben insbesondere bei großen Rotoren einen erheblichen Einfluß auf die Ermüdungsfestigkeit.

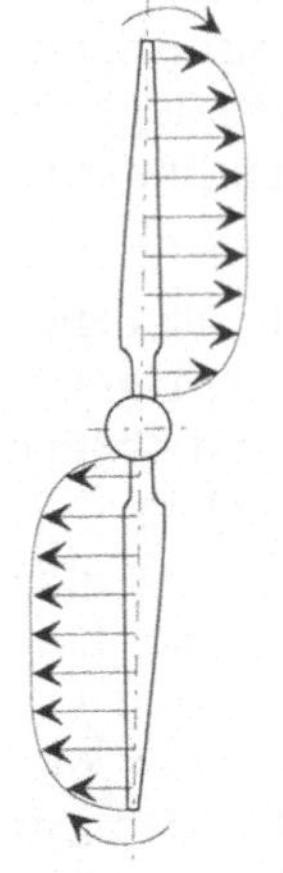

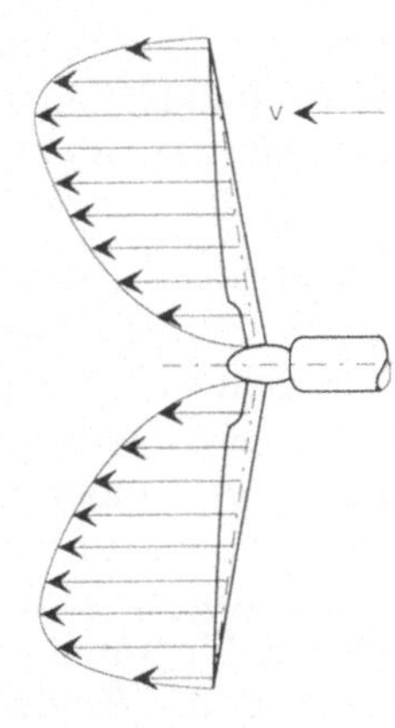

Abb. 11.29. Schematischer Verlauf der Tangentialkräfte und der Schubkräfte am Rotor

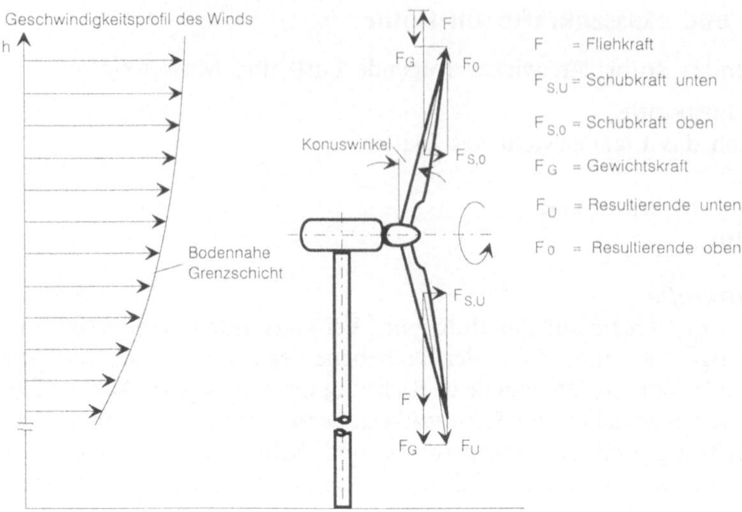

Abb. 11.30. Konuswinkel des Rotors und Kräfte

Fliehkräfte

Fliehkräfte stellen bei der Belastung kein Hauptproblem dar, da die Rotordrehzahlen von Windkraftanlagen im Vergleich zu Turbomaschinen und Hubschraubern niedrig sind. Durch den *Konuswinkel* der Rotorblätter läßt sich das Biegemoment der Schubkraft durch das entgegenwirkende Biegemoment der Fliehkraft in gewissen Grenzen kompensieren (Abb. 11.30). Bei veränderlicher Drehzahl sowie bei veränderlicher Anströmung variiert die resultierende Kraft nach Betrag und Richtung, so daß sie nicht in jeder Rotorstellung genau in der Blattlängsachse liegen kann. Es werden daher keineswegs alle Anlagen mit Konuswinkel gebaut.

Rotorausführungen

Um einen besseren Ausgleich der mit jeder Umdrehung am Blatt variierenden Kräfte zu erhalten, werden die Rotoren von Windkraftanlagen häufig in gewissen Grenzen gelenkig gestaltet. Die drei am häufigsten ausgeführten Bauarten sind entsprechend Abb. 11.31:

- *starrer Rotor*, geeignet für kleine Anlagen oder Dreiblattrotoren, bei denen sich gelenkige Blattaufhängungen in der Nabe nur schwer realisieren lassen;
- *Schlagrotor*, die Blätter haben jeweils einzeln ein Schlaggelenk und können sich so unabhängig voneinander auf die jeweiligen Kräfte einstellen;
- *Pendelrotor*, hier werden die beiden starr verbundenen Rotorblätter über ein gemeinsames Gelenk mit der Rotornabe verbunden. Sie können dann zum Ausgleich von asymmetrischen Belastungen gemeinsam um das Gelenk pendeln. Der Vorteil gegenüber dem Schlagrotor ist der geringere konstruktive Aufwand. Bei großen Anlagen ist der Pendelrotor die häufigste Bauart.

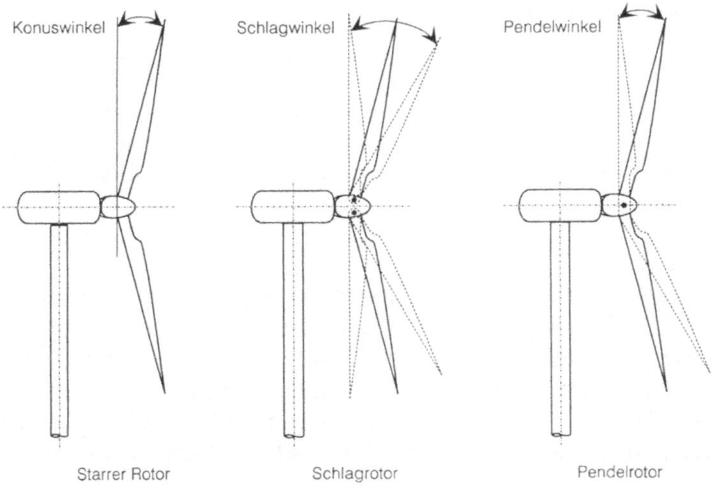

Abb. 11.31. Rotorbauweisen

Instationäre Luftkräfte

Dynamische Belastungen des Rotors durch *instationäre Luftkräfte* werden von folgenden Effekten verursacht:

- Das Rotorblatt geht bei jeder Umdrehung einmal durch eine von der Turmumströmung beeinflußten Zone. Bei leeseitiger Rotoranordnung (*Leeläufer*) dreht das Blatt durch die Verwirbelungszone hinter dem Turm und bei luvseitiger Bauweise (*Luvläufer*) durch den Turmvorstau der Windströmung.
- Instationäre Luftkräfte am drehenden Rotor, insbesondere bei großen Rotordurchmessern, entstehen durch das Höhenprofil (Grenzschicht) der Windgeschwindigkeit. Die Geschwindigkeit und damit die Belastung steigen mit der Höhe (s. a. Abschn. 10.2.5). Wie auch Abb. 11.30 zeigt, wird das Blatt beim Durchlaufen der oberen Rotorkreishälfte größeren Belastungen durch Luftkräfte ausgesetzt als in der unteren Hälfte.
- Erhebliche dynamische Belastungen entstehen durch Windturbulenzen (Böen), die eine starke kurzzeitige Änderung der Windgeschwindigkeit nach Betrag und Richtung bewirken. Die Belastungen können sich dadurch fast schlagartig vervielfachen, da die Luftkräfte mit dem Quadrat der Windgeschwindigkeit ansteigen.

Kreiselkräfte

Wird der laufende Rotor der Windrichtung nachgeführt, dann treten *Kreiselkräfte* auf. Bei motorisch nachgeführten Anlagen ist die Stellgeschwindigkeit so gering, daß die Kreiselkräfte keine nennenswerte Belastung hervorrufen (Hau, 1988). Bei Anlagen mit freier Windrichtungsnachführung müssen die Kreiselkräfte als Folge schneller Richtungsänderungen berücksichtigt werden.

11.4.3 Kräfte durch den Betriebsablauf

Anfahren des Rotors
Bei Anlagen mit Blattverstellung wirkt in der Anfahrstellung (s. Abb. 11.34)
das Eigengewicht auf die Blattachse mit dem kleinen Flächenträgheitsmoment.
Dies ist in der waagerechten Rotorstellung am ausgeprägtesten und kann nicht
zu vernachlässigende Biegewechselbeanspruchungen verursachen.

Abbremsen des Rotors
Insbesondere durch den *Rotornotstopp* bei hohen Drehzahlen kommt es zu erhöhten Belastungen. Die Rotorblätter müssen beim aerodynamischen Abbremsen in Fahnenstellung gebracht werden (Profilsehne in Windrichtung). Dadurch entsteht kurzzeitig ein negativer Anstellwinkel, und die aerodynamischen Kräfte kehren sich um. Bei Rotoren mit Konuswinkel (Abb. 11.30) addie-
ren sich dann Biegemomente aus Schub- und Fliehkräften anstatt sich zu kompensieren.

Stillstand des Rotors
Die höchste Windgeschwindigkeit, die sog. Überlebenswindgeschwindigkeit,
muß der Rotor im Stillstand ertragen.

Netzsynchronisation
Bei einer harten, direkten Koppelung (s. Abschn. 11.5) drehen Generator und
Rotor zwangsläufig mit konstanter Drehzahl. Verändert sich die Windgeschwindigkeit, so entstehen hohe dynamische Belastungen. Diese können
durch eine drehzahlelastische Auslegung der Anlage verringert werden.

11.4.4 Schwingungsbeanspruchung

Rotorblätter und Türme moderner Windkraftanlagen sind elastische schwin-
gungsfähige Systeme. Die schwingungsdynamische Auslegung hat daher darauf zu achten, daß durch die gekoppelten Bauteile keine Resonanzen entstehen
und daß durch den Betrieb keine Anregung im Bereich von Bauteil-Eigenfre-
quenzen und deren ganzzahligem Vielfachen entsteht. Die *Schwingungsprobleme* bei Windkraftanlagen konzentrieren sich auf folgende Felder:

- Schwingungen der Rotorblätter (gefährliches Flattern),
- Drehschwingungen des Triebstrangs (Nabe, Welle, Getriebe und Generator),
- Schwingungen der Windrichtungsnachführung,
- Biegeschwingungen des Turmes und
- gekoppelte Schwingungen der Gesamtanlage.

Die dynamische Stabilität einer Windkraftanlage wird mit sog. *Resonanzdiagrammen* (Abb. 11.32) nachgewiesen. In Resonanzdiagrammen werden über
der Rotordrehzahl in 1/min (Abszisse) die Frequenzen in Hz (Ordinate) aufgetragen. Die Bauteileigenfrequenzen und ihre Oberschwingungen sind in diesem

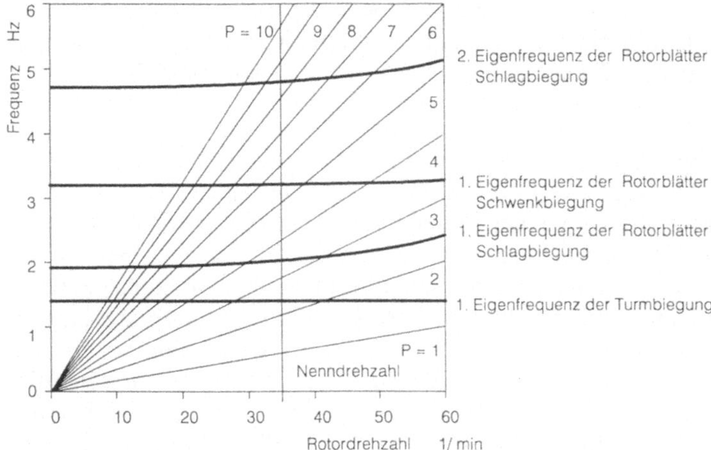

Abb. 11.32. Resonanzdiagramm einer Windkraftanlage (Nenndrehzahl 35 Umdr./min)

Diagramm im wesentlichen horizontale Linien. Die ansteigenden Geraden durch den Nullpunkt sind die ganzzahligen Vielfachen der Rotordrehzahlen.

Die Nenndrehzahl eines Rotors wird durch eine senkrechte Linie dargestellt. Um Resonanzen zu vermeiden, dürfen die Kreuzungspunkte der Nenndrehzahl-Geraden mit den Eigenfrequenz-Geraden nicht auf den Geraden für die Rotordrehzahl ($P = 1$) und deren Vielfachen ($P = 2$, $P = 3$ usw.) liegen.

Es gilt:

$$f = \frac{n \cdot P}{60} \tag{11.61}$$

mit f Frequenz (Hz), n Rotordrehzahl (min^{-1}) und $P \geq 1$ und ganzzahlig.

11.5 Elektrisches System

Sieht man von Vielflüglern zum Wasserpumpen ab, so werden moderne Windenergiekonverter (Schnelläufer) i. allg. zur Wechselstromerzeugung genutzt. Im Zusammenhang mit der Koppelung an das elektrische Netz werden folgende Betriebsarten unterschieden:

– direkte *Netzkoppelung*,
– indirekte Netzkoppelung und
– Inselbetrieb.

Direkte Netzkoppelung
Bei der direkten Koppelung an ein frequenzstarres Netz dreht der *Synchrongenerator* mit konstanter Drehzahl und der *Asynchrongenerator* mit nahezu kon-

stanter Drehzahl entsprechend der Netzfrequenz. Es handelt sich um eine sog. „harte" Koppelung, die besonders im Falle des Synchrongenerators hohe dynamische Belastungen im Triebstrang (Nabe, Welle, Getriebe und Generatorläufer) verursachen kann.

Indirekte Netzkoppelung
Diese Betriebsart erlaubt einen drehzahlvariablen Betrieb der Windkraftanlage. Da eine variable Drehzahl einen Wechselstrom mit veränderlicher Frequenz erzeugt, muß ein *Frequenzumrichter* zwischengeschaltet werden. Der vom Generator erzeugte Strom variabler Spannung und Frequenz wird zuerst gleichgerichtet und dann im Wechselrichter auf die gewünschte Spannung und Frequenz gebracht (*indirekte Koppelung*). Der Vorteil ist, daß der Rotor innerhalb einer Drehzahlspanne von 50% bis 120% der Nenndrehzahl aerodynamisch optimal betrieben werden kann. Desweiteren vermindert die variable Drehzahl die entstehenden dynamischen Belastungen. Nachteilig sind die zusätzlichen Kosten und gewisse elektrische Verluste.

Inselbetrieb
Inselbetrieb liegt dann vor, wenn die Windkraftanlage nicht mit dem großen frequenzstabilen Verbundnetz gekoppelt ist, das bei uns von vielen Kohle- und Kernkraftwerken gespeist wird, sondern wenn sie als alleiniger Versorger mit einem sehr kleinen separaten Netz verbunden ist, z. B. zur Versorgung eines ab-

Tabelle 11.2. Vergleich der gebräuchlichsten Generatoren

Betriebsart	Synchrongenerator	Asynchrongenerator
Direkte Netzkoppelung	$n_G = f$ konstante Drehzahl, harte Netzkoppelung, wird weniger eingesetzt (drehzahlstarr)	$n_G = (1-s)f$ $0 \geq s \geq -0,08$ leicht nachgiebige Drehzahl, billige und robuste Maschine, einf. Netzsynchronisation, Blindleistungsverbraucher, wird häufig bei kleinen Anlagen eingesetzt
Indirekte Netzkoppelung (drehzahlvariabel)	$0,5f \leq n_G \leq 1,2f$ drehzahlvariabel, geringe dynamische Belastungen, Netzkoppelungen über einen Gleichrichter (Gleichstromzwischenkreis) mit anschließendem Wechselrichter, übliche Anlage für die mittlere Leistungsklasse	In der aufwendigen Bauform als doppelt gespeister Asynchrongenerator für große Windkraftanlagen einsetzbar $0,8f \leq n_G \leq 1,2f$
Inselbetrieb	ohne zusätzliche Einrichtung möglich, werden deshalb üblicherweise eingesetzt	Da erhebliche Zusatzeinrichtungen notwendig sind, werden sie nicht eingesetzt

n_G = Generatordrehzahl (1/s)
f = Netzfrequenz (1/s)
s = Schlupf (Abweichung von der Nenndrehzahl)

gelegenen Verbrauchers. Die Drehzahlführung durch das frequenzstarre Netz entfällt hier.

Systemvergleich
Tabelle 11.2 gibt eine Übersicht der gebräuchlichsten Generatortypen, ihrer Eigenschaften und Einsatzbereiche. Heute werden in Windkraftanlagen überwiegend Wechselstromgeneratoren eingesetzt. Gleichstromgeneratoren kommen praktisch nicht in Betracht.

11.6 Regelung

Windenergiekonverter benötigen wegen des stark veränderlichen Windenergieangebots eine *Regelung*, um die Anlage vor Überlastung zu schützen, um die Qualität des elektrischen Stromes zu garantieren und um einen vollautomatischen Betrieb zu gewährleisten. Grundsätzlich wird zwischen Leistungs- und Drehzahlregelung unterschieden. Bei Anlagen mit direkter Netzkoppelung und starrer frequenzgeführter Drehzahl ist nur eine Leistungsregelung möglich. Drehzahl- und Leistungsregelung sind bei drehzahlvariablem Betrieb möglich (s. Abschn. 11.5).

11.6.1 Schlechte Regelbarkeit bei Langsamläufern

Bei *Langsamläufern* sind die meist sehr einfachen Blechblätter des Rotors fest mit der Nabe verbunden (s. Abb. 11.2). Eine Drehzahlregelung durch Verstellen der Blätter ist nicht möglich. Die Drehzahl kann nur grob beeinflußt werden, indem man den gesamten Rotor aus dem Wind dreht, so daß er eine geringere Angriffsfläche bietet. Dies kann z. B. durch ein Hydrauliksystem erfolgen oder, wie früher häufig ausgeführt, durch eine zusätzliche Seitenfahne, die den Rotor je nach Windstärke seitwärts vom Wind wegdreht (Abb. 11.33). Diese Einrichtungen dienen gleichzeitig als Sturmsicherungen und klappen den Rotor weitgehend aus dem Wind, wenn dieser zu stark wird.

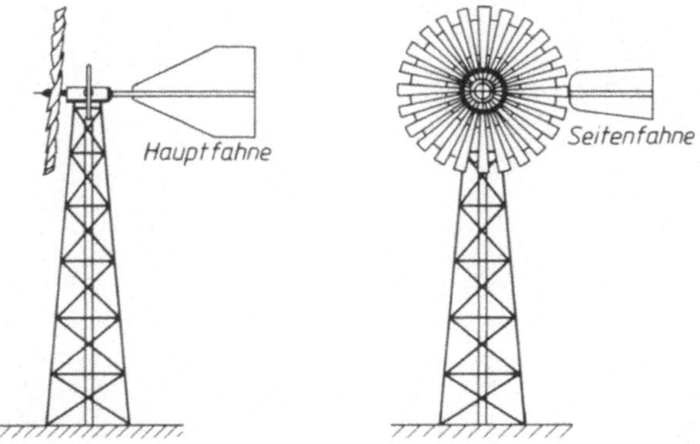

Abb. 11.33. Langsamläufer mit Seitenfahne

11.6.2 Regelung von Schnelläufern

Die Regelung von Schnelläufern zielt darauf ab, die Luftkräfte am Rotor entweder zu vergrößern oder zu verkleinern. Hierzu werden zwei aerodynamische Verfahren angewendet:

- die Regelung durch Veränderung des Blatteinstellwinkels und
- die Regelung bei festem Blatteinstellwinkel durch gezielten Strömungsabriß am Profil.

Alle Groß-Windkraftanlagen, aber z. T. auch kleine Maschinen werden mit einer Blattverstellung ausgerüstet. Der relativ aufwendige Mechanismus, der die Blätter um die Längsachse um ca. 90° verdrehen kann, sitzt in der Rotornabe. Diese Regelung wird auch als *Pitch-Regelung* (engl. pitching = Blattverstellung) bezeichnet.

Bei einem Teil der kleinen und mittelgroßen Anlagen werden aus Kostengründen die Blätter starr mit der Nabe verbunden. Mit steigendem Wind oberhalb der Nennwindgeschwindigkeit erfolgt eine Regelung durch zunehmenden Strömungsabriß am hinteren Ende der Profiloberseite. Durch den Abfall der Auftriebskraft am Blatt steigt die Rotorleistung nicht mehr an. Diese Regelung wird auch als *Stall-Regelung* (engl. stall = abdrosseln) bezeichnet.

Anfahrregelung
Da Schnelläufer wegen der geringen Blattzahl unzureichende Anlaufeigenschaften haben, muß zum Anfahren der Anlage der Blatteinstellwinkel β möglichst groß sein. Abbildung 11.34 vergleicht Nennbetriebsstellung und Anfahrstellung. Bei Beginn des Anfahrvorgangs ist die Umfangsgeschwindigkeit Null. In der Nennbetriebsstellung kann der Rotor nicht anfahren, weil wegen des zu großen Anstellwinkels α_A die Strömung hinter dem Profil abreißt. Eine An-

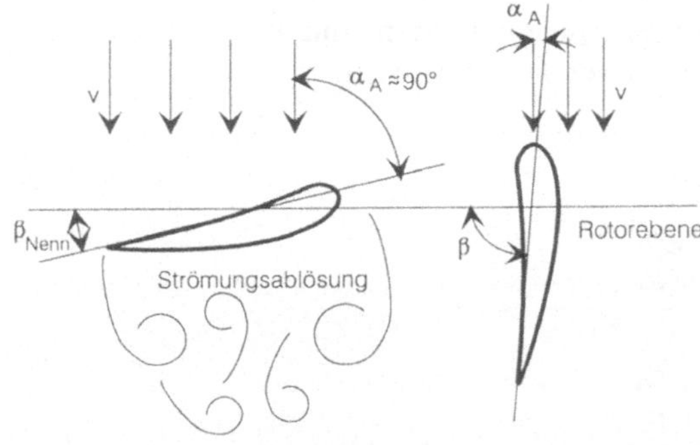

α_A = Anstellwinkel
β = Blatteinstellwinkel
V = Windgeschwindigkeit
Nenn = Nennbetrieb

Abb. 11.34. Blattstellung beim Anfahren

triebskraft in Richtung der Rotorebene entsteht erst, wenn der Blatteinstellwinkel β soweit vergrößert wird, daß die Strömung am Profil anliegt. Setzt der Rotor sich in Bewegung, dann muß der Blatteinstellwinkel kontinuierlich bis auf den Nennwert verkleinert werden. In Abb. 11.26 erfolgt die *Anfahrregelung* entlang der Linie A – B. Am Rotor wird dabei nur soviel Leistung erzeugt, wie gebraucht wird, um gerade die Reibungsverluste im Lager zu überwinden.

Beim Abfahren wird das Blatt aus der Betriebsstellung in die Anfahrstellung zurückgefahren. Wird der Einstellwinkel β solange weiter vergrößert, bis der Auftriebswert $c_a = 0$ wird, dann spricht man von *Fahnenstellung*.

Das Anfahrverhalten von stall-geregelten Anlagen ist wegen der starren Blätter und des damit verbundenen geringen Drehmoments beim Stillstand schlecht. Anlagen mit direkter Netzkoppelung werden häufig durch den auf Motorbetrieb umgeschalteten Generator hochgefahren.

Teillastregelung
Im Teillastbereich werden auch Anlagen mit veränderlichem Blatteinstellwinkel i. allg. mit einem konstanten Einstellwinkel β betrieben. Damit werden eine ständige Betätigung der Blattverstellung und ihr frühzeitiger Verschleiß vermieden.

Bei drehzahlstarrem Betrieb und direkter Netzkoppelung erfolgt die *Teillastregelung* durch Veränderung der Leistungsabgabe an das elektrische Netz. Im Leistungs-Drehzahl-Kennfeld in Abb. 11.26 geht dies längs der Geraden B – C (Synchrongenerator) innerhalb des Windgeschwindigkeitsbereichs von 3,6 bis 10,2 m/s. Asynchrongeneratoren haben, bedingt durch den leistungsabhängigen Generatorschlupf, dagegen eine, wenn auch geringe, Drehzahlelastizität (s. Abschn. 11.5).

Ein drehzahlvariabler Betrieb, z. B. bei Inselnetzen ohne Drehzahlführung oder bei indirekter Netzkoppelung mit Frequenzumrichter, erfordert eine Drehzahlüberwachung in allen Betriebszuständen. Im Inselbetrieb muß durch eine Verbrauchersteuerung (Zu- und Abschaltung) die aufzunehmende Leistung an die jeweils angebotene Windleistung angepaßt werden. Die Drehzahl wird im Teillastbereich normalerweise nicht durch die Blattverstellung geregelt. Bei indirekter Netzkoppelung werden im Teillastbereich die Leistung und die Drehzahl bei konstantem Blatteinstellwinkel über Veränderungen am elektrischen System der Windkraftanlage geregelt.

Vollastregelung
Treten Windgeschwindigkeiten auf, die größer als die Nennwindgeschwindigkeit sind, dann muß die Regelung Sorge dafür tragen, daß die Nennleistung nicht überschritten wird. Diese *Vollastregelung* erfolgt durch Blattverstellung. Der Blatteinstellwinkel wird so verändert, daß der Auftriebsbeiwert des Profils kleiner wird. Dadurch verringert sich die am Blatt angreifende Kraft. Abbildung 11.35 zeigt, wie der Anstellwinkel α_A durch den Blatteinstellwinkel β beeinflußt wird. Würde das Profil bei ansteigender Windgeschwindigkeit $v > v_{Nenn}$ im Nenn-Blatteinstellwinkel β_{Nenn} stehen bleiben, so würde der Anstellwinkel α_A größer werden und damit die Auftriebskraft. Die Nennleistung

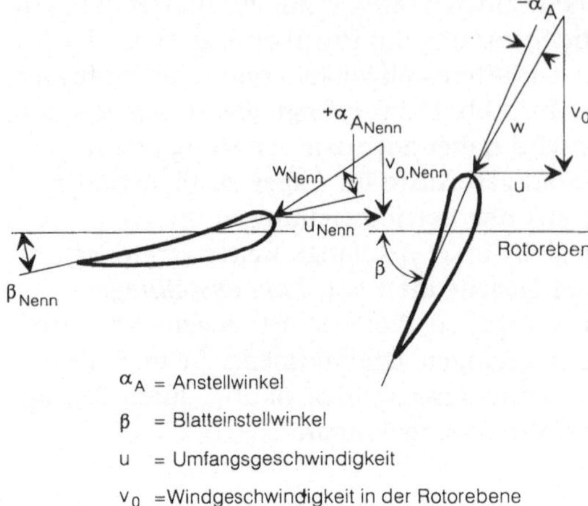

Abb. 11.35. Regelung bei Vollast durch Blattverstellung

würde überschritten werden. Um dies zu vermeiden, wird der Blatteinstellwinkel β vergrößert, wodurch sich gleichzeitig der Anstellwinkel α_A und die Auftriebskraft am Profil verkleinern. Der Blatteinstellwinkel muß so lange vergrößert werden, bis die Leistung wieder der Nennleistung entspricht. Fällt die Windgeschwindigkeit ab, dann muß das Blatt wieder zurückgedreht werden. Bei sehr hohen Windgeschwindigkeiten, die unzulässige Belastungen verursachen, wird das Blatt in *Fahnenstellung* gedreht ($\beta > 90°$, so daß $c_a = 0$ ist).

Die Nennleistung wird bei stall-geregelten Anlagen, deren Blätter starr auf der Nabe sitzen, nicht so exakt eingehalten wie bei Windenergiekonvertern mit Blattverstellung. Vielmehr schwankt mit steigender Windgeschwindigkeit die Leistung innerhalb eines gewissen Bereichs. Ursache sind Veränderungen im Verhalten der abgerissenen Strömung am Blatt. Bei unzulässig hohen Windgeschwindigkeiten muß der Rotor mechanisch festgebremst werden.

Windrichtungsnachführung
Um bei der normalerweise schwankenden Windrichtung immer eine optimale Ausbeute der angebotenen Windleistung zu erzielen, muß der Rotor mit einem Antriebssystem immer genau in den Wind gedreht werden. Das Antriebssystem wird von einem Windrichtungsmeßgerät gesteuert.

11.7 Wirtschaftlichkeit

Kleine und mittlere Windkraftanlagen ($P_{el} \leq 300$ kW) sind kommerziell verfügbar und z. T. schon in kleineren Serien gefertigt worden. Die spezifischen Kosten dieser Anlagen, bezogen auf die abgegebene Leistung oder die Rotorkreisfläche, fallen mit der Leistungsgröße. Es wird angenommen, daß die spe-

Tabelle 11.3. Richtwerte für die Kostenstruktur von kleinen und mittleren Windkraftanlagen zur Stromerzeugung

Rotorblätter (Zweiblattrotor)	15%
Nabe, Blattverstellung, mechanische Übertragung und Maschinengehäuse	40%
Generator	5%
Elektronische Einrichtungen und Regelung	25%
Turm	15%
Preis ab Werk	100%
Transport, Fundament, Aufbau, Anschluß und sonstige Nebenkosten[a]	20 %

[a] Ohne Grundstücks- und Pachtkosten

zifischen Kosten für große Maschinen ($P_{el} > 300$ kW) dagegen wieder ansteigen (Hau, 1988). Da große Anlagen praktisch noch nicht in Serien gefertigt wurden, liegen noch keine ausreichend gesicherten Kostendaten vor.

Die *Kostenstruktur für kleine und mittlere Windkraftanlagen* ist in Tabelle 11.3 verdeutlicht. Grundstücks- und Pachtkosten, die noch zusätzlich anfallen, lassen sich nicht generell angeben.

Für Wirtschaftlichkeitsvergleiche, z. B. mit anderen Kraftwerken, werden meist die *Stromgestehungskosten* benutzt. Ihre Berechnung erfolgt mit der Formel:

$$k_s = \frac{3,6 \cdot 10^6 \, k_a}{e_{a,el}} \left(\frac{DM}{kWh} \right) \tag{11.62}$$

mit k_s Stromgestehungskosten (DM/kWh), k_a spezifische Jahreskosten (DM/m^{2}a) und $e_{a,el}$ erzeugte spezifische elektrische Energie (J/m^{2}a). Bei Windkraftanlagen werden die energetischen und wirtschaftlichen Kenngrößen häufig auf die Rotorkreisfläche A_0 bezogen. Die Jahreskosten k_a berechnen sich aus dem jährlichen Kapitaldienst und den Betriebskosten. Für die *Annuität* gilt:

$$A_n = \frac{q^{n^*}(q-1)}{q^{n^*}-1} \left(\frac{1}{a} \right) \tag{11.63}$$

mit $q = 1 + p_z/100$ Zinsfaktor, p_z Zinssatz (%/a) und n^* fiskalische Nutzungsdauer (a). Die Jahreskosten k_a sind dann:

$$k_a = k_F (A_n + z_B/100) \; (DM/a) \tag{11.64}$$

mit z_B Betriebskostensatz (%/a) und k_F spezifische Anlagekosten (DM/m^2). Die vom Generator erzeugte *spezifische Jahresenergie* kann entsprechend Gl. (10.19) für 100% technische Verfügbarkeit folgendermaßen berechnet werden:

$$e_{a,el} = \frac{\varrho_L}{2} \int_{t_1}^{t_2} v^3 c_p \eta \, dt \; (J/m^2 a) \tag{11.65}$$

mit ϱ_L Luftdichte (kg/m^3), v Windgeschwindigkeit weit vor dem Rotor (m/s), $t_2 - t_1$ Zeitraum eines Jahres (s/a), c_p Leistungsbeiwert und η gesamter (mechanischer und elektrischer) Wirkungsgrad.

Für die Berechnung der Stromgestehungskosten muß die Windgeschwindigkeit v für mindestens ein Jahr (besser mehrere Jahre) in Nabenhöhe bekannt sein. Desweiteren müssen der Gesamtwirkungsgrad η und die c_p-Kennlinie der Maschine (s. Abb. 11.20) bekannt sein. Im einfachsten Fall konstanter Drehzahl (direkt gekoppelter Synchrongenerator, s. Abschn. 11.5) hängt c_p von der Windgeschwindigkeit v und dem Blatteinstellwinkel β ab. Gleichung (11.65) kann mit Hilfe eines Computerprogramms numerisch gelöst werden.

Tabelle 11.4 zeigt die spezifischen *Jahresenergien* bei konstanter Drehzahl für einen sehr guten, einen mittleren und einen ungünstigen Standort.

Ein Vergleich der Stromgestehungskosten in Tabelle 11.5 zeigt, daß es wirtschaftlich keinen Sinn macht, Windenergie an Standorten mit unzureichendem Windangebot zu nutzen. Im windschwachen Binnenland werden die Stromgestehungskosten mindestens fünfmal größer als auf einer günstigen Nordsee-

Tabelle 11.4. Spezifische Jahresenergie für drei ausgesuchte Standorte

Standort	$\bar{v}$[a] m/s	e_a 10^9 J/m^{2}a	$e_{a,el}$[b] 10^9 J/m^{2}a
Nordseeinsel	7,0	11,4	3,38
Kahler Asten	5,5	5,5	2,12
Binnenland (windschwach)	4,0	2,1	0,61

[a] Jahresmittelwert der Windgeschwindigkeit $\bar{v}$ in 25 m Höhe
[b] Für einen handelsüblichen Windenergiekonverter bei 90% technischer Verfügbarkeit mit Drehzahloptimierung für den mittleren Standort

Tabelle 11.5. Einflußparameter der Stromgestehungskosten einer Windkraftanlage von 65 kW elektrischer Leistung und 16 m Rotordurchmesser im Jahre 1992 (nach Brem Tec 1990, Kleemann 1991)

Variierter Parameter	Standort	n* Jahre	p_z %/a	k_F DM/m^2	z_B %/a	k_s DM/kWh
Standort	Nordseeinsel	12	10	648[a]	3,0	0,12
	Kahler Asten	12	10	648[a]	3,0	0,20
	Binnenland (windschwach)	12	10	648[a]	3,0	0,67
Zinssatz	Nordseeinsel	12	7/14	648[a]	3,0	0,11/0,14
Abschreibungszeit	Nordseeinsel	6/18	10	648[a]	3,0	0,18/0,11
Produzierte Stückzahl	Nordseeinsel	12	10	486[b]	3,0	0,09

[a] Preisstand 1991 für am Markt verfügbare Anlagen (20% für Nebenkosten enthalten, ohne Grundstücks- und Pachtkosten)
[b] 25% Kostenreduktion bei einer Verfünffachung der Stückzahl

insel. Einen geringeren, aber nicht zu vernachlässigenden Einfluß hat die Wahl der fiskalischen Parameter n^* (Abschreibungsdauer) und p_z (Zinssatz). Weitere Kostenreduktionen werden in Zukunft durch die Herstellung von größeren Serien erwartet (vgl. Tabelle 11.5, letzte Zeile). Windkraftanlagen können heute an sehr guten Standorten Stromgestehungskosten erreichen, die mit denen aus Großkraftwerken vergleichbar sind. Allerdings werden sie diese wegen der beschränkten Verfügbarkeit des Winds nicht ersetzen können. Die erreichbaren *Vollaststunden* n_v liegen an guten Standorten nur bei etwa 3000 Stunden pro Jahr. Es gilt:

$$n_v = \frac{e_{a,el} A_0}{3600\, P_{el}} \ (h/a) \tag{11.66}$$

mit A_0 Rotorkreisfläche (m^2), P_{el} elektrische Nennleistung der Windkraftanlage (W) und $e_{a,el}$ erzeugte spezifische Jahresenergie ($J/m^2 a$).

Literaturverzeichnis

Literatur zu Kapitel 1: Nutzungsmöglichkeiten regenerativer Energiequellen

AGF-ASA: Energiequellen für morgen? Teil I: Zukünftige Energiebedarfsdeckung und die Bedeutung der nichtfossilen und nichtnuklearen Primärenergieträger. Teil II: Nutzung der solaren Strahlungsenergie. Teil III: Nutzung der Windenergie. Teil IV: Nutzung der Meeresenergie. Teil V: Nutzung der geothermischen Energie. Teil VI: Nutzung der Wasserenergien. Kurzfassung: Matthöfer, H. (Hrsg.): Nichtnukleare-nichtfossile Primärenergiequellen. Frankfurt: Umschau 1976

BMWi: Energiedaten '90, Entwicklung für die BRD. Bundesministerium für Wirtschaft, Bonn, 1991

Bohn, Th.: Zukünftige Energiebedarfsdeckung und die Bedeutung der nichtfossilen und nichtnuklearen Primärenergieträger. In: AGF-ASA: Energiequellen für morgen? Teil I. Frankfurt: Umschau 1976

Cube, H. L. von: Handbuch der Energiespartechniken. Bd. 3: Nutzung regenerativer Energien und passive Spartechnik. Karlsruhe: C. F. Müller 1983

Energie und Klima: Hrsg: Enquête-Kommission des Deutschen Bundestages „Vorsorge zum Schutz der Erdatmosphäre". Karlsruhe: C. F. Müller 1990

Enquête-Kommission des Deutschen Bundestages: „Technikfolgen – Abschätzung und Bewertung": Bedingungen und Folgen von Aufbaustrategien für eine solare Wasserstoffwirtschaft. Stuttgart 1990

Electricité de France: Das Gezeitenkraftwerk an der Rance. La Rance/St. Malo 1975

EUROSTAT, 1983: Jahrbuch Energiestatistik. Statistisches Amt der Europäischen Gemeinschaften, Brüssel 1985

Flavian, C.; Lenssen, N.: Towards a sustainable energy future. ISES, 1991

Hubbert, M.; King: The energy resources of the earth. Sci. Am. 225 (1971) 61–70

ISES/BSE: Bewertung der Wirtschaftlichkeit regenerativer Energien. Tagesbericht, 1. 12. 1981, München

IZE, Informationszentrale Elektrizität: Energiewirtschaft. Bonn, 1989

Kleemann, M.: Aktuelle wirtschaftliche und ökologische Probleme bei der Nutzung regenerativer Energiequellen. In: „elektrowärme international". Essen: Vulkan, 49. Jg., Heft A2/Juni 1991

Lehner, G. (Hrsg.): Solartechnik, 2. Aufl. Grafenau: expert-Verlag 1980

Meliß, M.: Regenerative Energiequellen. Jahresübersicht im April-Heft der BWK. Bisher erschienen: BWK 29 (1977) 136–142; BWK 30 (1978) 151–156; BWK 31 (1979) 147–154; BWK 32 (1980) 140–146; BWK 33 (1981) 138–145; BWK 34 (1982) 182–189; BWK 35 (1983) 150–155; BWK 36 (1984) 134–139; BWK 37 (1985) 145–150; BWK 38 (1986) 127–131; BWK 39 (1987) 160–167; BWK 40 (1988) 118–122; BWK 41 (1989) 146–151; BWK 42 (1990) 173–179; BWK 43 (1991) 174–181; BWK 44 (1992) 136–144

Nitsch, J., Luther, J.: Energieversorgung der Zukunft. Berlin: Springer 1990

Orth, D.: Niedertemperatur-Wärmeversorgung unter besonderer Berücksichtigung ausgewählter neuer Technologien. Jül-Spez-65, Jülich, Dez. 1979

Rademacher, Horst: Energie aus heißem Gestein entnommen. VDI-Nachrichten 11, 14. März 1980

Schulz, R.: Nutzung geothermischer Energie, ein Überblick. In: Bußmann, W. et al.: Geothermie – Wärme aus der Erde (Hrsg.). Karlsruhe: Müller, 1991, S. 6–19

Reglob 92: Meliß, M.: Globale Betrachtung regenerativer Energieressourcen und deren technische Nutzungsmöglichkeiten, Jülich, 1992. Auszugsweise in: VDI-Bericht 941: Energiehaushalten und CO_2-Minderung: Einsparpotentiale durch die Einbindung regenerativer Energieträger

Stoy, B.: Wunschenergie Sonne, 3. Aufl. Heidelberg: Energie-Verlag 1980

Stromeinspeisungsgesetz: Gesetz über die Einspeisung von Strom aus erneuerbaren Energien in das öffentliche Netz vom 7. 12. 1990. Bundesgesetzblatt 67, Bonn, 14. 12. 90

WEC, World Energy Council: Survey of Energy Resources 1989

Literatur zu Kapitel 2: Darbietung solarer Strahlungsenergie

AGF-ASA: Energiequellen für morgen? Teil II: Nutzung der solaren Strahlungsenergie. Frankfurt: Umschau 1976

Deutscher Wetterdienst: Täglicher Wetterdienst. Offenbach am Main, fortlaufende Veröffentlichungen

Deutscher Wetterdienst: Meteorologisches Jahrbuch. Offenbach am Main, fortlaufende Veröffentlichungen

DIN 5034, Tageslicht in Innenräumen, Teil 2. Berlin: Beuth, Februar 1985

Duffie, J. A.; Beckmann, W. A.: Sonnenenergie – Thermische Prozesse. München: Pfriemer 1976

Kasten, F.: Persönliche Mitteilung vom 20. 2. 1991, s. auch: Kasten, F.: Strahlungsaustausch zwischen Oberflächen und Atmosphäre. VDI-Bericht, Nr. 721. S. 131 – 158, Düsseldorf, 1989

Liu, B. Y. H.; Jordan, R. C.: The interrelationship and characteristic distribution of direct, diffuse and total solar radiation. Sol. Energy 4 (1960) 3 ff

Meliß, M.: Angewandte Systemanalyse Nr. 9 Möglichkeiten und Grenzen der Sonnenenergienutzung in der BRD mit Hilfe von Niedertemperaturkollektoren. Grundlagen-Technische Systeme-Wirtschaftlichkeit. Jül-Spez-25, Jülich, Dez. 1978

Möller, F.: Einführung in die Meteorologie, Bd. I und II. Mannheim: Bibliographisches Inst. 1973

Niehaus, F.: Langzeitaspekte der Umweltbelastung durch Energieerzeugung: CO_2 und H^3. Jül-1165, Jülich, 1975

Schulze, R.: Strahlenklima der Erde. Darmstadt: Steinkopff 1970

Stoy, B.: Wunschenergie Sonne, 3. Aufl. Heidelberg: Energie-Verlag 1980

Valley, S. L.: Handbook of geophysics and space environment. New York: McGraw-Hill 1965

VDI 3786, Umweltmeteorologie, Messung der Lufttrübung mit Sonnenphotometern. Düsseldorf: VDI, August 1990 (Entwurf)

WMO, World Meteorological Organization: Solar radiation and radiation balance data. Petersburg, GUS, fortlaufende Veröffentlichungen

Literatur zu Kapitel 3: Niedertemperaturkollektoren

AGF-ASA: Energiequellen für morgen? Teil II: Nutzung der solaren Strahlungsenergie. Frankfurt: Umschau 1976

BINE: Sonnenenergie zur Warmwasserbereitung, Solaranlagen auf dem Prüfstand. Köln: TÜV-Rheinland 1987

Duffie, J. A.; Beckmann, W. A.: Sonnenenergie-Thermische Prozesse. München: Pfriemer 1976

Bliss, R. W.: The derivation of several plate efficiency factors useful in the design of flat-plate solar heat collectors. Sol. Energy 3 (1959) 54/64

DIN 4757: Sonnenkollektoren. Teile 1 – 4. Berlin: Beuth Verlag, 1980 und 1982

Hottel, H. C.; Woertz, B. B.: Performance of flat-plate solar heat collectors. Trans. ASME 64 (1942) 91 – 104

Ley, W.; Kalt, A.: Bestimmung der Leistungscharakteristik von Solarkollektoren. DFVLR – Interner Ber. IB 353 – 76/15, 15. 10. 1976

Luboschik, U.; Peuser, F. A.: Sonnenenergie zur Warmwasserbereitung und Raumheizung. BINE-Informationspaket, FIZ-Karlsruhe. Köln: TÜV-Rheinland 1988

Meliß, M.: Möglichkeiten und Grenzen der Sonnenenergienutzung in der BRD mit Hilfe von Niedertemperaturkollektoren. Grundlagen-Technische Systeme-Wirtschaftlichkeit. Jül-Spez-25, Jülich, Dez. 1978

Scherber, W.; Schröder, B.: Entwicklung von selektiven Solarabsorbern auf der Basis von Aluminium-Rollbond-Wärmetauschern. Abschlußber. zum BMFT-Vorhaben ET 4051/7, Friedrichshafen 1980

Literatur zu Kapitel 4: Solare Niedertemperatursysteme

Aemisegger, E.: Auslegung von Kollektor- und Absorberanlagen. Berichtsband 3. Internationales VDM-Symposion Solartechnik. VDM Aluminium GmbH, Frankfurt, 1980

Biasin, K.: Sonnenkollektoren für öffentliche Freibäder. RWE informiert 134, Essen 1976

Biasin, K.: Wärmebedarfsdeckung und Wärmerückgewinnung im öffentlichen Freibad. RWE 1976

Biasin, K.: Abdeckeinrichtungen für öffentliche Freibäder. RWE informiert 164, Essen 1980

BINE: Sonnenenergie zur Warmwasserbereitung, Solaranlagen auf dem Prüfstand. Köln: TÜV Rheinland 1987

BINE: Sonnenenergie zur Warmwasserbereitung. Informationspaket. Köln: TÜV-Rheinland 1990

BINE: Projekt Info-Service: Solar Demonstrationsvorhaben. Freibäder Stadtsteinach und Ahaus

Croy, R.; Rehrmann, U.; Peuser, F. A.: Erfahrungen mit Solaranlagen zur Schwimmbadwassererwärmung in öffentlichen Bädern. Zentralstelle für Solartechnik (ZfS). Hilden, April 1991

Dienelt, H.: Untersuchungen zur Wasserverdunstung an offenen Oberflächen. Luft Kältetech. 4 (1967)

Dietrich; Lehner, G. (Hrsg.): Solartechnik. Grundlagen, Anwendungen, Zukunftsaussichten, 2. Aufl. Grafenau: expert-Verlag 1980

DIN 4108: Wärmeschutz im Hochbau, Ausgabe August 1969. Berlin: Beuth 1969, nebst Beiblatt

DVWG (Deutscher Verein von Gas- und Wasserfachmännern): Beckenwassererwärmung in Freibädern mit Gas-Wärmeerzeugern. Tech. Mitt. G 677, Sept. 1975

Energie und Klima: Erneuerbare Energien, Bd. 3. Bonn: Economica, Karlsruhe: C. F. Müller 1990

EUR: Rationelle Energieverwendung im Bäderbau (Bände 1 und 2). Kommission der Europäischen Gemeinschaften, Generaldirektion Energie. Brüssel 1987. Best. Nr. EUR 11280 DE/1 und DE/2

Fricke, J.; Borst, W. L.: Energie. Ein Lehrbuch der physikalischen Grundlagen, 2. Aufl. München: Oldenbourg 1984

Hörster, H. (Hrsg.): Wege zum energiesparenden Wohnhaus. Hamburg: Philips 1980

Kleemann, M.: Aktuelle wirtschaftliche und ökologische Probleme bei der Nutzung regenerativer Energiequellen. In: „elektrowärme international". Essen: Vulkan, 49. Jg., Heft A2/Juni 1991

Lakner, K.; Luboschik, U.; Tesche, B.: Demonstrationsvorhaben. Rationelle Energieverwendung im Bäderbau. Schlußbericht zur Nachbetreuung der Bäder Ahaus, Stadtsteinach, Unna, Uelzen und Inzell. IST Energietechnik GmbH, Kaudern-Wollbach, April 1990

Luboschik, U.; Peuser, F. A.: Sonnenenergie zur Warmwasserbereitung und Raumheizung. BINE-Informationspaket, FIZ-Karlsruhe. Köln: TÜV Rheinland 1988

Meliß, M.: Möglichkeiten und Grenzen der Sonnenenergienutzung in der BRD mit Hilfe von Niedertemperaturkollektoren. Jül-Spez-25, Jülich, Dez. 1978

Peuser, F. A.; Croy, R.: Erfahrungen mit Solaranlagen zur Warmwasserbereitung. Zentralstelle für Solartechnik (ZfS). Hilden, April 1991

Peuser, F. A.: Zur Planung von Solarkollektoranlagen und zur Dimensionierung der Systemkomponenten. Wärmetechnik, Jg. 31 (1986), H. 7, S. 324−328, H. 10, S. 452−458, H. 12, S. 550−553; Jg. 32 (1987), H. 2, S. 57−61

Rado, L.: Energiekostenermittlung bei beheizten Freischwimmbädern. HLH 26 (1975)

Rationelle Energieverwendung im Bäderbau. Statusbericht, Köln 1985. Bundesministerium für Forschung und Technologie, Vertrieb: Fachinformationszentrum, Karlsruhe

Recknagel/Sprenger; Hönmann, H. (Hrsg.): Taschenbuch für Heizungs- und Klimatechnik, 63. Ausg. München: Oldenbourg 1986

Rouvel, L.: Schema zur Ermittlung des Energieverbrauchs und der Heizleistung für beheizte Freischwimmbäder. Brennst. Wärme Kraft 22 (1970)

Schäfer, R.: Optimierung von thermosiphonisch betriebenen Solarsystemen für Mehrfamilienhäuser. Fachhochschule Jülich, August 1986

Scheller, W.: Solaranlagen zur Warmwasserbereitung. Analytische Untersuchungen von Thermosiphon- und Pumpenanlagen unter mitteleuropäischen Klimabedingungen. Jül-2047, Jülich, März 1986

Späte, F.: Bestimmung des thermischen Verhaltens von zwei Thermosiphonanlagen. Jül-Spez-194, Jülich, Feb. 1983

Tihanyi, B. A.; Cornits, B.; Erben, E.; Muchlrater, A.: Entwicklung neuartiger Absorptionsschichten für den Hochtemperaturbereich von Solarkollektoren. Statusber. Sonnenenergie 1983, Bd. 2. Hrsg. im Auftrag des BMFT: Inst. f. Solartechnik und ISES

Uhlemann, R.: Performance and cost analysis of pressurized and non-pressurized domestic solar water heating systems with thermosiphonic flow. Angewandte Systemanalyse Nr. 34. Jül-1882, Jülich, Dez. 1983

VDI-Richtlinie 2067: Wirtschaftlichkeitsberechnungen von Wärmeverbrauchsanlagen, Blatt 4: Brauchwassererwärmung. Düsseldorf, Jan. 1974

VDI-Berichte 851: Regenerative Energien. Betriebserfahrungen und Wirtschaftlichkeitsanalysen der Anlagen in Deutschland. Düsseldorf: VDI 1991

Wensierski, P.: Analyse und Optimierung solarer Warmwasser- und Raumheizungssysteme von Wohnbauten mit verschiedenem Wärmeschutz. Jül-Spez-301, Jülich, Feb. 1985

Literatur zu Kapitel 5: Konzentrierende Kollektoren

Dubbel: Taschenbuch für den Maschinenbau, 15. Aufl. Berlin: Springer 1983

Goebel, J.: Selektive Beschichtung für Sonnenenergie-Absorber. Galvanotechnik 70 (1979)

Flachglas: Firmenunterlagen, Fotos. Köln 1992

Kuczera, M.: Berechnung der Dampferzeugung mit parabolischen Sonnen-Kollektoren. Brennst.-Wärme-Kraft 31 (1979), Nr. 11, November

MBB: Solarenergietechnik. Firmenprospekte, Fotos. München 1987

Tihanyi, B. A.; Cornits, B.; Erben, E.; Muchlrater, A.: Entwicklung neuartiger Absorptionsschichten für den Hochtemperaturbereich von Solarkollektoren. Statusber. Sonnenenergie 1983, Bd. 2. Hrsg. im Auftrag des BMFT: Inst. f. Solartechnik und ISES

Uhlemann, R.: Entwicklung und Erprobung einer Experimentieranlage zur Erzeugung solarer Hochtemperaturwärme (800−1000 °C) für die Untersuchung der Energiespeicherung in reversiblen thermochemischen Prozessen. Jül-1700, Jülich, Jan. 1981

VDI-Wärmeatlas: Berechnungsblätter für den Wärmeübergang. Düsseldorf: VDI 1977

Zewen, H. (MBB): A solar farm with parabolic dishes. ISPRA-Courses, Solar Thermal Power Generation, Sept. 3−7, 1979

Literatur zu Kapitel 6: Solarthermische Stromerzeugung

Arge GAST (Interatom, MAN, MBB, Dornier System): Gasgekühltes Sonnenturm-Kraftwerk, Leistung 20 MW$_e$. 1. Statusseminar GAST, 13. Mai 1980 bei der DFVLR

Boese, F. K. et al.: A consideration of possible receiver designs for solar tower plants. Sol. Energy 26 (1981)

Clausing, A. M.: An analysis of convective losses from cavity solar central receivers. Sol. Energy 27 (1981)

DLR: Zusammenfassung und Schlußfolgerungen der Vergleichsstudien solarthermischer Anlagentechnologien zur Stromerzeugung. Eds.: Meinecke, W.; Becker, M.; Klaiß, H. Köln, 2. Dezember 1991

Flabeg: Spiegelreflektoren für konzentrierende Sonnenkollektoren. Fürth/Bayern, 1979

Flachglas: Firmenunterlagen, Fotos. Köln 1992

GAST: The gas-cooled solar tower technology program. Proceedings of the final presentation. Hrsg..: Becker, M.; Böhmer, M. Berlin: Springer 1989

Gretz, J.: Solar thermal electricity generation. Eurelios, the 1 MW$^{(el)}$ Helioelectric power plant of the European Communities. Int. J. Sol. Energy 1 (1982)

Hofmann, J.; Hartung, V.: The field layout of the EEC experimental solar power plant EURELIOS. Solar Thermal Power Generation, ISPRA 1979

Hopmann, H.: Solarthermische Elektrizitätserzeugung. Solartechnik. Hrsg. Technische Akademie Esslingen. Grafenau: Lexika-Verlag 1978

Ispra Courses: Solar Thermal Power Generation. Sept. 1970, Ispra/Italien

Kostrzewa, S.: Influence of heat transfer fluids on cycle efficiency. Solar Thermal Power Generation. Ispra, 1979

MBB: Prototypentwicklung eines 10 kW Sonnenkleinkraftwerks. Abschlußber. ET 4055. München 1977

MBB Firmenprospekt: Ein 100-kW-Sonnenkraftwerk nach dem Solarfarmkonzept für die Regierung von Kuwait. München 1980

MBB: Die Heliostaten von MBB. München 1980

Meinecke, W.; Becker, M.; Klaiß, H.: Solare Turm- und Farmanlagen im Vergleich. BWK, Bd. 43, Nr. 10, Okt. 1991

Neuner, Gary J.: Design of a 150 kWe destributed collector solar thermal power station. Int. Symp. Solar Thermal Power Stations DFVLR, Köln 1978

Schmidt, G.: Fluide für den Energietransport und die Energieumwandlung in Solarkraftwerken. Brennst. Wärme Kraft 33 (1981)

Schober, E. et al.: Eurelios-Solarthermisches Demonstrationskraftwerk von 1 MWel der Europäischen Gemeinschaft. Statusber. Sonnenenergie 1983. Hrsg. im Auftrag des BMFT: Inst. f. Solartechnik und ISES

VDI: Solarthermische Kraftwerke zur Wärme- und Stromerzeugung. Tagung Köln, Nov. 1988. Düsseldorf: VDI 1988

Winter, C. J.; Sizmann, R. L.; Vant-Hull, L. L.: Solar power plants. Fundamentals-Technology-Systems-Economics. Berlin: Springer 1991

Literatur zu Kapitel 7: Photovoltaische Stromerzeugung

AGF-ASA: Energiequellen für morgen? Teil II: Nutzung der solaren Strahlungsenergie. Frankfurt: Umschau 1976

Backus, C. E.: Photovoltaic conversion. In: Saygish, A. A. M. (Hrsg.): Solar energy engineering. New York: Academic Press 1977

BINE 1990: Wasserstoff − ein Energieträger und -speicher für die Zukunft. BINE Projekt INFO-Service Nr. 8/Sept. 1990

Bloss, W.; Pfisterer, F.: Nutzung der Sonnenenergie mit Solarzellen. 5. Int. Solarforum, Berlin 1984, Proc. Bd. 2. München: DSG Sonnenenergieverlag 1984, S. 725−741

Bonnet, D.; Rickus, E.: Photovoltaische Nutzung der solaren Strahlung. Beitrag zur Handbuchreihe Energie, vorgelegt 1982. Bohn, T. (Hrsg.): Nutzung regnerativer Energie, Bd. 14

Götzberger, A.; Knobloch, J.: Photovotaik-Zellen: Physikalische Grundlagen kristalliner Zellen. In: Jäger, F. (Hrsg.): Photovoltaik, Strom aus der Sonne. Karlsruhe: C. F. Müller 1986

Hau, E.; Pigorsch, W.: Das kostet Strom aus Wind und Sonne. Eine Wirtschaftlichkeitsberechnung unter heutigen Bedingungen. Energie, Jg. 42, Nr. 7/Juli 1990, S. 50−55

Hewig, E. H.: Solarzellen. Atomkernenergie Kerntechnik 34 (1979) 165−171

Kolb, G.: Grundlagen der Photovoltaik, Darstellung des Entwicklungsstatus mit Stand 1990. Interner Bericht KFA-STE-IB 1/91, Jülich, 1991

Lemme, H.: Solarstrom vor dem Durchbruch, Darstellung in zehn Teilen der Fachzeitschrift Electronic: 20/1991, S. 106−110; 21/1991, S. 102−104; 22/1991, S. 87−91; 23/1991, S. 104−112; 24/1991, S. 120−123; 25/1991, S. 86−91; 26/1991, S. 72−75; 1/1992, S. 34−35; 2/1992, S. 77−81; 3/1992, S. 70−72

Pfisterer, F.; Schock, H.-W.; Arndt, W.; Bloss, W. H.: Neue Dünnschichtsolarzellen und Entwicklung von Tandemsystemen. Statusreport 1982. Photovoltaik, PLE Jülich 1983

Reglob, 1992: siehe Literatur zu Kapitel 1: Überblick

Selders, M.; Bonnet, D.: Solarzellen. Phys. Unserer Zeit 10 (1970) 3−16

Schmidt, E. F.: Grundlagen der photovoltaischen Energiewandlung. ETZ 14 (1981) 748−753

Sizmann, R.: Vorlesungsmanuskript. Universität München, 1979

Winstel, G. H.: Elektrische Energie aus Solarzellen. Siemens Energietechnik 2 (1980) 266−269

Winter, C. J.; Nitsch, J. (Hrsg.): Wasserstoff als Energieträger. Technik-Systeme-Wirtschaft. Berlin: Springer 1989

Literatur zu Kapitel 8: Darbietung der Biomasse

Berney, G. O.: The Global 2000 Report to the President. Washington: US Government Printing Office 1980

Danzer, K. H. (Hrsg.): Holz aktuell, Heft 3, Reutlingen, 1981

Forum für Zukunftsenergien: Statusreport „Erneuerbare Energien". Band Nr. 5. Bonn, 1991

Frühwald, A.; Liese, W.: Holz − eine alternative Energiequelle? Naturwiss. Rundsch. 33 (1980) 497−505

Kolb, G.: Biokonversion. Vorlesungsskript. Jülich/Essen, Sommersemester 1981

Lieth, H.; Whittaker, R. W.: The primary production of the biosphere. Berlin: Springer 1975

Meliß, M.: Biomasse-Potential. In: ISES/TU-München: Tagungsber. „Energie aus Biomasse", Freising, Nov. 1985

Strehler, A.: Die Verfügbarkeit von Biomasse und die Verwertung in Industrieregionen der EG. Vortrag zur 3. EG Konferenz „Energie aus Biomasse", 25.–29. 3. 1985, Venedig

Thoma, H.: Durchführbarkeitsstudie zur energetischen Nutzung von nachwachsenden Rohstoffen durch direkte Verbrennung. Kurzfassung einer Studie im Auftrage des BMFT und der KFA Jülich, Juli 1989

Literatur zu Kapitel 9: Techniken zur energetischen Nutzung der Biomasse

Austmeyer, K. E.: Bioethanolgewinnung im Verbund mit der Zuckerproduktion. Expertenkolloquium Nachwachsende Rohstoffe. Hrsg.: Bundesministerium für Forschung und Technologie. Bonn, 1986

Baader, W.: Untersuchung verfahrenstechnischer und wirtschaftlicher Parameter für die Auslegung und Erstellung von Biogasanlagen. 2. BMFT-Statusseminar „Bioverfahrenstechnik, Biogas", Jülich Mai 1979. Hrsg.: Bundesministerium für Forschung und Technologie

Baader, W. et al.: Alternative Energienutzung. KTBL-Schrift 252. Darmstadt, 1980

Batel, W. et al.: Äthanol aus nachwachsenden Rohstoffen als alternativer Kraftstoff für Fahrzeuge. Grundlagen der Landtechnik 31 (1981)

BMFT (Hrsg.): Nachwachsende Rohstoffe. Expertenkolloquium im Wissenschaftszentrum Bonn, 14.–15. 10. 1986

Borda: Biogas-Handbuch zur Durchführung von Biogas-Programmen. Bremen Overseas Research and Development Association, Mai 1979

Bossel, U. (Hrsg.): Brikettieren und Pelletieren von Biomasse. Solentec, Adelebsen, 1983

Bridgwater, A. V.: Waste incineration and pyrolysis. Resource Recovery and Conservation, 5 (1980) 99–115

Brand, R.: Planung und Bau einer Biogasanlage. BMFT-Forschungsvorhaben COOL. MBB-München, Juni 1981

Braun, R.: Biogas-Methangärung organischer Abfallstoffe. Grundlagen und Anwendungsbeispiele. Berlin: Springer 1982

Brocksiepe, H.-G.: Holzverkohlung. In: Gehrmann, J.: Thermochemische Gaserzeugung aus Biomasse-Vergasung und Entgasung. Jül-Conf.-46, Jülich, Nov. 1981, S. 66–102

Buchholz, H. et al.: Natürliche Oele und Fette. In: Schliephake, D.: Nachwachsende Rohstoffe, Teil II. Bochum: Kordt 1986

BSE (Bundesverband Solarenergie): Biomasse. Essen: Dez. 1983

Danzer, K. H. (Hrsg.): Holz aktuell, Heft 3, Reutlingen, 1981

ECO-Region Consulting GmbH: Statusbericht Biomasse II; erstellt im Auftrag der GTZ. Eschborn, Mai 1980

Energie und Klima: Band 3 Erneuerbare Energien. Bonn: Economica; Karlsruhe: C. F. Müller 1990

Gieseler, G.; Schnell, C.: Gärungsalkohol aus Agrarproduktion als Biokraftstoff. Studie der Dornier-System-GmbH im Auftrag des BMFT, Friedrichshafen, Juli 1980

Guttmann, F. W.: Brenngas aus pflanzlichen Stoffen. Brennst. Wärme Kraft 35 (1983) 99–106

Kleemann, M.; Kobo, S.; Meliß, M.: Die Rolle des Waldes in der Energieversorgung von Entwicklungsländern. Aktuelle Beiträge zur Energiediskussion Nr. 9, Jül-Spez-233, Jülich, Dez. 1983

Kolbusch; Schäfer: Biologisch-Technische Systeme zur Energiegewinnung. Biokonversion. Studie Dornier-System GmbH im Auftrag des BMFT, Bonn 1979

Konstandt, H. G.: Engineering, operation and economics of methane gas fermentation. Göttingen: Seminar: Microbiol. Energy Conservation, 1976

De Lepelaire, G. et al.: A woodstove compendium. Eindhoven: University of Technology 1981

Maurer, M.; Winkler, X.: Biogas. Theoretische Grundlagen. Bau und Betrieb von Anlagen. Karlsruhe: C. F. Müller 1980

Maurer, M.: Biogas und Alkohol aus Biomasse. Handbuch der Energiespartechniken, Bd. 3. Karlsruhe: C. F. Müller 1983

Menrad, H.; König, A.: Alkoholkraftstoffe. Berlin: Springer 1982

Menrad, H. et al.: Rapsöl als Motorenkraftstoff? Vortrag auf der Technischen Arbeitstagung Hohenheim, 12. 4. 1989. In: Beratungsgesellschaft für Mineralöl-Anwendungstechnik mbH: Mineralöltechnik, Heft 5–6, Hamburg, Mai 1989

Nairobi Conf.: UN-Preparatory Committee for the United Nations conference on new and renewable sources of energy: Report of the technical panel on biomass energy on its 2nd session. A/Conf. 100/PC/28, Geneva, 28. 1. 1981

Nolting, H.: Der untere Abbrand. Firmenprospekt, 4930 Detmold, Wiebuschstr. 15

Scharmer, K.: Kraftstoffe aus Pflanzenöl für Dieselmotoren. Raps, 9. Jg. (4/1991), S. 176–188

Schulz, H.: Entwicklungsstand bei Biogasverfahren: Systeme, Bauwesen, Baustoffe und Probleme. In: Landtechnik Weihenstephan: Gülletechnik, Biogas, Weihenstephan, 2, 1981

Schliephake, D.: Energieumsetzung aus „trockener" Biomasse. In: VDI-GET-Jahrbuch 91, Düsseldorf 1991, S. 85–108

Sittig, W.: Beitrag zur Äthanolproduktion im Schlaufenreaktor. 2. BMFT-Statusseminar „Bioverfahrenstechnik", Berlin 1979

Strehler, A.: Stroh- und Holzverfeuerung zur Wärmegewinnung, BWK Bd. 41 (1989) Nr. 3 – März, S. 113–119

Test: Heizkessel für feste Brennstoffe. Zeitschrift der Stiftung Warentest, 26. Jahrgang, April 1991

Thomé-Kozmiensky, K. J.: Verbrennung von Abfällen. Berlin: EF-Verlag 1985

Wenzlaff, R.: Erfahrungen mit Biogas im praktischen Betrieb. KTBL-Schrift 266. Münster: Landwirtschaftsverlag 1981

Wieneke, F.: Verminderung des Energieaufwandes für die Verdichtung von Halmgut insbesondere von Stroh. In: Bossel, M. (Hrsg.): Brikettieren und Pelletieren von Biomasse. Solentec, Adelebsen, 1983, 83 ff

Literatur zu Kapitel 10: Darbietung der Windenergie

AGF-ASA: Energiequellen für morgen? Teil III: Nutzung der Windenergie. Frankfurt: Umschau 1976

Deutscher Wetterdienst: Die Windverhältnisse in der Bundesrepublik Deutschland in Hinblick auf die Nutzung der Windkraft. Ber. des Deutschen Wetterdienstes Nr. 147, Offenbach/M 1978

Hau, E.: Windkraftanlagen. Grundlagen, Technik, Einsatz, Wirtschaftlichkeit. Berlin: Springer 1988

Jarras, L.: Windenergie. Berlin: Springer 1981

Molly, J. P.: Windenergie in Theorie und Praxis. Karlsruhe: C. F. Müller 1978

Molly, J. P.: Windenergie. Theorie, Anwendung, Messung. Karlsruhe: C. F. Müller 1990

Repschläger, H.: Die Windgeschwindigkeitsmessung bei der Standortbeurteilung für Windenergieanlagen. Kernforschungsanlage Jülich, Interner Bericht, KFA-STE-IB-3/81, Sept. 1981

Tetzlaff, G.; Lande, H.: Vertikale Extrapolation der Windgeschwindigkeit für Mittelwerte und Lastfälle. Meteorologische Voraussetzungen zur Nutzung der Windenergie. Seminar am 18./19. 5. 1981 in Jülich. Jül-Spez-132, Jülich, Nov. 1981

VDI-Berichte 851: Regenerative Energien. Betriebserfahrungen und Wirtschaftlichkeitsanalysen der Anlagen in Deutschland. Düsseldorf: VDI 1991

WMO: Meteorological aspects of the utilization of wind as an energy source. Technical Note No. 175. World Meteorological Organization. Geneva, Switzerland, 1981

Literatur zu Kapitel 11: Windenergiekonverter

Betz, A.: Windenergie und ihre Ausnutzung durch Windmühlen. Naturwissenschaft und Technik (1926) Heft 2

Brem Tec Materialien: Windenergie Bremen '90. München: DGS-Sonnenenergie Verlags-GmbH 1990

Dornier System: Firmenunterlagen, Friedrichshafen 1982

Dörner, H.: Windenergie. In: Handbuch der Energie-Spartechniken. Karlsruhe: C. F. Müller 1986

Eck, B.: Technische Strömungslehre, Bd. 1 und 2, 8. Aufl. Berlin: Springer 1978 und 1981

Glauert, H.: Windmills and fans. In: Durand, W. F.: Aerodynamic Theorie IV. Berlin: Springer 1935

Hau, E.: Windkraftanlagen. Berlin: Springer 1988

Hölscher, E.: Betrachtungen zum maximalen Nutzungsgrad von Windturbinen. BWK Bd. 43 (1991) Nr. 1/2 – Jan./Feb.

Jansen, W. A. M.; Smulders, P. J.; Lysen, E. H.: Wind rotor design. Renewable Energy Rev. J. 4, (1982)

Kleemann, M.: Aktuelle wirtschaftliche und ökologische Probleme bei der Nutzung regenerativer Energiequellen. „elektrowärme international", 49. Jg., Heft A2/Juni 1991

König, F. von: Windenergie in praktischer Nutzung, 3. Aufl. München: Pfriemer 1981

Lysen, E. H.: Introduction to wind energy. Steering Committee Windenergy Developing Countries, Publication SWD 82-1, By Ministry of Development Co-Operation. c/o DHV Consulting Engineers B. V., P. O. Box 85, 3800 AB Amersfoort, The Netherlands 1982

MAN: Große Windenergieanlage GROWIAN. Firmenunterlagen. München 1979

MAN: Firmenunterlagen Aeroman. München 1987

MBB: Firmenunterlagen Monopteros. München 1987

Molly, J. P.: Windenergie. Karlsruhe: C. Müller 1986

Molly, J. P.: Windenergie. Karlsruhe: C. Müller 1990

Pernpeintner, R.; Huss, G.; Hau, E.: Aerodynamic theory in the calculation of the GROWIAN rotor, compared with some experimental data. Implementing agreement for co-operation in the development of large scale wind energy conversion systems. 12th Meeting of Experts-Aerodynamic Calculational Methods for WEC. Jül-Spez-304, Jülich, March 1985

Sachverzeichnis

Abfälle 200
Abschatten 141
Absorber 50, 52, 137, 146
Absorbergeschichtung, s. selektive Absorber-
    schicht
Absorberwirkungsgrad, s. Wirkungsgrad
Absorberwirkungsgradfaktor 64
Absorptionskoeffizient 52
Absorptionskonstante 62
Absorptionsvermögen s. Absorptionskoeffi-
    zient
Absorptionswärmepumpe 17
acetogene Bakterien 222
aerob 220
Air Mass 27, 174
Akzeptor 163
Albedo 34
Alkoholmotor 239
AM0, s. Air Mass
AM1, s. Air Mass
anaerob 220
Anemometer 259, 268
Anfahrregelung 297
Anlaufmoment 280
Annuität 82, 155, 299
Anstellwinkel 270
Antireflexschicht 166, 170
Apertur 110, 138, 151
Arundo donax 197
Assimilation 191
Asynchrongenerator 293
Äthanolherstellung 220, 232
Äthanolkenndaten 239
Äthanolkosten 240
atmosphärische Gegenstrahlung 34
atro 193, 194, 203
Auftriebsbeiwert 271
Auftriebsfläche (Thermosiphon) 89
Auftriebskraft 270, 271
Azimutwinkel 29

Bagasse 238
Bandlücke 161
band gap., s. Bandlücke

Beckenabdeckung 75
Becquerel 158
Belegung des Windrads 280
Bernoulli 257
Betriebskosten 82
Biogas 220
Biogasanlage 228
Biokonversion 200
biologische Verfahren 202
Biomasse 17, 190, 200
Biomassepotential 194
Biozyklus 200
Blattanzahl 277
Blatteinstellwinkel 273, 279
Blattform 283
Blocken 141
Böen 251
Böenfaktor 252
Brechungsindex 60
Brennweite 105
Brikettieren 201
Briketts 203

C_4-Pflanzen 197
Cellulose 233
Chlorophyll 190
CO_2-neutral 191
Cobs 203
Corioliskraft 241
Cosinus-Verluste 139, 141
Czochralski-Verfahren 176

Dampferzeuger 153
Darrgewicht 203
Darrieus-Rotor 264, 286
Deckungsrate, s. solare Deckungsrate
Deklinationswinkel 30, 31
Destillation 237, 239
–, destruktive 214
diffuse Strahlung 34, 41, 42
Diffusionslänge 168
Diffusionsspannung 165
Diffusionsströme 164
Diffusionsverluste 170, 175

Diode 171
direkte Absorption 167
direkte Strahlung 34, 41
direkter Halbleiter 167
Divergenz der Sonnenstrahlen 109
Dom-Biogasanlage 230
Donator 163
Dotieren 159, 161
Drall 275
Dunkelstrom 165
Dünnschichtzelle 181
Durchbrandkessel 208
Durchflußanlage, Biogas 226, 229
Durchlaßspannung 165

Eigenverbrauch (Farmanlage) 134
Einfallwinkel 29
Elektronenleitung 162
Elektronenloch 160
Emissionskoeffizient 52, 117
Energiedichte 20
Energieflußbild 135, 154
Energiekosten 82
Energielücke 161, 174, 175
Energieplantagen 194
Entgasung 214
Enthalpiedifferenz 134
Erdwärmestrom 5
erneuerbare Energiequellen, s. regenerative
    Energiequellen
Erwartungspotential 19
Extinktion 28, 35
Extraktion 201
extraterrestrische Strahlung 26
extrinsischer Halbleiter 161

Fahnenstellung 297, 298
Farmanlage, s. Solarfarmanlage
Feldladungszone 165
Feldströme 164
Fermentation 220, 235
fermentative Bakterien 222
Fermenter 220, 234
Fermi-Dirac-Funktion 161
Fermi-Energie 161
Feuchte 202, 205
Flächenbedarf, Solarkraftwerke 155
Flachkollektor 50
Flauten 251
Fliehkräfte 290
Flossenfaktor 65
Fluoreszenzkollektor 183
Flüssigmist 223
Freibad 70
Frequenzumrichter 294

Fresnel 59
Füllfaktor 172, 175

Gärung von Äthanol 235
Gärverfahren 220
Gasgestehungskosten, Biogas 232
Gegenstromvergasung 212
geneigte Fläche (Solar Kollektor) 28, 47
Generatorgas 211
Generatorwirkungsgrad (elektrisch) 134
Geopressurized Systems 6
geoprimierte Wasser- und Gasvorkommen 6
geostrophischer Wind 241
geothermische Anomalie 5, 7
– Energie 1
– Tiefenstufe 6
Gesamtjahreskosten 83 (s. a. Jahreskosten)
Gesamtstrahlung 43
Gesamttransmissionskoeffizient 62
geschlossener Absorber 107, 118
Gestehungskosten (Warmwasser) 101
Gezeiten 1
Gezeitenkraftwerke 10
Gleichstromvergasung 212
Gleitzahl 272, 276, 284
Glimmentladung 181
Globalstrahlung 34, 35, 43, 47
Gradientenwind 243, 342
Grenzschicht 248
Gülle 224

Hadleyzirkulation 243
Hagen-Poiseuillesches Gesetz 85
Häufigkeitsverteilung, Windgeschwindig-
    keit 249
heiße Gesteinsformen 6
heiße Magmasysteme 6
Heißwasserquellen 6
Heizwärmebedarf (Schwimmbad) 74
Heizwert, unterer 205
Heliostat 107, 123, 138
Hemizellulose 191
Hetero-Diode 170
Himmelsstrahlung, s. diffuse Strahlung
Hitzdrahtanemometer 258
hocheffizienter Kollektor 56
Hochtemperaturkollektor 18
    (s. a. konzentrierende Kollektoren)
Höhenwinkel 32
Hohlraumabsorber 107, 138, 148, 151
Holzkohleherstellung 216
Holzstoff, s. Lignin
Holzteer 215
Homodiode 170
Hot Dry Rock 6, 7
Hybridzellen 183
Hydratzellulose 191

i-Halbleiter 161
idealer Leistungsbeiwert 265
ideales kreisförmiges Sonnenbild 109
Imbert-Vergaser 213
indirekte Absorption 167
indirekte Koppelung 294
indirekter Halbleiter 167
infrarotundurchlässige Schicht 56
innerer Photoeffekt 159
Inselbetrieb 294
instationäre Luftkräfte 291
intrinsischer Halbleiter 161
intrinsisches Silicium 159

Jahresenergie 255, 285, 299, 300
Jahresgang der Windgeschwindig-
 keit 246
Jahreskosten 102 (s. a. Gesamtjahreskosten)
Jahrhundertböe 252

Kirchhoffsches Gesetz 52
Kollektoren 47
Kollektorkreislaufpumpe 99
Kollektorkühlkreis 127
Kollektorneigung 96 (s. a. Neigungswinkel)
Kompressionswärmepumpe 17
Konuswinkel 290
Konvektionsverluste 70, 118, 146
Konzentrationsverhältnis 110, 111, 119, 150
Konzentratorzellen 183
konzentrierende Kollektoren 105
Kostenstruktur für Windkraftanlagen 299
Kreiselkräfte 291
Kreislaufmittel 133
Kunststoffabsorber 79
Kurzschlußstrom 172

Langsamläufer 278, 295
Leeläufer 291
Leerlaufspannung 172
Leistungsbeiwert 264, 279
Leitungsband 161
Leitungselektron 161
Lignin 191
liquid equivalent 39
Loch, s. Elektronenloch
luftgetrocknetes Holz 202
Luvläufer 291

maximale Absorbertemperatur 113
maximales Konzentrationsverhältnis 111
mechanische Verluste (Solarfarm) 134
Meeresstrom 14
Mehrfach-Solarzellensysteme 184
Meilerverfahren 216
mesophile Bakterien 226

Messung der Globalstrahlung 46
Messung der Sonnenscheinstunden 46
Metal-Insulator-Semiconductor-Zelle 170
Metall-Halbleiterkontakt, s. Schottky-Diode
methanogene Bakterien 222
Mie-Streuung 36, 38
Minoritätsträger 168
MIS-Zelle 170
Miscanthus 197
Momentenbeiwert 280
Monatsmittel der Windgeschwindigkeit 247

n-Halbleiter 162
n-Leitung 162
Nachführung 107, 116, 142
Nachführungseinrichtung 145
Nachheizung 92, 100
Naßdampf (Erdwärme) 6
Neigungswinkel 29, 74 (s. a. Kollektor-
 neigung)
Netzkoppelung 293
nicht-kommerzielle Energieträger 194
Niedertemperaturkollektoren 18, 50, 67
–, Test 67
NT-Kollektor, s. Niedertemperaturkollektoren
Nutzungsgrad 77, 78, 130, 155

offene Thermosiphonsysteme 89
offener Absorber 107, 118, 138, 150
optimale Rotordrehzahl 285
Ozonschicht 39

p-Halbleiter 162
p-Leitung 162
p-n-Übergang 169
Panel, s. Solarzellen-Modul
Paraboloidkollektor 107, 114
Parabolrinne 107
Pauli Prinzip 160
Pelletieren 201
Pellets 203
Pendelrotor 290
Pfahlrohr (Arundo donax) 197
Pflanzenöl 203
Phasentrennung 230
Phononen 167
Photolyse 190
Photostrom 175
Photosynthese 190
photovoltaischer Effekt 158
Photozelle 18
physikalische Verfahren, Biokonversion 201
Pitch Regelung 296
Polardiagramm 271
polykristallin 179

Potential
– der Biomasse 18, 194
– der Geothermie 5
– der Gezeitenenergie 9
– technisch 19
– technisches der BRD 23
– theoretisch 19
– der Wasserkraft 11
– weltweit 23
– des Winds 12
– wirtschaftlich 19
Potentialbarriere 175
Prandtlsches Staurohr 257
Primärenergienutzungsgrad 17
Primärluft 208
Profil (Rotorflügel) 269, 284
Pyrolyse 214
Pyrolyseöl 218
Pyrolyseteer 215
pyrolytische Vergasung 215

Randwinkel 111
Rapsöl-Methylester 204
Raumbelastung 226, 227
Raumladungszone 165
Rayleigh-Streuung 36
Receiver 137, 146, 150
Reflexionskoeffizient 55, 105, 117, 142
Reflexionsverluste 115, 117, 149
Reflexivität, s. Reflexionskoeffizient
Regelung, Solarfarmanlagen 136
–, Solartoweranlagen 153
– solare Warmwasseranlage 99
–, Windenergiekonverter 295
regenerative Energiequellen 1
Rekombination 167
Resonanzdiagramm 292
Riesenschilf 197
RME, s. Rapsöl-Methylester
Rossbyzirkulation 243
Rotornotstop 292
Rückstände (Biomasse) 200

Salter-Kraftwerk 13
Sättigungsstrom 165
Sauggasanlage 213
Savonius-Rotor 268, 287
Schalenkreuzanemometer 259
Schlagbiegebeanspruchung 289
Schlagrotor 290
Schlempe 237
Schmelzpunkt von Silicium 176
Schnelläufer 263, 278
Schnellaufzahl 275, 283
Schottky-Diode/-Kontakt 170

Schraubenexpansionsmaschine 135
Schubkraft 274, 281
Schüttdichte 202
schwarzer Körper (Strahlung) 52
Schwenkbiegebeanspruchung 289
Schwerkraftanlagen 84
Schwerkraftprinzip 91
Schwingungsprobleme (Windkraft-
anlage) 292
Sekundärluft 208
selektive Absorberschicht 53, 116
selektive Kollektorabdeckung 63
sichtbares Licht 27, 28
Siliciumzelle 158, 176
Snellius-Gesetz 59
solare Deckungsrate 77, 80, 92
Solarfarmanlage 123, 155
Solargenerator 186
Solarimeter 46
Solarkonstante 26, 27
solarthermische Kraftwerke 123
Solartoweranlagen 108, 123, 155
Solarturm, s. Solartoweranlagen
Solarvielfaches 133
Solarzelle 158, 171
(s. a. Photozelle)
Solarzellen-Module/-Panel 186
Solarzellen-Systeme 186
Sonnenbild, ideales 109
Sonnenoberflächentemperatur 114
Sonnenscheindauer 44
Sonnenscheinstunden 46
Spannungsfaktor (Solarzelle) 175
Speichervolumen 132
Spektralverteilung 27
Sperrspannung 165
spezifische Jahresenergie 299
Spiegelfeld 138
Stäbler-Wronski-Effekt 181
Stall-Regelung 296
Stapelzellen 184
Stärke 192, 233
starrer Rotor 290
stationäre Luftkräfte 289
Stefan-Boltzmann-Gesetz 25
Strahlung auf geneigte Fläche 32
Strahlungsmessung 45
Strahlungsverlust 70, 117, 149
Stromgestehungskosten 155, 188, 299
Strom-Spannungskennlinie 171
Stundenwinkel 30
Summenhäufigkeit der Windgeschwindig-
keit 250
Synchrongenerator 293
Synthesegas 212, 214, 218
Systemnutzungsgrad 77, 127

Tagesgang der direkten Sonnenstrahlung   41
Tagesnutzungsgrad   131, 155
Tandem-Zellen   184
Tangentialkraft   273
Teillastregelung   297
Temperatur der Erdatmosphäre   40
Temperaturspreizung   131
Test von NT-Kollektoren   67
thermochemisches Verfahren der Biomasse-
    nutzung   201
Thermoöl   127
thermophile Bakterien   226
Thermosiphonanlage   84
Tidenhub   9
Torf   190
Toweranlage, s. Solartoweranlage
Trägerlebensdauer   168
Transmissionsgesetz   35
Transmissionskoeffizient, -faktor   36, 37, 55, 58
Transmissionsverluste   73, 147
transparente Umhüllung   118
Traubenzucker   191
Treibhausgase   40
Trockendampf   6
Trübungsfaktor   40
Tunnelstrom   170
Turmanlage, s. Solartoweranlage
Turmbauweisen   138

umgekehrter thermosiphonischer Fluß   90
unerschöpfliche Energiequellen   1
unpolarisiertes Licht   59
Unterbrandkessel   210

Vakuum-Flachkollektor   52
Valenzband   160
Verbrennung   204
Verdichtung zu Biobrennstoffen   202
Verdunstungsverlust   71
Verflüssigung von Biomasse   214
Verfügbarkeit (Sonnen-, Windenergie)   21
Verkleisterung   234
Verrohrung   99
Verrottung   221
Vertikalachsenrotor, s. Darrieus-Rotor
Verweilzeit des Substrats   227
Vollastregelung (Windkraftanlage)   297
Vollaststunden (Windkraftanlage)   301
volumetrischer Absorber   138

Wafer   176
wahre Ortszeit   31
Wärmeabfuhrfaktor   64
Wärmebilanz eines Freibads   70
Wärmekapazitätsfaktor   64
Wärmekraftmaschine (Solarfarm)   135
Wärmepumpen   16
Wärmetauscher   98
Wärmeübergangskoeffizient   118
Wassergehalt, Biomasse   205
Wasserstofferzeugung   188
Wechselbehälter System   229
Weibull-Verteilung   250
Wellenenergie   12
Wellenfrequenz   13
Wellenhöhe   13
Wellenkraftwerk   14
Widerstandsbeiwert   266
Widerstandskraft   266, 270
Widerstandsläufer   267
Windenergiekonverter   12, 262
Windfahne   260
Windmühle   262
Windrichtung   244, 260
Windrose   245
Windstärke   244
Windstille   245
Winkelfehler (Spiegelausrichtung)   116
Wirbelschichtvergasung   212
Wirkungsgrad
–, Biomasseproduktion   193
–, Biomassenverdichtung   203
–, Flachkollektor   58, 66, 121
–, Kollektorfeld   129
–, konzentrierender Kollektor   120, 129
–, Kreislauf   153
–, offener Absorber (Receiver)   150
–, Receiver   150
–, Solarkraftwerk   127
–, Solarzelle   175
–, Spiegel   142
–, Spiegelfeld   143

Zellulose   191
Zenitwinkel   32
zirkumsolare Himmelsstrahlung   43
Zucker   192
Zweikreisanlage   123

Springer-Verlag und Umwelt

Als internationaler wissenschaftlicher Verlag sind wir uns unserer besonderen Verpflichtung der Umwelt gegenüber bewußt und beziehen umweltorientierte Grundsätze in Unternehmensentscheidungen mit ein.

Von unseren Geschäftspartnern (Druckereien, Papierfabriken, Verpackungsherstellern usw.) verlangen wir, daß sie sowohl beim Herstellungsprozeß selbst als auch beim Einsatz der zur Verwendung kommenden Materialien ökologische Gesichtspunkte berücksichtigen.

Das für dieses Buch verwendete Papier ist aus chlorfrei bzw. chlorarm hergestelltem Zellstoff gefertigt und im ph-Wert neutral.